KB057233

한 번 읽으면
절대 잊을 수 없는
지리 교과서

한 번 읽으면
절대 잊을 수 없는
지리 교과서

야마사키 케이치 지음 | **김아람** 옮김

시그마북스
Sigma Books

한 번 읽으면 절대 잊을 수 없는
지리 교과서

발행일 2023년 10월 19일 초판 1쇄 발행
2024년 6월 10일 초판 2쇄 발행
지은이 야마사키 케이치
옮긴이 김아람
발행인 강학경
발행처 시그마북스
마케팅 정제용
에디터 양수진, 최연정, 최윤정
디자인 강경희, 김문배

등록번호 제10-965호
주소 서울특별시 영등포구 양평로 22길 21 선유도코오롱디지털타워 A402호
전자우편 sigmabooks@spress.co.kr
홈페이지 http://www.sigmabooks.co.kr
전화 (02) 2062-5288~9
팩시밀리 (02) 323-4197
ISBN 979-11-6862-175-6 (03980)

지리에는 스토리가 있다!

2018년에 『한 번 읽으면 절대 잊을 수 없는 세계사 교과서』(한국어판 『세계사의 정석』), 2019년에 『한 번 읽으면 절대 잊을 수 없는 일본사 교과서』라는 제목으로 제 수업 영상의 핵심을 담은 책을 냈습니다. 성원에 힘입어 세계사 책은 40만 부 이상, 일본사 책은 30만 부 이상 팔려 베스트셀러에 올랐습니다.

그리고 2021년 가을, 제 유튜브 채널 '히스토리아 문디'에서 세계사와 일본사에 이어 200편에 걸친 지리 수업 영상 시리즈를 완결해 이번에 책 출판도 추진하게 되었습니다.

『한 번 읽으면 절대 잊을 수 없는 세계사 교과서』와 『한 번 읽으면 절대 잊을 수 없는 일본사 교과서』에서는 모든 사건을 구슬처럼 엮어 하나의 스토리로 소개했습니다. 세계사 책에서는 유럽·중동·인도·중국 4개 지역을, 일본사 책에서는 정권 담당자를 주인공으로 삼아 스토리를 전개했습니다.

이번 주제인 지리는 인간 생활을 둘러싼 여러 환경을 배우는 과목입니다. 환경에는 자연환경도 사회환경도 있습니다. 이런 다양한 환경의 구조를 밝히는 것이 지리의 목적입니다. 그래서 역사를 읽어내는 세계사나 일본사와 비교하면 지리에는 명확한 스토리가 있지는 않아요.

하지만 **지리에도 지리 나름대로 스토리가 분명히 있습니다.**

바로 **'지구 전체에서 점점 우리 주변으로 클로즈업'**하는 스토리입니다.

이 책에서는 앞에 나오는 내용이 뒤에 나오는 내용의 기반이 되어 스토리가 펼쳐집니다.

우선 지구 위에 **지형**과 **기후**가 있습니다. 그리고 지형과 기후 위에 **산업**이 있고, 그 위에 **도시**와 **촌락**이 형성되고, 더욱더 위에 **사람들의 생활**과 **국가**가 있는 식입니다. 이런 '지리 스토리'를 머릿속에 넣으면서 책을 읽어주세요.

본문에서는 지리 스토리에 더해 다음 두 가지에도 주력합니다.

① 지형, 기후, 산업, 사회가 만들어지는 이유와 원리를 설명하는 계통지리

② 한눈에 이해할 수 있는 그림풀이

'왜 그런 지형과 기후가 생겼을까?', '왜 그런 산업과 사회가 만들어졌을까?' 같은 분야별 이유와 원리(지리에서는 이를 '계통지리'라고 합니다)에 주목해 그림을 활용한 알기 쉬운 해설을 시도했습니다.

스토리를 생각하면서 하나하나 차근차근 이해해나가면, 책을 한 번만 읽어도 지리 지식이 놀라울 정도로 머릿속에 남아 있음을 실감할 것입니다. 이 책이 지리를 다시 공부하려는 여러분에게 도움이 되기를 바랍니다.

야마사키 케이치

차례

제 1 장 　지리정보와 지도

제 2 장 　지형

제 3 장   기후

제 4 장 농림수산업

제 5 장 에너지·광물자원

제 6 장 공업

제 7 장　유통과 소비

제 8 장　인구와 촌락·도시

제 9 장   의식주·언어·종교

제 10 장   국가와 그 영역

지리가 어렵게 느껴지는 이유

📍 지리에서 가장 중요한 것은 '이유'

'우리나라에서 ○○를 가장 많이 생산하는 지역은?'

'세계에서 ○번째로 높은 산은?'

TV 퀴즈 프로그램에서 이런 문제를 본 적이 있지 않나요?

또 학창시절 지리 수업 시간에 교과서에 나온 지명이나 통계 정보 등을 무작정 암기해야 했던 경험도 있을지 모릅니다.

학생 때 지리가 어려웠던 분들의 이야기를 들어보면 지리는 표면적인 지식을 통째로 암기하는 과목이라는 이미지가 많아요.

물론 이런 단순한 정보도 지리를 구성하는 하나의 중요한 요소라는 사실은 분명합니다. 하지만 그런 정보를 익히는 것만으로는 사실 지리를 제대로 공부했다고 할 수 없어요.

지리地理라는 단어를 살펴보면 리理라는 말이 쓰였습니다. '리'는 '도리', '원리', '이유' 등을 뜻합니다. '○○를 가장 많이 생산하는 지역은?', '세계에서 ○번째로 높은 산은?' 같은 질문의 배경에는 '그 지역에서 ○○를 가장 많이 생산하는 이유'가 있고, '세계에서 ○번째로 높은 산이 그곳에 있는 이유'가 있습니다.

지리 지식은 그저 빙산의 일각이고 수면 아래에는 그 지식에 도달하는 방대한 '리', 즉 원리와 이유가 존재합니다.

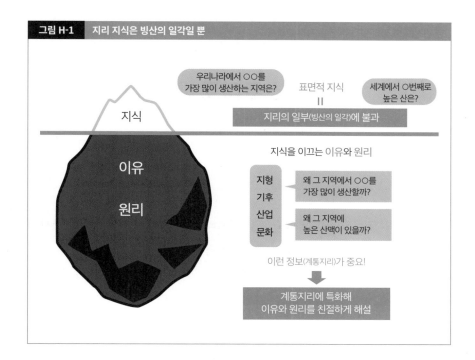

그림 H-1　지리 지식은 빙산의 일각일 뿐

우리나라에서 ○○를 가장 많이 생산하는 지역은?

표면적 지식 = 지리의 일부(빙산의 일각)에 불과

세계에서 ○번째로 높은 산은?

지식

이유

원리

지식을 이끄는 이유와 원리

지형
기후
산업
문화

왜 그 지역에서 ○○를 가장 많이 생산할까?

왜 그 지역에 높은 산맥이 있을까?

이런 정보(계통지리)가 중요!

계통지리에 특화해 이유와 원리를 친절하게 해설

📍 '이유'를 배우는 계통지리

지리는 크게 계통지리와 지역지리地誌라는 두 가지 분야로 나뉘어 있어요. 이 중에 **계통지리가 지리 부문별 원리와 이유를 학습하는 분야**입니다.

따라서 지리학이라는 학문을 제대로 이해하려면, 계통지리에서 지형이나 기후의 형성, 산업 방식 등 지리의 원리와 이유를 제대로 배운 후, 지역지리를 통해 각 지역의 구체적인 정보를 살펴보아야 합니다.

그런데 시중에 나온 지리책을 읽어보면 '리'에 해당하는 계통지리를 친절하게 설명하는 책은 적고, 지식을 단순 나열만 한 책이 많아 보여요. 그래서 이 책에서는 계통지리에 초점을 맞춰 계통지리를 쉽게 해설하기로 했습니다.

지리를 스토리로 배우자!

🗺️ 지리에도 스토리가 있다

역사만큼 명확하지는 않아도 지리에도 분명히 스토리가 있어요. 바로 **지구 규모 사건에서 시작해 점점 우리 주변 사건으로 클로즈업하는** 스토리입니다.

이 책에서는 앞에 나오는 내용이 뒤에 나오는 내용의 기반이 되는 방식으로 스토리가 펼쳐집니다. 지형과 기후는 산업이 형성되는 기반이 되고, 자연환경과 산업은 마을이나 국가가 형성되는 기반이 됩니다. 지구 위에 지형과 기후가 있고, 지형과 기후 위에 산업이 있지요. 그리고 그 위에 도시나 촌락이 형성되고, 더욱더 위에 사람들의 생활이나 국가가 있습니다.

지리 스토리를 조금 더 구체적으로 설명하면, <그림 H-2>에서 보듯 크게 3가지 요소로 구성됩니다.

제1장은 지리 학습에 필요한 **예비지식**입니다. 지구를 멀리서 조망하는 듯한 객관적 시점에서 지구를 보는 기본적 방법이나 지도 그리는 법(도법) 등을 소개합니다.

제2장과 제3장은 계통지리 중 지형과 기후 같은 자연 현상 관점에서 지리를 파악하는 **자연지리** 분야를 다룹니다. 제2장에서는 지형 형성과 변화가 많은 다양한 지형을, 제3장에서는 기후 형성과 14가지 유형으로 나뉘는 이른바 쾨펜의 기후구분을 소개해요.

제4장부터 제10장까지는 계통지리 가운데 산업이나 도시·촌락의 형성, 생활문화 등 인간 활동 측면에서 지리를 파악하는 **인문지리** 분야를 다룹니다. 그중에서도 제4장부터 제7장은 농림수산업, 에너지, 광물자원, 공업, 교통, 상업 등 **산업**을 다루고, 제8장부터 제9장은 인구, 도시, 촌락, 생활문화, 국가와 국가군 같은 **사회** 구조를 다뤄요.

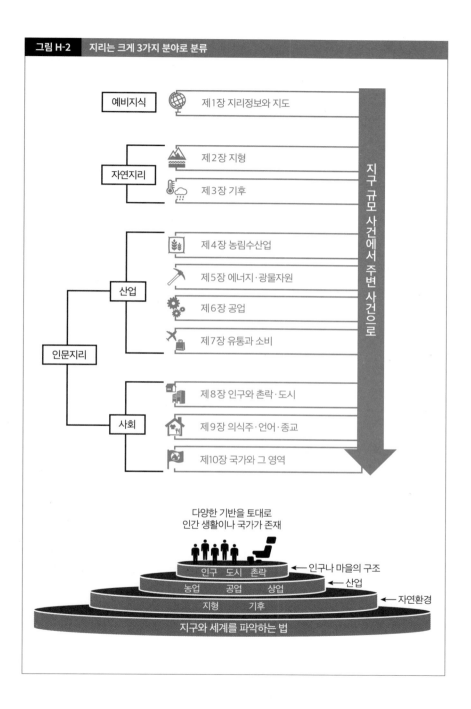

예비지식 — 제1장 지리정보와 지도

자연지리 — 제2장 지형
자연지리 — 제3장 기후

인문지리

산업 — 제4장 농림수산업
산업 — 제5장 에너지·광물자원
산업 — 제6장 공업
산업 — 제7장 유통과 소비

사회 — 제8장 인구와 촌락·도시
사회 — 제9장 의식주·언어·종교
사회 — 제10장 국가와 그 영역

지구 규모 사건에서 주변 사건으로

다양한 기반을 토대로
인간 생활이나 국가가 존재

인구   도시   촌락 ← 인구나 마을의 구조
농업   공업   상업 ← 산업
지형   기후 ← 자연환경
지구와 세계를 파악하는 법

17

한눈에 이해하는 그림

그리고 또 하나, 이 책의 가장 큰 특징이 그림입니다. **계통지리의 '리'가 한눈에 보이는 그림을 풍부하게 넣어 설명했습니다. 그림을 통해 지리의 이유와 원리가 줄줄이 머릿속으로 들어가 '잊지 못할 지식'이 될 것입니다.**

책을 다 읽으면 평소 익숙한 통학로나 출퇴근길도 '여기 논이 많은 건 범람원의 배후습지여서야', '여기는 선상지여서 과수원이 많네' 같은 식으로 흥미롭게 볼 수 있어요. 지리를 배우면 세상을 보는 눈이 달라집니다.

또 지리는 역사를 공부하는 기반이 됩니다. 책을 읽고서 꼭 다시 한번 세계사나 국사를 접해보세요. 지리의 공간적 이해에 역사의 시간적 이해가 더해져 역사와 지리 공부가 시너지 효과를 낼 것입니다.

경향으로 이해하자

머리말에서도 언급했듯이 이 책에서는 상세한 순위와 수치가 아닌 대략적인 비율이나 경향으로 나타내는 것을 중시합니다.

세세한 수치로 보면 순위가 바뀌기도 하지만 대세는 바뀌지 않습니다. 예를 들어 어떤 물자를 생산하는 나라 순위에서 3위와 4위가 바뀌어도 그 지역이나 나라에서의 생산량이 갑자기 0이 되지는 않아요. 또 해당 지역이나 나라에서 물자를 많이 생산한다는 기본적인 경향이나 그 결과에 이르는 이유와 원리 자체는 변하지 않습니다.

상세한 순위와 수치에 얽매이지 않고 경향과 이유를 큰 틀에서 파악해 이해하는 작업이 특히 중요합니다.

제 1 장

지리정보와 지도

지리 학습에
필요한 정보를 얻는 법

지리를 깊게 이해하려면 둥근 지구가 지도에 어떻게 그려지고, 어떤 정보를 지도 위에 표현하는지 알아야 합니다.

그래서 제1장에서는 지리를 이해하는 데 필요한 기초지식을 알려드립니다.

둥근 지구 위에 있는 위치를 어떻게 나타내는지, 또 남북 회귀선이나 본초자오선, 날짜변경선 등 지도에 그려진 여러 선에 어떤 의미가 있는지 해설합니다. 아울러 경도의 차이에 따라 생겨나는 시차의 원리도 알아둬야 할 지식입니다.

이어 장 후반부에서는 지도를 그리는 법을 중심으로 다양한 지도를 소개합니다.

옛날부터 사람들은 둥근 지구를 평면에 어떻게 그릴지를 두고 시행착오를 되풀이했습니다. 일장일단이 있는 지도 그리는 법(도법)이 목적에 따라 어떻게 달라지는지 이야기해볼게요.

여기에 다양한 통계지도, 최근 중요성이 커지고 있는 지리정보시스템(GIS)의 개요 등도 살펴보려고 합니다.

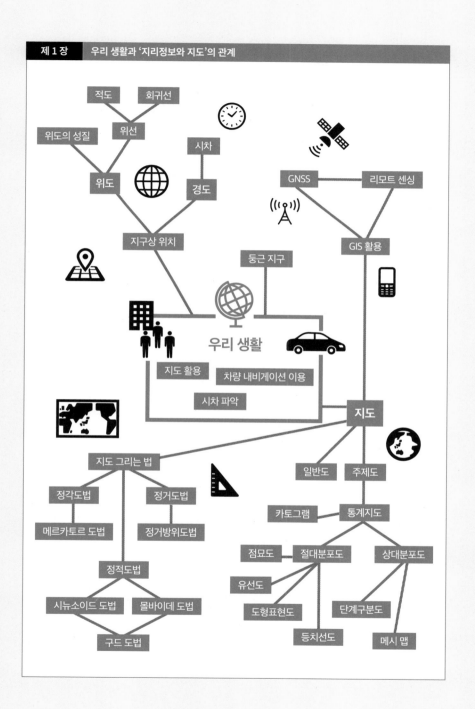

위도와 경도로 표시하는 지구 위 장소

 '둥근 지구' 위에 사는 우리

지리 이야기의 시작은 우리가 사는 지구입니다. 지구는 직경 약 1만 2700km의 구체입니다. 지구는 빠른 속도로 회전하기 때문에 원심력 작용으로 적도 방향이 불룩하게 튀어나왔다는 사실을 아는 분도 있을 거예요.

이렇게 지구는 적도 방향이 다소 불룩하고, 적도 쪽 직경이 북극과 남극을 잇는 직경보다 약 42km 더 깁니다. 하지만 그 직경 차이는 1000분의 3 정도여서 **지구 모양은 거의 구체에 가깝다고 할 수 있어요.** 물론 엄밀히 말하면 타원이기 때문에 GPS나 미세한 무게를 재는 저울 등은 타원 부분이 보정되어 있습니다.

 지구 위 위치를 표시하는 위도와 경도

우리가 지구 위에서 특정 장소를 나타낼 때 위도와 경도라는 두 가지 각도를 사용합니다. 원래 '위'와 '경'은 직물 용어인데, '위'는 가로 방향으로 놓인 씨실을, '경'은 세로 방향으로 놓인 날실을 뜻합니다.

적도를 기준으로 위선은 가로로, 경선은 세로로 그려져요. 여기서 **주의할 점은 적도 쪽에서 보면 가로로 그려지는 위선은 남북을, 세로로 그려지는 경선은 동서를 나타낸다는 사실입니다.** 사실 지리가 어려운 사람은 여기서부터 막히는 경우도 많아요.

옆으로 그은 위선으로 표시하는 세로 위치는 위도, 위아래로 그은 경선으로 표시하는 가로 위치는 경도라고 합니다.

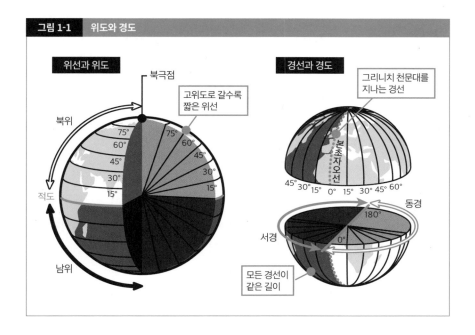

그림 1-1 위도와 경도

위선과 위도

북극점

고위도로 갈수록
짧은 위선

북위

75° 75° 60°
60° 45°
45° 30°
30° 15°
15°

적도

남위

경선과 경도

그리니치 천문대를
지나는 경선

본초자오선

45° 30° 15° 0° 15° 30° 45° 60°

동경

180°

서경

0°

모든 경선이
같은 길이

위도는 지구 중심에서 볼 때 적도와 그 지점의 각도, 경선은 영국 그리니치 천문대를 지나는 경선과 그 지점을 각도로 나타냅니다. 같은 위도 지점을 연결한 선을 위선, 같은 경도 지점을 이은 선을 경선이라고 해요.

위도의 경우 적도에서 북쪽으로 나아가는 각도를 북위, 남쪽으로 나아가는 각도를 남위라고 부릅니다. 적도에서 멀어질수록 위도는 커져서 **적도에 가까울수록 저위도, 북극과 남극에 근접할수록 고위도입니다.** 적도에 가까울수록 기온이 오르기 때문에 보통 기온은 저위도에서 높고 고위도에서 낮습니다. '고'와 '저'라는 말에 헷갈리지 않도록 주의합시다.

경선은 자오선이라는 다른 이름도 있어요. 영국을 지나는 경선을 기준으로 동쪽으로 나아가는 각도를 동경, 서쪽으로 나아가는 각도를 서경이라고 합니다. 기준으로 삼는 영국 그리니치 천문대를 지나는 자오선을 본초자오선이라고 부릅니다. 영국 정반대편 장소의 경도는 180도입니다. **위선의 길이는 고위도로 올라갈수록 점점 짧아지지만 경선은 어느 지점에서도 길이가 변하지 않아요.**

회귀선을 그은 이유는

 적도와 북회귀선·남회귀선의 관계

먼저 위도에 주목해봅시다. 세계지도를 보면 많은 위선이 그려져 있습니다. 그중에서도 위도 0도인 적도는 **지구를 북반구와 남반구로 나누는 가장 긴 위선**입니다.

대개 위선은 구분하기 쉽게 10도나 15도 단위로 위도에 그려진 경우가 많아요. 그런데 잘 보면 북위 23.4도와 남위 23.4도라는 어중간한 곳에도 선이 있습니다. 이 선이 북회귀선과 남회귀선입니다.

춘분과 추분에는 태양 빛이 적도 바로 위에 있어요. 그리고 태양은 북반구가 여름인 시기에 북반구 쪽을 강하게 비추고, 남반구가 여름일 때 남반구 쪽을 강하게 비춥니다. **북반구가 하지일 때 바로 위에서 햇볕이 내리쬐는 선이 북회귀선, 북반구가 동지(남반구가 하지)일 때 바로 위에서 햇볕이 내리쬐는 선이 남회귀선입니다.** 북반구에서 보면 '여름의 적도'가 북회귀선이고 '겨울의 적도'가 남회귀선인 것입니다. 태양의 위치가 변하는 이유는 나중에 제3장에서 설명할게요.

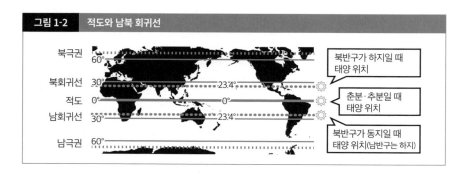

그림 1-2　적도와 남북 회귀선

위선 방향은 정서향·정동향이 아니다

가령 지금 우리가 손가락으로 먼 곳을 가리킨다고 해봅시다. 손가락 끝은 어디를 향할까요? 예를 들어 서울에서 정면으로 북쪽을 가리키면 그 끝에는 북극점이 있고, 이어 어느덧 지구를 빙 돌아 서울 정반대편 지점(남아메리카 대륙 앞바다)에 다다르겠지요. 정북향뿐 아니라 정동향, 정서향도 마찬가지입니다. **지구는 구체여서 어느 방향을 가리켜도 그 연장선은 지구 반대편에 도달합니다. 즉 북반구에 있는 우리가 정동향을 가리키면 그 연장선은 위선에서 점점 남쪽으로 내려갑니다.** 지구본에 동서남북을 가리키는, 90도로 맞춘 테이프를 붙이면 테이프가 점점 남쪽으로 내려가는 사실을 알 수 있어요. 반대로 남반구를 기준점으로 테이프를 붙이면 테이프의 동서 방향은 북쪽으로 올라갑니다.

따라서 **위선은 위도가 같은 지점을 연결한 선이며, 지구 위 어떤 지점에서 보는 정서향이나 정동향을 의미하지 않습니다.**

그림 1-3	지도에서 '정동향'이란

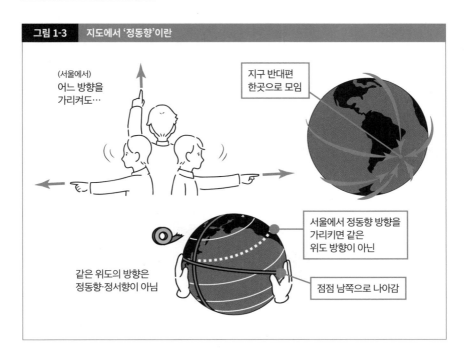

(서울에서) 어느 방향을 가리켜도…

지구 반대편 한곳으로 모임

서울에서 정동향 방향을 가리키면 같은 위도 방향이 아닌

같은 위도의 방향은 정동향·정서향이 아님

점점 남쪽으로 나아감

날짜가 일찍 바뀌는 나라

 ## 경도 15도에 1시간씩 벌어지는 시차

다음으로 경선에 주목해봅시다. 먼저 경도와 시차를 살펴볼게요. 지구는 24시간 동안 1회전, 즉 360도 회전합니다. 24시간에 360도이니 **1시간에 15도 회전해요.** 이 회전에 따라 지구 각 지점에 차례로 아침이 밝아옵니다.

지구는 일정한 속도로 계속 돌기 때문에 원래 같은 나라여도 지역마다 아침이 찾아오는 시간이 다릅니다. 예를 들면 일본 도쿄와 후쿠오카는 일출 시간이 40분 정도 차이 납니다. 하지만 대부분의 나라는 표준시를 설정해 통일된 시간을 사용해요. 한국과 일본은 효고현 아카시시를 지나는 동경 135도 경선을 기준으로 표준시를 설정합니다. 물론 표준시를 여러 개 설정하는 넓은 나라도 있습니다.

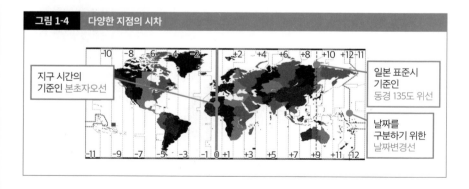

그림 1-4   다양한 지점의 시차

지구 시간의 기준인 본초자오선

일본 표준시 기준인 동경 135도 위선

날짜를 구분하기 위한 날짜변경선

시차 계산을 육상 트랙처럼 생각하자

그럼 실제 시차를 알아봅시다. '우리나라가 몇 시일 때, 저 나라는 몇 시일까?' 같은 질문은 다음에 설명할 이미지를 활용하면 쉽게 답을 구할 수 있어요.

뉴질랜드나 호주 같은 오세아니아 국가들은 날짜가 세계에서 가장 일찍 바뀝니다. 한국과 일본 역시 날짜가 일찍 바뀌는 편에 속하며, 대부분의 나라가 이보다 시간이 늦게 찾아옵니다. **뉴질랜드, 호주, 한국과 일본이 시차에서 선두권을 달리는 셈입니다.**

북극에서 보는 지구를 육상 트랙이라고 생각한다면 시차를 이해하기 쉬워집니다. **경도 약 15도마다 1시간씩 차이 나니까 다른 지역들이 선두권 국가들 뒤에서 따라온다고 생각하면 됩니다.** 경도 0도인 영국은 9시간 늦게, 서경 120도인 미국 로스앤젤레스는 17시간 늦게 각각 따라옵니다. 한국이 밤 8시(20시)일 때 영국은 아직 오전 11시(20-9=11시)고, 로스앤젤레스는 오전 3시(20-17=3시)가 됩니다. 시차를 생각할 때는 이렇게 육상 트랙을 떠올리면 좋아요.

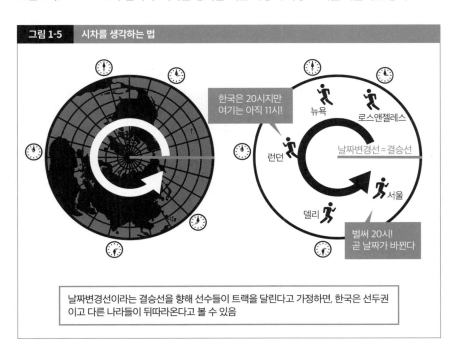

그림 1-5 시차를 생각하는 법

한국은 20시지만 여기는 아직 11시!

뉴욕
로스앤젤레스
날짜변경선=결승선
런던
서울
델리

벌써 20시! 곧 날짜가 바뀐다

날짜변경선이라는 결승선을 향해 선수들이 트랙을 달린다고 가정하면, 한국은 선두권이고 다른 나라들이 뒤따라온다고 볼 수 있음

대항해 역사를 지탱한
항해도에 알맞은 도법

 어떤 요소를 희생해 평면으로

지구를 축소해 그리는 방법에는 구체 그대로 축소하는 지구본과 평면으로 나타내는 지도가 있습니다. 지구본은 둥근 지구를 그대로 줄였기에 거리나 면적은 어디를 잡아도 일정한 비율로 축소되고 각도도 정확히 표현됩니다. 하지만 **평면, 즉 지도 한 장으로 만들 때는 어떻게 해도 둥근 지구를 그대로 축소할 수 없어요.** 각도, 면적, 거리 등 모든 요소를 정확하게 나타낸 평면 지도는 존재하지 않습니다.

그래서 **각도, 면적, 거리 중 어떤 요소를 살리고 다른 요소를 희생하게 됩니다.** 이런 식으로 다양한 지도를 그리는 방법을 도법이라고 합니다. 각 도법에는 그 도법만의 독특한 모양이나 장단점이 있어요. 이런 도법의 개성을 아는 것도 지리의 즐거움입니다.

 각도가 정확한 정각도법

먼저 각도를 정확하게 표현한 지도를 소개합니다. 각도가 정확한 도법을 정각도법이라고 하는데, 그 대표적 예가 메르카토르 도법입니다. 메르카토르는 16세기 지리학자의 이름으로, 메르카토르 도법이라는 이름은 그가 만든 지도에 이 도법이 쓰인 데서 유래합니다.

이 도법의 특징은 경선과 위선이 직선으로 표현되어 위선은 적도와 길이가 같은 평행선으로 표시된 점, 위선과 경선이 직각으로 교차하는 점, **이 경선과 위선 그리고 해당 지점에서 잰 각도의 관계가 항상 동일하게 표현되는 점입니다.** <그림 1-6>에서 화살표는 같은 방향을 가리키지만, 지구의를 정면에서 보거나 다른 도법으로 보면 이 각도가 다르게 보입니다. 반면 메르

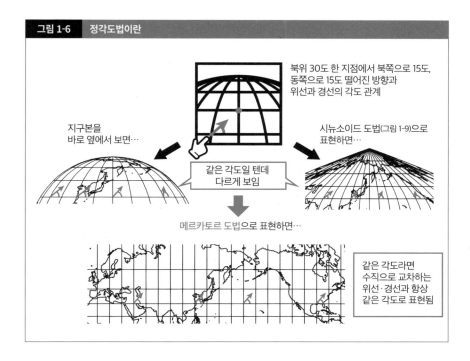

그림 1-6 정각도법이란

북위 30도 한 지점에서 북쪽으로 15도,
동쪽으로 15도 떨어진 방향과
위선과 경선의 각도 관계

지구본을
바로 옆에서 보면…

시뉴소이드 도법(그림 1-9)으로
표현하면…

같은 각도일 텐데
다르게 보임

메르카토르 도법으로 표현하면…

같은 각도라면
수직으로 교차하는
위선·경선과 항상
같은 각도로 표현됨

카토르 도법에서는 수직으로 교차하는 경선과 위선을 항상 일정한 각도로 표현할 수 있음을
알 수 있습니다.

이 도법으로 지도를 그리는 법을 소개할게요. 먼저 적도를 정면으로 놓고 나룻배 모양으로
지구를 잘라서 펼칩니다. 위선은 평행인데 배와 배 사이에 빈 공간이 있어서, 각 위선을 적도
와 같은 길이가 되도록 확대해 연결합니다. 그럼 위도 60도에서 2배 길이가 됩니다.

하지만 아직 가로 방향으로만 확대했으니 각도를 정확하게 맞춘다는 조건을 충족하려면 경
도 방향으로도 확대해야 해요. 그래서 세로 방향을 가로 방향에 맞춰서 마찬가지로 확대합니
다. 이를테면 위도 60도 지점의 남북 방향을 위선 확대 비율에 맞춰 2배로 확대하는 식이지
요. 이렇게 지도를 그리는 방법이 메르카토르 도법입니다.

다만 이 도법에서는 **북극 부근 위선을 적도와 같은 길이로 맞추려면 확대 비율을 극단적으
로 높여야만 합니다.** 그러면 세로로 무한히 긴 지도가 되어버려서 **극지방 표현은 불가능해요.**
그래서 일반적으로 80도 이상의 고위도 표현에는 그다지 활용되지 않습니다.

그림 1-7 메르카토르 도법으로 지도 그리는 법

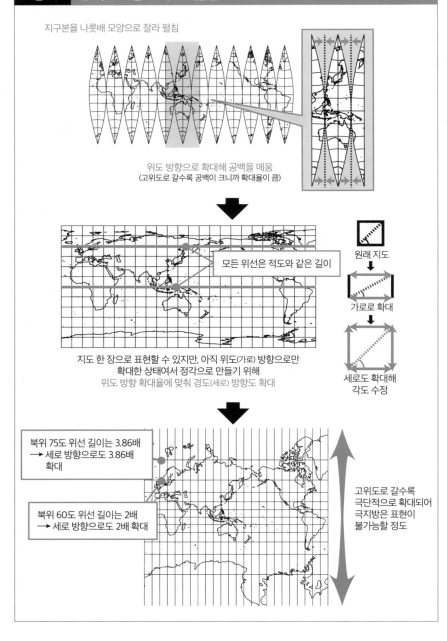

지구본을 나룻배 모양으로 잘라 펼침

위도 방향으로 확대해 공백을 메움
(고위도로 갈수록 공백이 크니까 확대율이 큼)

모든 위선은 적도와 같은 길이

원래 지도

가로로 확대

세로도 확대해
각도 수정

지도 한 장으로 표현할 수 있지만, 아직 위도(가로) 방향으로만
확대한 상태여서 정각으로 만들기 위해
위도 방향 확대율에 맞춰 경도(세로) 방향도 확대

북위 75도 위선 길이는 3.86배
→ 세로 방향으로도 3.86배
확대

북위 60도 위선 길이는 2배
→ 세로 방향으로도 2배 확대

고위도로 갈수록
극단적으로 확대되어
극지방은 표현이
불가능할 정도

세계지도나 항해도에 쓰이는 메르카토르 도법

메르카토르 도법은 극지를 제외한 전 세계의 모습을 직사각형 한 장으로 표현할 수 있어서 **책이나 포스터 등과 궁합이 잘 맞고, 세계지도로 자주 활용됩니다.** 그래서 세계지도라고 하면 이 메르카토르 도법을 상상하는 분도 많을 거예요.

또 이 도법은 항해도로 활용하기 좋다는 장점이 있습니다. 어느 지점이라도 지도상 위선, 경선, 목적지 방향의 관계가 일정합니다. 메르카토르 도법 지도 위에 가고 싶은 곳을 찍고 직선을 그은 다음, 나침반을 계속 보며 그려진 선 방향으로 진로를 수정하면서 가면 목적지에 도착할 수 있어요. 이렇게 가는 항로를 **각도를 균등하게 유지하면서 전진하는 항로**라는 의미를 담아 등각항로라고 합니다.

 ## 메르카토르 도법에서 직선은 최단 거리가 아니다

한 가지 주의할 점은 **등각항로가 최단 거리는 아니라는 점**입니다. 지구는 구체여서 **북반구에서는 북쪽으로, 남반구에서는 남쪽으로 경로를 잡아야 최단 거리**가 됩니다. 한국에서 유럽으로 갈 때는 러시아 상공을 통과해야 지름길이지요. 이 최단 거리를 대권항로라고 합니다.

예컨대 지구본의 출발점과 도착점에 끈을 대고 팽팽하게 당기면 이 끈은 지구 표면상 최단 거리, 즉 대권항로를 나타냅니다. 대권항로를 메르카토르 도법으로 표현하면 북반구에서는 북쪽으로, 남반구에서는 남쪽으로 커브를 돈 항로가 됩니다.

메르카토르 도법으로 만든 지도는 어디까지나 적도를 정면에서 본 지구본을, 적도와 수평 방향으로 보면서 잘라 펼쳐 확대한 지도입니다.

그림 1-8   등각항로와 대권항로

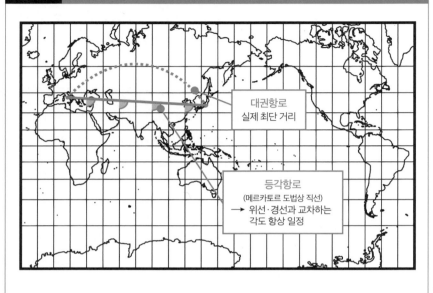

대권항로
실제 최단 거리

등각항로
(메르카토르 도법상 직선)
➡ 위선·경선과 교차하는
각도 항상 일정

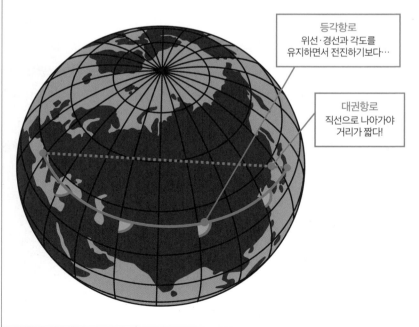

등각항로
위선·경선과 각도를
유지하면서 전진하기보다…

대권항로
직선으로 나아가야
거리가 짧다!

사인 곡선·타원·쪼개기, 특징 있는 3가지 도법

 면적을 정확하게 표현한 정적도법

각도에 이어 이번에는 면적을 정확하게 표현하는 도법을 소개합니다. 이런 도법을 정적도법 이라고 부르며 시뉴소이드 도법, 몰바이데 도법, 구드 도법이 대표적입니다. **지도 위 어디에서 도 지구상 면적과 지도상 면적 비율이 같다는 특징이 있어요.**

또한 이 도법은 분포도에 적합하다는 특징이 있습니다. 만약 앞서 언급한 메르카토르 도법 을 분포도에 활용하면, 고위도로 갈수록 면적이 커져서 밀집한 분포라도 고위도에서는 띄엄 띄엄 분포하는 것처럼 나타납니다. 반면 면적이 정확한 정적도법은 (그림 모양은 일그러지더라도) 밀집한 상태를 그대로 밀집해서 표현하기 때문에 분포도에 알맞습니다.

 사인 곡선, 시뉴소이드 도법

먼저 정적도법의 첫걸음인 시뉴소이드 도법을 설명하겠습니다. <그림 1-9>에서 보듯 나룻배 모양으로 지구를 잘라서 펼칩니다. 그리고 면적을 유지하면서 북극과 남극의 정점을 하나로 모아 붙입니다. 이렇게 면적을 지키면서 모든 배 모양의 정점을 하나로 모으는 도법이 시뉴소 이드 도법입니다.

이렇게 만들어진 시뉴소이드 도법의 경선 곡선은 **고등학교 수학 시간에 배우는 삼각함수의 사인(sin) 곡선 모양이 되는 점이 특징입니다.** 또 지구를 그대로 펼친 채 중앙으로 평행 이동시 켜 모으고 붙인 도법이어서, 위선 간격은 일정하게 그어지고 위선 길이의 관계(60도 위선은 적 도의 절반 길이)도 그대로 유지됩니다. 또 적도 길이는 **지구를 한 바퀴** 돈 길이, 지도 중앙의 경

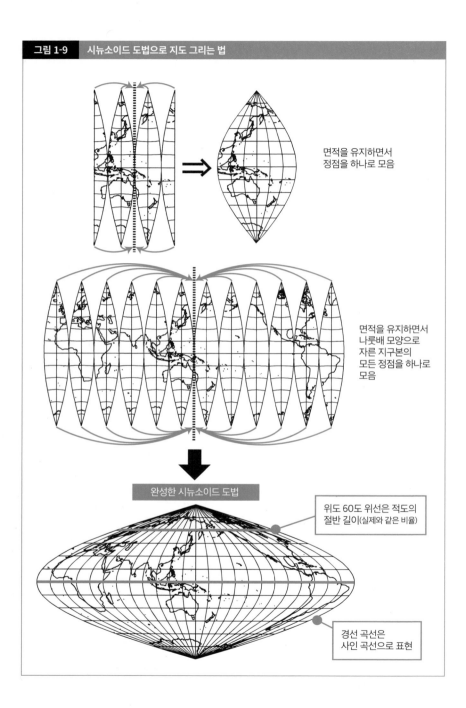

그림 1-9 시뉴소이드 도법으로 지도 그리는 법

면적을 유지하면서
정점을 하나로 모음

면적을 유지하면서
나룻배 모양으로
자른 지구본의
모든 정점을 하나로
모음

완성한 시뉴소이드 도법

위도 60도 위선은 적도의
절반 길이(실제와 같은 비율)

경선 곡선은
사인 곡선으로 표현

선 길이는 북극에서 남극까지 **지구를 반 바퀴** 돈 길이여서 **지도 전체의 가로세로 비율은 1 대 2가 됩니다.**

타원, 몰바이데 도법

시뉴소이드 도법의 단점은 북극과 남극 부근 고위도 지역이 뾰족해져서 지구 모양이 마름모꼴로 크게 일그러지는 점입니다. 특히 마름모꼴 변 주위에 경선이 밀집해 지도를 읽기 어려워집니다.

그래서 생각해낸 도법이 몰바이데 도법입니다. **사인 곡선으로 표현되는 시뉴소이드 도법을 타원으로 바꿔서 주변부를 쉽게 보게 하려는 방식입니다.** 타원은 불룩한 부분이 있어서 시뉴소이드 도법으로 보기 어려운 주변부에도 조금 여유가 생겨 수월하게 볼 수 있어요.

딱 보기에도 마름모꼴인 시뉴소이드 도법보다는 타원으로 만든 지도가 더 자연스럽고 둥근 지구의 이미지를 더 파악하기 쉬운 도법이라는 느낌이 듭니다.

궁리 끝에 균형을 맞춘 몰바이데 도법

그러나 몰바이데 도법에도 단점이 있습니다. 불룩한 타원으로 표현한 탓에 면적을 정확히 표현하는 정적도법이라기에는 불룩해진 부분만큼 어딘가 면적이 줄어들 수밖에 없어요.

몰바이데 도법은 주변부를 불룩하게 만든 결과, 시뉴소이드 도법과 동일한 면적을 나타낼 때 전체 크기는 축소되고 적도 길이도 짧게 표현됩니다. 또 위선 간격도 바뀌어서 고위도 위선은 간격이 좁게, 저위도 위선은 간격이 넓게 그려집니다.

시뉴소이드 도법이 단순히 정점을 모은 지도인 반면, **몰바이데 도법은 더 읽기 쉬운 만큼 여러 부분을 일그러뜨려 균형을 맞춘 지도입니다.**

그림 1-10   시뉴소이드 도법에서 몰바이데 도법으로

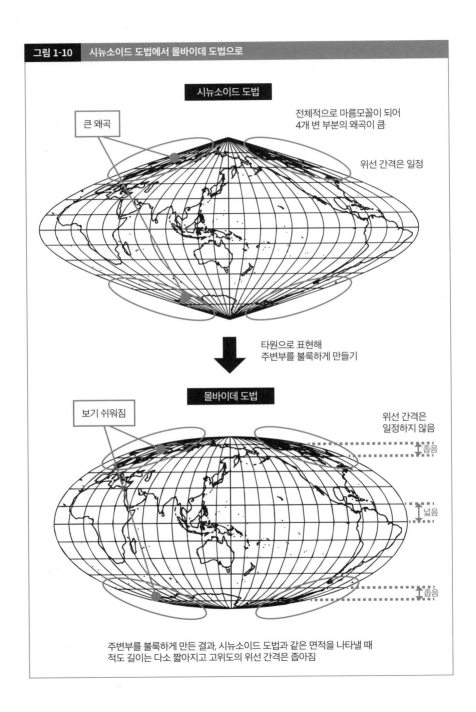

시뉴소이드 도법

큰 왜곡

전체적으로 마름모꼴이 되어
4개 변 부분의 왜곡이 큼

위선 간격은 일정

타원으로 표현해
주변부를 볼록하게 만들기

몰바이데 도법

보기 쉬워짐

위선 간격은
일정하지 않음

좁음

넓음

좁음

주변부를 볼록하게 만든 결과, 시뉴소이드 도법과 같은 면적을 나타낼 때
적도 길이는 다소 짧아지고 고위도의 위선 간격은 좁아짐

크게 쪼개진 개성파 도법, 구드 도법

구드 도법은 호몰로사인 도법이라고도 합니다. **이 지도는 바다 부분에서 지도가 크게 쪼개져서 한 번 보면 기억에 남는 모양입니다.** 지도 중에서도 유난히 개성파라는 인상이 있는데, 어떤 발상에서 이렇게 형태가 특이한 지도가 만들어졌을까요?

같은 정적도법이라도 시뉴소이드 도법은 고위도 부근이 크게 일그러지고, 몰바이데 도법은 저위도가 다소 압축되고 적도가 짧다고 설명했습니다. 그럼 두 도법의 단점을 피하고 장점만 활용하면 좋겠다는 생각에 구드라는 미국 지리학자가 고안한 방식이 구드 도법입니다.

 ## 장점만 뽑아낸 구드 도법

이 도법에서는 시뉴소이드 도법에서 불리한 고위도, 몰바이데 도법에서 불리한 저위도를 보완해 **시뉴소이드 도법의 저위도와 몰바이데 도법의 고위도 방식을 조합했습니다.** 축척이 같은 시뉴소이드 도법과 몰바이데 도법을 겹치면 위도 40도 44분에서 위선 길이가 일치해요. 이 선을 경계로 저위도를 시뉴소이드 도법, 고위도를 몰바이데 도법으로 그리면 됩니다.

이렇게 그린 지도는 애니메이션 「호빵맨」에 나오는 카레빵맨 얼굴 같은, 한가운데가 불룩한 지도가 됩니다.

또 구드는 가공 작업을 하나 더 했습니다. 바로 바다를 쪼개는 일입니다. 이렇게 해서 대륙 모양의 왜곡을 줄일 수 있습니다.

메르카토르 도법은 고위도로 갈수록 면적이 커져서 극지 부근은 표현할 수 없다는 단점이 있어요. 하지만 **구드 도법은 대륙 모양의 왜곡을 최소화하면서 면적을 정확하게 하고, 쪼개지기는 해도 극지 부근도 표현할 수 있다는 장점**이 있습니다.

그림 1-11 구드 도법으로 지도 그리는 법

시뉴소이드 도법

고위도 부근 왜곡이 크지만
적도 길이는 정확함

몰바이데 도법

고위도가 불룩하지만
적도 길이는 압축됨

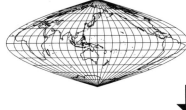

위도 40도 44분에서
시뉴소이드 도법의 저위도와 몰바이데 도법의 고위도를 합체

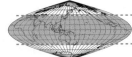

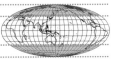

이렇게 가운데가 불룩한 모양이 됨

바다 부분을 쪼개
대륙의 왜곡을 최소화

완성한 구드 도법

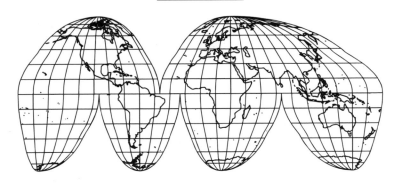

중심으로부터 거리와 방위가 정확한 도법

 거리와 방위가 정확한 정거방위도법

이어 거리를 정확하게 나타내는 정거도법을 소개합니다. 정확한 거리라고는 해도 지도 한 장에서 모든 지점 간 거리를 올바르게 표시하지는 못해요. **지구상 어딘가 한 지점을 기준으로 삼아 그곳에서부터 거리를 정확하게 표현했다는 뜻에서 정거正距라고 합니다.**

이런 정거도법의 대표 사례가 정거방위도법입니다. 이 도법은 중심으로부터의 거리는 물론 중심에서 동서남북 방위도 정확하게 나타냅니다. 서울에서 정동향으로 선을 그으면 점점 남반구 쪽으로 나아가 지구 정반대편에 정확히 도착합니다. 다만 **어디까지나 중심 지점에서부터 잰 거리와 방위여서, 다른 지점으로부터의 거리와 방위는 정확하지 않습니다.**

 지구 정반대편 지점이 바깥 둘레로

정거방위도법은 이렇게 만듭니다. 지구를 한 지점을 중심으로 잡고 나룻배 모양으로 잘라 펼치면 <그림 1-12>처럼 꽃잎 모양이 됩니다. 이 중심에서 멀리 떨어진 배 모양의 각 정점은 모두 지구 반대편 지점인 대척점입니다.

그림에 나온 사례는 일본 도쿄가 중심인데, 공백을 메우기 위해 배 모양을 붙이면 도쿄에서 거리가 같은 선이 동심원 모양으로 이어져요. 즉 지도는 도쿄에서부터 잰 거리를 정확하게 나타냅니다. 지도 바깥 둘레는 **도쿄에서 가장 먼 지구상 지점, 그러니까 도쿄의 지구 정반대편한 지점(남아메리카 대륙 앞바다)인 대척점이 됩니다.** 또 이 지도는 도쿄에서부터의 방위도 손가락으로 가리킨 방위의 연장선처럼 정확하게 표현합니다.

그림 1-12　정거방위도법으로 지도 그리는 법

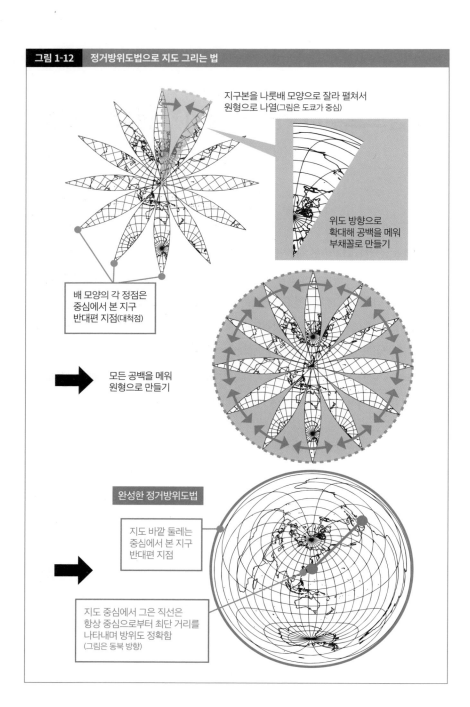

지구본을 나룻배 모양으로 잘라 펼쳐서
원형으로 나열(그림은 도쿄가 중심)

위도 방향으로
확대해 공백을 메워
부채꼴로 만들기

배 모양의 각 정점은
중심에서 본 지구
반대편 지점(대척점)

모든 공백을 메워
원형으로 만들기

완성한 정거방위도법

지도 바깥 둘레는
중심에서 본 지구
반대편 지점

지도 중심에서 그은 직선은
항상 중심으로부터 최단 거리를
나타내며 방위도 정확함
(그림은 동북 방향)

지도에 그려지는 다양한 지리정보

 다방면에 걸친 지도 정보

여기까지 둥근 지구를 평면에 그리는, 지도 그리는 법에 대해 설명했습니다. 이제 지도가 표현하는 정보에 대해 이야기해볼게요.

지도를 보면 지명, 기호, 다양한 선 등 여러 정보가 표현되어 있어요. 이렇게 지도에 표현되는 정보를 통틀어 지리정보라고 부릅니다. 지리정보는 시설 종류, 건물 이름, 도로 등 사회환경 정보뿐 아니라 지형이나 삼림 상황 같은 자연환경 정보도 포함합니다.

 평소 보는 지도는 대부분 주제도

그리고 이런 정보를 어떻게 담는지에 따라 지도는 일반도와 주제도로 나뉩니다. 일반도는 토지의 높낮이, 도로, 행정구역 경계, 강이나 연못, 시설 종류 등 기본적인 지리정보를 **주제 설정 없이 두루두루 표현한 지도입니다.** 한국에는 대표적으로 국토교통부 산하 기관인 국토지리정보원이 발행하는 수치지형도가 있습니다.

주제도는 **관광지도나 철도 노선도처럼 특정 정보를 강조한 지도입니다.** 우리가 보는 지도 대부분은 주제도입니다. 운전할 때 활용하는 도로 지도는 일반도에 가까워 보여도, 도로를 굵게 표시하고 건물 정보를 생략하는 식으로 보기 쉽게 표현되어 있어요. 홍수나 토사 재해의 위험이 있는 지역을 나타낸 재해예측 지도 등도 유사시에 대비하려면 없어서는 안 될 중요한 주제도입니다.

지리 학습에 꼭 필요한
수치나 비율을 나타내는 지도

 절대분포도와 상대분포도

주제도 중에서도 지리 학습에 자주 활용하는 지도가 통계지도입니다. 통계지도에는 절대분포도와 상대분포도가 있습니다. 절대분포도는 사물이나 데이터의 절대적 수치를 나타낼 때, 상대분포도는 비율이나 밀도 등을 비교할 때 쓰입니다.

 점이나 도형으로 나타내는 절대분포도

점묘도는 인구나 가축 사육두수 같은 분포를 나타내는 데 쓰이는 절대분포도입니다. 수량을 점으로 나타내고, 그 점이 드문드문 또는 촘촘히 있는지를 보고 분포 상황을 읽어냅니다.

도형표현도는 구획 지은 영역별로 대상의 수를 도형으로 표현하는 절대분포도입니다. 예를 들어 나라나 지역마다 어떤 물자를 얼마나 생산하는지 알 수 있습니다.

 선으로 나타내는 절대분포도

등치선도는 값이 같은 지점을 선으로 연결해 나타낸 지도입니다. 기온, 기압, 강수량, 봄철 벚꽃 전선과 같은 기상 관련 지도 표현에 적합해요. **산 같은 지형의 높낮이를 나타내는 등고선을 사용한 지도도 표고를 나타낸 등치선도입니다.**

유선도는 사물이나 사람의 이동을 나타낼 때 쓰이는 절대분포도입니다. 화살표로 이동 방향을, 굵기로 양을 표현합니다. 무역량, 관광객, 인구 유출입 등의 현황을 파악할 수 있어요.

그림 1-13　점묘도와 도형표현도

돼지 사육두수

점묘도

수량을 점으로 나타내 분포 상태를
표현한 지도. 인구, 농산물, 시설 등
분포 표현에 활용

각 지역 공업 생산액

도형표현도

수량을 원이나 봉, 그림의 크기로
나타낸 지도. 수량 차이를
직관적으로 파악하기 쉬움

그림 1-14　등치선도와 유선도

연평균 기온

21℃
22℃
23℃

등치선도

수치가 같은 지점을 선으로 연결한
지도. 강수량, 기온, 표고 등
연속적인 변화 표현에 사용

각 지역 간 인구 이동

유선도

이동 방향과 수량 등을 화살표 방향과
굵기로 나타낸 지도. 무역량이나
인구 이동 등의 표현에 적합

비율을 표현하는 상대분포도

지금까지 소개한 절대분포도를 통해 양적 분포는 파악할 수 있어도 비율 등을 나타낼 수는 없습니다.

예를 들면 도형표현도에서 고령자 수를 나타낸 **도형이 크더라도 그 지역의 고령자 비율이 반드시 높다는 뜻은 아닙니다.** 그 지역 인구가 많아서 수가 많아 보이지만, 비율 자체는 낮을 가능성도 있어요. 그래서 **비율이나 상대적인 분포 차를 색의 농도 등으로 표현하는 상대분포도가 필요합니다.**

단계구분도는 대표적인 상대분포도입니다. 구획 지은 지역별 비율이나 밀도를 색상이나 농도 차이로 나타내는 지도입니다. 나라나 지역 단위 등 넓은 범위에서의 비율 차이를 한눈에 파악할 수 있어요. 반면 절대적인 수량은 모르며, 구획된 지역 전체가 같은 색으로 표현되어 그 중에 세부적으로 어느 지역의 비율이 높고 낮은지도 알 수 없습니다.

메시 맵은 지역을 면적이 같은 그물망(메시)으로 구획하고, 그 메시를 단위로 삼아 통계 데이터를 지도화해 다른 농도로 나누어 칠한 지도입니다. 각 메시는 면적이 같기에 짙게 칠한 메시는 곧 절대적인 수량도 많음을 알 수 있습니다. 비율과 양을 동시에 파악 가능해 상대분포도와 절대분포도를 합친 장점이 있어요.

 변형해 표현하는 카토그램

카토그램은 '변형 지도'입니다. 지도를 변형시켰기 때문에 모양이나 면적을 보고 원래 지도와 비교해 그 지역의 특징을 파악하는 데 적합합니다.

<그림 1-16>은 일본 시코쿠 지역 4개 현의 인구 분포를 카토그램으로 나타낸 것입니다. 가가와현이 실제 면적보다 확대되어 면적에 비해 인구가 많다는 특징을 알 수 있습니다. **카토그램을 읽을 때는 원래 지도가 어떤 모양인지 파악해둘 필요가 있어요.**

그림 1-15　단계구분도와 메시 맵

65세 이상의 비율

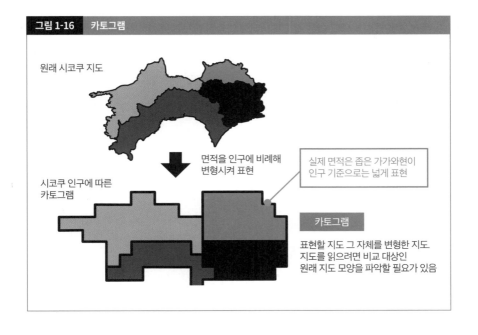

단계구분도

지역별 비율을 등급으로 나눠 색이나
모양 등으로 나눈 지도. 비율 차이를
시각적으로 파악하기 쉬움

인구 분포

메시 맵

지역을 일정 간격으로 구획,
구획별로 수치를 단계별로 나눠
색이나 모양으로 표현한 지도

그림 1-16　카토그램

원래 시코쿠 지도

면적을 인구에 비례해
변형시켜 표현

실제 면적은 좁은 가가와현이
인구 기준으로는 넓게 표현

시코쿠 인구에 따른
카토그램

카토그램

표현할 지도 그 자체를 변형한 지도.
지도를 읽으려면 비교 대상인
원래 지도 모양을 파악할 필요가 있음

매일 접하는 정보기술을 활용한 지도

 디지털 지도에 활용되는 GIS

일상생활에서 우리가 보는 지도로는 스마트폰의 구글맵 같은 디지털 지도나 차량 내비게이션 지도 등이 꼽힙니다.

　디지털 지도가 생활에 넘쳐나는 한편 종이 지도를 볼 기회는 점점 사라지고 있습니다.

　디지털 지도를 보면 대부분 지도 위에 목적지까지의 경로나 도로 상황, 근처 가게나 편의점 이름 등 다양한 정보가 실려 있습니다. 또 기본 지도에 인구나 연령층 분포를 겹쳐서 마케팅에 활용하거나, 강수량이나 지면 경사 등을 겹쳐서 방재에 활용하기도 해요.

　이런 식으로 **기본 바탕이 되는 지도 데이터에 다양한 정보를 조합해 표시한 시스템**을 GIS(지리정보시스템)라고 합니다. 최근에는 예전 기술로는 기록과 보관이 어려웠던, 날마다 생성되는 방대한 데이터인 빅데이터가 GIS를 통해 가시화되어 기업이나 행정기관 등에서 활용되고 있습니다.

　이처럼 기본 지도에 겹치는 정보 층을 레이어라고 부릅니다. 기본 지도에 비구름을 나타내는 레이어를 겹치면 강우 예측이 가능하고, 교통정보 레이어를 겹치면 도로 정체 정보를 파악하는 데 활용할 수 있습니다. 이렇게 레이어를 겹쳐 표시하는 것을 오버레이라고 해요.

 지구상 위치를 정밀하게 측정하는 GNSS

GIS에 활용하는 데이터 수집이나 위치정보 특정에 없어서는 안 될 기술이 위도와 경도를 정확하게 측정하는 기술입니다. 지금 이 책을 쓰는 장소의 위도와 경도를 스마트폰으로 찾아보니

'위도 33.5801063·경도 130.493104'라는 수치가 나오네요. 이곳에는 카페가 있는데, **이 카페의 정확한 위치를 스마트폰 지도에 표시하는 것도 정밀한 위도와 경도 데이터입니다.**

지구 위 좌표를 인공위성을 활용해 정확하게 측정하는 시스템이 미국의 GPS(글로벌 포지셔닝 시스템), 일본판 GPS인 미치비키, 유럽연합(EU)의 갈릴레오 등으로 대표되는 GNSS(범지구위성 항법시스템)입니다. 미국 GPS와 일본 미치비키는 통합 운영되고 있으나, 유럽연합의 갈릴레오는 미국 GPS에 의존하지 않는 독자 시스템으로 개발되었습니다.

모두 여러 인공위성이 보내는 신호를 수신기로 받아 수신자가 현재 위치를 알 수 있게 하는 구조입니다.

앞으로 기술이 더욱 정밀해져서 자율주행이나 무인택배 등의 시스템에 도입되면, 온라인 구매 상품이 드론을 타고 정확히 현관 앞에 도착하는 일도 상상해볼 수 있겠습니다.

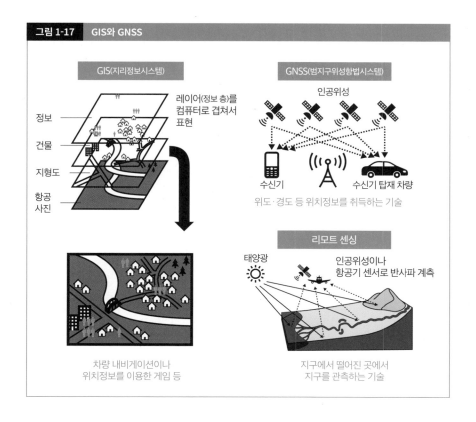

그림 1-17   GIS와 GNSS

GIS(지리정보시스템)

정보
건물
지형도
항공
사진

레이어(정보 층)를
컴퓨터로 겹쳐서
표현

차량 내비게이션이나
위치정보를 이용한 게임 등

GNSS(범지구위성항법시스템)

인공위성

수신기   수신기 탑재 차량

위도·경도 등 위치정보를 취득하는 기술

리모트 센싱

태양광   인공위성이나
항공기 센서로 반사파 계측

지구에서 떨어진 곳에서
지구를 관측하는 기술

멀리서 지구를 관찰하는 기술

GNSS와 함께 GIS를 지탱하는 중요한 기술이 **인공위성이나 항공기처럼 지구에서 멀리 떨어진 곳에서 지구를 관찰하는 기술**입니다. 이를 리모트 센싱이라고 합니다.

리모트 센싱은 인간 생활권에서 먼 장소나 위험한 지역 등을 조사하거나, 넓은 범위를 한꺼번에 조사할 수 있다는 장점이 있어요.

리모트 센싱의 대표 사례인 인공위성에서 얻은 데이터는 날씨 예보 외에도 농작물 생육 상황이나 화산 활동 관측, 재해 현황 파악 등에 폭넓게 활용됩니다.

 ## 스마트폰과 GIS

GIS 이용은 스마트폰을 늘 들고 다니는 우리에게 매우 친숙합니다. 식사할 음식점을 찾아주거나, 비구름의 움직임을 보여주거나, 달리기 기록을 재는 등 GIS를 활용하는 수많은 애플리케이션이 있습니다. 또 '포켓몬고'처럼 GIS를 이용한 위치 기반 게임도 인기를 얻고 있어요.

우리가 GIS를 활용하는 데 그치지 않고, 우리가 스마트폰을 사용한 위치나 상황 등 스마트폰의 데이터도 끊임없이 수집됩니다. 이는 빅데이터의 일부로 축적되어 더욱 편리한 애플리케이션 제작이나 정확한 지도 작성에 쓰입니다.

제 2 장

지형

자연의 힘이 만드는
변화무쌍한 지형

2장에서는 지구 위에 보이는 다양한 지형을 소개합니다. 희귀한 지형은 관광 명소가 되고, 지형을 만드는 에너지는 온천이나 광물자원 등으로 우리에게 혜택을 줍니다.

우선 우리를 둘러싼 지형에는 대지형과 소지형이 있어요.

대지형이란 대륙, 해양, 대산맥처럼 지구본에서 잘 보이는 대규모 지형을 가리킵니다. 대지형의 형성은 지구를 덮는 암반인 판의 움직임으로 설명할 수 있어요. 다양한 지각변동이 나타나는 변동대, 대지 움직임이 활발하지 않은 안정지역으로 나뉩니다.

또 주변에서 볼 수 있는 소규모 지형인 소지형은 강, 빙하, 바다 등의 힘으로 형성됩니다. 골짜기, 선상지, 삼각주 등 대표적인 소지형은 강이 지면을 깎거나 운반되어 온 흙이 쌓여서 만들어집니다.

아울러 해안에 생기는 사주나 해안단구, 따뜻한 해역에 생기는 산호초, 빙하에 의해 만들어지는 빙하지형, 건조지에 생기는 건조지형, 석회암이 많이 분포하는 지역에 형성되는 카르스트 지형 등 특정 지역에 만들어지는 개성 있는 지형에 대해서도 설명합니다.

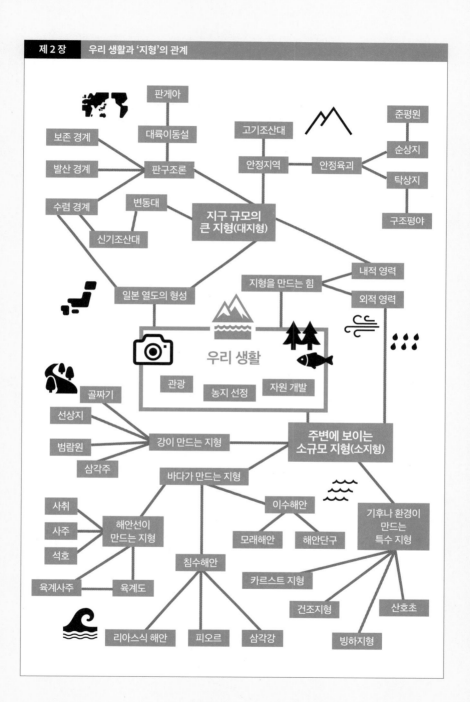

우리를 둘러싼 여러 크고 작은 지형

대지형은 지구 규모의 큰 지형

우리 주변에는 산, 강, 계곡, 해안 등 다양한 지형이 있습니다. 독특한 지형이 있는 곳은 풍광이 아름다운 관광지로 거듭나고, 등산이나 캠핑 명소가 되기도 해요. 지형은 지리를 친근하게 느낄 수 있는 분야입니다.

지형은 한 단어로 불리지만 사실 크게 두 갈래로 나뉩니다. 하나는 대륙이나 해양, 히말라야 산맥 같은 대산맥처럼 대지형이라고 하는 **지구 규모의 큰 지형**입니다. 다른 하나는 소지형으로 불리는 **골짜기, 선상지, 삼각주같이 비교적 한정된 범위의 지형**입니다.

대지형을 만드는 대륙의 이동

먼저 대지형에 관해 이야기하겠습니다. 세계지도나 지구본을 보면 거대한 대륙이나 넓은 바다가 눈에 들어옵니다. 이런 대규모 지형은 어떻게 만들어질까요?

여러분 중에는 대륙이동설이라는 말을 들어본 분도 많을 것입니다. 20세기 초 베게너라는 독일 기상학자가 주장했는데, **먼 옛날 지구에는 하나의 거대한 대륙이 존재했고 그 대륙이 각각 분열해 현재의 대륙 모양과 위치가 되었다는 설**입니다. 확실히 대서양을 사이에 둔 아프리카 대륙과 남아메리카 대륙의 해안선 모양은 꽤 닮아서, 원래 하나였던 대륙이 분열했다고 하면 고개를 끄덕이게 됩니다.

그러나 당초 베게너의 주장은 지지를 얻지 못했습니다. 분열해서 이동했다고 해도 대륙을 움직이는 거대한 힘의 원천이 해명되지 않았기 때문입니다.

다만 메커니즘이 해명되지 않아도 **지구 각지의 오래된 암석에 남아 있는 자기장 방향, 육지나 해저가 만들어진 연대를 조사하면서 점점 대륙이동설의 정황 증거가 모였습니다.**

이에 따르면 2억 2500만 년 전쯤 지구에는 판게아라는 하나의 대륙이 존재했습니다. 이는 머지않아 로라시아 대륙과 곤드와나 대륙으로 분열했고, 두 개의 대륙이 또다시 이동해 현재의 대륙과 해양이 만들어졌다고 판단할 수 있다는 것입니다.

그림 2-1	아프리카와 남아메리카의 해안선

오래전부터 아프리카 대륙과 남아메리카 대륙의 해안선이 비슷하다는 의견이 나옴

➡ 원래 하나였던 대륙이 분열한 것은 아닐까?

그림 2-2	대륙이동설과 판게아

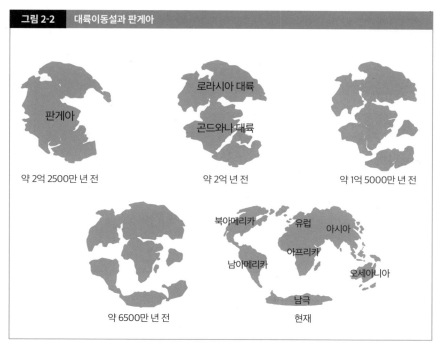

판게아

약 2억 2500만 년 전

로라시아 대륙

곤드와나 대륙

약 2억 년 전

약 1억 5000만 년 전

약 6500만 년 전

북아메리카

유럽

아시아

아프리카

남아메리카

오세아니아

남극

현재

대륙 이동의 원동력으로 추정되는 판 이동

 대륙이동설의 증거가 된 개념

1960년대 들어 대륙이동설을 합리적으로 설명할 수 있는 주장이 나왔습니다. 바로 **판으로 불리는 암반의 이동에 의해 대륙과 해양의 형성, 지진이나 화산 분화 같은 다양한 현상이 일어난다**는 판구조론이라는 개념입니다.

이 주장에 따르면 지구 위에는 지구 표면을 덮는 판이라는 암반이 수십 장 있으며, 각각 해마

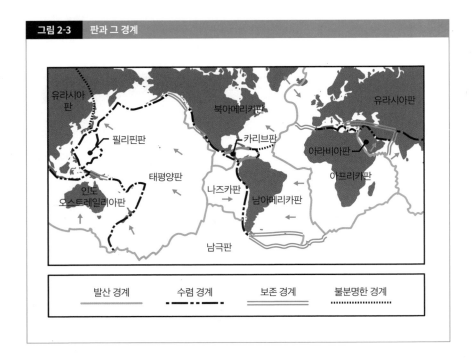

그림 2-3   판과 그 경계

다 몇 센티미터씩 이동합니다. 판에는 대륙판과 해양판이 있습니다. 대륙판은 대체로 두껍고 가벼운 암석으로 이뤄지고, 해양판은 얇고 무거운 암석으로 만들어지는 경향이 있습니다(대륙과 해양을 명확하게 구분할 수 없는 판도 있어요).

 ## 판을 움직이는 맨틀 대류

판이 무엇으로 움직일지 살펴보면 맨틀 대류라는 것이 있습니다. 판과 지구 중심부 핵 사이에 있는 암석층을 맨틀이라고 합니다. 이 맨틀은 고체인데 유동성이 있어서 오랜 시간에 걸쳐 지구 내부 열에 의해 천천히 대류를 한다고 추정됩니다. **맨틀 대류를 타고 그 위에 있는 판이 유빙처럼 이동할 것으로 가정하고 있습니다.** 최근에는 <그림 2-4>보다 더욱 깊은 곳에 맨틀의 거대한 상승·하강류가 있다는 발전적인 주장도 나왔어요.

판은 여러 방향으로 움직이기 때문에 서로 부딪치거나, 판과 판 사이에 틈이 생기거나, 판끼리 어긋나곤 합니다. 특히 판이 충돌하는 곳에서는 해양판이 대륙판 밑으로 들어가거나, 대륙판끼리 충돌해 높은 산맥을 만들기도 해요. 이런 **판의 경계를 변동대라고 하며 여기서 다양한 지각변동이 일어납니다.** 한편 **변동대에서 떨어진 판 내부는 지각변동이 활발하지 않은 안정지역**으로 불립니다.

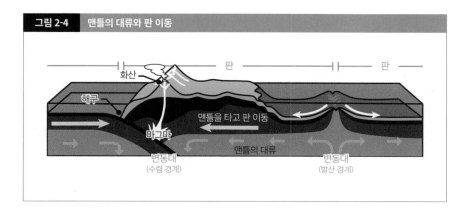

그림 2-4　맨틀의 대류와 판 이동

화산이나 대산맥을 만드는 판이 부딪치는 경계

🏔 수렴 경계 ① 섭입대

판 두 개가 부딪쳐 틈이 생기거나 서로 어긋나는 변동대에서는 어떤 일이 일어나는지 소개하겠습니다. 판과 판이 부딪치는 지점을 수렴 경계라고 부릅니다.

수렴 경계에는 두 가지 유형이 있어요. 하나는 섭입대라고 하는, **판 아래로 다른 판이 밀려들어가듯 움직이는 경계**입니다. 해양판과 대륙판이 충돌하는 경우에는 두 판의 밀도·비중 차이 때문에 대륙판 아래로 해양판이 파고들어 경계에 깊은 도랑인 해구가 형성됩니다.

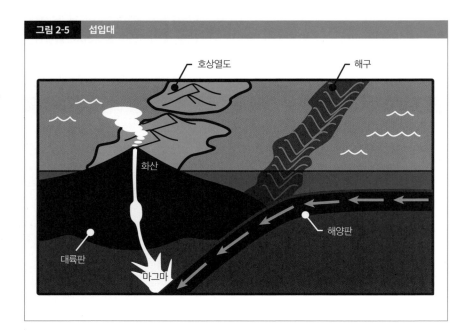

그림 2-5   섭입대

호상열도 / 해구 / 화산 / 대륙판 / 해양판 / 마그마

또 파고들어간 지점에서는 해양판 속 수분 작용이나 맨틀 내 압력 변화로 맨틀이 녹아 마그마가 됩니다. 이 마그마가 지상으로 분출하면 화산입니다. 해저화산이 수면 위로 얼굴을 드러내면서 일본 열도처럼 섬이 줄 지어 있는 호상열도를 형성하는 경우도 많아요.

수렴 경계 ② 충돌대

두 번째 패턴은 대륙판끼리 부딪치는 등 **두꺼운 판끼리 충돌하는 경우입니다.** 이를 충돌대라고 합니다. 이때도 결과적으로 한쪽 판이 밀려들어가는 형태가 되기는 해요. 하지만 그 위에 판에 실린 퇴적물이 크게 솟아올라 대산맥을 이룹니다. 대표 사례가 유라시아판과 인도·오스트레일리아판이 충돌해 만들어진 히말라야산맥입니다.

이 충돌은 규모가 엄청나게 커서 티베트고원이나 그 북쪽의 대규모 산맥이 형성되는 데에도 영향을 미칩니다. 충돌하면서 원래 해저였던 곳이 솟아올랐기 때문에 해발 8000m를 넘는 지점에서도 해양 생물 화석이 발견되곤 해요.

섭입대에서도 충돌대에서도 부딪치는 판 사이에는 거대한 힘이 걸려서 수렴 경계 주변은 지진이 많이 발생하는 지대가 됩니다.

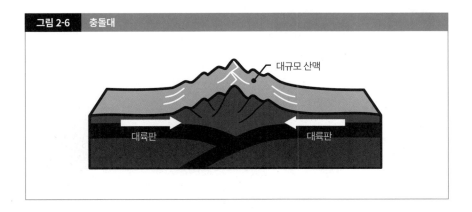

그림 2-6   충돌대

대규모 산맥

대륙판   대륙판

벌어지고 어긋나는 곳에 나타나는 대지의 균열

아이슬란드에 나타나는 대지의 균열

발산 경계는 주로 넓은 바다 밑 중앙부에 나타납니다. 이곳에는 해저산맥인 해령이 존재합니다. 해령에서는 지구 내부에서부터 올라온 맨틀 일부가 녹아 마그마가 되어 틈에서 분출하고, 이는 그대로 굳어 새로운 판을 만들어냅니다. 발산 경계는 해저에 있는 경우가 많지만, **아이슬란드처럼 해수면 위에 발산 경계가 출현한 경우에는 대지에 균열(아이슬란드에서는 '갸우'라고 해요)이 나타나 마그마가 분출하는 화산이 됩니다.** 아이슬란드라는 이름대로 아이슬란드는 빙

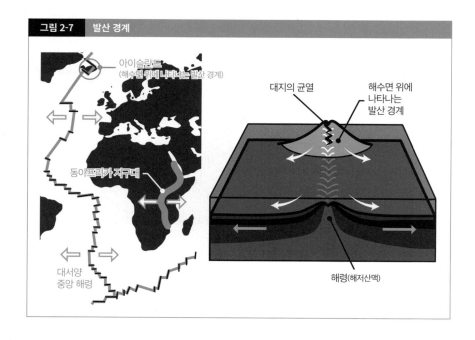

그림 2-7   발산 경계

아이슬란드
(해수면 위에 나타나는 발산 경계)

동아프리카 지구대

대서양
중앙 해령

대지의 균열

해수면 위에
나타나는
발산 경계

해령(해저산맥)

하가 많이 존재하는 한랭한 나라지만, 한편으로 온천이나 화산이 많아 지열발전도 왕성해서 '춥고 뜨거운 나라'라고도 할 수 있지요.

또 안정지역이지만 아프리카에 있는 **동아프리카 지구대** 아래에는 맨틀 상승류가 나타나 발산 경계가 계속 만들어지고 있습니다. 아직 명확하지는 않으나 먼 미래에는 **이 경계에서 판 두 개가 갈라지고 해수가 동아프리카 지구대로 파고들어, 아프리카가 대륙 두 개로 나뉠 수도 있다는 관측도 있습니다.**

🏔 보존 경계의 대표 사례

또 다른 경계는 수평 방향으로 어긋나는 보존 경계입니다. 대표적 예는 미국 캘리포니아주에 뻗어 있는 산안드레아스 단층입니다. **보존 경계도 판 두 개 사이에 거대한 힘이 걸려서 지진이 자주 일어나는 지역으로 유명합니다.** 샌프란시스코 주변에서는 가끔 대지진이 발생해 뉴스에 나오곤 해요.

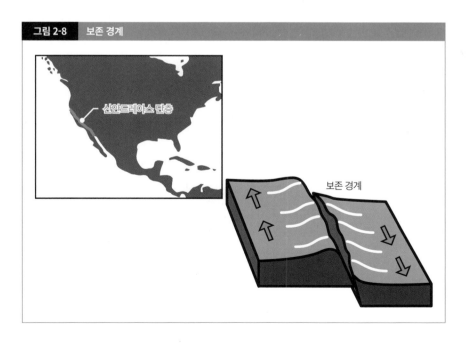

그림 2-8   보존 경계

변동대에서 많이 일어나는 지진과 화산

 변형된 암반이 한 번에 풀려나며 일어나는 지진

지금까지 살펴봤듯이 변동대에는 지진과 화산이 많아요. **변동대인 일본 열도도 지진이나 화산이 잦은 지역입니다.** 또 가끔 세계 뉴스에 대지진 소식이 나오는데, 이때 대지진이 발생한 지명을 주의 깊게 보면 **멕시코, 페루, 인도네시아, 대만 같은 변동대에 지진이 많음을 알 수 있어요.** 아울러 이들 지역에는 화산도 많이 존재합니다.

　지진은 판의 섭입이나 충돌로 판 내부 암반이 변형되어 한계에 다다르면, 단숨에 암반이 파열되고 변형이 풀려나면서 일어나는 현상입니다. 섭입대에서 발생하는 지진이나 어긋날 가능성이 있는 단층인 활단층을 따라 일어나는 지진 등이 있습니다. 섭입대에서 일어나는 지진은 종종 쓰나미를 동반합니다.

 마그마가 분출해 만들어지는 화산

화산은 **지하에 녹아 있는 암석인 마그마가 지표로 분출해 생기는 지형**입니다. 변동대 중에서도 섭입대나 발산 경계에 많이 분포하는데, 그중에는 맨틀의 깊은 곳에서 솟아오르는 마그마가 판을 관통해 분출하는 열점이 만들어지는 화산도 있습니다. 화산섬인 하와이가 대표적인 열점입니다.

　화산에는 다양한 형태가 있어요. 먼저 용암의 점성이 크면 용암원정구(용암돔)라고 하는 불룩 솟은 모양의 화산이 나타납니다. 그리고 섭입대에서는 점성이 중간 정도인 용암에 더해 다양한 분출물이 축적되어 일본 후지산 같은 원뿔 모양의 성층화산이 되는 경우가 많습니다. 또 용암의 점성이 낮으면 용암이 넓은 구역으로 흘러내려 경사가 완만한 순상화산이 됩니다.

화산이 분출할 때는 용암, 화산재, 분석이 대량으로 방출되어 화산가스를 분출합니다. **분출물이 방출된 산정상 부근에는 함몰된 웅덩이가 생겨서, 칼데라라는 커다랗게 움푹 팬 지형이 만들어지기도 합니다.** 일본 구마모토현에 있는 남북 25km, 동서 18km 크기의 아소산 칼데라는 상당한 대규모로 유명합니다.

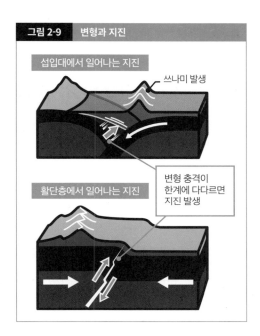

그림 2-9 변형과 지진

섭입대에서 일어나는 지진

쓰나미 발생

활단층에서 일어나는 지진

변형 충격이 한계에 다다르면 지진 발생

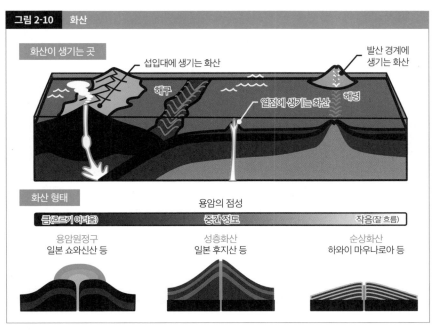

그림 2-10 화산

화산이 생기는 곳

섭입대에 생기는 화산

해구

발산 경계에 생기는 화산

열점에 생기는 화산

해령

화산 형태

용암의 점성

틈(흐르기 어려움)　　중간정도　　작음(잘 흐름)

용암원정구
일본 쇼와신산 등

성층화산
일본 후지산 등

순상화산
하와이 마우나로아 등

대지가 활발하게 운동하는 신기조산대

 산이나 육지를 만드는 조산운동

이렇게 판 경계에 위치하는 다양한 변동대를 살펴봤습니다. 이 가운데 수렴 경계에서는 새롭게 산맥이나 열도를 만들어내는 움직임이 있다고 설명했어요.

이런 식으로 **새로운 산이나 육지를 만드는 운동을 조산운동**이라고 합니다. 조산운동이 일어난 시기를 크게 3개로 구분하면, 선캄브리아대인 **약 5억 4000만 년 이전 먼 옛날에 조산운동이 일어나 지금은 확실한 안정지역으로 자리 잡은 지역**을 안정육괴라고 해요. 또 **5억 4000만 년에서 2억 5000만 년 전 고생대에 조산운동이 일어나** 현재 안정지역에 속하는 것으로 간주하는 지역을 고기조산대, **2억 5000만 년 전부터 지금에 걸쳐 활발하게 조산운동이 이뤄지는 지역**을 신기조산대라고 부릅니다.

 조산운동이 왕성하게 이뤄지는 조산대 두 곳

신기조산대 주요 지역은 크게 두 곳으로 나뉩니다.

하나는 **유럽 알프스산맥에서 인도 북부 히말라야산맥을 지나 말레이반도나 인도네시아 등 동남아시아로 이어지는** 알프스-히말라야 조산대입니다.

다른 하나는 **남북아메리카의 로키산맥과 안데스산맥, 일본 열도, 필리핀에서 뉴질랜드로 이어지며 태평양을 감싸듯 분포하는** 환태평양 조산대입니다. 이들 지역은 조산운동이 왕성하게 이뤄져 높고 험준한 산이 많은 점이 특징입니다.

그림 2-11   신기조산대·고기조산대와 안정육괴

신기조산대와 고기조산대

스칸디나비아산맥　우랄산맥

텐산산맥

환태평양 조산대

알프스-히말라야조산대

애팔래치아산맥

그레이트디바이딩산맥

드라켄즈버그산맥

신기조산대　　고기조산대

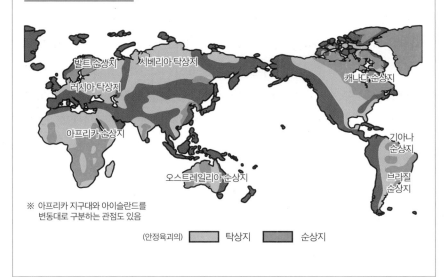

안정육괴(탁상지·순상지)

발트 순상지　시베리아 탁상지

러시아 탁상지

캐나다 순상지

아프리카 순상지

기아나 순상지

오스트레일리아 순상지

브라질 순상지

※ 아프리카 지구대와 아이슬란드를
　변동대로 구분하는 관점도 있음

(안정육괴의)　탁상지　　순상지

과거 조산운동의 영향이 남은 고기조산대

 완만한 산맥이 많은 고기조산대

변동대와 안정지역이라는 두 가지 구분에 따르면 고기조산대는 안정지역에 들어가지만, 조산운동의 영향이 지금도 남아 있는 지역입니다. 약 5억 4000만 년 전부터 2억 5000만 년 전 고생대에 이 지역은 변동대의 수렴 경계에 위치해 조산운동이 이뤄지던 곳이었어요. 하지만 이제 변동대는 멀리 이동했고, 당시 높고 험준했던 산맥도 **오랜 기간 침식으로 많이 깎여서 지금은 완만해졌습니다.** 러시아 우랄산맥이나 미국 애팔래치아산맥 등이 대표 사례입니다.

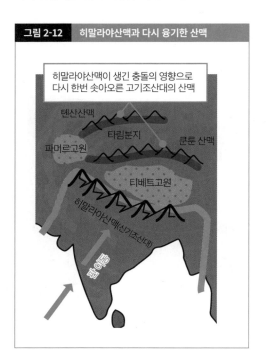

그림 2-12　　히말라야산맥과 다시 융기한 산맥

히말라야산맥이 생긴 충돌의 영향으로 다시 한번 솟아오른 고기조산대의 산맥

톈산산맥
타림분지
파미르고원　　　　쿤룬 산맥
티베트고원
히말라야산맥(신기조산대)
충돌

그러나 이렇게 비교적 완만한 고기조산대 중에서 높고 험준한 산이 존재하는 경우도 있습니다. 중국의 톈산산맥이나 쿤룬산맥 등이 대표적입니다. 이는 히말라야산맥이 생긴 충돌의 영향을 받아 거듭 산맥이 솟아오른(다시 융기한) 것으로, **히말라야산맥 충돌의 파장이 멀리까지 미친 것**이라고 볼 수 있습니다.

가장 오래전 만들어진 안정육괴의 육지

 ## 가장 오래된 지층이 드러나는 순상지

신기조산대나 고기조산대 이전, 즉 **5억 4000만 년 전보다 앞선 선캄브리아 시대에 조산운동이 일어나 고생대 이후 현재에 이르기까지 안정지역으로 자리 잡은,** 가장 오래전에 만들어진 육지를 안정육괴라고 합니다. 안정육괴는 크게 두 지역으로 분류됩니다.

첫 번째는 순상지입니다. **지금부터 5억 4000만 년 전보다 옛날인 가장 오래된 지질 시대의 지층이 그대로 광범위하게 드러난 지역입니다.** 높낮이가 완만한 지형이 많으며, 옛날 병사들이 들던 방패를 엎어놓은 모양이라는 의미에서 순상지('방패 모양의 땅'이라는 뜻-역자 주)로 불립니다. 선캄브리아 시대 지면이 그대로 계속 노출되는 경우, 다음에 설명할 탁상지의 퇴적물이 빙하 등에 침식되어 벗겨지는 경우 등에 만들어져요.

순상지의 지형을 살펴보면 수억 년이라는 오랜 기간에 걸쳐 비바람에 의해 평탄해져 대지나 평원이 됩니다. 이렇게 생긴 완만한 지형을 준평원이라고 합니다. 준평원 중에는 잔구라고하여, 침식 작용 후 단단한 암석이 남는 경우가 있어요. 호주에 있는 오스트레일리아 순상지인 **울루루**(에어즈 록)는 대표적인 잔구입니다.

 ## 수평 지층이 펼쳐지는 탁상지

두 번째는 **탁상지**입니다. 안정지역에서는 판끼리 충돌하거나 갈라지는 식으로 단기간에 일어나는 격한 지각변동은 없으나, 수억 년 기간으로 보면 완만한 상승과 하강을 되풀이합니다. 이때 얕은 해저에 가라앉은 곳에서는 토사가 퇴적하고, 다시 지상으로 나오면 지표가 비바람에 침식됩니다. 이런 작용을 반복해 **넓은 범위에 걸쳐 수평 지층이 퇴적하고, 융기해서 방대한 평원이나 대지를 만들면 탁상지라고 부릅니다.** 이 수평 지층을 따라서 자리 잡은 평야를 구조평야라고 해요.

탁상지에는 가끔 흥미로운 지형이 나타납니다. 대표 사례가 케스타라는 지형입니다. 탁상지가 완만하게 경사질 때 나타나며, 침식할 경우 단단한 지층과 부드러운 지층의 침식 방식 차이에 따라 **완만한 경사면과 급격한 경사면이 교대로 나타나는 특징적인 지형**이 출현합니다. 프랑스 **파리분지**의 케스타가 유명한데 완만한 경사면에서는 밀가루를, 급격한 경사면에서는 포도를 재배합니다. 또 파리분지 외곽에서 파리로 향하는 길에는 가파른 경사를 몇 번이고 올라야 합니다. 그래서 파리의 케스타 급사면은 옛날부터 파리를 지키는 방위선으로 활용되었어요. 또 나이아가라 폭포는 케스타 급사면에서 쏟아져 내리는 폭포입니다.

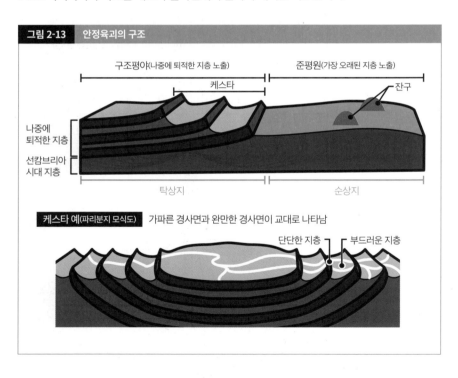

그림 2-13　안정육괴의 구조

구조평야(나중에 퇴적한 지층 노출)　준평원(가장 오래된 지층 노출)

케스타

잔구

나중에 퇴적한 지층

선캄브리아 시대 지층

탁상지　순상지

케스타 예(파리분지 모식도)　가파른 경사면과 완만한 경사면이 교대로 나타남

단단한 지층　부드러운 지층

지구 안팎에서 지형을 만드는 영력

 내적 영력과 외적 영력

여기까지 대륙 규모의 대지형을 살펴봤습니다. 이제 선상지, 삼각주, 해안에 뻗은 사주와 같은 소규모 지형, 즉 소지형에 관해 이야기할게요.

대지형과 소지형에 상관없이 다양한 지형을 만드는 힘을 영력이라고 합니다. 영력에는 지구 내부에서 지형을 만드는 내적 영력, 지구 외부에서 지형을 만드는 외적 영력이 있어요. 우선

내부에서 지형을 만드는 작용에는 화산 활동과 지진, 토지 융기나 침강 등 지각변동이 있습니다. 이 **내적 영력은 일반적으로 땅을 밀어 올리거나 움푹 들어가게 하면서 지면을 울퉁불퉁하게 하는 힘입니다.**

한편 외적 영력은 비, 눈, 바람의 작용으로 지면이 깎이거나 토사로 구덩이가 메워지는 힘입니다. 일시적으로는 외적 영력에 의해 지형이 울퉁불퉁해지기도 하는데, 길게 보면 **외적 영력으로 산이 깎이면서 골짜기가 메워져 지형은 점점 평탄해집니다.**

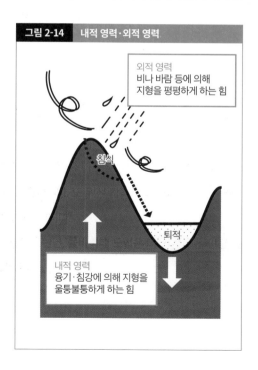

그림 2-14 　내적 영력·외적 영력

외적 영력
비나 바람 등에 의해
지형을 평평하게 하는 힘

침식

퇴적

내적 영력
융기·침강에 의해 지형을
울퉁불퉁하게 하는 힘

하천이 만드는 충적평야

 일정한 순서로 만들어지는 하천변 지형

개성 있는 소지형 가운데 하천이 만드는 지형을 소개합니다. 하천은 상류에서는 지면을 깎고, 토사를 운반해 하류에 퇴적하는 작용이 있어요. 아울러 **상류부터 차례로 골짜기, 선상지, 범람원, 삼각주라는 지형을 만들어냅니다.**

　상류에서 보면 곡저평야부터 삼각주까지 하나로 이어지는 평야가 계속 펼쳐지는 것처럼 보입니다. 이렇게 하천의 퇴적 작용이 만드는 평야를 충적평야라고 합니다.

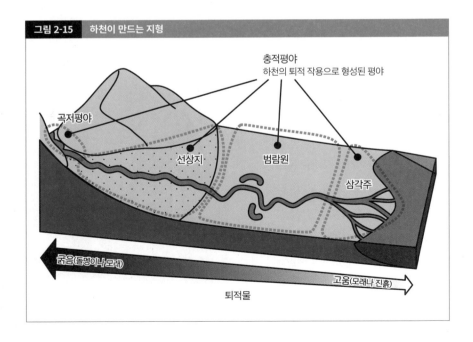

그림 2-15　하천이 만드는 지형

하천 상류에 자주 보이는
골짜기와 하안단구

 산기슭에 나타나는 골짜기와 좁은 평야

하구는 경사가 커지면 유속이 빨라져서 지면을 깎는 침식 작용이나 토사를 옮기는 운반 작용
이 커집니다. 산지의 강은 경사가 가파르기에 이런 작용이 더욱 강하게 나타나 깊은 골짜기를
만듭니다.

이렇게 **강이 깎은 골짜기는 옆에서 보면 V자 형태**여서 V자곡이라고 해요. 골짜기는 점점 깎
이면서 깊어지기 때문에 산사태나 땅사태가 일어나기 쉬운 곳이 됩니다. 무너진 토사가 강에
유입되면 물과 토사가 단번에 흘러내려가 토석류가 되므로 홍수에 대비해 특히 경계가 필요
한 지역입니다.

골짜기 중간에 경사가 완만해지거나, 하천 수량 감소로 퇴적 작용이 일어나면 골짜기가 토
사로 메워져 좁고 긴 곡저평야가 나타나는 경우가 있습니다. 곡저평야에는 소규모 논을 볼 수
있는 경우가 많으며, 산속을 드라이브하다 보면 도로 휴게소가 이런 곡저평야에 자주 설치된
점이 눈에 띌 것입니다.

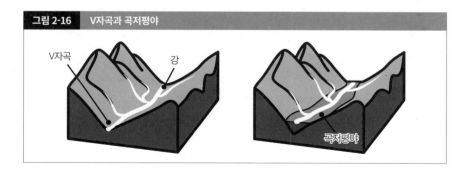

그림 2-16 V자곡과 곡저평야

V자곡

강

곡저평야

하천 양안에 나타나는 계단식 지형

일단 만들어진 곡저평야를 강이 더 깎으면 어떻게 될까요? 이런 사례가 발생하는 경우는 곡저평야를 포함한 토지가 다시 크게 융기할 때입니다.

이때 그동안 침식 작용이 강하지 않았던 하천의 침식력이 부활해 지면을 깎아 더 아래쪽으로 침식하려 합니다.

그 후 다시 그곳에 토사가 퇴적해 곡저평야가 생기고 또 하천의 침식이 시작됩니다. 이런 식으로 **침식과 퇴적을 교대로 반복하면서 곡저평야와 골짜기가 번갈아가며 만들어지면, 그 하천 양안에는 하안단구라는 계단식 지형이 형성됩니다.** 평탄한 면을 단구면, 단구면과 단구면 사이 벼랑을 단구애라고 합니다.

일본의 대표적인 하안단구로는 약 7단에 걸친 아름다운 단구가 있어 '일본에서 가장 아름다운 하안단구'로 불리는 군마현 누마타시 부근 가타시나 강변의 하안단구가 꼽힙니다.

그림 2-17 하안단구

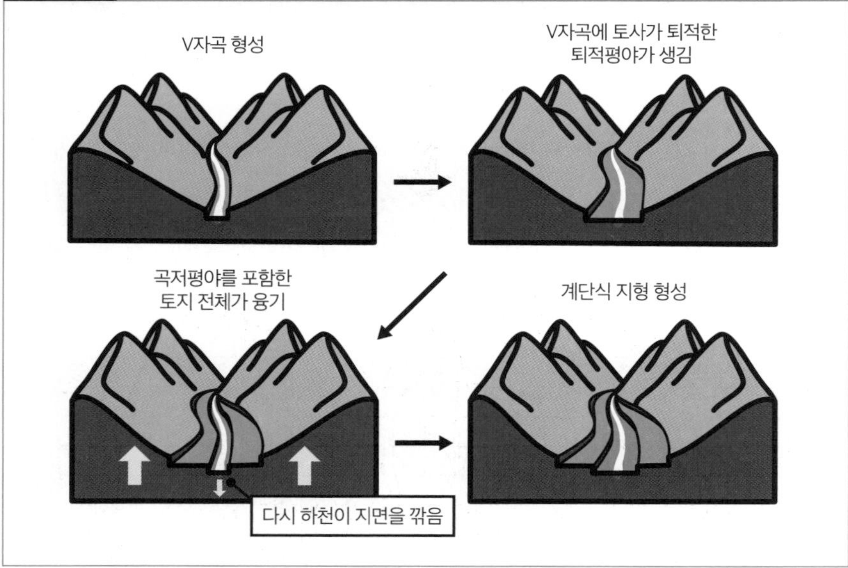
V자곡 형성
V자곡에 토사가 퇴적한
퇴적평야가 생김
곡저평야를 포함한
토지 전체가 융기
계단식 지형 형성
다시 하천이 지면을 깎음

야산 부근에 많이 보이는 부채꼴 지형

 골짜기의 출구에 나타나는 선상지

골짜기에서 하류로 시선을 옮겨 강이 산지에서 평야로 나오는 곳에 주목해봅시다. 평야에서 강의 경사가 완만해져서 하천 운반력이 떨어지고 그동안 운반해온 토사가 쌓입니다. **골짜기 출구를 중심으로 모래나 자갈이 부채꼴로 퇴적**하는 이 지형을 선상지라고 합니다.

선상지는 산지와 평야의 경계에 있는 야산(들 가까이에 있는 낮은 산) 부근에서 볼 수 있어요. 알게 모르게 눈에 띄는 선상지가 많을 것입니다.

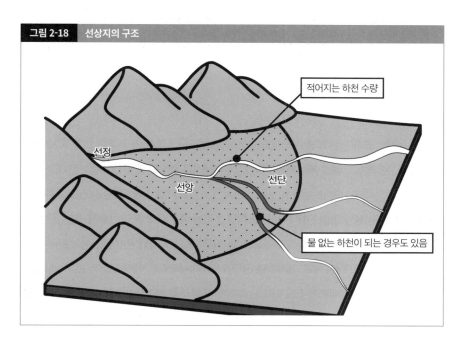

그림 2-18 | **선상지의 구조**

적어지는 하천 수량

선정

선앙

선단

물 없는 하천이 되는 경우도 있음

선상지의 선^扇, 즉 부채 모양에 주목해보면 부챗살 접합부에 해당하는 선상지 상류 부분을 선정, 부챗살 끝부분을 선단, 그 사이 부분을 선앙이라고 부릅니다.

🏔 유속이 감소하는 선상지의 강

선상지에서는 입자가 큰 자갈이나 모래가 퇴적하기 때문에(입자가 고운 모래나 진흙은 더 멀리 운반되어 범람원이나 삼각주가 됩니다) **물이 땅속에 쉽게 스며들어요.** 어떤 의미에서 선상지는 배수가 너무 잘 되는 땅입니다.

흘러온 하천 물은 바로 이 자갈과 모래 층에 스며들고, 흐르는 물 양이 줄어 좁은 강이 형성됩니다. 비가 내려도 물은 곧장 스며들어요. 물이 전부 땅에 침투해 물 없는 강, 이른바 **무수천**이 되는 사례도 일부 있습니다.

이런 경우 지면에 스며든 물은 땅속으로 흘러(복류) 선상지 말단, 그러니까 **선단에서 샘물 형태로 솟아납니다.**

🏔 터널 위를 흐르는 신기한 지형

하지만 **비가 단기간에 대량으로 내리면 물은 지면에 스며들지 못하고 단숨에 지표 위를 흘러 넘쳐서 강이 범람합니다.** 선상지에서는 범람할 때 그 물이 주변으로 퍼지지 않도록 보통은 유량이 적은 강 주변을 높은 제방으로 막습니다.

이렇게 하면 **제방과 제방 사이에 점점 자갈이나 모래가 퇴적해 강바닥이 높아집니다. 제방과 제방 사이가 메워지면 또 범람할 위험이 커지기 때문에 더욱 제방을 높여요.** 또 제방 사이가 메워지고 제방을 높이고… 이를 반복하면 강이 주변 지면보다 높은 위치에 있는 **천정천**이 형성됩니다. 천정천 주변에는 도로나 철도의 터널이 강 밑을 지나서 신기한 느낌이 듭니다.

천정천은 주위보다 높은 곳에 있기 때문에, 만약 범람해 제방이 터져 무너지면 피해가 커집니다. 그래서 최근에는 새롭게 강을 파내는 경우가 많고 천정천은 사라지는 추세입니다.

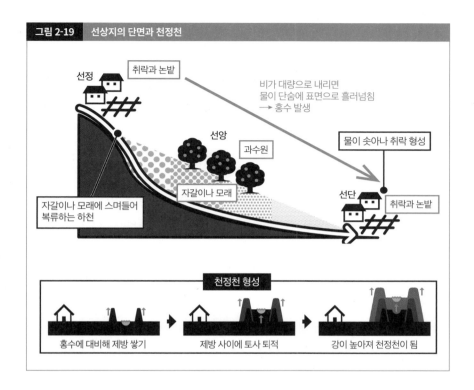

그림 2-19 선상지의 단면과 천정천

취락과 논밭

선정

비가 대량으로 내리면
물이 단숨에 표면으로 흘러넘침
→ 홍수 발생

선앙

과수원

물이 솟아나 취락 형성

자갈이나 모래

자갈이나 모래에 스며들어
복류하는 하천

선단

취락과 논밭

천정천 형성

홍수에 대비해 제방 쌓기   제방 사이에 토사 퇴적   강이 높아져 천정천이 됨

밭이나 과수원이 만들어지는 선상지

선상지는 어떻게 보면 배수가 너무 잘 되는 지역이어서 논에는 알맞지 않습니다. **논을 만들려고 해도 물이 지면에서 빠져나가버려요.** 그래서 **선상지는 주로 논이 아닌 밭이나 과수원으로 이용됩니다.** 옛날에는 쌀이 돈과 같은 중요한 역할을 했기 때문에 좁은 토지나 경사면이어도 조건이 된다면 논을 만들었습니다. 하지만 예외로 선상지에서는 논을 만들기 어려워 전통적으로 밭이나 과수원이 생겼습니다.

다만 선정에 나타나는 골짜기 출구의 좁은 토지와 **물이 솟아나는 선단에서는 물을 얻기 쉬워서 논이 만들어져요.** 논 형성에 따라 선상지 윗부분인 선정에는 소규모 취락이, **선상지 아랫부분인 선단에는 띠 모양 취락이 만들어집니다.**

먼 옛날부터 홍수가 반복되며 만들어진 평야

🏔 홍수가 만든 범람원

선상지에서 더 하류로 내려가면 범람원이라는 평야가 나옵니다. 범람원은 그 이름처럼 먼 옛날부터 홍수가 반복되고 그때마다 토사가 넓게 흩어져 만들어진 평야입니다.

골짜기나 선상지보다 경사는 완만해서 범람원의 강은 유로를 더 자유롭게 바꿔요. 그대로 두면 유속이 빠른 커브 바깥쪽은 강변이 깎이고, 유속이 느린 커브 안쪽은 토사가 퇴적해 **범람원 하천은 S자 모양으로 구불구불하게 나아갑니다.**

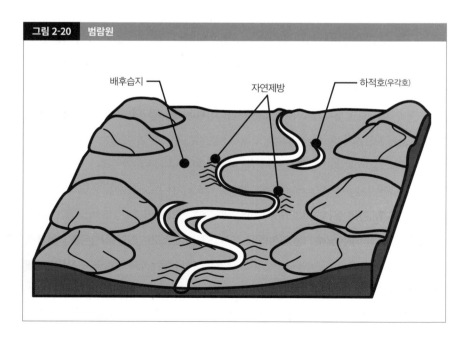

그림 2-20 | 범람원

배후습지   자연제방   하적호(우각호)

홍수가 발생하면 상류에서 운반되어 온 대량의 토사가 물과 함께 강에서 흘러넘쳐요. 이때 많은 토사가 강변에 띠 모양으로 퇴적해 수 미터 정도의 고지대인 자연제방을 만듭니다.

자연제방과 강에서 더 멀리 떨어진 표고가 낮은 지점에는 홍수로 생긴 물이 고여서 고운 모래나 진흙이 퇴적합니다. 이렇게 만들어진 낮고 평평한 토지를 배후습지라고 해요.

범람원 하천이 크게 구불구불해지거나 그곳에 홍수가 일어나면 그 계기로 하천 유로가 지름길을 내고 기존 유로가 그대로 남기도 합니다. 이렇게 남겨진 유로에 만들어진 호수를 하적호라고 하는데, 그 형태가 쇠뿔 모양을 닮아서 우각호로도 불립니다. 일본 홋카이도 이시카리 평야에서는 대규모 우각호를 여러 개 볼 수 있어요.

 ## 범람원에 펼쳐지는 논 풍경

자연제방은 수 미터 높이 고지대여서 **홍수를 피하기 위한 취락이 이곳에 형성됩니다.** 종종 홍수를 보도하는 뉴스에 물에 잠긴 범람원의 모습이 나오는데, 이런 장면에서도 물에 잠기지 않은 띠 모양의 취락을 볼 수 있어요. 바로 자연제방 위에 형성된 취락입니다. 자연제방은 모래 땅이 많고 물이 잘 빠져서 논에는 적합하지 않고 밭으로 쓰입니다.

한편 배후습지는 물이 잘 빠지지 않는 고운 모래나 진흙으로 만들어집니다. 배수가 잘 되지 않기 때문에 물을 대면 흙 속으로 물이 빠져나가지 않으므로 벼에 물을 충분히 줄 수 있습니다. 그래서 **배후습지는 주로 논으로 이용됩니다.**

현재 도시 교외 등에서는 논이 주택지로 바뀐 사례도 많지만, 이러한 곳들은 원래 배후습지였던 탓에 홍수가 나면 물에 잠겨버립니다. 이런 토지에 사는 사람들은 해저드 맵(재해예측지도) 등을 활용해 거주지가 홍수에 어느 정도 위험한지 파악할 필요가 있습니다.

하구에 생기는 다양한 모양의 삼각주

 하구에 생기는 낮고 평탄한 지형

하류를 좀 더 살펴보면 하구 부근에서는 경사가 더욱 완만해집니다. 하천의 운반력은 더 떨어져서 고운 모래와 진흙이 퇴적해 낮고 평탄한 삼각주가 형성됩니다. 삼각주는 양분이 있는 진흙이 상류에서 운반되어 왔기 때문에 물이 잘 빠지지 않습니다. 그래서 대규모 논이 운영되는 경우도 많으며, 바다와 강의 접점이라 교통이 편리해 **옛날부터 농지나 인구 밀집지로 자리 잡았습니다.**

다만 해수면에서 수 미터 정도 높은 저지대여서 범람이나 해일 등의 영향을 받기 쉬운 지형이기도 해요. 범람원처럼 해저드 맵 등으로 홍수의 위험성을 파악할 필요가 있습니다.

 강과 바다의 힘 관계가 바꾸는 삼각주 모양

강에서 바다로 나가는 출구라고 할 수 있는 삼각주는 강과 바다의 힘 관계에 따라 그 모양을 다양하게 바꿉니다.

강의 운반력과 바다의 힘(연안을 흐르는 해류나 파도의 힘)이 일종의 균형을 이루는 경우에는 토사가 하구에서부터 균등하게 퇴적해 깔끔한 원호 모양의 삼각주가 됩니다. 이 같은 원호상 삼각주의 대표 사례가 이집트 나일강 하구에 있는 **나일강 삼각주**입니다. 상류인 카이로부터 알렉산드리아까지 이르는 나일강 삼각주는 예로부터 농업이 번성했으며 이곳에 많은 고대 유적이 남아 있습니다.

강의 힘이 세면 삼각주는 새 발 모양

강의 운반력이 바다의 힘을 이기면 조족상 삼각주**라는 새 발 모양의 상당히 독특한 삼각주가 됩니다.** 도무지 '삼각'이라고 부르기 어려운 모양이기도 해요.

바다에 도달해서도 강의 운반력이 이어져 주위에 토사가 쌓입니다. 즉 강이 바다에 들어가서도 강의 물결을 유지한 채 흘러서 새가 바다에 발을 내민 듯한 모양이 되는 것이지요. 이런 삼각주의 대표적 예로는 미국의 **미시시피강 하구**가 있습니다.

바다의 힘이 세면 조금 뾰족한 삼각주

강의 힘보다 바다의 힘이 더 세면 강이 운반해 온 토사는 곧장 해류나 파도에 휩쓸려서 삼각주가 잘 성장하지 못합니다. 그 결과 퇴적 가능한 곳은 하구 주변 일부뿐입니다.

결과적으로 바다를 향해 조금 뾰족한 모양을 한 삼각주가 됩니다. 뾰족한 모양 삼각주라는 의미에서 이 삼각주를 첨상 삼각주라고 합니다. 대표적 예로 이탈리아 로마 부근 **테베레강 하구 삼각주**가 있습니다.

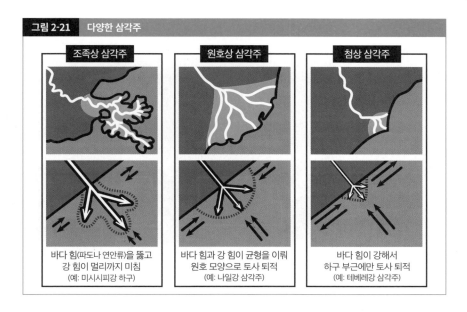

그림 2-21 다양한 삼각주

조족상 삼각주
원호상 삼각주
첨상 삼각주

바다 힘(파도나 연안류)을 뚫고
강 힘이 멀리까지 미침
(예: 미시시피강 하구)

바다 힘과 강 힘이 균형을 이뤄
원호 모양으로 토사 퇴적
(예: 나일강 삼각주)

바다 힘이 강해서
하구 부근에만 토사 퇴적
(예: 테베레강 삼각주)

신도시, 골프장, 과수원으로 이용되는 대지

 일본 간토 지역에 많이 보이는 대지

곡저평야부터 선상지, 범람원부터 삼각주에 이르는 충적평야 주변에는 수 미터에서 십수 미터 높이의 절벽에 둘러싸인 대지가 분포합니다. 일본의 대지는 과거 저지대였던 부분이 융기해 생긴 곳이 많으며, 대지 위에는 평탄한 면이 펼쳐져 있습니다. **대지 위쪽은 물을 얻기 어려워 밭, 과수원, 잡목림 등으로 이용하는 경우가 많고, 신도시나 골프장 개발이 이뤄지는 곳도 많습니다.** 일본 수도권인 간토 지역에는 대지가 많은데 지바현 북부 시모사 대지, 도쿄 서부 무사시노 대지 등이 대표적입니다.

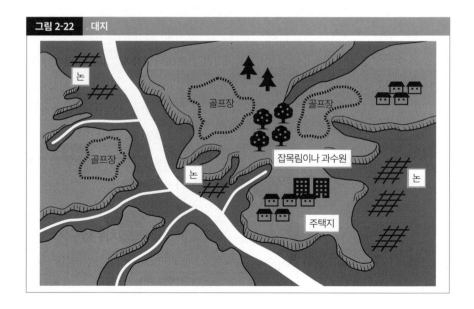

그림 2-22 대지

연안류와 모래가 모양을 만드는 아름다운 해안선

🏔 해안 지형을 만드는 두 가지 요인

강 물결을 따라 골짜기에서 삼각주까지 내려왔습니다. 그대로 눈을 바다로 옮겨 해안 지형을 소개할게요. 해안에 생기는 지형에는 두 가지 요인이 있습니다. **첫 번째는 연안을 따라 흐르는 연안류, 두 번째는 해수면 상승이나 하강입니다.**

🏔 파도가 밀려와 발생하는 연안류

해수 흐름에는 먼바다에서 해안으로 향하는 흐름, 반대로 해안에서 먼바다로 나아가는 흐름 등 여러 방향의 흐름이 있습니다. 그중에서 다양한 지형을 만들어내는 흐름은 해안선을 따라 흐르는 연안류입니다.

해안에 가보면 파도가 연이어 밀려오는 모습이 보이는데, 파도는 꼭 해안에 수직으로 밀려오지는 않아요. **파도가 해안을 향해 비스듬히 밀려오면 파도의 에너지가 가로로 빗맞아 해안선을 따라 연안류가 생깁니다.** 이 흐름이 강이 상류에서부터 운반해온 토사를 흘러가게 해서 지형을 만듭니다.

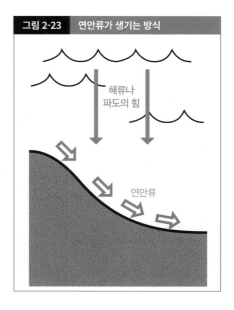

그림 2-23 │ 연안류가 생기는 방식

해류나 파도의 힘

연안류

연안류가 만드는 지형 ① 사주

연안류가 토사를 흘려보내는 도중에 곶에 부딪히거나 만 초입에 다다르는 경우가 있습니다. 이때 **연안류는 육지가 없어져도 계속 그 방향으로 흘러가려고 하면서 곶이나 만 입구에 토사를 퇴적해갑니다.**

이렇게 퇴적한 모래가 뻗어나가 육지와 육지를 이으면 사주라는 지형이 됩니다. '일본 3경' 중 하나로도 유명한 교토의 아마노하시다테는 다리처럼 가늘고 긴 모양의 멋진 사주입니다.

연안류가 만드는 지형 ② 석호

사주가 만을 칸막이하듯 뻗어나간 안쪽 부분이 호수가 되면 이를 **석호**(라군)라고 합니다. 해수와 담수가 섞인 기수호도 많고, 잔잔한 해수면에서 바지락이나 굴 양식도 많이 하곤 해요. 일본에서 3번째로 큰 호수로 알려진 홋카이도 **사로마코**는 긴 사주가 칸막이해 만든 대표적인 석호로 굴이나 가리비 등의 양식이 이뤄집니다.

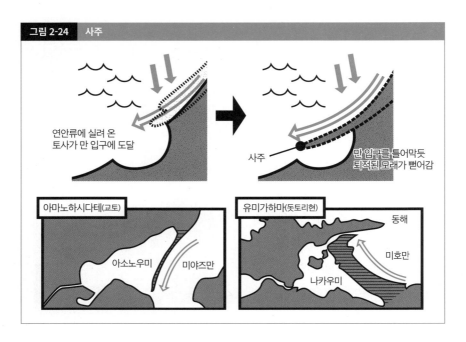

그림 2-24　사주

그림 2-25   연안류가 만드는 해안 지형

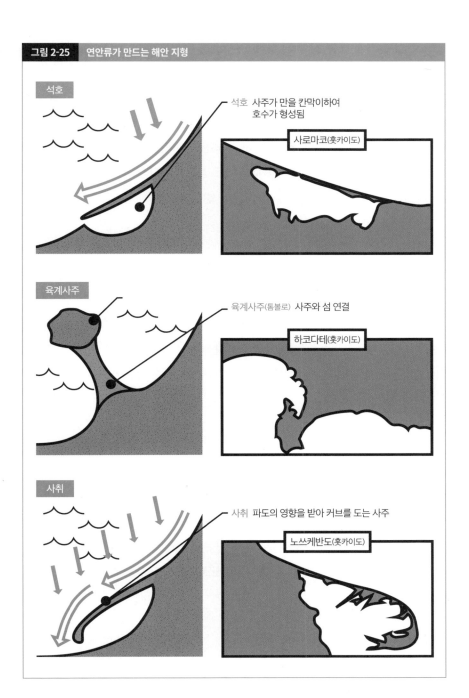

석호

석호 사주가 만을 칸막이하여
호수가 형성됨

사로마코(홋카이도)

육계사주

육계사주(톰볼로) 사주와 섬 연결

하코다테(홋카이도)

사취

사취 파도의 영향을 받아 커브를 도는 사주

노쓰케반도(홋카이도)

연안류가 만드는 지형 ③ 육계사주와 육계도

사주가 연장되어 섬과 해안을 이은 지형을 육계사주라고 부릅니다. 이탈리아어로는 톰볼로라고 해요. 사주에 의해 해안과 이어진 섬을 육계도라고 합니다. 한국의 경우 제주도의 성산일출봉과 양양의 죽도가 육계사주와 육계도에 해당하지요. 일본의 대표적인 육계사주와 육계도는 홋카이도 **하코다테** 지역입니다. 육계도인 하코다테산에 이어진 사주 위에 시가지가 있어서, 하코다테산 전망대에 올라가서 보면 육계사주 위 도심이 마치 다리처럼 뻗어 있어요. 밤에는 사주 위에 있는 도시가 만드는 백만 불짜리 야경을 볼 수 있습니다.

연안류가 만드는 지형 ④ 사취

사주 일부분이 육지에서 떨어져 반도처럼 돌출한 지형이 사취입니다. '취'는 부리를 뜻해요.

　사취는 육지에서 떨어져나갈 기세로 뻗어 있는데, 파도의 영향을 받아 육지 쪽으로 커브를 도는 경우가 많습니다. 일본 홋카이도의 **노쓰케반도**나 시즈오카현의 **미호노마쓰바라** 부근 사취가 유명해요. 노쓰케반도는 28km에 이르는 낚싯바늘 모양으로 커브를 도는 일본 최대 사취로 유명합니다.

바람이 만드는 사구

해안을 따라 생기는 모래 퇴적 지형으로 해안사구도 꼽을 수 있습니다. 사구가 만들어지는 원인은 바람에 의한 작용이 큽니다. 강이 상류에서부터 운반해 온 모래가 해안으로 밀어닥치고, 이는 바다에서 불어오는 거센 바람에 실려가 육지 쪽에 퇴적해 크고 작은 모래 산을 만듭니다. **태안 신두리 해안사구**는 한국의 최대 해안사구로 천연기념물로도 지정되어 있습니다.

다양한 모습을 보이는 해안 지형

모래해안과 암석해안

해안의 모습은 천차만별입니다. 눈앞에 모래사장이 펼쳐진 해안이 있는가 하면, 울퉁불퉁한 암석으로 이뤄진 해안도 있어요. 모래해안에서는 해수욕을 만끽하고, 암석해안에서는 기묘한 모양의 바위를 구경하거나 갯바위 낚시를 즐깁니다. 이처럼 해안에는 주로 모래나 고운 자갈이 쌓인 모래해안과 암반이 드러난 암석해안이 있습니다.

모래해안은 주변 강이 상류에서부터 운반해 온 모래가 파도나 연안류의 힘에 의해 띠 모양으로 퇴적한 해안입니다. 아름다운 모래해안을 이르는 말로 백사청송白沙靑松이라는 사자성어도 있어요. 그런데 **강 상류 주변이 콘크리트로 뒤덮이면 (수해를 방지할 수는 있겠지만) 모래 공급이 감소해버립니다.** 바꿔 말하면 이런 경우 모래가 파도에 실려 가지 못해 **모래사장이 줄어들어 경관을 해치는 문제**도 발생합니다. 이에 대응해 제방을 만들어 모래 유출을 방지하거나, 모래를 운반해 와서 모래사장을 부활시키려는 시도도 있습니다.

해안 지형을 다채롭게 하는 침수와 이수

토지의 융기와 침강, 해수면의 상승과 하강에 따라 육지가 해수면 아래로 가라앉거나 해수면 아래 지면이 해수면 위로 모습을 드러내기도 합니다.

육지였던 곳이 해수면 아래로 가라앉으면 침수, 해수면 아래 지면이 해수면 위로 모습을 드러내면 이수라고 해요. 침수와 이수도 해안 지형을 다채롭게 하는 요소입니다.

이어서 침수해안과 이수해안을 소개하겠습니다.

복잡한 해안선을 만드는 침수 작용

 한국과 일본에도 많이 보이는 리아스식 해안

육지가 해수면 아래로 잠겨 만들어진 침수해안은 보통 **기복을 이루는 육지에 물이 파고들어가서 해안선이 복잡해집니다.**

특히 산 표면이 그대로 바다에 맞닿은 곳이 침수하면 골짜기에 해수가 흘러들어가서 길고 좁은 만과 곶이 연이어 나타나는 리아스식 해안이 생깁니다. 이때 골짜기에 해수가 유입되어 만들어진 길고 좁은 만을 익곡이라고 불러요.

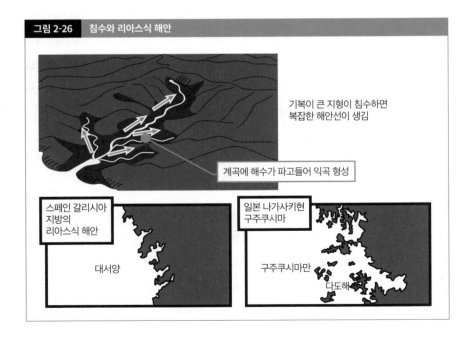

그림 2-26   침수와 리아스식 해안

기복이 큰 지형이 침수하면 복잡한 해안선이 생김

계곡에 해수가 파고들어 익곡 형성

스페인 갈리시아 지방의 리아스식 해안

대서양

일본 나가사키현 구주쿠시마

구주쿠시마만

다도해

또 울퉁불퉁한 지형이 침수하면 섬이 많은 바다인 다도해가 나타납니다. 베트남의 **하롱베이**, 그리스의 **에게해**, 한국의 **남해안**과 **서해안**, 일본의 **구주쿠시마** 등 해안선이 복잡한 침수해안 지형이 많이 있습니다.

리아스식 해안의 '리아스'는 **스페인어로 '만'을 뜻하는 단어 '리아'의 복수형 '리아스'에서 유래합니다.** 이름대로 스페인 북서부에는 전형적인 리아스식 해안이 있어요. 이런 해안은 수심이 깊고 파도가 잔잔한 덕분에 배를 대기 수월해서 옛날부터 항구로 이용되었습니다. 산 표면에서 나온 양분이 풍부하게 바다로 흘러들어가기 때문에 굴, 미역, 진주 등의 양식도 활발합니다.

하지만 복잡하게 짜인 지형 탓에 일반적으로는 교통이 불편해서, 마을 간 이동을 위해 벼랑을 따라 도로를 만들거나 터널을 여러 개 뚫어야만 합니다. 또 리아스식 해안에 쓰나미가 밀려오면 좁은 곳에 파도가 몰려 파고가 쉽게 높아지곤 해요. 그래서 항상 재해에 대비할 필요가 있습니다.

🏔️ 아름다운 관광지가 된 피오르

노르웨이 서쪽 해안이나 뉴질랜드 남섬 같은 고위도 지대에서는 빙하가 깎은 좁고 긴 U자곡이 물에 잠겨 좁고 긴 만인 피오르가 형성됩니다. 안의 폭은 수백 미터인데 길이는 수십에서 수백 킬로미터에 이를 정도로 좁고 기다란 경우도 있으며, 깊은 절벽과 거울 같은 수면의 대비가 아름다워 관광지로 거듭나기도 합니다. 노르웨이 **소그네 피오르**는 길이 200km에 달하는 세계 최대 피오르로 유명합니다.

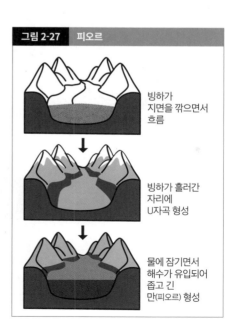

그림 2-27 피오르

빙하가 지면을 깎으면서 흐름

빙하가 흘러간 자리에 U자곡 형성

물에 잠기면서 해수가 유입되어 좁고 긴 만(피오르) 형성

🔺 나팔 모양의 커다란 만

리아스식 해안이나 피오르는 산 표면이 그대로 바다에 맞닿은 지형에서 자주 볼 수 있는데, 이번에는 평야에서 보이는 침수해안에 대해 살펴보겠습니다.

평야에서는 **거대한 강의 하구가 물에 잠겨 나팔 모양의 커다란 만이 되기도 합니다.** 이를 삼각강(에스추어리)이라고 해요.

높고 험준한 산지에서부터 흘러오는 변동대에 있는 강에서는 강이 토사를 대량으로 운반하기 때문에, 하구에서는 토사가 활발하게 퇴적해 삼각주가 발달합니다. 반면 **안정지역의 거대한 강에서는 경사가 완만하기에 운반되는 토사의 양이 적어 크게 열린 하구가 됩니다.**

이 하구가 더 침수하면 커다란 나팔 모양으로 열린 하구가 되는 것입니다. 영국 **템스강**, 프랑스 센강, 아르헨티나와 우루과이 국경에 있는 **라플라타강** 하구에는 잘 발달한 삼각강이 있어 예로부터 항구로 활용되었습니다.

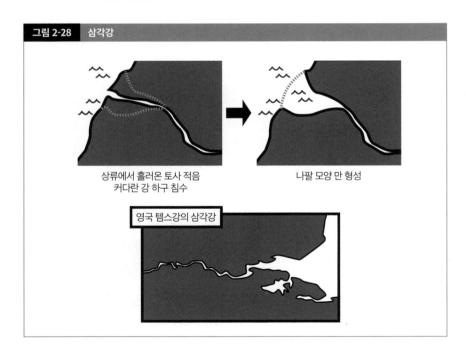

그림 2-28 삼각강

상류에서 흘러온 토사 적음
커다란 강 하구 침수

나팔 모양 만 형성

영국 템스강의 삼각강

직선 해안선을 만드는 이수 작용

 곧게 뻗은 모래해안

파도가 밀어닥친 물가는 파도의 침식 작용에 의해 육지가 깎여서 요철이 점점 줄어들어요. 그래서 이수가 일어나면 깎여서 평탄해진 물가가 해수면 위로 모습을 드러내기에, **일반적으로는 곶과 만의 출입이 적은 직선 해안선이 됩니다.**

평야가 이수하면 해안평야가 넓어집니다. 이때 원래 직선에 가까웠던 **모래해안이 더욱 직선으로 곧게 뻗게 됩니다.** 일본 지바현의 **구주쿠리하마**가 이수로 만들어진 대표적 해안평야입

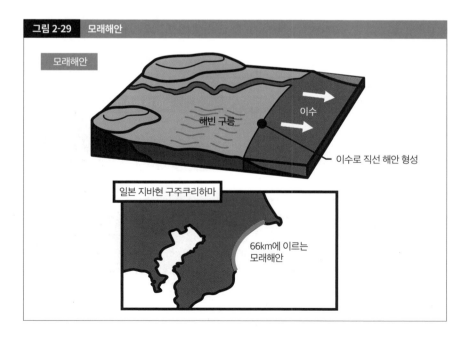

그림 2-29　모래해안

모래해안

해빈 구릉

이수

이수로 직선 해안 형성

일본 지바현 구주쿠리하마

66km에 이르는
모래해안

니다.

　파도를 타고 육지로 밀어닥친 모래가 퇴적하면 해빈 구릉이라고 부르는 수십 센티미터에서 수 미터 높이의 고지대가 만들어집니다. 모래해안에서는 이수와 함께 해안과 평행하여 해빈 구릉이 여러 개 형성되기도 합니다. 언뜻 보기에 완전히 평평한 듯한 해안평야라도, 걷다가 전신주 등에 쓰인 '이곳은 해발 ○미터' 같은 표시를 보면 해빈 구릉의 존재를 실감합니다. 물이 잘 빠지는 해빈 구릉 위는 밭이나 주택으로, 그 사이 저지대는 논 등으로 이용됩니다.

암석해안에 생기는 계단식 지형

암석해안에 파도가 밀려오면 파도가 해안을 침식해 깎아지른 절벽인 해식애가 많이 생깁니다. 한편 파도 아래쪽 면은 평탄해지는 경우가 많으며, **이수하면 계단식 지형이 되기도 합니다.** 이 계단식 지형을 해안단구라고 해요. 한국의 **정동진**과 일본 고치현의 **무로토곶**에는 잘 발달한 해안단구가 나타납니다.

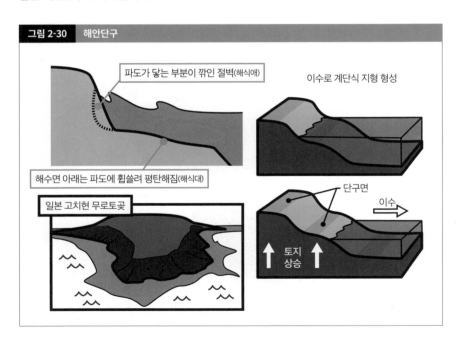

그림 2-30　해안단구

파도가 닿는 부분이 깎인 절벽(해식애)

이수로 계단식 지형 형성

해수면 아래는 파도에 휩쓸려 평탄해짐(해식대)

일본 고치현 무로토곶

단구면

이수

토지 상승

열대 얕은 바다에 생기는 아름다운 산호초

🏔 지형을 만드는 조초산호

바다 지형으로는 열대의 얕은 바다에서 형성되는 산호초도 있습니다. 산호초라고 하면 예쁜 빨간색 보석을 상상하는 분도 많겠지만 그 산호는 심해에 서식하는 보석 산호이고, **지형을 만드는 산호는 얕은 바다에 서식하는 조초산호입니다.**

　산호는 동물의 일종인데, 조초산호는 황록공생조류라는 단세포 생물을 세포 내에 공생시켜 그 광합성 양분을 성장에 활용하는 식물 같은 특징도 있어요. 그래서 조초산호는 얕은 바다에서 햇볕을 좇아 위쪽으로 성장하는 특징을 보입니다.

🏔 섬 둘레를 도는 거초

산호초의 형성 과정은 크게 세 단계입니다.

　조초산호가 성장하는 곳은 해안 부근 얕은 해역이어서, 처음에 생기는 산호초는 육지 주변 해안선을 따라 해안 둘레를 돌듯이 만들어집니다.

　이렇게 **해안을 빙 두르면서 성장한 산호초를 거초라고 해요.** 섬 둘레를 감싸는 옷자락(거초의 거裾는 옷자락을 뜻한다-역자 주)처럼 산호가 성장한 셈입니다.

🏔 섬에서 약간 떨어진 곳을 둘러싸는 보초

거초가 있는 섬이 물에 잠기면 어떻게 될까요? 섬은 수몰하지만 산호초는 위쪽으로 성장하기 때문에 **섬과 산호초 사이에 간격이 벌어져 해안에서 조금 떨어진 앞바다에 산호초가 자리 잡게 됩니다.**

공중에서 보면 마치 가운데 섬을 지키는 배리어처럼 산호초가 있어 배리어 리프라고 해요. 배리어는 작은 요새나 성, 또는 성을 지키는 제방인 보루라는 뜻입니다. 그래서 배리어 리프를 보초라고도 해요. 호주 동쪽 해안에는 보초가 대규모로 이어져 있는데 이는 **그레이트 배리어 리프(대보초)**라고 불립니다.

🏔 산호초 고리가 생기는 환초

침수가 더 진행되어서 **섬 자체가 수몰해버리면 산호초만 고리처럼 남게 됩니다.** 이 산호초가 환초입니다. **몰디브**나 마셜 제도 등에 대규모 환초가 나타납니다.

환초는 육지가 적어 농업에 적합하지 않기에 어업 중심 생활이 이뤄집니다. 또 표고가 낮고 해수면 수위 변화의 영향을 강하게 받습니다.

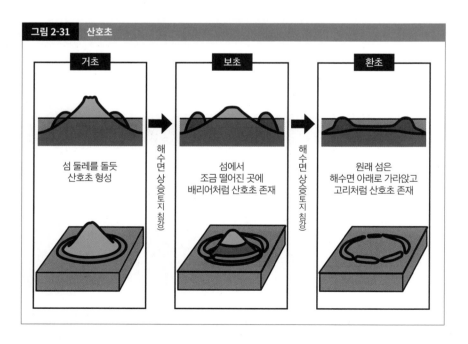

그림 2-31 산호초

강력한 힘으로 지표를 깎는 빙하가 만들어내는 지형

 빙하가 만드는 특징적 지형

추운 지역에서는 쌓인 눈이 여름에도 녹지 않고 매년 거듭 쌓여서 두꺼운 얼음이 됩니다. 두꺼운 얼음은 자체 무게로 경사를 내려갑니다. 이를 빙하라고 합니다. 빙하는 지표를 깎는 힘이 강력하기 때문에 특징 있는 지형을 많이 만들어냅니다.

 산악빙하 지형

표고가 높고 한랭한 산에서 만들어지는 빙하를 산악빙하라고 부릅니다. 산 정상 부근 눈이 잘 쌓이는 곳이 빙하의 출발점인데, 그곳에서 **산지를 내려오기 시작할 때 숟가락으로 파내듯 빙하가 산 표면을 깎습니다.** 이렇게 빙하가 깎은 자리에 생기는 오목하게 파인 지형이 카르입니다. 카르는 일본에도 많은데, 대표적으로 나가노현의 **센조지키 카르**와 가라사와 카르가 있어요.

　또 **산 정상에는 빙하가 여러 각도에서 깎은 뾰족한 봉우리**인 호른이 생깁니다. 대표적으로 스위스와 이탈리아 국경에 있는 **마테호른**, 일본 나가노현과 기후현 경계에 있는 **야리가다케**가 있습니다. 일본에서 즐겨 부르는 「알프스 1만 척」이라는 노래(원곡은 미국 민요 「양키 두들」-역자 주)에 "고야리 위에서 알프스 춤을 춰요"라는 가사가 있는데, 이 '고야리'도 야리가다케의 뾰족한 봉우리 중 하나입니다(뾰족한 봉우리 끝은 좁아서 도저히 춤출 수는 없지만요).

　여기서부터 강이 흐르듯 빙하가 내려가면 골짜기를 흐르면서 바닥이나 벽을 깊게 깎아서 평탄한 U자 모양의 U자곡을 만듭니다.

　깎인 암석 조각이나 토사는 빙하 말단에 퇴적합니다. 이런 토사의 크고 작은 퇴적을 빙퇴석

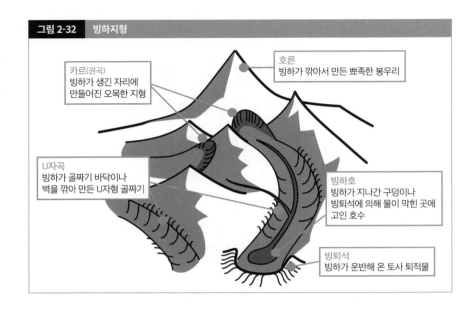

그림 2-32 빙하지형

카르(권곡)
빙하가 생긴 자리에
만들어진 오목한 지형

호른
빙하가 깎아서 만든 뾰족한 봉우리

U자곡
빙하가 골짜기 바닥이나
벽을 깎아 만든 U자형 골짜기

빙하호
빙하가 지나간 구덩이나
빙퇴석에 의해 물이 막힌 곳에
고인 호수

빙퇴석
빙하가 운반해 온 토사 퇴적물

이라고 해요. 빙퇴석에 의해 물이 막힌 곳이나 빙하가 파낸 웅덩이에 물이 고이면 빙하호가 만들어집니다.

🏔 대륙빙하가 만든 지형

산에서 강물처럼 내려가는 산악빙하가 있는 반면, 대륙을 뒤덮듯 존재하는 대륙빙하도 있습니다. 이를 빙상이라고도 불러요.

대륙빙하는 현재 남극대륙과 그린란드에만 있는데, 지구 전체가 한랭했던 빙하기에는 대륙빙하가 지금보다 넓은 면적에 있었고 북반구의 넓은 부분이 빙하로 덮였습니다.

빙상도 산악빙하처럼 빙퇴석을 만드는 작용을 합니다. 유럽에서는 과거 대륙빙하가 깎아낸 완만한 지형 중에 빙퇴석의 흔적인 띠 모양 언덕이 흩어진 지형을 볼 수 있습니다. 또 미국과 캐나다 국경에 대륙빙하가 깎은 흔적으로 생긴 **오대호**는 대표적인 빙하호로 유명합니다.

사구 외의 다양한 사막 지형

대부분이 바위인 사막

대표적인 건조 지형이 사막입니다. 사막이라고 하면 끝없이 이어지는 모래사막을 연상하는 분도 많겠지만, 실제로는 암반이 드러나 울퉁불퉁한 암석사막이나 자갈이 펼쳐지는 자갈사막이 대부분입니다. 모래사막은 전체의 20% 정도에 불과해요.

식물이나 수증기 등이 지면을 잘 덮지 않는 건조지역에서는 낮에는 햇볕이 지면에 직접 닿아 기온이 오르고, 밤에는 그 열이 점점 달아나 기온이 내려갑니다. 이 기온 차로 암반의 풍화가 진행되어 부슬부슬해진 바위가 점점 고와지면서 모래가 됩니다.

또 건조해서 수목이나 풀이 거의 없는 사막에서는 바람이 그 표면을 지나기 때문에 바람의 영향도 세게 받아요. 바람에 의한 운반 작용이나 퇴적 작용으로 모래가 점차 밀집해 대규모 사구가 만들어집니다.

사막에 내리는 비와 외래하천

사막에는 비가 거의 내리지 않지만, 1년에 몇 번 또는 수년에 한 번 정도 빈도로 비가 오는 경우가 있습니다. 비가 올 때는 많은 비가 한꺼번에 내리는 일이 잦아 사우디아라비아에서는 홍수가 자주 발생합니다. 2022년에는 파키스탄에서 대규모 홍수가 일어나기도 했어요. 이런 식으로 비가 올 때만 물이 흐르는 강을 와디라고 합니다.

또 사막이어도 이집트 **나일강**처럼 항상 물이 흐르는 강도 있습니다. 그러면 상류에 강수량이 많은 지역이 있어서 그곳에서 사막으로 흘러드는 강이 많은데, 그 강이 외래하천입니다.

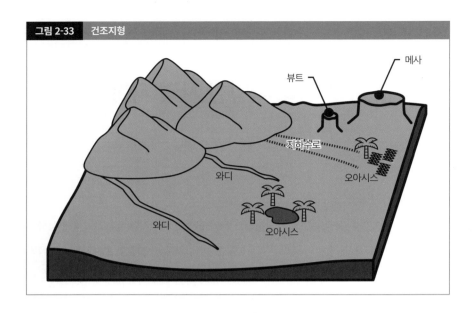

| 그림 2-33 | 건조지형 |

이런 외래하천 근처나 샘 등 사막에서 늘 물을 얻을 수 있는 곳이 오아시스로, 오아시스는 사람들 생활이나 농업의 장이 됩니다.

미국 서부에 많이 보이는 메사와 뷰트

미국 서부 건조지역에는 테이블 같은 메사라는 지형이나, 탑처럼 생긴 뷰트라는 지형이 많이 발달했습니다. 특히 유명한 곳이 유타주에서 애리조나주에 걸쳐 있는 **모뉴먼트 밸리** 지역에 위치한 메사와 뷰트입니다.

이 지역은 예전에 우기와 건기가 되풀이되는 사바나기후였을 때, 비나 건조로 암석이 풍화하고서 남은 부분이 테이블이나 탑 형태로 된 지형입니다(지금 이 지역은 사막기후예요). 건조해서 생긴 지형이라고 할 수 있겠지요.

또 **모뉴먼트 밸리의 메사에서는 수평한 지층을 볼 수 있습니다. 이로써 이 땅이 안정육괴인 탁상지임을 알 수 있어요.**

석회암이 물에 녹아 만들어진 구덩이가 많은 지형

물에 녹기 쉬운 석회암

마지막 지형으로 카르스트 지형을 소개합니다. 카르스트 지형은 석회암이 물에 녹아서 생긴 특수한 지형입니다.

석회암의 주성분은 탄산칼슘으로, 먼 옛날 산호초나 조개껍데기의 퇴적물이 지각변동에 의해 육상으로 올라온 것입니다. 석회암은 산성을 띠고 물에 녹기 쉽다는 특징이 있어서('산성비'라고 할 정도로 산성이 강하지는 않아도, 빗물은 이산화탄소를 포함하기에 기본적으로 약산성입니다), 석회암이 대규모로 드러난 곳에서는 자연스럽게 석회암이 물에 녹아서 만들어지는 카르스트 지형이 생기기 쉽습니다.

카르스트 지형에 많은 구덩이

카르스트 지형의 큰 특징은 석회암이 물에 녹아서 생긴 구덩이가 곳곳에 있다는 점입니다. 직경 수 미터에서 수백 미터, 수 킬로미터에 이르는 구덩이가 지표에 많이 파여 있어요.

이 구덩이에는 규모에 따라 다른 이름이 붙습니다. 가장 규모가 작은 돌리네는 직경 수 미터에서 수백 미터 정도 규모의 구덩이입니다. 이 돌리네가 여러 개 이어져 큰 구덩이가 되면 우발레입니다. 직경 수백 미터 규모가 많으며, 그 저변에 취락이 형성되기도 합니다.

우발레가 더 커진 것이 폴리에입니다. 직경 수 킬로미터에서 수십 킬로미터에 달하기도 하며 양 끝이 보이지 않을 정도의 규모가 됩니다. 더는 구덩이라고 부를 수 없는 분지 규모가 되기에 폴리에를 용식분지라고도 합니다.

대표적인 카르스트 지형으로 일본 야마구치현에 있는 **아키요시다이**가 있습니다. 이곳에 가면 돌리네가 여기저기 보여서 구덩이로 가득 찬 것을 실감할 수 있어요.

우발레나 폴리에처럼 구덩이가 커지거나 구덩이와 구덩이가 이어지면서 반대로 녹지 않은 부분이 탑처럼 남기도 합니다. 이를 탑카르스트라고 합니다. 특수한 경관이 세계유산으로 지정된 중국 **구이린**은 이런 탑카르스트의 대표 사례입니다.

🏔 지하에서 석회암이 녹아서 만들어진 종유동

카르스트 지형에 비가 오면 암석 사이에 흘러들어 바위를 녹이면서 돌리네 같은 구덩이를 만듭니다. 비는 그대로 바위 사이에 스며들어 지하에서 석회암을 녹여서 종유동을 만들어요. 지하의 종유동 내부에는 강이 흐르는 경우가 많이 있습니다.

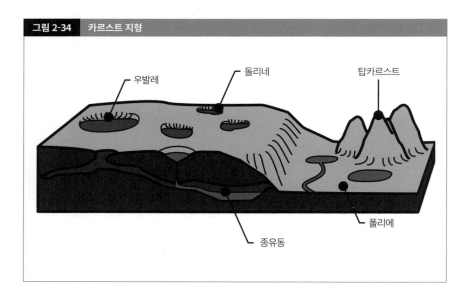

그림 2-34   카르스트 지형

우발레

돌리네

탑카르스트

종유동

폴리에

제 3 장

기후

많은 분야에 영향을 미치는
지리 학습의 핵심

제3장에서는 기후에 대해 설명합니다.

　기후는 농림수산업을 비롯한 산업에 큰 영향을 미칩니다. 또 의식주 같은 인간 생활 문화나 인구 증감 등 사회 형성에도 영향을 줘서 지리 학습의 핵심이라 할 수 있는 중요한 분야입니다.

　우선 기후의 특징은 위도, 바다와 육지 분포, 해류, 지형 등 다양한 요인(기후인자)에 의해 결정됩니다. 저위도에서 온난하고 고위도에서 한랭하며, 바다에 가까우면 습윤하고 바다에서 멀어지면 건조한 경향이 있어요. 이런 기후인자를 꼼꼼하게 알아두면 기후에 대한 이해도가 높아지고 나아가 지리 전반에 걸친 이해로 이어집니다.

　기후인자를 파악하면 드디어 구체적인 기후구분 이야기로 들어갑니다. 이번 장 후반부에서는 사바나기후, 지중해성기후, 온난습윤기후 등 독일 기상학자 쾨펜이 고안한 기후구분을 하나씩 소개합니다. 각 기후에 존재하는 개성 있는 특징을 설명할게요.

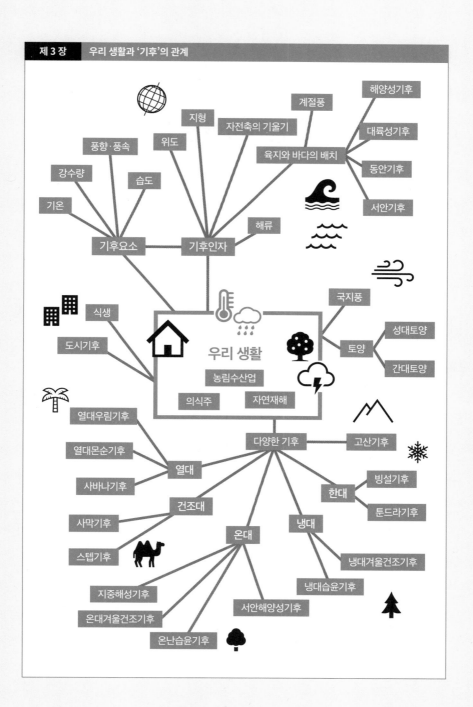

기후의 특징을 나타내는 데이터와 이를 변화시키는 요소

🌡☁ 기상과 기후

이제 기후 이야기를 해보겠습니다. 기후는 농림수산업이나 의식주 같은 인간 생활문화에 큰 영향을 미칩니다. 예를 들어 보크사이트는 열대에서 많이 캘 수 있는 광물자원이에요. 또 날씨가 좋아 살기 적당한 지역은 인구 밀도가 높은 경향이 있으며, 관광 측면에서는 역시 여름 지중해처럼 비가 잘 오지 않는 계절에 여행을 가려고 합니다.

이처럼 기후는 **농업·생활문화·인구·관광 등 지리의 여러 항목과 이어지므로 지리 이해의 핵심이라고도 할 수 있는 가장 중요한 내용입니다.**

기후란 한 지역에서 **1년 주기로 반복되는 장기간에 걸친 대기 상태를 가리킵니다.** 비슷한 말로 기상이 있는데, 기상은 날마다 변화하는 대기 상태를 나타내는 용어입니다. '내일 비가 올까?'라는 이야기는 기상, '이번 계절에 비가 많이 올까?'라는 추세 이야기는 기후입니다.

🌡☁ 기후요소와 기후인자

기후 상태를 나타내는 다양한 지표가 기후요소입니다. 기후요소에는 기온, 강수량, 풍향, 풍속, 습도 등 여러 가지가 있어요.

이런 지표가 지역에 따라 변동하는 요인을 기후인자라고 합니다. 기후인자에는 위도, 표고, 해류, 바다와 육지 분포 등이 있습니다. 이런 **다양한 기후인자를 이해하는 일이 기후를 이해하는 열쇠, 나아가 지리 전체를 이해하는 열쇠가 됩니다.**

북극과 남극이 춥고 적도 부근이 더운 이유

🌡️☔ 기후에 가장 큰 영향을 미치는 위도

기후인자 중에서도 기후에 가장 큰 영향을 미치는 인자는 위도입니다. 북극과 남극이 춥고 적도 부근이 덥다는 사실은 누구나 아는 상식일 거예요.

그런데 북극과 남극이 왜 추운지, 적도 부근은 왜 더운지 그 이유를 생각해보는 사람은 의외로 적습니다. 당연하게 생각하는 현상의 이유를 한번 살펴보려 합니다.

🌡️☔ 저위도에는 태양열이 집중

적도 부근이 더운 것은 적도가 극지보다 태양에 가깝기 때문이라고 생각하는 분도 많을지 모르겠습니다. 하지만 태양의 직경은 지구의 약 109배로, 태양과 지구는 지구 직경의 1만 배 이상 떨어져 있어요. 즉 적도와 극지의 거리 차이는 거의 무시해도 좋을 정도여서, 적도가 태양에 더 가깝기 때문이라고 하면 정답이 아닙니다.

고위도와 저위도의 기온 차이는 태양광선을 흡수하는 방법이 다른 점에서 비롯합니다. 태양광선은 <그림 3-1>에서처럼 적도 부근에서는 지면에 수직으로, 고위도에서는 지면에 비스듬히 빛을 비춥니다. 폭이 같은 태양광선이라도 비스듬히 내리쬐는 고위도 쪽이 더 넓은 면적으로 태양열을 받아들여서, 태양열이 분산되고 기온이 낮아지는 것이지요. 반대로 저위도 쪽은 태양열이 더 좁은 면적에 집중되어 기온이 올라갑니다.

그림 3-1 | 지구로 오는 태양광선

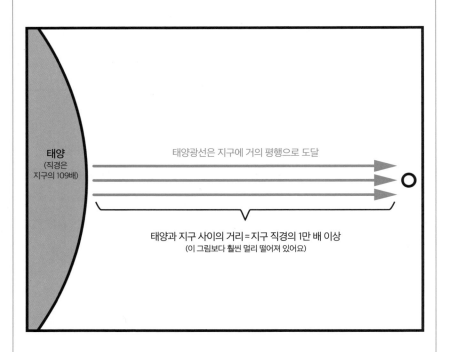

태양
(직경은
지구의 109배)

태양광선은 지구에 거의 평행으로 도달

태양과 지구 사이의 거리 = 지구 직경의 1만 배 이상
(이 그림보다 훨씬 멀리 떨어져 있어요)

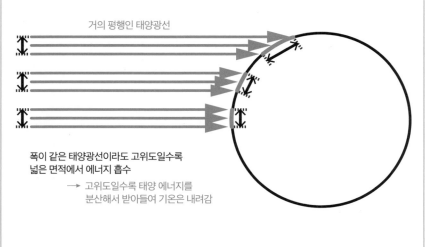

거의 평행인 태양광선

폭이 같은 태양광선이라도 고위도일수록
넓은 면적에서 에너지 흡수

→ 고위도일수록 태양 에너지를
분산해서 받아들여 기온은 내려감

🌡️☁️ 비는 상승기류가 나타나는 곳에 내린다

위도는 기온뿐 아니라 강수량도 변화시킵니다. 비가 내리는 이유에 대해서도 기초적인 내용부터 살펴볼게요.

비가 내린다는 것은 그곳에 상승기류가 발생한다는 뜻입니다. 상공은 지상보다 기온이 낮아서 따뜻한 공기가 상승하면 냉각되어 물방울이 발생합니다. 찬 음료를 넣은 컵 바깥 표면에 주변 공기가 차가워져서 생긴 물방울이 붙는 현상과 같습니다. 또 공기는 기압이 낮은 상공에서 팽창해도 온도가 내려갑니다.

공기는 따뜻해지면 수증기를 많이 품을 수 있고 차가워지면 수증기를 조금밖에 품을 수 없습니다. 그래서 **수증기를 포함한 따뜻한 공기가 높은 하늘까지 올라가 차가워지면 기체로 품을 수 있는 한계를 넘은 수증기가 액체가 되고, 이렇게 물방울이 모이면 구름이 생기고 비가 내립니다.**

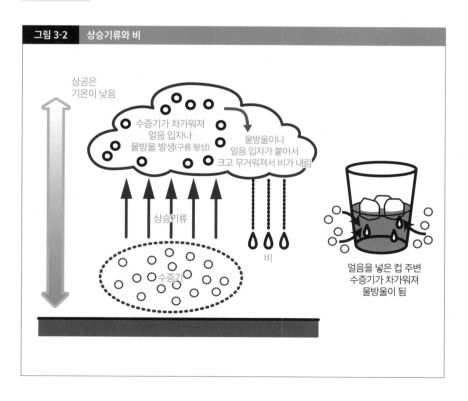

그림 3-2	상승기류와 비

상공은
기온이 낮음

수증기가 차가워져
얼음 입자나
물방울 발생(구름 형성)

물방울이나
얼음 입자가 붙어서
크고 무거워져서 비가 내림

상승기류

수증기

비

얼음을 넣은 컵 주변
수증기가 차가워져
물방울이 됨

🌡️☔ 상승기류가 발생하는 곳은 저기압이 된다

상승기류가 발생하는 곳은 동시에 저기압이 발생하는 곳이기도 합니다. 공기 덩어리가 상승하므로 지상의 공기 밀도는 낮아집니다. **우리를 누르는 공기의 압력이 낮아진다는 의미에서 이것을 저기압이라고 부르지요.** 저기압이라는 말을 들으면 비가 많이 오는 것을 생각하는데, **이는 상승기류가 발생하기에 비가 내리기 쉬워지는 것입니다.**

이제 고기압을 살펴볼까요? 고기압이란 하강기류가 발생한다는 뜻입니다. **공기 덩어리가 하강해 우리를 누르는 공기의 압력이 높아진다는 의미에서 고기압이라고 합니다.** 하강기류가 발생하기 때문에 상공에서 내려온 공기에는 물방울이 생기지 않고 비도 안 와요. 고기압이라고 하면 맑은 날씨를 생각하는데, 이는 곧 **하강기류가 발생해 비가 내리기 어려워지는 날씨**입니다.

또 지상에서 저기압은 주변보다 기압이 낮아서 주위에서 바람이 불어 들어옵니다. 반면 고기압은 주변보다 기압이 높기 때문에 주위로 바람을 내보냅니다.

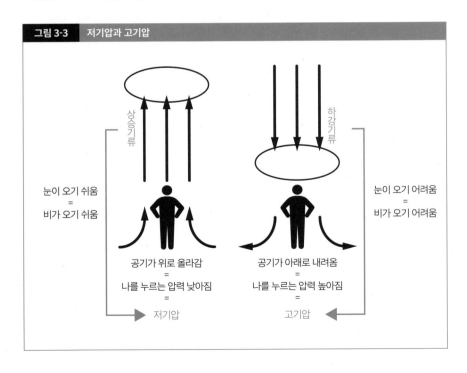

그림 3-3   저기압과 고기압

상승기류

하강기류

눈이 오기 쉬움
=
비가 오기 쉬움

눈이 오기 어려움
=
비가 오기 어려움

공기가 위로 올라감
=
나를 누르는 압력 낮아짐
=
저기압

공기가 아래로 내려옴
=
나를 누르는 압력 높아짐
=
고기압

🌡🌧 상승기류가 생기는 원인

'**상승기류 = 저기압 = 비**', '**하강기류 = 고기압 = 맑음**' 공식을 이해했다면 이제 언제 상승기류가 발생하는지 알아볼게요.

따뜻한 공기는 상승하고, 찬 공기는 하강한다는 전제를 다시 확인합시다. 공기가 따뜻해지면 팽창해서 밀도가 낮아집니다. 부피당 공기 중량이 가벼워지기 때문에 공기는 상승합니다. 열기구 상승도 이 원리를 활용해요. 반대로 공기가 차가워지면 단단히 수축해서 밀도가 높아집니다. 부피당 공기 중량이 무거워져서 공기는 하강합니다.

상승기류가 발생하는 원인은 몇 가지가 있는데, 하나는 **태양광선에 의한 지표 가열**입니다. 가열된 지표 가까이에 있는 공기는 팽창해서 밀도가 내려가고 가벼워집니다. 이렇게 되면 상승기류가 발생해요.

상승기류가 생기는 또 다른 원인은 **찬 공기와 따뜻한 공기의 충돌**입니다. 찬 공기는 밀도가 높으며 부피당 중량이 무겁고, 따뜻한 공기는 밀도가 낮고 부피당 중량은 가볍습니다. 이런 성질 차이 때문에 **찬 공기와 따뜻한 공기가 충돌하면 찬 공기가 따뜻한 공기 아래로 들어가고,**

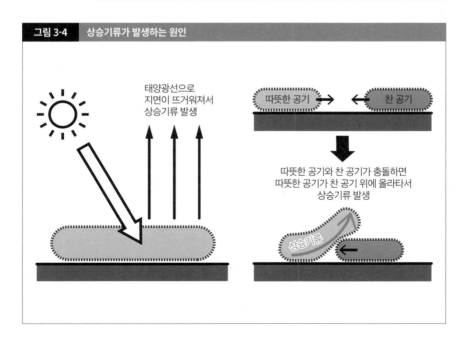

그림 3-4 상승기류가 발생하는 원인

태양광선으로
지면이 뜨거워져서
상승기류 발생

따뜻한 공기 →   ← 찬 공기

따뜻한 공기와 찬 공기가 충돌하면
따뜻한 공기가 찬 공기 위에 올라타서
상승기류 발생

상승기류

따뜻한 공기는 밀려 올라가 상승기류가 발생합니다. 그 외에 산비탈에 바람이 부딪쳐 산을 타고 올라갈 때도 상승기류가 생기는데, 이런 사례는 나중에 설명할게요.

🌡🌧 열대수렴대와 아열대고압대

위도에 따라 태양광선 흡수 방법이 다른 점, 태양광선으로 뜨거워진 부분과 차고 따뜻한 공기가 서로 충돌하는 부분에서 비가 내리기 쉬운 점을 조합하면 지구에서 비가 많은 지역과 적은 지역을 파악할 수 있습니다.

적도 부근 저위도는 태양광선에 의해 잘 뜨거워져서 **지표면이 데워지고 상승기류가 발생합니다.** 아울러 잘 달구어진 지면에서는 지표의 물도 활발하게 증발해 공기는 수증기를 많이 품고 있습니다. 수증기를 많이 품은 공기가 상승하기 때문에 비가 많이 내리게 됩니다.

이런 적도 부근 저기압 지대를 열대수렴대 또는 적도저압대라고 합니다. 저기압인 지상 부분에서는 바람이 저기압을 향해 불어 들어와서 수렴대라고 불러요. **비가 많이 내리는 적도 바로 아래 열대우림기후는 이렇게 만들어집니다.**

그럼 상승한 공기는 어디로 갈까요?

과학 시간에 배운 물이나 공기의 대류를 떠올려봅시다. 상승한 공기는 온도를 내리면서 상공 10~16km 지점에 도달합니다. 그 상공은 위로 올라갈수록 기온이 올라서 대류가 일어나기 어려운 성층권입니다. 이 고도에서 공기는 고위도 방향으로 이동하면서 더욱 온도가 내려갑니다.

마침내 위도 20~30도 부근에 다다르면 하강기류가 되어 지상으로 향합니다. **하강기류가 발생하기에 위도 20~30도는 고기압이 되어 비가 잘 내리지 않고 건조합니다.** 그래서 위도 20~30도에는 대규모 사막이 생깁니다.

이렇게 중위도에 나타나는 고기압 지대를 아열대고압대 또는 중위도고압대라고 합니다.

그림 3-5   수렴대(저압대)와 고압대

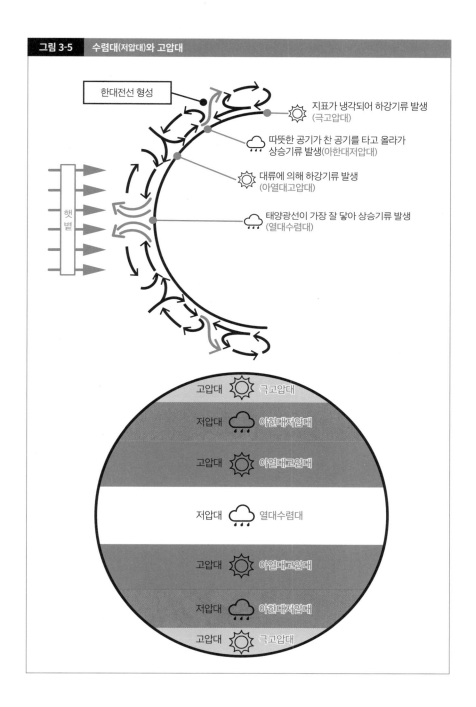

한대전선 형성

지표가 냉각되어 하강기류 발생
(극고압대)

따뜻한 공기가 찬 공기를 타고 올라가
상승기류 발생(아한대저압대)

대류에 의해 하강기류 발생
(아열대고압대)

태양광선이 가장 잘 닿아 상승기류 발생
(열대수렴대)

햇볕

고압대   극고압대

저압대   아한대저압대

고압대   아열대고압대

저압대   열대수렴대

고압대   아열대고압대

저압대   아한대저압대

고압대   극고압대

🌡🌧 고위도 부근 고압대·저압대

적도 부근을 중심으로 큰 대류를 설명했으니 다음은 극지 쪽으로 눈을 돌려봅시다.

극지 근처는 매우 한랭해서 상승기류가 생기기 어렵고, 지표가 냉각되어 하강기류가 발생해 고기압이 됩니다. 여기가 극고압대입니다.

아열대고압대와 극고압대 사이에 낀 지역은 어떨까요? 양쪽 고압대에서 불어오는 바람이 북위 50~60도 부근에서 충돌합니다. 극고압대에서 부는 바람과 아열대고압대에서 부는 바람에는 온도 차가 있어서, 양쪽이 부딪치는 지점에는 상승기류가 발생해 저기압이 생깁니다. 이처럼 온도가 다른 공기가 충돌하는 경계를 한대전선, 형성된 저기압 지대를 아한대저압대라고 합니다. 다만 실제로는 편서풍이나 육지 분포의 영향으로 저기압이 발생하는 지대는 상당히 폭넓습니다.

정리하면 북극에서 남극까지 극고압대, 아한대저압대, 아열대고압대, 열대수렴대, 아열대고압대, 아한대저압대, 극고압대 순으로 지구에는 저기압 지대와 고기압 지대가 번갈아가면서 나타납니다. 즉 **지구는 비가 자주 오는 지역과 건조한 지역으로 줄무늬처럼 나뉘어 있습니다** (이 책에서는 이해를 돕고자 '비 구역', '맑음 구역'으로 표현하기도 했어요).

편서풍이 서풍인 이유

🌡️☔ 위도가 만들어내는 북풍과 남풍

위도가 영향을 주는 기온과 비에 이어 바람에 대해 살펴보겠습니다.

앞서 언급했듯이 지구 위에는 고기압 지대와 저기압 지대가 교대로 나타납니다. 이 압력 차가 바람을 만들어냅니다. 즉 사물은 압력이 높은 곳에서 낮은 곳으로 움직이기에 **지상의 공기도 고기압에서 저기압 쪽으로 이동합니다.** 이 공기 이동이 바람이 되는 것입니다. 고기압에서 저기압으로 부는 바람을 그림으로 나타내면 <그림 3-6>에서처럼 북풍이나 남풍이 불게 된다고 볼 수 있습니다.

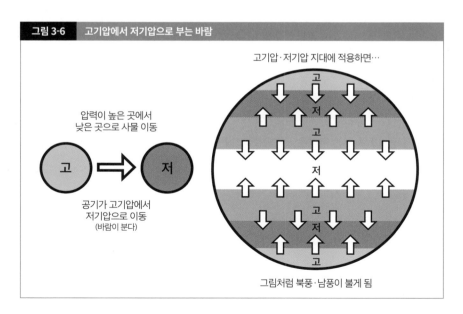

그림 3-6	고기압에서 저기압으로 부는 바람

고기압·저기압 지대에 적용하면…

압력이 높은 곳에서
낮은 곳으로 사물 이동

고 ➡️ 저

공기가 고기압에서
저기압으로 이동
(바람이 분다)

그림처럼 북풍·남풍이 불게 됨

🌡️🌧️ 회전체 위에서 물체가 움직이면 휘어진다

그런데 실제로 이 바람은 남북 방향이 아니라 지구 자전의 영향으로 굽어서 동서 방향으로 부는 바람이 됩니다. 바람을 돌게 하는 이 힘을 코리올리 효과라고 합니다.

예를 들어 회전하는 원반 위에서 사물이 운동하는 경우, <그림 3-7>의 그림①처럼 원반 위 A지점에서 정반대쪽 B지점으로 운동하는 물체를 가정해볼게요. A지점을 출발한 물체는 B지점으로 향하지만, 원반이 회전하기 때문에 실제로는 그림②처럼 B'지점에 도착할 것입니다. 회전목마나 회전 컵처럼 회전하는 놀이기구에 탔을 때를 상상해보세요.

이를 A지점에 있는 사람 시선에서 생각해보겠습니다. A에 있는 사람이 보면 B를 향해 곧장 이동했다고 생각한 물체가 그림③처럼 당초 목적지인 B지점보다 오른쪽에 있는 B'지점에 도착합니다. A에 있는 사람 입장에서는 이 물체가 **진행 방향보다 오른쪽으로 향하는 힘을 받은 것처럼 보입니다.**

그림④처럼, 원반 위 어느 지점에서도 마찬가지로 진행 방향보다 오른쪽으로 움직이는 것 같아 보여요. 이런 현상을 코리올리 효과, 또는 전향력이라고 합니다.

이를 지구에 적용해보면 그림⑤ 같은 식입니다. 북극 방향에서 지구를 본다고 가정해보면 **북반구에서는 운동하는 물체는 항상 진행 방향보다 오른쪽으로 향하는 힘을 받은 것처럼 보여요.** 반대로 남반구는 진행 방향 대비 왼쪽으로 향하는 힘이 됩니다.

마찬가지로 바람도 회전체 위에 있는 물체여서 북반구에서는 진행 방향보다 오른쪽으로 향하는 힘을 받습니다.

이렇게 되면 **고위도에서 저위도로 부는 바람은 동쪽으로**(북반구에서는 북풍이 북동풍으로), **저위도에서 고위도로 부는 바람은 서쪽으로**(북반구에서는 남풍이 남서풍으로) **회전하는 것처럼 보입니다.**

🌡️🌧️ 위도에 따라 만들어지는 기후의 기본형

결국 아열대고압대에서 열대수렴대로 향하는 바람은 동쪽에서 불어오는 **무역풍**이, 아열대고압대에서 아한대저압대로 향하는 바람은 서쪽에서 불어오는 **편서풍**이 됩니다. 극고압대에서

그림 3-7 전향력(코리올리 효과)

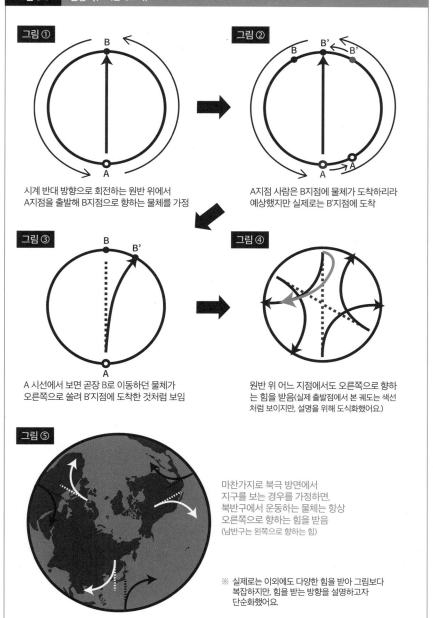

그림 ①

시계 반대 방향으로 회전하는 원반 위에서
A지점을 출발해 B지점으로 향하는 물체를 가정

그림 ②

A지점 사람은 B지점에 물체가 도착하리라
예상했지만 실제로는 B'지점에 도착

그림 ③

A 시선에서 보면 곧장 B로 이동하던 물체가
오른쪽으로 쏠려 B'지점에 도착한 것처럼 보임

그림 ④

원반 위 어느 지점에서도 오른쪽으로 향하
는 힘을 받음(실제 출발점에서 본 궤도는 색선
처럼 보이지만, 설명을 위해 도식화했어요.)

그림 ⑤

마찬가지로 북극 방면에서
지구를 보는 경우를 가정하면,
북반구에서 운동하는 물체는 항상
오른쪽으로 향하는 힘을 받음
(남반구는 왼쪽으로 향하는 힘)

※ 실제로는 이외에도 다양한 힘을 받아 그림보다
   복잡하지만, 힘을 받는 방향을 설명하고자
   단순화했어요.

아한대저압대로 향하는 바람은 동쪽에서 불어오는 극편동풍입니다.

고대 무역선과 대항해 시대 탐험선 등은 편서풍이나 무역풍을 활용해 넓은 바다를 동서로 건넜습니다. 예를 들면 콜럼버스는 스페인에서 출항하고서 남하해 무역풍을 활용해 신대륙에 도착한 후, 북상해서 편서풍을 타고 유럽에 돌아왔어요.

위도가 만드는 고압대와 저압대('맑음 구역'과 '비 구역'), 그리고 무역풍·편서풍·극편동풍을 조합해 <그림 3-8>에 정리했습니다. **이것이 위도에 따라 만들어지는 기후의 기본형입니다.**

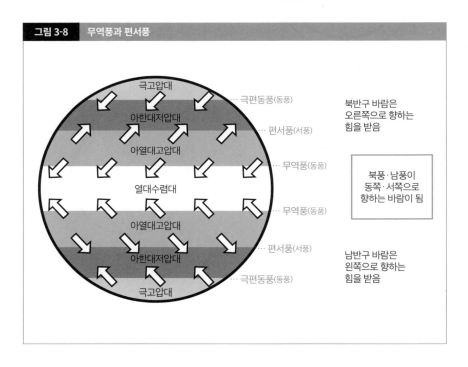

| 그림 3-8 | 무역풍과 편서풍 |

북반구 바람은 오른쪽으로 향하는 힘을 받음

북풍·남풍이 동쪽·서쪽으로 향하는 바람이 됨

남반구 바람은 왼쪽으로 향하는 힘을 받음

자전축 기울기가 만들어내는 계절 변화

🌡️🌧️ 햇볕이 잘 드는 계절이 여름

여기까지 기온, 강수량, 바람에 대해 알아봤고 이번에는 계절을 살펴보겠습니다.

문구점이나 완구점에 가보면 지구본을 파는데 어떤 지구본도 회전축이 수직으로 붙어 있지 않고 기울어져 있어요. 이는 **지구가 자전하는 회전축인 자전축이 태양 주위를 도는 공전면에 대해 비스듬히 기울어져 있음을 나타냅니다.** 23.4도라는 자전축 기울기가 지구에 계절 변화를 가져옵니다.

그림 3-9 자전축 기울기와 계절 변화

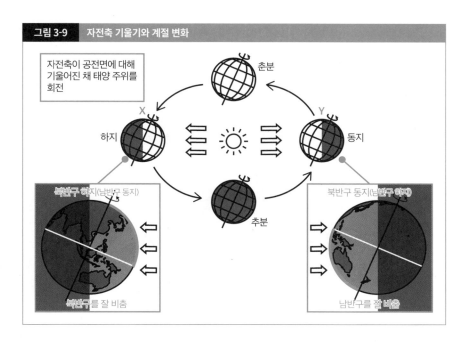

<그림 3-9>를 보면 **자전축이 비스듬히 기울어진 채 지구는 1년에 걸쳐 태양 주위를 돕니다.** 이는 지구에 계절 변화를 불러오는데, 주의 깊게 보면 **그림 왼쪽 X 위치에 지구가 왔을 때 북반구에 태양 에너지가 잘 닿습니다. 또 그림 오른쪽 Y 위치에 지구가 왔을 때 남반구에 태양 에너지가 잘 닿는 사실을 알 수 있습니다.** X 위치 상태가 북반구는 여름, 남반구는 겨울입니다.

북반구가 하지일 때 정오에 태양 바로 아래에 오는 곳이 북위 23.4도 북회귀선, 남반구가 하지일 때 정오에 태양 바로 아래에 오는 곳이 남위 23.4도 남회귀선입니다. 북반구에서 보면 북회귀선은 '하지의 적도', 남회귀선은 '동지의 적도'라는 이미지가 있어요.

🌡️ 고위도일수록 큰 낮밤 길이 차이

지구는 자전축을 회전축으로 삼아 1일 1회전하기 때문에, 세계 각 지점은 태양에 면하는 양

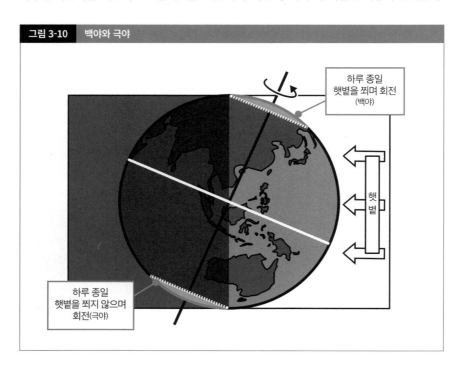

| 그림 3-10 | 백야와 극야 |

지 구역과 음지 구역을 통과하면서 낮과 밤을 맞이합니다. 주목할 곳은 **북위 66.6도와 남위 66.6도보다 고위도인 지역입니다. 이 지역은 하지에 가까운 시기가 되면 하루 종일 해가 지지 않고, 동지에 가까운 시기에는 하루 종일 해가 뜨지 않는 상황이 발생합니다.** 이렇게 하루 종일 해가 지지 않는 현상(하루 종일 낮)을 **백야**, 하루 종일 해가 뜨지 않는 현상(하루 종일 밤)을 **극야**라고 부릅니다.

아울러 여름이나 겨울에 고위도와 저위도의 낮밤 길이 차이를 알아볼게요. **고위도와 저위도를 비교하면 고위도 쪽이 저위도보다 낮과 밤의 길이 차이가 큽니다.** 그래서 겨울은 더 춥고, 여름은 기온이 훨씬 많이 올라서 고위도 지역은 1년에 걸친 기온 차(연교차)가 커집니다. 저위도에서는 여름에도 겨울에도 낮과 밤의 길이는 그다지 변하지 않습니다. 따라서 연간 기온 변화는 그렇게 크지 않아요.

이는 저위도보다 **중위도나 고위도에서 계절 변화가 뚜렷하게 나타난다는 의미입니다.**

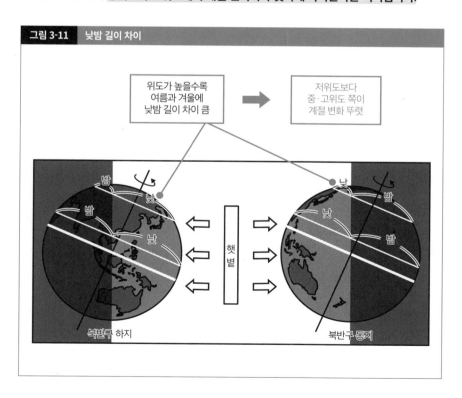

그림 3-11   낮밤 길이 차이

🌡️🌧️ 자전축의 기울기가 만드는 기후 구역 차이

자전축이 기울어져서 계절이 변한다는 사실은 이해하셨을 거예요. 이와 함께 앞서 언급한 '맑음 구역'과 '비 구역', 즉 고기압과 저기압도 이동합니다. 이렇게 나타나는 **구역 차이가 지구에 다양한 기후를 만들어냅니다.**

북회귀선이 하지에 태양 바로 아래에 있는 '하지의 적도'가 되면 열대수렴대도 그곳으로 이동한다고 보면 됩니다. 반대로 '동지의 적도'인 남회귀선을 태양이 비출 때는 열대수렴대가 그쪽으로 이동합니다.

열대수렴대가 이동하면서 아열대고압대, 아한대저압대도 각각 북쪽, 남쪽으로 이동합니다. 그래서 **지구상 위치에 따라서는 '여름은 비 구역인데 겨울은 맑음 구역' 또는 '여름은 맑음 구역인데 겨울은 비 구역'인 지점이 발생합니다.** 여름과 겨울에 습윤한 날씨와 건조한 날씨가 교대하는 지점이 존재한다는 뜻입니다.

적도 바로 아래 부근은 **1년 내내 습윤한 비 구역**이어서 열대우림기후가 됩니다. 이보다 고위도로 올라가면 **여름은 비 구역, 겨울은 맑음 구역**인 부분이 생깁니다. 이는 열대인 동시에 우기와 건기가 뚜렷하게 나타나는 사바나기후입니다. 이어 더 고위도에는 **여름도 겨울도 맑은** 사막기후가 나타납니다.

여기서 더 고위도로 가면 **여름에는 맑음 구역, 겨울에는 비 구역**인 지중해성기후가 출현해요. 더욱더 고위도 쪽은 **여름도 겨울도 비 구역**이어서 온난습윤기후, 서안해양성기후, 냉대습윤기후 같은 습윤한 기후가 등장합니다. 더 고위도에는 **여름에 비 구역, 겨울에 맑음 구역**인 냉대겨울건조기후, 그리고 극지 부근에는 극고압대 영향이 강해 매우 한랭한 툰드라기후나 빙설기후 등이 나타납니다. 이렇게 **자전축 기울기에 따른 구역 차이가 다양한 기후를 만들어냅니다.**

그림 3-12   구역 차이가 만드는 기후

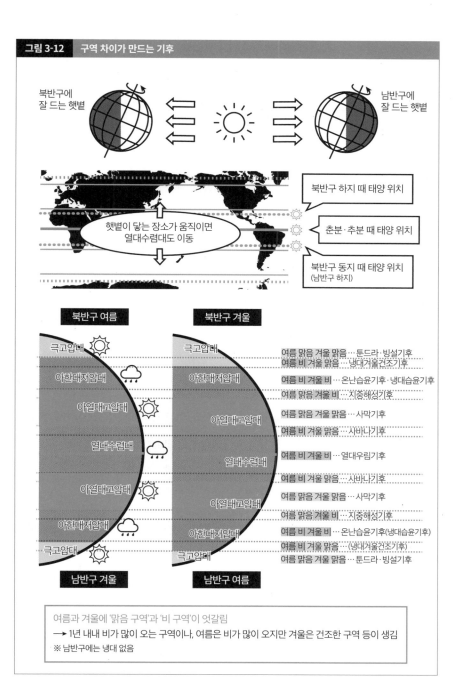

북반구에 잘 드는 햇볕

남반구에 잘 드는 햇볕

북반구 하지 때 태양 위치

춘분·추분 때 태양 위치

북반구 동지 때 태양 위치 (남반구 하지)

햇볕이 닿는 장소가 움직이면 열대수렴대도 이동

북반구 여름

북반구 겨울

극고압대

아한대저압대

아열대고압대

열대수렴대

아열대고압대

아한대저압대

극고압대

남반구 겨울

남반구 여름

여름 맑음 겨울 맑음 … 툰드라·빙설기후
여름 비 겨울 맑음 … 냉대겨울건조기후
여름 비 겨울 비 … 온난습윤기후·냉대습윤기후
여름 맑음 겨울 비 … 지중해성기후
여름 맑음 겨울 맑음 … 사막기후
여름 비 겨울 맑음 … 사바나기후
여름 비 겨울 비 … 열대우림기후
여름 비 겨울 맑음 … 사바나기후
여름 맑음 겨울 맑음 … 사막기후
여름 맑음 겨울 비 … 지중해성기후
여름 비 겨울 비 … 온난습윤기후(냉대습윤기후)
여름 비 겨울 맑음 … (냉대겨울건조기후)
여름 맑음 겨울 맑음 … 툰드라·빙설기후

여름과 겨울에 '맑음 구역'과 '비 구역'이 엇갈림
→ 1년 내내 비가 많이 오는 구역이나, 여름은 비가 많이 오지만 겨울은 건조한 구역 등이 생김
※ 남반구에는 냉대 없음

산 날씨가 변덕스러운 이유

🌡️🌧️ 표고에 따른 기온과 강수량

위도가 만드는 기후변화에 이어 표고의 영향을 살펴봅시다. 높은 산에 올라가면 표고가 100m 높아질 때마다 기온이 평균 약 0.65℃씩 내려갑니다. 이를 기온 체감률이라고 합니다. 그래서 산을 오르면 정상에서는 쌀쌀한 바람을 느낄 수 있지요.

결과적으로 표고가 높은 고원 등지에서는 산기슭 기후의 특징은 남아 있으면서도 기온이 낮아지는 상황이 일어납니다. 예를 들어 산기슭이 사바나기후면, 비가 여름에 많이 오고 겨울에 오지 않는 특징은 유지하면서 기온이 내려가 열대에서 온대로 바뀌어 온대겨울건조기후가 되는 경우가 있습니다.

또 바람이 산에 부딪치면 산비탈을 타고 올라갑니다. 이런 경우 **비탈을 오르는 바람은 반드시 상승기류가 되므로 구름이 만들어지고 비가 내리곤 합니다.** 산 정상 부근은 사방팔방 어디에서 바람이 불어와도 상승기류가 발생해 산 날씨가 변덕스럽다고들 합니다. 반대로 바람이 부는 아래쪽에서는 비 온 후 공기가 하강해서 건조합니다.

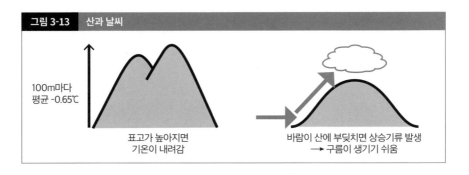

그림 3-13 산과 날씨

100m마다 평균 -0.65℃

표고가 높아지면 기온이 내려감

바람이 산에 부딪치면 상승기류 발생 → 구름이 생기기 쉬움

계절풍을 만들어내는
대륙과 해양의 온도 차

🌡️ 가열도 냉각도 어려운 바다의 영향

표고에 이어 기후에 큰 영향을 주는 것이 대륙과 바다의 배치입니다. 물은 여러 성질 중에서도 뜨거워지기도, 차가워지기도 어려운 성질을 갖췄습니다.

그래서 육지와 바다를 비교하면 육지는 가열되기도 냉각되기도 쉬운 반면, 바다는 가열도 냉각도 어려운 특징이 있습니다. 여름 모래사장은 맨발로 걸을 수 없을 정도로 뜨겁지만, 바다에 들어가면 물이 시원하게 느껴지는 경험으로도 실감할 수 있어요.

🌡️ 계절풍이 발생하는 이유

시야를 지구 규모로 넓혀 대륙과 해양을 살펴봅시다. 여름철은 대륙이 해양보다 따뜻해지기 쉬워서 상승기류가 발생하기도 쉬워집니다. 상승기류 발생은 곧 저기압 발생이므로 **여름에는 주변 해양에서 대륙으로 바람이 불어 들어옵니다.**

반대로 겨울철은 대륙이 한랭해져서 하강기류가 잘 발생해 고기압이 됩니다. 따라서 **겨울에는 대륙에서 해양을 향해 바람이 붑니다.**

이처럼 계절에 따라 크게 풍향이 바뀌는 바람을 계절풍(몬순)이라고 합니다. 몬순이 뚜렷하게 나타나는 지역은 동아시아, 동남아시아, 남아시아 등입니다.

특히 여름 몬순은 인도양, 태평양, 남중국해, 동중국해 상공에서 수증기를 가득 머금은 바람이 됩니다. 이 바람은 대륙에 상륙해 비를 내리게 하므로 이들 지역의 여름 강수량은 상당히 많아요.

그림 3-14 계절풍(몬순)

대륙…가열도 냉각도 쉬움
해양…가열도 냉각도 어려움

$+$

따뜻해진 지표에서는
상승기류가 발생해 저기압 됨

→ 여름에는 대륙이 따뜻해져 저기압 됨
  ⇒ 여름에는 해양에서 대륙으로 습한 바람 붊(여름 몬순)
    → 대륙이나 산맥에 충돌해 많은 비를 내림

→ 겨울에는 대륙이 추워져 고기압 됨
  ⇒ 겨울에는 대륙에서 해양으로 건조하고 차가운 바람 붊(겨울 몬순)

여름 몬순

겨울 몬순

특히 여름에 비가 많이 내리는 지역

따뜻해진 대륙에 상승기류 발생
→ 저기압이 되어 바다에서 바람이 불어 들어옴

차가워진 대륙에 하강기류 발생
→ 고기압이 되어 바다로 바람이 불어 나감

🌡️☁️ 해양성기후와 대륙성기후

대륙은 잘 뜨거워지고 차가워지는 반면, 해양은 잘 뜨거워지지 않고 잘 차가워지지 않습니다. 그래서 당연히 바다와 가까운 연안은 해양 영향으로 가열되고 냉각되기 어렵지만, 바다에서 멀리 떨어진 대륙 한가운데는 쉽게 가열되고 냉각됩니다. 또 바다는 대기에 수증기를 공급하기 때문에 바다에 가까운 지역이 연간 강수량이 많고, 대륙 중앙은 대체로 수증기 공급이 부족해 건조합니다.

따라서 **연안 지역에서는 1년에 걸친 기온 차이가 작고 습윤한 특징이 있습니다.** 이를 해양성기후라고 부릅니다.

반대로 **대륙 내륙에서는 연간 기온 차이가 크고 건조합니다.** 이를 대륙성기후라고 해요.

🌡️☁️ 서안기후와 동안기후

이번에는 바람의 작용과 대륙과 해양의 배치를 함께 알아볼게요. 편서풍이 부는 중위도 기준으로 살펴보겠습니다.

편서풍은 서쪽에서 동쪽으로 불기 때문에 **대륙 서해안에서는 바다를 건너온 바람이 대륙에 상륙합니다. 그래서 대륙 서해안은 해양성기후 영향을 강하게 받아요.** 대륙 서해안에서는 기온 연교차가 작고 1년 내내 제법 습윤합니다. 이를 서안기후라고 해요.

반대로 **대륙 동해안에서는 대륙을 거쳐 불어온 바람이 바다로 내려갑니다.** 대륙 동해안에서는 대륙성기후 영향이 강해서 기온 연교차가 비교적 큰 편입니다. 또 바람이 육지를 거치는 사이 편서풍 영향이 약해져서 계절풍 영향이 꽤 강하게 작용합니다. 기온 연교차가 비교적 큰 데다가 계절풍 영향으로 여름에는 비가 많이 오고 겨울에는 대륙에서 불어온 건조한 바람이 붑니다. 이렇게 여름과 겨울에 상당히 극단적인 차이가 나타나 **'여름은 고온다습, 겨울은 한랭건조' 기후가 됩니다.** 이를 동안기후라고 합니다.

그림 3-15 대륙·해양과 기후

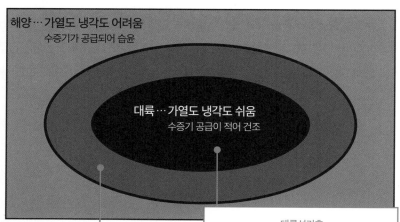

해양··· 가열도 냉각도 어려움
수증기가 공급되어 습윤

대륙··· 가열도 냉각도 쉬움
수증기 공급이 적어 건조

해양성기후
연안 부근에 나타남
연간 기온 변화 작고 습윤

대륙성기후
대륙 중앙부에 나타남
연간 기온 변화 크고 건조

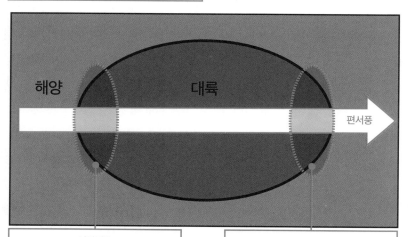

해양   대륙   편서풍

서안기후
편서풍이 해양을 통해 불어옴
해양 영향을 크게 받아
기온 변화 작고 습윤

동안기후
편서풍이 대륙을 통해 불어옴
기온 변화 크고
계절풍 영향을 강하게 받음

지구를 대규모로 순환하는 해류의 작용

🌡️ 바람이 만드는 해류의 순환

위도가 만드는 편서풍과 무역풍을 이야기했는데, 바람과 마찬가지로 해류도 지구 위를 대규모로 순환합니다. 해류는 해수면에 부는 바람의 영향을 크게 받아서 **저위도에서는 무역풍을 따라 동쪽에서 서쪽으로, 중위도에서는 편서풍을 타고 서쪽에서 동쪽으로 흘러갑니다.** 장소에 따라서는 계절풍 영향을 받기도 하는 등 실제 움직임은 복잡합니다.

🌡️ 한류가 만드는 해안사막

적도 부근 해류는 태양 에너지를 받아 데워지며, 대륙 동쪽 해안을 따라 북쪽으로 향하고 중위도에서 서쪽에서 동쪽으로 흐릅니다. 따뜻한 해수의 흐름이어서 난류라고 해요. 중위도에서 점점 온도를 낮추면서 동쪽으로 흐르는 해류는 다른 대륙 서쪽 해안에 부딪쳐 저위도 방향으로 흐릅니다. 고위도에서 저위도로 흐르는 해류여서 이번에는 찬 해류가 되기 때문에 한류라고 합니다.

　난류가 흐르는 곳에서는 상승기류와 수증기가 잘 발생해 그 연안에는 구름이 생기고 비가 내립니다. 반대로 한류가 흐르는 곳에서는 상승기류와 수증기가 발생하기 어려워 연안은 비가 잘 오지 않고 건조합니다. 그래서 한류가 흐르는 연안에서는 사막이 생기기도 해요. 이런 사막을 해안사막이라고 합니다. 벵겔라 해류를 따라 자리 잡은 아프리카 **나미브사막**, 페루 해류를 따라 있는 남아메리카 **아타카마사막** 등을 예로 들 수 있어요. 이들 사막은 원래 건조한 아열대고압대에 있는 데다가 수증기 공급도 부족해서 매우 건조합니다.

그림 3-16 난류와 한류

해류 도식도

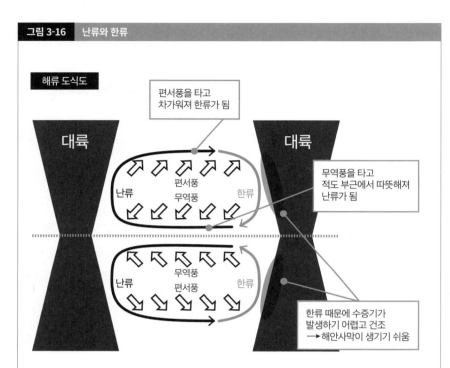

편서풍을 타고
차가워져 한류가 됨

대륙

대륙

난류

편서풍
무역풍

한류

무역풍을 타고
적도 부근에서 따뜻해져
난류가 됨

무역풍

난류

편서풍

한류

한류 때문에 수증기가
발생하기 어렵고 건조
→ 해안사막이 생기기 쉬움

세계의 해류

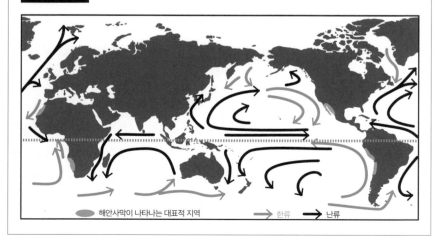

해안사막이 나타나는 대표적 지역   한류   난류

세계 기후를 분류한 쾨펜의 기후구분

🌡️🌧️ 쾨펜이 고안한 기후구분

이제 기후구분 이야기로 들어갑니다. 기후라고 하면 중학교 때 배우는 온난습윤기후, 서안해양성기후, 툰드라기후 등의 용어가 떠오르는 분도 있을 거예요.

이런 구분은 독일 기후학자 쾨펜이 고안한 이른바 쾨펜의 기후구분입니다. 쾨펜 이외에도 기후 분류법을 고안한 사람들이 많이 있지만, 쾨펜의 기후구분이 가장 일반적으로 쓰여요.

쾨펜은 기후를 분류하면서 그곳에 있는 식물의 상황(식생)에 주목했습니다. 러시아로 이주한 쾨펜은 대학과 본가가 있는 북위 약 45도 크림반도와 북위 약 60도 상트페테르부르크를 왕복하면서 생육 식물이 점점 변화하는 점을 깨닫고 기후와 식생에 흥미를 갖게 되었다고 해요. 그러면서 **식생에 큰 영향을 주는 두 가지 요소인 기온과 강수량에 주목해 기후구분을 생각해냈습니다.**

쾨펜의 기후구분은 기온과 강수량이라는 두 가지 기후요소만으로 비교적 간단히 기후를 구분하는 점, 식생 차이에 따른 분류여서 농산물 분포나 식생활 차이 등 식물 관련 여러 분야로 연결된다는 점 등 장점이 있어 널리 쓰이게 되었습니다.

🌡️🌧️ 기후대의 큰 분류

쾨펜은 먼저 지구 기후를 크게 두 개로 분류했습니다. 바로 무수목기후와 수목기후입니다.

무수목기후는 이름대로 수목이 자라지 못하는 기후입니다. **수목이 성장할 수 없는 원인에는 건조와 한랭이라는 두 가지 유형이 있어요.**

건조해서 수목이 자라기 힘든 기후를 건조기후(수목기후와 무수목기후의 경계가 되는 강수량을 건조한계라고 불러요), 한랭해서 수목이 자라기 힘든 기후를 한대기후라고 합니다.

🌡☔ 기온에 따른 수목기후 분류

수목기후는 수목이 자라는 기후입니다. 이 수목기후는 기온에 따라 크게 3가지로 분류되어 따뜻한 지역부터 열대기후, 온대기후, 냉대기후라고 합니다. 대개 열대는 야자가 생육 가능한 기후, 냉대는 가문비나무·분비나무·낙엽송 등 아한대림이 형성되는 기후, 열대는 그 사이 기후입니다. 결과적으로 **지구상에는 크게 5가지 기후대가 존재합니다.**

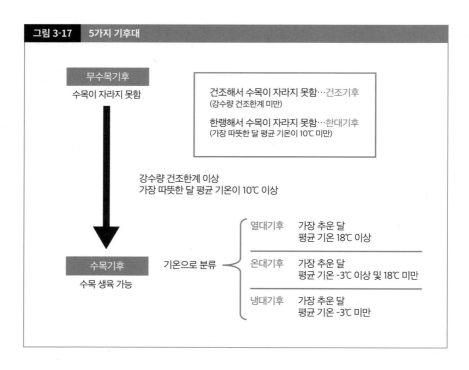

그림 3-17 | 5가지 기후대

무수목기후
수목이 자라지 못함

건조해서 수목이 자라지 못함…건조기후
(강수량 건조한계 미만)

한랭해서 수목이 자라지 못함…한대기후
(가장 따뜻한 달 평균 기온이 10℃ 미만)

강수량 건조한계 이상
가장 따뜻한 달 평균 기온이 10℃ 이상

수목기후
수목 생육 가능

기온으로 분류

열대기후 　가장 추운 달
　　　　　평균 기온 18℃ 이상

온대기후 　가장 추운 달
　　　　　평균 기온 -3℃ 이상 및 18℃ 미만

냉대기후 　가장 추운 달
　　　　　평균 기온 -3℃ 미만

🌡️ 지구상 5가지 기후의 순번

'건조대·한대·열대·온대·냉대' 5가지 기후대를 저위도부터 나열하면 적도부터 '열대·건조대·온대·냉대·한대' 순으로 나타납니다.

기후대는 '열대=A, 건조대=B, 온대=C, 냉대=D, 한대=E' 이렇게 각각 알파벳을 달아 구별합니다.

다만 남반구에는 냉대에 해당하는 지역에 대륙이 없고 해양이 펼쳐져 있습니다. 육지가 있어도 작은 섬이고 해수가 주위를 둘러싸고 있어요. 해수 최저기온은 -2℃ 정도로 섬은 이보다 기온이 낮게 내려가지는 않습니다. 따라서 **남반구에는 냉대가 존재하지 않습니다.**

이 같은 쾨펜의 기후구분에 더해 나중에 표고가 높은 산의 기후로 **고산기후(H)**가 추가되었어요. 고산기후는 기온만 보면 한대나 냉대지만 산기슭 기후의 특징도 있어서 냉대나 한대와 구별할 필요가 있다는 이유로 설정된 기후입니다.

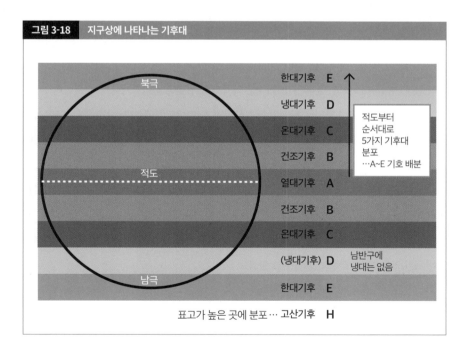

그림 3-18	지구상에 나타나는 기후대

북극

한대기후 E

냉대기후 D

적도부터 순서대로 5가지 기후대 분포 …A~E 기호 배분

온대기후 C

건조기후 B

적도

열대기후 A

건조기후 B

온대기후 C

(냉대기후) D 남반구에 냉대는 없음

남극

한대기후 E

표고가 높은 곳에 분포… 고산기후 H

강수량이나 기온 경향으로 기후를 더 분류

🌡☔ 개성 있는 14가지 기후구분

여기서는 기후의 큰 5가지 분류법 아래에 있는 더 세세한 분류에 대해 이야기합니다.

우선 수목기후의 열대·온대·냉대는 비가 여름에 많이 내리는지 혹은 겨울에 많이 내리는지, 아니면 연간 강수량 차이가 크지 않은지로 분류합니다. 특히 열대는 우기와 건기가 뚜렷하게 나타나는 경우와 건기가 있어도 약한 건기인 경우가 있어 이런 점도 구별합니다.

알파벳으로 표기할 때 겨울에 건조하면 'w', 여름에 건조하면 's', 1년에 걸쳐 강수량 차이가 없으면 'f'를 답니다. 열대에는 강한 건기가 있는 경우 'w', 약한 건기가 있으면 'm'을 씁니다. 온대습윤기후는 더 세세한 분류가 있습니다. 이건 다음 기회에 설명할게요.

이어 **건조대는 수목이 자라는 한계인 건조한계의 절반 미만밖에 비가 오지 않는, 극단적으로 건조한 기후를 사막기후 'W'로 표기합니다.** 강수량이 건조한계의 절반 이상이면서 건조한계 미만인 기후(수목은 못 자라도 풀은 자랄 정도로 비가 와요)는 스텝기후라는 뜻에서 'S'로 써요.

한대는 **가장 따뜻한 달 평균 기온이 0℃ 미만으로 극단적으로 한랭한 지역을 '빙설기후' F, 가장 따뜻한 달 평균 기온이 0℃ 이상 10℃ 미만인 지역을 '툰드라기후' T로 표기합니다.**

이렇게 만들어진 다양한 기후를 <그림 3-19>에 설명했습니다. 현재 이렇게 14가지 기후가 일반적인 기후구분으로 널리 사용되고 있어요.

그림 3-19   14가지 기후구분과 대표 식생

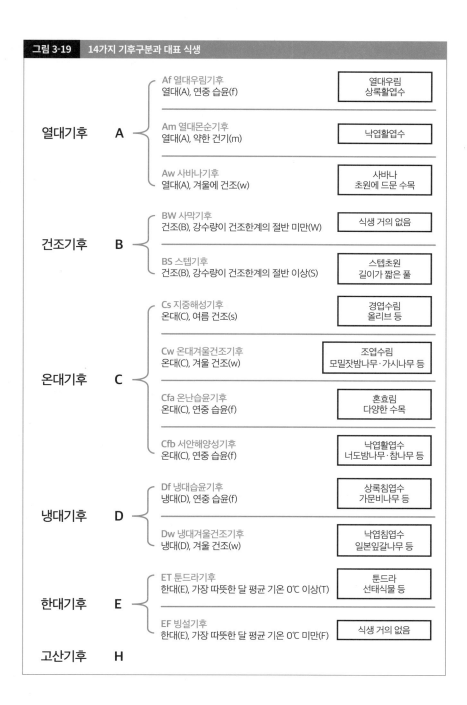

열대기후 A	Af 열대우림기후 열대(A), 연중 습윤(f)	열대우림 상록활엽수
	Am 열대몬순기후 열대(A), 약한 건기(m)	낙엽활엽수
	Aw 사바나기후 열대(A), 겨울에 건조(w)	사바나 초원에 드문 수목
건조기후 B	BW 사막기후 건조(B), 강수량이 건조한계의 절반 미만(W)	식생 거의 없음
	BS 스텝기후 건조(B), 강수량이 건조한계의 절반 이상(S)	스텝초원 길이가 짧은 풀
온대기후 C	Cs 지중해성기후 온대(C), 여름 건조(s)	경엽수림 올리브 등
	Cw 온대겨울건조기후 온대(C), 겨울 건조(w)	조엽수림 모밀잣밤나무·가시나무 등
	Cfa 온난습윤기후 온대(C), 연중 습윤(f)	혼효림 다양한 수목
	Cfb 서안해양성기후 온대(C), 연중 습윤(f)	낙엽활엽수 너도밤나무·참나무 등
냉대기후 D	Df 냉대습윤기후 냉대(D), 연중 습윤(f)	상록침엽수 가문비나무 등
	Dw 냉대겨울건조기후 냉대(D), 겨울 건조(w)	낙엽침엽수 일본잎갈나무 등
한대기후 E	ET 툰드라기후 한대(E), 가장 따뜻한 달 평균 기온 0℃ 이상(T)	툰드라 선태식물 등
	EF 빙설기후 한대(E), 가장 따뜻한 달 평균 기온 0℃ 미만(F)	식생 거의 없음
고산기후 H		

기후구분의 근거로 삼는 식생 차이

🌡️ 대략적인 수목 분류

쾨펜이 기후 분류를 하려고 생각하게 된 계기는 생육하는 식물의 상황(식생) 차이에 눈을 뜬 일입니다. 그래서 기후와 식생은 밀접한 관련이 있어요. 수목기후에 있는 수목은 크게 **활엽수**와 **침엽수**로 분류합니다. 그리고 각각 낙엽 지지 않는 수목(상록)과 낙엽 지는 수목이 있어서 **상록활엽수, 낙엽활엽수, 상록침엽수, 낙엽침엽수** 네 종류로 나뉩니다.

🌡️ 열대의 식생

나무를 기업에 비유한다면 식물의 잎은 광합성을 해서 양분을 만들어내는, 기업의 이익을 창출하는 회사원 같은 존재입니다. 그중에서도 활엽수 잎은 광합성을 척척 해서 양분을 잘 만들어내는 엘리트 회사원 같은 존재라 할 수 있어요.

특히 열대우림기후에서는 연중 강수량이 풍부하고 햇볕이 강렬해 잎이 1년 내내 활발하게 일할 수 있어요. 그래서 **열대우림기후에는 상록활엽수가 중심이 됩니다.**

하지만 열대몬순기후나 사바나기후에는 건기가 있습니다. 건기는 강수량이 적어서 충분한 광합성이 불가능합니다. 기업을 예로 들면 비수기여서, 이때 엘리트 사원에게 계속 고액의 급여를 줘도 회사는 손해를 볼 뿐입니다.

이럴 때 나무들은 일단 잎을 자르고 성수기에 맞춰 재고용하려고 합니다. 즉 **건기에 일단 잎이 지고, 우기에 맞춰 다시 잎이 돋아나는 낙엽활엽수가 중심이 된다는 것입니다.**

🌡️☔ 온대의 식생

마찬가지로 온대에서도 강수량과 햇볕이 1년 내내 충분하면 상록활엽수가 됩니다. 그러나 열대와 비교하면 온대는 강수량이나 태양 에너지 양이 다소 적어요. 기업을 예로 들면 이익은 내지만 아무 걱정 없는 상태는 아닌 상황으로, 이 와중에도 이익 창출을 위해 기업은 보험에 가입하거나 비용을 줄이는 등 나름대로 궁리를 합니다. **온대의 상록활엽수는 조엽수처럼 잎 표면을 보호층으로 덮거나, 경엽수처럼 잎을 소형화해 수분 증발을 막는 등의 방법을 씁니다.**

위도가 더 높아지면 겨울철에 태양 에너지가 적어지기 때문에 **잎을 일단 자르고 비수기 비용을 줄이려는 낙엽활엽수가 나타납니다.** 낙엽활엽수는 온난습윤기후에 보이는 혼효림이나 서안해양성기후에 보이는 낙엽활엽수림 등에 많이 분포해 있어요.

🌡️☔ 냉대와 무수림기후의 식생

위도가 더 높아지면 한랭하고 건조해서 식물에는 가혹한 기후인 냉대가 됩니다. 이런 악조건에서는 대기업 같은 활엽수 방식으로는 살아갈 수 없어 **기업(수목) 구조 자체를 근본적으로 고쳐야만 합니다. 냉대에서는 잎 표면적을 작게 바늘처럼 만들어 내부 구조 등도 활엽수와는 다른 침엽수 숲이 펼쳐집니다.** 실제로는 침엽수가 지구에 먼저 존재했고, 활엽수가 나중에 등장했다고 알려져 있습니다.

침엽수림도 상록수와 낙엽수로 나뉩니다. **낙엽침엽수는 냉대에서도 더 한랭하고 건조해지는 시기에 일단 잎을 잘라 비용을 절감해야만 합니다.**

또 무수림기후에는 원래 수목이 없고 스텝기후에 분포하는 길이가 짧은 풀(스텝)이나 툰드라기후에 분포하는 선태식물 등이 자랍니다. 사막기후나 빙설기후에는 식생이 거의 보이지 않아요.

춥지 않은 겨울이 열대의 기준

🌡️ 야자 생육이 열대의 조건

이제 저위도에서 고위도로 올라가면서 나타나는 개성이 풍부한 14가지 기후의 프로필을 소개하려 합니다.

먼저 저위도 쪽 기후가 열대기후입니다. 열대인지를 판단하는 기준은 **가장 추운 달 평균 기온이 18℃ 아래로 내려가지 않는 것입니다.** 이는 야자 생육 조건과 일치합니다. **여기서 주목할 점은 열대의 기준이 '가장 따뜻한 달 평균'이 아니라 '가장 추운 달 평균'이라는 사실입니다.** 예를 들어 1년 내내 계속 20℃인 지역과, 겨울 평균 기온은 10℃지만 여름에는 평균 40℃ 부근까지 기온이 오르는 지역을 비교하면 전자가 시원하고, 후자가 훨씬 덥다는 느낌이 듭니다. 하지만 전자가 열대, 후자가 온대에 속합니다. 어디까지나 판단 기준은 더운 여름이 아니라 춥지 않은 겨울입니다. 그렇다고는 해도 열대는 적도에 가까워서 평균 기온이 대체로 높은 편입니다.

🌡️ 농업에 적합하지 않은 열대의 붉은 토양, 라토졸

열대에는 특유의 붉은 토양이 분포합니다. 이를 라토졸이라고 합니다. 옥시졸이라고도 해요.

열대에는 태양광선이 강하게 내리쬐고 비가 많이 내려서 식물이 잘 자랍니다. 식물이 시들거나 나무가 쓰러지면 이를 미생물이 분해해 질소, 칼륨, 마그네슘 등 양분이 됩니다. 열대에서는 미생물이 활발하게 작용해서 바로 분해해 영양화합니다.

게다가 비가 많이 오기 때문에 이런 양분은 물에 녹아들어 열대 식물이 바로 흡수하기 좋은

그림 3-20　열대의 분포와 분류

열대의 분포

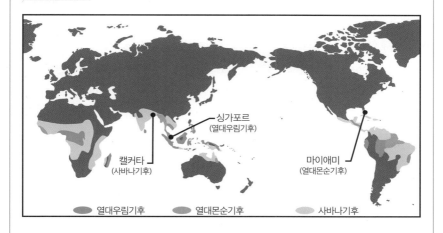

싱가포르
(열대우림기후)

마이애미
(열대몬순기후)

캘커타
(사바나기후)

⬤ 열대우림기후　⬤ 열대몬순기후　⬤ 사바나기후

열대의 분류

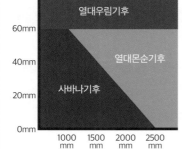

가장 추운 달 평균 기온 18℃ 이상

추가로
강수량으로 분류

비가 가장
적게 오는 달 강수량

열대우림기후

60mm

열대몬순기후

40mm

사바나기후

20mm

0mm

1000
mm　1500
mm　2000
mm　2500
mm

연간 강수량

열대의 특징

라토졸 분포
산성의 메마른 토양

해안에 맹그로브 분포
뿌리가 바닷물에 잠긴 식물

상태가 됩니다. 열대 식물은 왕성하게 이 양분을 흡수해 성장에 활용해요. 또 많은 비는 양분을 물에 녹여 강이나 바다로 흘려보내기 쉬운 환경을 만듭니다. **그 결과 미생물이 만든 양분은 곧장 주변 식물에 사용되고, 이에 더해 비가 오면서 양분이 흘러내려가 토양 속에는 미생물이 남기 어려운 상황이 발생합니다.**

대신 흙에 철이나 알루미늄이 남아 녹슬어 산화철과 산화알루미늄 같은 산화물이나 수산화물이 생겨요. 산화철 중에 이른바 '빨간 녹'은 고대에 그림 도구로 쓰일 정도여서 **산화철을 많이 포함한 토양은 붉은 기가 강해집니다.** 열대 라토졸의 붉은 기는 철 표면에 스는 녹의 색상입니다.

또 열대는 비가 많이 와서 토양에 스며든 산성 빗물이나 식물 뿌리의 작용으로 흙이 산성이 됩니다. 빗물에는 이산화탄소가 녹아 있어 원래 산성을 띠는 '약한 탄산수'로 지표에 내리곤 합니다. 산성이 강한 토양은 일반적으로 농업에 알맞지 않아 열대의 라토졸은 농업에 적합하지 않은, 메마르고 불그스름한 산성 토양입니다.

열대는 언뜻 보면 태양광선과 물이 풍부해서 정글 같은 풍부한 자연이 있다고 생각하기 쉽지만, 농지를 만들려고 해도 흙에 남은 양분이 부족해서 잘 되기 어렵습니다.

🌡️🌧️ 해안 부근의 맹그로브 숲

열대지역 해안을 따라서는 맹그로브라는 상록수 숲이 있습니다. 맹그로브라는 식물이 있는 것이 아니라, 열대의 염수와 해수가 섞이는 해안 근처에 생기는 밀물에 의해 뿌리가 바닷물에 잠기는 식물을 통틀어서 맹그로브라고 해요. 세계 열대 해안의 약 4분의 1이 맹그로브 숲인 것으로 알려졌습니다.

맹그로브 주위에는 풍부한 생태계가 있습니다. 잎 주변 지면에는 떨어진 잎을 분해하는 플랑크톤이나 미생물이 있고, 물에 잠긴 뿌리는 작은 물고기들의 은신처입니다. 또 열매는 벌레나 새의 먹이로 쓰이고 원숭이, 사슴, 염소 등의 먹이도 됩니다. 맹그로브 숲은 '생명의 보고'로도 불립니다.

맹그로브는 광합성을 왕성하게 해서 이산화탄소를 흡수하는 힘이 강합니다. 또 가지가 꺾이거나 잎이 떨어지면 가지나 잎 속 탄소가 진흙 속에 들어가 토양에 그대로 축적됩니다. 맹그로브를 품은 환경은 탄소를 많이 쌓아둬서 지구온난화 방지에 큰 역할을 합니다. 아울러 맹그로브는 해일, 강풍, 쓰나미 등의 재해를 줄이기도 합니다. 하지만 최근 새우 양식지(한국에서도 많이 수입하는 '흰다리새우'가 대표적입니다)를 만들기 위해 대량으로 벌채되어 환경 파괴 문제로도 거론되고 있습니다.

🌡️🌧️ 열대의 3가지 기후 분류법

열대는 강수량에 따라 열대우림기후, 열대몬순기후, 사바나기후로 나뉩니다. 열대우림기후는 우기가 없는 점이 특징입니다. 열대우림기후의 조건은 **연간 비가 가장 적게 오는 달의 평균 강수량이 60mm 이상**입니다. 일본 도쿄의 1월 평균 강수량이 대략 60mm로, 그 이상이면 1년 내내 비가 내리는 셈입니다.

열대몬순기후와 사바나기후는 우기와 건기가 있는 기후인데, **열대몬순기후는 약한 건기가 있고 사바나기후는 강한 건기가 있습니다.** 어느 정도 건기가 강한 건기인지 살펴보면 연간 전체 강수량과 그 균형에 따라 차이가 납니다. 원래 연중 비의 양이 많은 지역은 비가 거의 오지 않는 달이 있어도 전체적으로는 습윤하다고 간주하고, 강한 건기로는 인정받지 못하고 열대몬순기후가 됩니다.

반대로 1년을 통틀어 비의 양이 적은 지역은 비가 가장 적은 달에 나름대로 비가 내려도 전체적으로 건조한 가운데 비가 조금 오는 달로 봅니다. 그래서 강한 건기로 인정받아 사바나기후가 됩니다.

우거진 열대우림과 야생 생물의 보고

🌡️☁️ 열대우림기후(Af)

이제 열대에 포함되는 3가지 기후를 차례로 소개합니다.

우선 **열대우림기후**는 적도 부근에 존재합니다. 기후 명칭에 '비 우兩'가 들어간 사실에서 알 수 있듯이 열대수렴대 영향을 강하게 받아 1년 내내 비가 내리는 기후입니다. 일반적으로는 적도에 가까울수록 계절 변화가 뚜렷하지 않아요. 열대우림기후는 1년을 통틀어 여름과 겨울 수준의 기온 차가 거의 없이 연중 고온다습합니다.

키 큰 상록활엽수 밀림인 **열대우림**이 우거지고, 곤충이나 이를 먹는 동물도 많아 '생물종의 보고'로 불릴 정도로 다양성이 있습니다. 열대우림은 아시아의 경우 말레이반도에서 인도네시아까지, 중부 태평양 섬들, 아프리카 콩고강 유역, 남아메리카 아마존강 상류 등에 나타납니다. 아마존강 유역 열대우림은 셀바스라고도 해요.

🌡️☁️ 1년 내내 풍부한 강수량

열대는 저위도에 있어서 1년에 걸쳐 평균 기온 차가 적습니다. 그리고 **열대수렴대 영향을 강하게 받아서 저기압이 발생하기 쉬워요. 또 지면이 데워져 지표의 물이 활발하게 증발해 공기에 수증기가 가득 포함되어 강수량이 많아집니다.** 열대우림기후의 조건은 가장 비가 적은 달 강수량이 60mm로, 연간으로 보면 적어도 720mm가 됩니다. 실제로 열대우림기후는 일반적인 강수량이 2000mm 안팎입니다.

특히 해가 떠 있는 동안에는 태양 고도가 높고 강한 햇볕이 내리쬐기 때문에, 오전부터 잘 달

그림 3-21   열대우림기후 프로필

열대우림기후

Af
열대   연중 습윤

열대우림기후 키워드

열대우림	상록활엽수
나왕 목재	스콜
화전	카사바
기름야자	

기후 원인

열대수렴대(비 구역)가 계절에 따라 이동

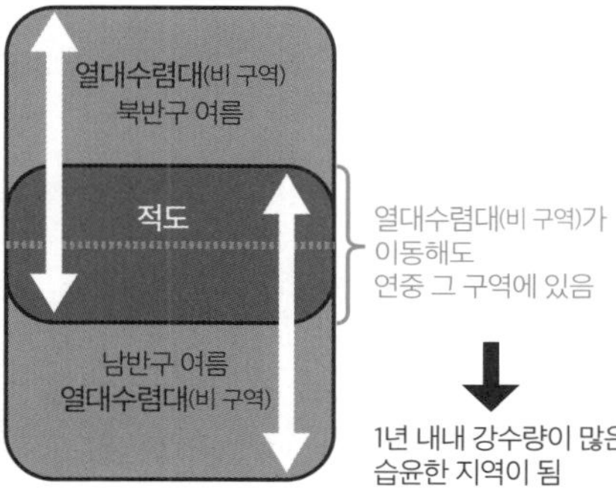

열대수렴대(비 구역)
북반구 여름

적도

남반구 여름
열대수렴대(비 구역)

열대수렴대(비 구역)가
이동해도
연중 그 구역에 있음

↓

1년 내내 강수량이 많은
습윤한 지역이 됨

열대우림기후의 강수량과 기온   (싱가포르)

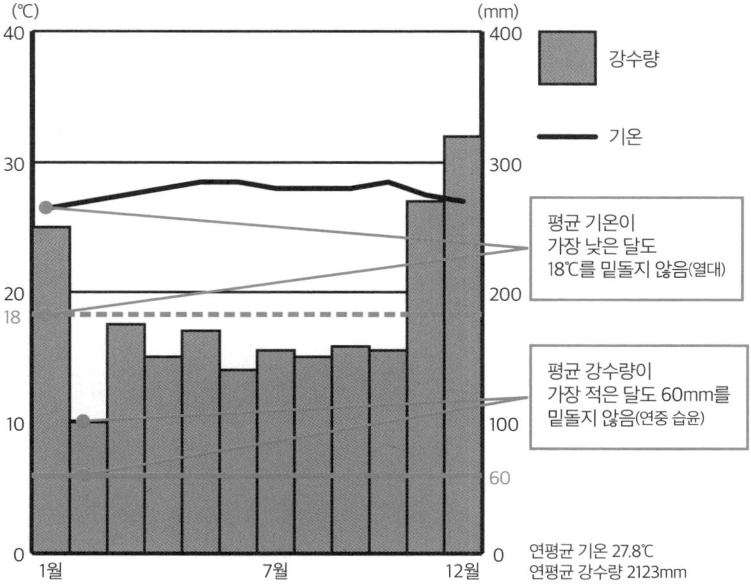

(℃)   (mm)

강수량

기온

평균 기온이
가장 낮은 달도
18℃를 밑돌지 않음(열대)

평균 강수량이
가장 적은 달도 60mm를
밑돌지 않음(연중 습윤)

연평균 기온 27.8℃
연평균 강수량 2123mm
(일본 국립천문대 이과연표)

137

궈진 지면 온도가 정오를 조금 지날 무렵 정점을 찍고 단숨에 상승기류를 일으킵니다. 이 급격한 상승기류에 의해 폭포 같은 강한 소나기나 비가 내립니다. 이런 비를 스콜이라고 해요. 스콜이 내릴 때는 급격한 상승기류로 발생한 저기압에 바람이 불어 들어와 바람도 거세집니다. 스콜은 단기간 집중해서 내리고 금방 그치므로, 우산 없이 외출해 주변 처마 등에서 잠시 비를 피하면서 비가 지나가기를 기다리는 광경도 종종 볼 수 있어요.

🌡️🌧️ 연교차에 비해 큰 일교차

스콜이 내린 후 지면 온도도 내려가고, 그 후에 해가 지기 때문에 밤에는 비교적 서늘하게 느껴집니다. **일반적으로 연간 평균 기온 차(연교차)보다 하루 동안 나타나는 기온 차(일교차)가 큽니다.** 연교차는 3℃ 정도인데 일교차는 10℃ 이상인 경우도 많아요.

🌡️🌧️ 열대우림기후의 생활

열대우림기후에서는 습도가 상당히 높고 기온도 높아서 바람이 잘 통하도록 1층 바닥을 지면에서 띄운 고상식 가옥이 많이 보입니다. 토양은 메마른 적색 산성 토양인 라토졸이 널리 분포합니다.

토지가 메말라서 농업에 적합하지 않기에 산림이나 들을 벌채해 불태우고, 그 재를 비료로 삼아 덩이줄기채소나 두류를 재배하는 화전이 이뤄집니다. 덩이줄기채소의 일종으로 고구마와 비슷한 카사바가 주요 작물입니다.

또 천연고무, 기름야자, 카카오 등 고온다습한 조건에서 잘 자라는 상품작물도 있어서 이런 상품작물을 생산하는 플랜테이션 농업도 많이 합니다.

임업 분야에서는 나왕 목재의 원료인 상록활엽수 이엽시과 목재가 벌채되어 이용됩니다. 생활용품점 등에서 자주 볼 수 있는 목재나 가구에 쓰이는 목재인데, 열대우림의 과도한 벌채가 환경 파괴로 이어져 최근에는 삼림 보호나 수출 제한을 하는 나라도 많아요.

🌡️ 열대몬순기후(Am)

열대몬순기후는 약한 건기가 있는 열대우림기후라고도 합니다. 연중 습윤한 열대우림기후와 명확한 건기가 있는 사바나기후의 중간에 위치해요.

열대몬순기후는 인도차이나반도, 아프리카 서부 해안, 아마존강 하류 지역에 나타납니다. 또 미국에서 굴지의 리조트 지역인 남부 플로리다반도의 도시 마이애미도 열대몬순기후입니다. 어느 정도 건기가 '약한' 건기인지 살펴보면, 가장 비가 적은 달 강수량이 '100mm에서 연평균 강수량의 25분의 1을 뺀 나머지'의 이상이면서 60mm 미만이라는 조금 복잡한 계산식을 사용합니다. 대개 비가 가장 적은 달 강수량은 20mm에서 60mm 사이입니다.

열대몬순기후에 약한 건기가 나타나는 이유로는 **해양에서 대륙으로 향하는 다습한 여름 계절풍과 대륙에서 해양으로 향하는 건조한 겨울 계절풍 영향으로 강수량이 변한다는 점이 있습니다. 또 열대수렴대 영향을 강하게 받으면서도 아열대고압대 영향도 받는 시기가 있어 강수량이 줄어드는 시기가 발생**하기도 해요.

아마존강 하류 지역은 적도 바로 아래에 있지만 7월의 남동풍이 브라질고원에 닿아 불어가면서 건기가 됩니다. 아마존강 상류는 기아나고지, 브라질고원, 안데스산맥에 둘러싸인 분지여서 어느 방향에서 바람이 불어와도 산지에 바람이 부딪쳐 상승기류가 발생하기 쉬우므로 열대우림기후가 됩니다.

🌡️ 열대몬순기후의 식생

열대우림에서는 상록활엽수가 수목의 중심이나, **열대몬순기후는 건기가 있어서 낙엽활엽수가 수목의 중심이 됩니다.** 잎을 펼친 채로는 잎에서 수분이 점점 증발해버리기 때문에 식물은 잎을 떨어뜨려 건조한 날씨를 견뎌냅니다.

그림 3-22 열대몬순기후 프로필

열대몬순기후

Am

열대 '중간' 기후
(열대우림과 사바나의 중간)

열대몬순기후 키워드

낙엽활엽수	스콜
벼농사	2기작
티크 목재	사탕수수
바나나	차
플랜테이션	

기후 원인

열대우림기후 가까이에서

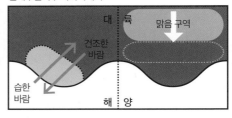

① 몬순(계절풍) 영향을 받음
- 바다에서 부는 습한 여름 바람
- 대륙에서 부는 건조한 겨울 바람
⇒ 여름과 겨울 강수량 차이 발생

② 겨울에 아열대고압대(맑음 구역)가 접근
⇒ 약한 건기 나타남

열대몬순기후의 강수량과 기온 (마이애미)

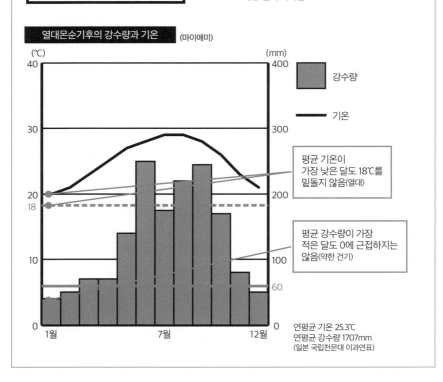

평균 기온이 가장 낮은 달도 18℃를 밑돌지 않음(열대)

평균 강수량이 가장 적은 달도 0에 근접하지는 않음(약한 건기)

연평균 기온 25.3℃
연평균 강수량 1707mm
(일본 국립천문대 이과연표)

🌡️ 열대몬순기후의 생활

열대몬순기후도 열대우림기후와 마찬가지로 고온다습해서 의식주 같은 사람들 생활은 열대
우림기후와 비슷합니다. 스콜도 자주 내리고요.

농업으로 눈을 돌려보면 아시아의 열대몬순 지역에서는 벼농사를 많이 합니다. **기온이 높
고 비가 많이 오는 환경에서 잘 자라는 벼는 열대몬순기후와 궁합이 잘 맞아요.** 우기에 저수해
서 건기에 이용하는 건기작과 조합해 1년에 쌀을 2회 생산하는 2기작, 쌀을 3회 생산하는 3기
작도 자주 합니다. 건기는 일조 시간이 길고 홍수가 일어나지 않기에 비료가 잘 유출되지 않는
장점이 있어서 최근에는 건기작이 늘고 있습니다.

임업 쪽에서는 '나무의 보석'으로도 불리는 고급 목재인 티크가 생산됩니다. 티크 목재로 쓰
이는 낙엽활엽수는 건기에 잎을 떨어뜨려 성장을 멈추기 위해 나이테를 만들어서 가볍고 내
구성 있는 목재가 됩니다.

사탕수수, 바나나, 커피, 차 등의 생산도 활발해 플랜테이션 농업을 많이 합니다. 기호품이
잘 생산되는 기후라는 이미지가 있어요.

🌡️ 사바나기후(Aw)

사바나기후는 열대우림기후보다 조금 고위도에 위치해, 열대우림기후를 에워싸듯 존재합니
다. 사바나라는 말은 이 기후에 나타나는 식생을 뜻합니다('사반나'라고도 하는데, 교과서 등에서는
'사바나'가 일반적입니다). 주로 아프리카와 남아메리카 저위도 지역, 인도와 인도네시아반도, 브
라질고원 등에 분포합니다. 브라질고원의 사바나는 세라도라고도 해요.

사바나기후에는 **열대수렴대의 영향으로 비가 많은 우기와 아열대고압대의 영향으로 건조
한 건기가 교대로 찾아옵니다.** 건기에는 상당히 많이 건조해서(계산식에 따른 기준이 있는데, 비가
가장 적은 달 강수량은 거의 0에 가까울 정도로 건조해요) 열대우림 같은 밀림은 형성되지 않고 바오
바브나 아카시아처럼 건조에 강한 수목이 초원에 드문드문 자라는 사바나 식생이 됩니다.

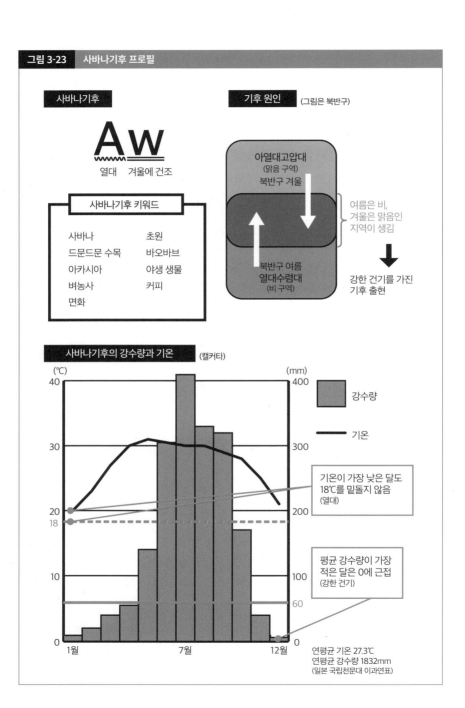

그림 3-23   사바나기후 프로필

사바나기후

Aw
열대   겨울에 건조

사바나기후 키워드

사바나	초원
드문드문 수목	바오바브
아카시아	야생 생물
벼농사	커피
면화	

기후 원인   (그림은 북반구)

아열대고압대
(맑음 구역)
북반구 겨울

북반구 여름
열대수렴대
(비 구역)

여름은 비,
겨울은 맑음인
지역이 생김

강한 건기를 가진
기후 출현

사바나기후의 강수량과 기온   (캘커타)

기온이 가장 낮은 달도
18℃를 밑돌지 않음
(열대)

평균 강수량이 가장
적은 달은 0에 근접
(강한 건기)

강수량

기온

연평균 기온 27.3℃
연평균 강수량 1832mm
(일본 국립천문대 이과연표)

142

❄☂ '야생의 왕국' 사바나의 동물들

사바나라는 단어에서 흔히 상상하는 장면은 무리 지은 초식동물과 이들을 쫓는 육식동물 등 야생동물이 사는 아프리카 사바나일 것입니다.

강한 건기가 있는 사바나에서는 우기에 자란 풀이 건기가 되면서 시들어갑니다. 물을 마시던 곳에 물도 없어져서 **풀이 나거나 물이 있는 장소를 찾아 초식동물이 대이동을 감행하고, 육식동물이 무리에서 탈락한 초식동물을 습격하는 식의 역동적인 생태가 나타납니다.**

이런 사바나에는 자연보호구역이 설치되어 생태계를 관광자원으로 만드는 나라도 많습니다. 세계자연유산으로 지정된 탄자니아 북부 세렝게티 국립공원이 대표적인데요. 300만 마리에 이르는 야생동물의 생태를 볼 수 있는 방대한 사바나가 유명합니다.

❄☂ 사바나기후의 생활

사바나에서 볼 수 있는 풀은 원래 벼과 식물이 많아서 **사바나기후는 벼농사에 알맞습니다.** 건기는 매우 건조하기 때문에 우기를 기다려 벼농사를 개시하는 광경을 볼 수 있어요. 곡창지대로 알려진 베트남이나 태국 등의 사바나는 물론, 최근에는 아프리카 풍토에 맞는 벼 재배도 확산해 아프리카의 벼 생산량도 늘고 있습니다.

또 사바나기후의 분포를 보면 브라질, 콜롬비아, 베트남, 에티오피아 등 **대표적인 커피 생산지가 사바나기후에 많이 위치한 사실을 알 수 있습니다.** 아울러 면화는 생육 때는 고온다습한 기후, 수확 때는 건조한 기후가 적합해서 사바나기후에서 잘 생산됩니다. 넓게 펼쳐진 초원은 그대로 목초지가 될 수 있어서 소나 염소 등의 목축도 많이 이뤄집니다.

세계 육지의 4분의 1을 차지하는 넓은 건조대

🌡️🌧️ 중위도 지역에 펼쳐진 넓은 건조대

열대보다 고위도로 시선을 옮기면 **세계 육지 면적의 4분의 1 이상을 차지하는 넓은 건조대가 펼쳐집니다.** 건조대에는 사막기후(BW)와 스텝기후(BS)가 있어요.

건조대는 대개 20도에서 30도 정도의 위도나 내륙 등에 있습니다. 위도 20도에서 30도는 연중 아열대고압대 영향을 받아 강수량이 적은 지역입니다. 또 내륙은 바다에서 떨어져 있어서 수증기 공급이 적기 때문에 건조합니다.

🌡️🌧️ 증발량이 강수량을 웃도는 지역

물론 건조대는 강수량이 적은 곳이지만, 이에 더해 중요한 요소가 **수분의 증발량이 강수량을 웃돈다는 점입니다.** 따라서 강수량과 함께 증발량에 영향을 주는 기온도 고려해 건조대 여부를 판단합니다.

얼마나 건조해야 건조대인지 살펴보면, 건조해서 수목이 자랄 수 없는 한계인 강수량을 건조한계라고 하는데요.

목표치로는 연간 강수량이 대략 500mm 미만이면 건조한계 미만으로 보는데, 평균 기온 자체가 높거나 기온이 높은 여름에 비가 많이 오는 경우에는 수분 증발량이 많아서 건조한계 허들이 높아집니다. 그래서 연간 강수량이 500mm 이상이어도 건조대인 곳이 있어요. 반대로 연간 평균 기온이 낮거나 겨울에 비가 많이 내리면 강수량이 적어도 건조하지 않아서 건조한계 기준은 500mm보다 낮습니다.

그림 3-24 건조대 분포와 분류

건조대 분포

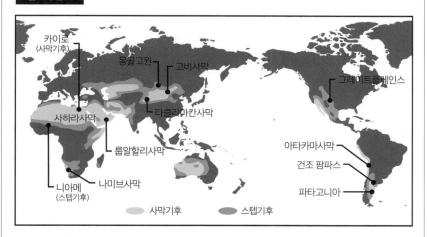

카이로
(사막기후)

몽골고원 — 고비사막

그레이트 플레인스

사하라사막

타클라마칸사막

룹알할리사막

아타카마사막

건조 팜파스

니아메
(스텝기후)

나미브사막

파타고니아

사막기후   스텝기후

건조대 분류

① 비가 내리는 시기로 분류
- 여름 건조형(겨울 강수량이 여름의 3배 이상)
- 연중 습윤형
- 겨울 건조형(여름 강수량이 겨울의 10배 이상)

② 연평균 기온에서 건조한계를 산출
- 여름 건조형
  연평균 기온(℃) × 20 = 건조한계(mm)
- 연중 습윤형
  연평균 기온(℃) × 20 + 140 = 건조한계(mm)
- 겨울 건조형
  연평균 기온(℃) × 20 + 280 = 건조한계(mm)

> 여름에 비가 많은 지역은
> 점점 증발하기 때문에
> 강수량이 많아도
> 건조 기후로 취급

③ 강수량이 건조한계의
- 절반 미만 ⇒ 사막기후(BW)
- 절반 이상 ⇒ 스텝기후(BS)

※ 분류법 개요를 소개하기 위한 예시로,
  암기할 필요는 없습니다.

풀이 나지 않는 사막기후와
풀이 나는 스텝기후

🌡️ 사막기후(BW)

강수량이 건조한계의 절반에 미치지 못하고 증발량이 많아 극도로 건조한 상태가 되어, 식물이 거의 자라지 않는 기후를 사막기후라고 합니다. 대부분의 사막기후가 연간 강수량 250mm 미만 지역입니다.

사막이라고 하면 온통 모래인 세계를 상상하지만, 실제로는 바위 표면이 노출된 암석사막이나 자갈이 펼쳐진 자갈사막이 많아요. 모래사막은 전체 사막의 20%에 불과합니다.

식물, 수증기, 구름 등은 이불처럼 지구를 덮어주는데, 사막에는 그런 존재가 없어서 낮에는 태양광선이 직접 지면에 내리쬡니다. 또 밤에는 열이 점점 날아가서 **하루 온도 차인 일교차가 상당히 큽니다.** 낮에는 40℃ 이상이고 밤에는 영하로 내려가는 경우도 드물지 않아요.

🌡️ 사막기후가 성립하는 4가지 패턴

사막기후가 성립하는 패턴은 4가지입니다. 첫 번째는 **연중 아열대고압대 영향이 강해 비가 내리지 않는 패턴입니다.** 그 대표 사례가 세계 최대 사막인 **사하라사막**이나 아라비아반도의 **룹알할리사막** 등입니다.

두 번째는 **내륙에 있어서 바다로부터 수분 공급이 어려운 장소에 생기는 사막**입니다. 세계 최대 대륙인 유라시아 대륙의 중앙부에 주로 나타나며, **고비사막**이나 **타클라마칸사막**이 대표적입니다.

세 번째는 **한류가 흐르는 연안부에 만들어지는 해안사막**입니다. 한류가 흐르는 연안 부근에는 한류가 공급하는 찬 공기층이 생기고, 그 상공이 비교적 따뜻한 공기층입니다. 그러면 상공 쪽이 따뜻해서 상승기류가 발생하지 않고 강우가 거의 없는 사막기후가 됩니다. 아프리카 **나미브사막**, 남아메리카 대륙 **아타카마사막**이 대표 사례입니다.

네 번째는 **큰 산맥에서 바람이 불어가는 쪽인 풍하측에 사막이 생기는 경우**입니다. 습한 공기가 산맥을 넘는 경우, 바람이 불어오는 쪽인 풍상측 사면을 오를 때 강제로 상승기류가 발생해 비가 내립니다. 산 정상을 넘어 비탈을 내려갈 때에는 비가 온 뒤여서 공기는 이미 건조해진 데다가 경사를 내려가기에 하강기류가 됩니다. 이렇게 강수량이 적어지면서 사막이 생깁니다. 이 패턴인 사막으로는 아르헨티나 남부 **파타고니아**가 있어요.

🌡🌧 사막과 물

사막에 사는 사람들도 살아가려면 물이 필요하므로 어떻게 물을 얻을지는 매우 중요한 문제입니다. 사람들은 주로 사막에서 물이 있는 곳인 **오아시스** 주변에 살며, 그곳에서 대추야자나

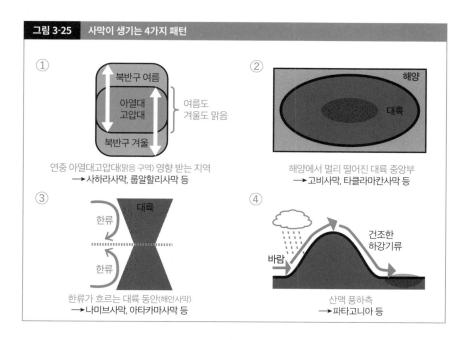

그림 3-25 사막이 생기는 4가지 패턴

① 북반구 여름
아열대 고압대
북반구 겨울
여름도 겨울도 맑음
연중 아열대고압대(맑음 구역) 영향 받는 지역
→ 사하라사막, 룹알할리사막 등

② 해양
대륙
해양에서 멀리 떨어진 대륙 중앙부
→ 고비사막, 타클라마칸사막 등

③ 대륙
한류
한류
한류가 흐르는 대륙 동안(해안사막)
→ 나미브사막, 아타카마사막 등

④ 건조한 하강기류
바람
산맥 풍하측
→ 파타고니아 등

그림 3-26 | 사막기후 프로필

사막기후

BW

<u>건조대</u> 독일어로 '사막'의 첫 글자

기후 원인

① 연중 아열대고압대 영향권

② 수증기 공급이 적은 대륙 중앙부

③ 한류가 흐르는 대륙 동안

④ 산맥의 풍하측

사막기후 키워드

오아시스	외래하천
지하수로	와디
토양 염류화	대추야자

사막기후의 강수량과 기온 (카이로)

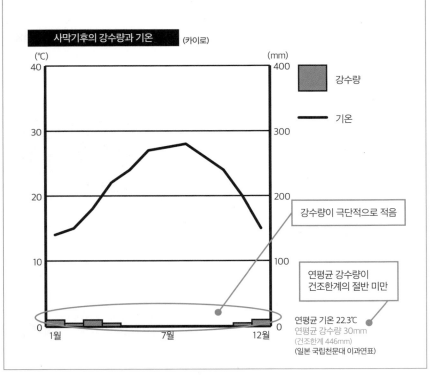

강수량

기온

강수량이 극단적으로 적음

연평균 강수량이
건조한계의 절반 미만

연평균 기온 22.3℃
연평균 강수량 30mm
(건조한계 446mm)
(일본 국립천문대 이과연표)

밀 등 소규모 농업을 하며 교역의 거점으로 삼아요. 오아시스에는 지하수나 샘물, 또 사막 바깥 습윤한 지역에서 흘러들어오는 외래하천 등이 있습니다. 아울러 먼 산기슭에서 물을 끌어오는 지하수로를 옛날부터 이용해왔습니다. 최근에는 해수를 공장에서 담수화해 사용하는 사례도 많아지고 있어요.

또 물이 활발하게 증발하면서 땅속 염분이 점점 지표 부근으로 밀려 나와서 토양이 '소금을 뿌리는' 일도 있습니다. 농업을 하면 더 많은 물을 사용하기 때문에 농업용수에 포함된 염분도 더해져 토양의 염류화가 단숨에 진행됩니다.

🌡️🌧️ 사막에 내리는 비와 '사막의 강'

사막에는 비가 거의 오지 않지만 아주 드물게 오기도 합니다. 사막의 비는 태양광선으로 달궈진 곳에 강력한 상승기류를 일으켜서 단기간에 대량의 비가 쏟아지는 것이 특징입니다.

사막에는 와디라고 하는 마른 하천 자리가 곳곳에 있어서 보통 교역로 등으로 이용되는데, 비가 내리면 와디에 대량으로 물이 흘러들어가 강이 됩니다. 그동안 물이 없었던 강이 단기간에 모습을 드러내고 홍수로 번져서 순식간에 물에 에워싸입니다. '사막에서 익사한다'는 말도 마냥 웃을 이야기만은 아닙니다.

🌡️🌧️ 스텝기후(BS)

스텝기후는 주로 사막기후 주변에 분포합니다. 중앙아시아, 몽골고원, 북아메리카 대륙의 **그레이트플레인스** 평원, 아르헨티나 **건조 팜파스**라고 불리는 초원지대 등이 대표 사례입니다.

강수량은 사막기후보다 많지만 수목이 자랄 정도에는 미치지 못하고 스텝이라고 하는 짧은 풀로 뒤덮인 초원이 펼쳐져 있습니다. 일반적으로 **사막보다 저위도 쪽은 여름비 구역이 가까워서 여름에, 고위도 쪽은 겨울비 구역이 가까워서 겨울에 각각 조금 비가 옵니다.**

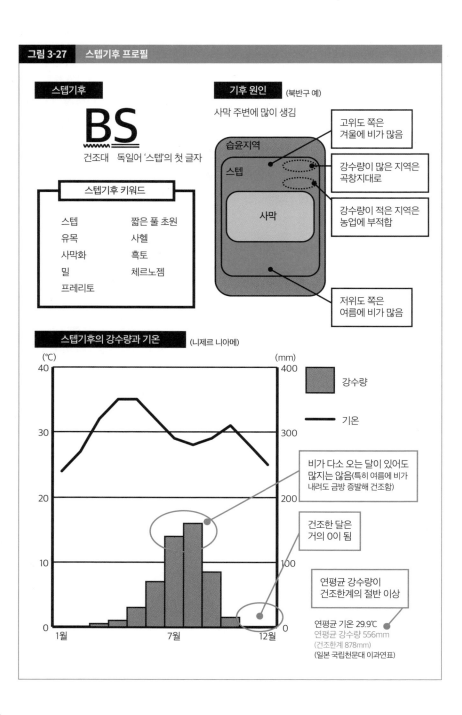

그림 3-27 스텝기후 프로필

스텝기후

BS
건조대 독일어 '스텝'의 첫 글자

스텝기후 키워드

스텝	짧은 풀 초원
유목	사헬
사막화	흑토
밀	체르노젬
프레리토	

기후 원인 (북반구 예)

사막 주변에 많이 생김

습윤지역

스텝

사막

고위도 쪽은
겨울에 비가 많음

강수량이 많은 지역은
곡창지대로

강수량이 적은 지역은
농업에 부적합

저위도 쪽은
여름에 비가 많음

스텝기후의 강수량과 기온 (니제르 니아메)

(℃)

(mm)

강수량

기온

비가 다소 오는 달이 있어도
많지는 않음(특히 여름에 비가
내려도 금방 증발해 건조함)

건조한 달은
거의 0이 됨

연평균 강수량이
건조한계의 절반 이상

연평균 기온 29.9℃
연평균 강수량 556mm
(건조한계 878mm)
(일본 국립천문대 이과연표)

🌡️🌧️ 농업에 적합하지 않은 건조한 스텝

스텝기후에도 **비가 적어 사막에 가까운 건조한 스텝, 굳이 분류하면 습윤한 스텝이 있습니다.** 스텝기후 중에서도 강수량이 적은 지역에는 사막 토양에 가까운 반사막토 토양이나, 짙은 갈색 토양인 율색토가 분포합니다. 이 토양은 메말라서 농업에는 알맞지 않아요.

이처럼 농업에 적합하지 않은 땅에서 **과도하게 가축을 방목하거나 지하수를 이용한 경작을 하면 단숨에 사막화가 가속하는 지역**이 됩니다. 이런 과방목이나 과경작으로 사막화가 진행하는 대표적인 지역으로 아프리카 사하라사막 주변 사헬 지대가 있습니다.

🌡️🌧️ 습윤한 스텝은 세계적 곡창지대로

한편 스텝기후 중에서도 **강수량이 많은 지역은 완전히 다르게 농업에 적합한 비옥한 흑토가 펼쳐져 있습니다.** 습도와 온도가 적당해서 풀이 자라면 시들고, 이것이 미생물에 의해 분해되어 거무스름한 부식토가 됩니다. 마른 풀은 바싹 건조하면 썩지 못하고, 적당한 습도와 온도가 있어야 썩을 수 있어요.

게다가 토양이 쓸려갈 정도로는 비가 오지 않아서 양분이 몇 년이고 쌓입니다. **비가 적지만 풀이 분해될 정도로는 오고, 그 흙이 빗물에 휩쓸려가지 않는** 절묘한 균형을 이뤄서 비옥한 토양이 되는 것입니다. 대표적 토양이 우크라이나에서 남부 러시아 주변까지 분포하는 체르노젬, 북아메리카 대륙에 분포하는 프레리토입니다. **이들 지역은 대규모로 밀을 재배하는 세계적 곡창지대입니다.**

🌡️🌧️ 스텝의 유목민 생활

스텝기후에서는 물이나 풀을 찾아 이동하면서 양, 소, 낙타 등 가축을 기르는 유목을 많이 합니다. 몽골고원에서는 이동에 적합한 게르라는 텐트에서 생활하는 방식이 전통적 생활양식입니다.

많은 인구가 사는 생활하기 좋은 기후

🌡️☔ 온대기후의 4가지 구분

온대는 대체로 위도 30도에서 50도 정도에 위치합니다. 이 위도 지역은 저위도의 따뜻한 공기와 고위도의 찬 공기가 섞여서 대개 습윤합니다. 사계절 변화가 뚜렷한 점도 온대의 특징입니다. **온화하고 농업에도 적합해 살기 좋아서 많은 인구가 이 온대에 살고 있어요.** 온대를 분류하면 여름에 비가 적은 지중해성기후와 겨울에 비가 적은 온대겨울건조기후가 있습니다. 또 연중 습윤한 기후는 가장 따뜻한 달 평균 기온을 기준으로 온난습윤기후와 서안해양성기후로 나눕니다.

그림 3-28	온대의 분류

온대 분류 방법 (건조한계 이상 강수량을 전제로)

① 기온을 보고 온대인지 확인
- 가장 따뜻한 달 평균 기온 10℃ 이상
- 가장 추운 달 평균 기온 18℃ 미만(열대 미만), -3℃ 이상(냉대 이상)

② 여름과 겨울 중 언제 건조한지 확인
- 여름 건조형(겨울 강수량이 여름의 3배 이상) ─→ 지중해성기후(Cs)
- 연중 습윤형 ─→ ③으로
- 겨울 건조형(여름 강수량이 겨울의 10배 이상) ─→ 온대겨울건조기후(Cw)

③ 연중 습윤형은 가장 따뜻한 달 평균 기온 확인
- 가장 따뜻한 달 평균 기온 22℃ 이상 ─→ 온난습윤기후(Cfa)
- 가장 따뜻한 달 평균 기온 22℃ 미만 ─→ 서안해양성기후(Cfb)

※ 분류법 개요를 소개하기 위한 예시로, 암기할 필요는 없습니다.

대조적인 두 기후 '겨울비'와 '여름비' 유형

'레어템' 지중해성기후(Cs)

먼저 열대 중에서도 약간 저위도 쪽에 나타나는 지중해성기후와 온대겨울건조기후 이야기를 해보려 합니다.

지중해성기후는 **고등학교에서 배우는 기후 가운데 유일하게 기호 두 번째 글자에 소문자 's' 가 붙는, 여름에 건조하고 겨울에 비가 많은 기후입니다.** '겨울에 비가 가장 많은 달 강수량이 여름에 비가 가장 적은 달 강수량의 3배 이상'이 그 조건입니다. 보통 비가 많이 오는 계절은 여름이지요. 지면이 데워져서 상승기류가 발생하기 쉽고, 수분이 증발해 공기가 수분을 잘 머

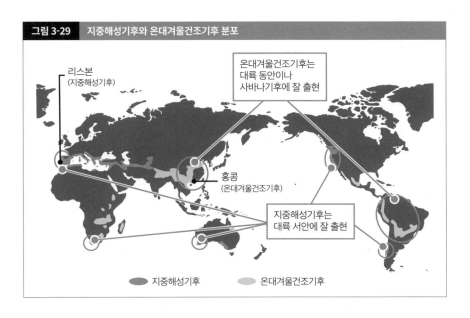

그림 3-29 지중해성기후와 온대겨울건조기후 분포

리스본
(지중해성기후)

온대겨울건조기후는
대륙 동안이나
사바나기후에 잘 출현

홍콩
(온대겨울건조기후)

지중해성기후는
대륙 서안에 잘 출현

● 지중해성기후   ● 온대겨울건조기후

그림 3-30 지중해성기후 프로필

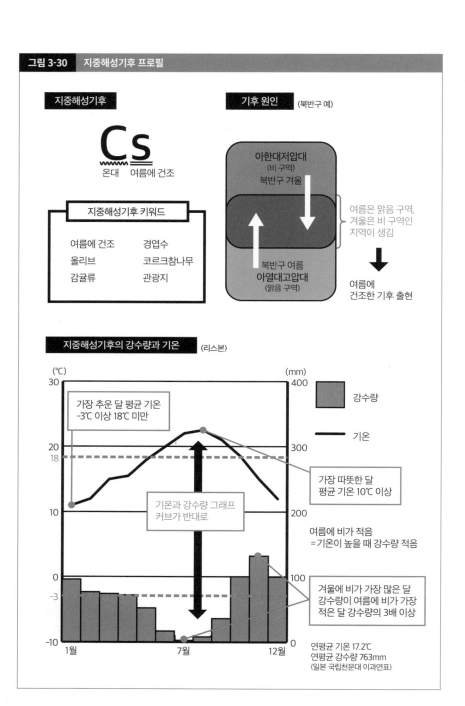

지중해성기후

Cs
온대   여름에 건조

지중해성기후 키워드

여름에 건조	경엽수
올리브	코르크참나무
감귤류	관광지

기후 원인 (북반구 예)

아한대저압대
(비 구역)
북반구 겨울

북반구 여름
아열대고압대
(맑음 구역)

여름은 맑음 구역,
겨울은 비 구역인
지역이 생김

여름에
건조한 기후 출현

지중해성기후의 강수량과 기온 (리스본)

(℃) (mm)

강수량

기온

가장 추운 달 평균 기온
-3℃ 이상 18℃ 미만

가장 따뜻한 달
평균 기온 10℃ 이상

기온과 강수량 그래프
커브가 반대로

여름에 비가 적음
=기온이 높을 때 강수량 적음

겨울에 비가 가장 많은 달
강수량이 여름에 비가 가장
적은 달 강수량의 3배 이상

1월   7월   12월

연평균 기온 17.2℃
연평균 강수량 763mm
(일본 국립천문대 이과연표)

금기 때문입니다. 하지만 이 지중해성기후에서는 '맑음 구역' 아열대고압대가 여름에 걸려서 비가 적은, 기후 중에서도 드문 '레어템' 같은 존재입니다.

지중해성기후는 대개 스텝기후의 고위도 쪽과 대륙 서안 위도 30도에서 45도에 많이 위치해요. 남아메리카 대륙 서안, 남아프리카공화국 케이프타운 부근, 호주 퍼스 등 **지도에서 보면 대륙 서안의 닮은꼴 지역에 분포하는 사실을 알 수 있어요.** 대륙 동부에서는 계절풍 영향이 강해져서 여름에 비가 많이 오는 경향이 있기에 지중해성기후는 성립하지 않습니다.

🌡️🌧️ 지중해성기후의 식생과 생활

지중해성기후는 기온이 높은 여름의 강수량이 적기에 여름은 건조합니다. 겨울 강수량도 그렇게 많지는 않아요. 그래서 **비교적 건조에 강한 식물이 자랍니다.**

이런 식물의 대표 격이 작고 두툼한 잎이 달린 식물인 경엽수입니다. **잎을 작게 해서 잎 표면의 증발을 막고, 표면을 두꺼운 보호층으로 덮어 잎이 단단한 점이 특징입니다.** 올리브와 코르크참나무, 남반구에 생육하는 유칼립투스 등이 대표적입니다. 또 비교적 건조에 강한 오렌지나 레몬 같은 감귤류의 재배도 활발합니다. '발렌시아 오렌지'의 '발렌시아'나 '시칠리아 레몬'의 '시칠리아' 등은 지중해 연안 지명이지요. 또 **건조한 여름은 따뜻할 때 날씨가 좋아서 휴양지나 관광지로 알맞습니다.** 고온 건조한 여름에 화재가 많이 발생하는 특징도 있습니다.

🌡️🌧️ 온대겨울건조기후(Cw)

지중해성기후와 대조적으로 온대겨울건조기후는 **온대인 여름에 비가 많고 겨울에 비가 적은** 패턴입니다. '여름에 비가 가장 많은 달 강수량이 겨울에 비가 가장 적은 달 강수량의 10배 이상'이 그 조건입니다.

이 기후는 대륙 서안에 나타나는 지중해성기후와 반대로 대륙 동쪽 해안에 주로 나타납니다. 온대겨울건조기후에는 비가 여름에 많은 유형과 겨울에 적은 유형 두 가지가 있어요.

여름에 비가 많은 유형은 대륙 남동쪽 해안에 많이 보입니다. 대륙 동안 부근을 난류가 흐르

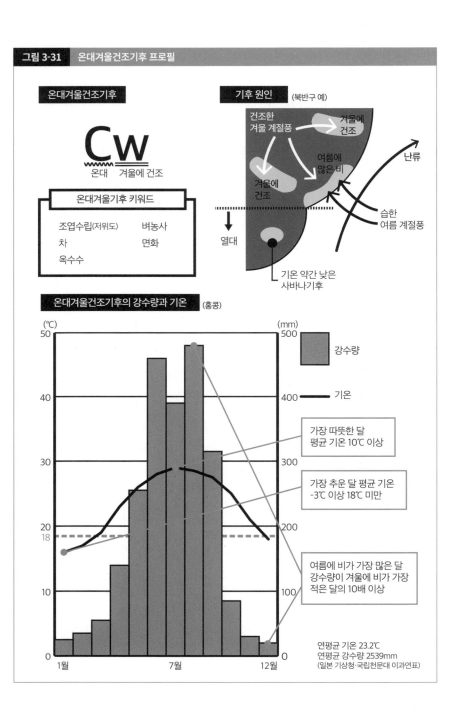

그림 3-31　온대겨울건조기후 프로필

온대겨울건조기후

Cw
온대　겨울에 건조

온대겨울기후 키워드

조엽수림(저위도)　벼농사
차　면화
옥수수

기후 원인 (북반구 예)

건조한
겨울 계절풍　겨울에
건조

여름에
많은 비

난류

겨울에
건조

습한
여름 계절풍

열대

기온 약간 낮은
사바나기후

온대겨울건조기후의 강수량과 기온 (홍콩)

강수량

기온

가장 따뜻한 달
평균 기온 10℃ 이상

가장 추운 달 평균 기온
-3℃ 이상 18℃ 미만

여름에 비가 가장 많은 달
강수량이 겨울에 비가 가장
적은 달의 10배 이상

연평균 기온 23.2℃
연평균 강수량 2539mm
(일본 기상청·국립천문대 이과연표)

고, 여름에 해양에서 대륙으로 부는 계절풍의 영향을 강하게 받는데요. 그래서 대륙 남동쪽 연안은 여름에 비가 아주 많이 내려 겨울과 강수량 차이가 커집니다. **겨울에 비가 적은 유형**은 중국 북부나 내륙 지방에 나타납니다. 겨울에 극고압대 영향이 강해지고, 대륙에서 건조한 계절풍이 불어와 겨울이 매우 건조합니다. 또 원래 사바나기후인 위도대지만 표고가 높고 가장 추운 달 평균 기온이 18℃보다 떨어지는 **온대사바나기후**라고도 할 수 있어요.

🌡️☁️ 온대겨울건조기후의 식생과 생활

온대겨울건조기후에 나타나는 특징 있는 식생으로는 조엽수림이라는 상록활엽수림이 있습니다. '비출 조照'라는 글자가 들어갔듯이 잎 표면에 광택 있는 보호층이 있어서 반지르르하게 보여요. 모밀잣밤나무나 녹나무가 대표적입니다.

　지중해성기후에서 경엽수는 여름에 잎을 키우고 싶어도 강한 건조를 막기 위해 잎을 작게 해야만 했지요. 반면 온대겨울건조기후에서는 여름에 강수량이 많아서 수목은 잎을 크게 만들어 왕성하게 광합성을 하려고 합니다. 하지만 겨울에 비가 적어서 건조에도 대비해야 합니다. 그래서 **잎을 광택 있는 보호층으로 덮어 건조한 겨울에 몸을 지킵니다**(다만 고위도 쪽 온대겨울건조기후는 낙엽활엽수가 중심입니다). 떨어지거나 시든 잎이 적어서 온대겨울건조기후의 토지는 그렇게 비옥하지 않지만, 습도가 높을 때 비가 많이 내려 농업에 적합하기 때문에 벼나 차 재배가 활발합니다. 사바나기후와 닮은 경향도 있어서 면화 재배도 왕성해요. 남북아메리카 대륙이나 아프리카 대륙에서는 옥수수 재배도 많이 합니다.

온난하고 살기 좋아
많은 인구를 품은 기후

🌡️🌧️ 온난습윤기후(Cfa)

계속해서 온대 중에서도 고위도 쪽에 주로 있는 온난습윤기후와 서안해양성기후를 소개하겠습니다.

온난습윤기후는 한국의 남해안 지역 및 홋카이도를 제외한 일본 열도 대부분이 위치한 기후대예요. 여름과 겨울의 강수량 차이가 크지 않고(여름 강수량이 겨울의 10배가 아니며, 겨울 강수량도 여름의 3배가 아닙니다) 가장 더운 달의 평균 기온이 22℃ 이상일 때 성립하는 기후입니다.

온난습윤기후는 대개 위도 25~40도의 대륙 동쪽 해안에 위치합니다. **이 위도대는 저위도에**

| 그림 3-32 | 온난습윤기후와 서안해양성기후 분포 |

북대서양해류
(난류)

난류인 북대서양해류 영향으로 고위도까지
온대가 나타남

도쿄
(온난습윤기후)

런던
(서안해양성기후)

● 온난습윤기후   ● 서안해양성기후

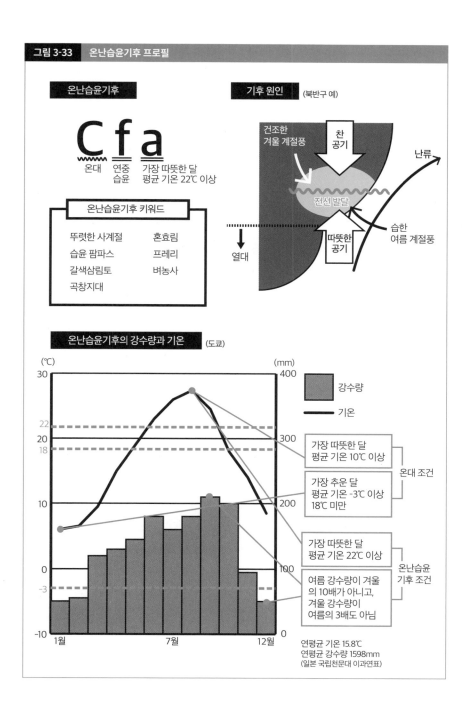

그림 3-33   온난습윤기후 프로필

온난습윤기후

Cfa
온대 · 연중 습윤 · 가장 따뜻한 달 평균 기온 22℃ 이상

온난습윤기후 키워드

뚜렷한 사계절	혼효림
습윤 팜파스	프레리
갈색삼림토	벼농사
곡창지대	

기후 원인 (북반구 예)

건조한 겨울 계절풍
찬 공기
난류
전선 발달
따뜻한 공기
습한 여름 계절풍
열대

온난습윤기후의 강수량과 기온 (도쿄)

강수량
기온

가장 따뜻한 달
평균 기온 10℃ 이상
} 온대 조건
가장 추운 달
평균 기온 -3℃ 이상
18℃ 미만

가장 따뜻한 달
평균 기온 22℃ 이상
} 온난습윤 기후 조건
여름 강수량이 겨울
의 10배가 아니고,
겨울 강수량이
여름의 3배도 아님

연평균 기온 15.8℃
연평균 강수량 1598mm
(일본 국립천문대 이과연표)

159

서 온 따뜻한 공기와 고위도의 찬 공기가 섞여 전선이 잘 발달해 1년 내내 습윤합니다. 아울러 계절풍 영향이 비교적 큰 대륙 동안이어서, 여름은 바다에서 대륙으로 부는 계절풍 영향에 고온다습합니다. 겨울은 대륙에서 차고 건조한 계절풍이 불어와서 기온이 내려가고 다소 건조해집니다. 다만 온대겨울건조기후만큼 많이 건조하지는 않아요.

다양성이 풍부한 식생

이런 특징 때문에 온난습윤기후는 사계절이 가장 뚜렷하게 나타나는 기후입니다.

기온과 강수량의 변화가 풍부해서 온난습윤기후에서는 식생도 다양합니다. 상록활엽수, 낙엽활엽수, 침엽수 등이 혼재하는 혼효림이라는 삼림이 분포해요.

대륙 내부는 다소 건조하고, 길이가 긴 풀로 덮인 초원이 펼쳐지는 지대입니다. 이 초원을 북아메리카 대륙에서는 프레리, 남아메리카 남동부에서는 습윤 팜파스라고 불러요.

온난습윤기후의 생활

온난습윤기후는 온난하고 어느 정도 비가 내려서 낙엽이나 마른 풀은 부식토가 되고, 갈색삼림토라고 하는 농업에 적합한 풍부한 토양이 펼쳐집니다. 그래서 이 기후는 인구를 부양하는 힘이 강해요. 중국 동남부, 일본, 북아메리카 동부 등 온난습윤기후 지역은 세계적으로도 인구밀도가 높은 지역입니다. 연간 강수량이 1000mm를 넘는 아시아는 벼, 미국 북동부는 옥수수, 아르헨티나의 습윤 팜파스에서는 밀 등을 재배하는 세계적 곡창지대입니다.

온난하고 다습한 곳은 부패가 쉽게 일어나서 간장, 된장, 낫토 등 발효식품을 제조하기에도 적합합니다. 발효식품은 온난하고 습윤한 기후가 가져다준 유산인 셈입니다.

서안해양성기후(Cfb)

서안해양성기후는 간단히 말하면 서유럽 기후입니다. 영국, 프랑스, 독일의 서부 지역 등이 서안해양성기후대에 위치해요.

　대륙 동안에 나타나는 온난습윤기후와 대조적으로 서안해양성기후는 대륙 서부에 주로 나타납니다. 이 기후는 **편서풍 영향을 강하게 받아서 서쪽으로 펼쳐진 바다의 가열도 냉각도 어렵고 연중 제법 습윤한 특징을 직접 받는 전형적인 해양성기후**입니다. 여름과 겨울의 강수량 차이는 그다지 크지 않고, 가장 더운 달도 평균 기온이 22℃를 넘지 않아요.

　특히 **북유럽에서는 난류인 북대서양해류가 고위도까지 흘러와서 북위 60도 이상인, 북극권에 가까운 꽤 고위도까지 서안해양성기후가 분포합니다.**

🌡️☔ 서안해양성기후의 식생과 생활

서안해양성기후는 온난습윤기후보다 기온이 낮아서 식생은 너도밤나무나 떡갈나무 같은 낙엽활엽수와 침엽수가 중심을 이룹니다. 유럽이 무대인 슬픈 영화 등에는 울긋불긋한 가로수 길이 자주 나오는데, 이런 광경은 서안해양성기후의 낙엽활엽수가 가져다주는 장면입니다.

　연중 나름대로 습윤하고 강수량이 대체로 500mm에서 1000mm 사이인 기상 조건은 밀 재배에 최적입니다. **유럽에서는 밀 재배와 소나 돼지 사육을 함께 하는 혼합농업을 오래전부터 해왔습니다.** 밀로 만든 빵, 햄, 소시지 등을 먹는 식생활을 상상할 수 있지요. 아울러 위도가 높아지면 더 서늘해져서 곡물 재배에는 알맞지 않기 때문에 목초지가 펼쳐지고 낙농을 하게 됩니다.

그림 3-34   서안해양성기후 프로필

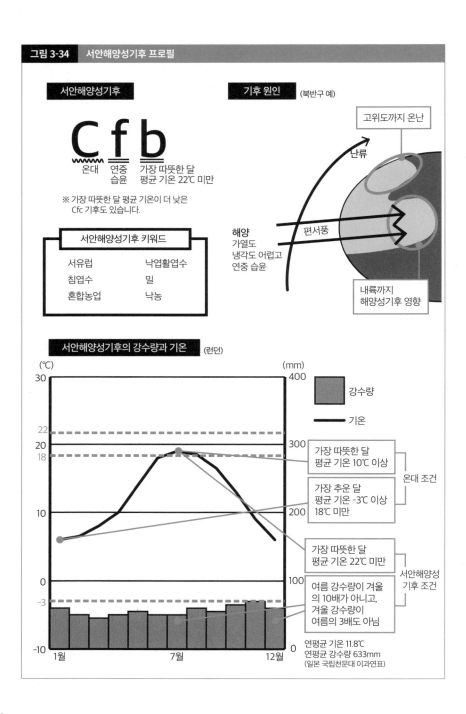

서안해양성기후

C f b

온대　연중　가장 따뜻한 달
　　　습윤　평균 기온 22℃ 미만

※ 가장 따뜻한 달 평균 기온이 더 낮은
　 Cfc 기후도 있습니다.

서안해양성기후 키워드

서유럽	낙엽활엽수
침엽수	밀
혼합농업	낙농

기후 원인   (북반구 예)

고위도까지 온난

난류

편서풍

해양
가열도
냉각도 어렵고
연중 습윤

내륙까지
해양성기후 영향

서안해양성기후의 강수량과 기온   (런던)

(℃)　　　　　　　　　　　　　　　　　　　(mm)

■ 강수량

── 기온

가장 따뜻한 달
평균 기온 10℃ 이상

가장 추운 달
평균 기온 -3℃ 이상
18℃ 미만

온대 조건

가장 따뜻한 달
평균 기온 22℃ 미만

여름 강수량이 겨울
의 10배가 아니고,
겨울 강수량이
여름의 3배도 아님

서안해양성
기후 조건

연평균 기온 11.8℃
연평균 강수량 633mm
(일본 국립천문대 이과연표)

1월　　　　　　　7월　　　　　　12월

길고 추운 겨울과
짧은 여름의 온도 차가 큰 기후

🌧 북반구에만 있는 냉대기후

아한대라고도 불리는 냉대는 북반구에만 존재하며, 수목이 자라는 기후로는 가장 한랭한 지역의 기후입니다. 여름에는 수목이 자라는 10℃를 넘는 기온이 되지만, 겨울에는 -3℃를 밑돌아 지면이 동결합니다.

냉대는 고위도에 위치해 여름과 겨울의 일조 시간이 크게 차이 납니다. 그래서 겨울은 한랭하지만 여름은 여름대로 기온이 올라 **기온 연교차가 큰 점**이 특징입니다.

🌧 냉대의 식생과 토양

냉대는 기온이 낮으므로 지면에서 증발해 날아가는 수분 양이 적기에 내륙이어도 비교적 습윤합니다. 하지만 겨울 강수는 눈이어서 지면이 얼어버리니 식물이 항상 물을 얻을 수는 없어요. 냉대의 수목은 이런 한랭과 건조를 견디는 기능을 갖춘 침엽수가 중심을 이룹니다.

또 한랭한 냉대에서는 미생물 작용이 활발하지 않습니다. 떨어진 잎이나 마른 풀은 그대로 분해되지 않고 두텁게 쌓여 층을 만듭니다. 이 층에는 산성이 강한 성분이 있어서 층을 통과한 물은 강한 산성을 띠고, 아래 토양의 철이나 알루미늄을 녹이면서 더 아래쪽으로 배어 나옵니다. 녹아서 남으면 흰 석영분이 많은 모래가 됩니다. 이 **냉대를 대표하는 회백색 토양**이 포드졸입니다. 포드졸은 양분이 부족하고 산성이 강해 농업에는 알맞지 않습니다.

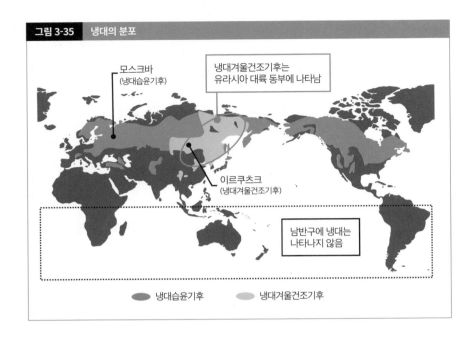

그림 3-35　냉대의 분포

모스크바
(냉대습윤기후)

냉대겨울건조기후는
유라시아 대륙 동부에 나타남

이르쿠츠크
(냉대겨울건조기후)

남반구에 냉대는
나타나지 않음

● 냉대습윤기후　　● 냉대겨울건조기후

🌡️ 한랭지만의 다양한 현상

냉대에서는 겨울이 매우 한랭해 일어나는 다양한 현상이 있습니다. 쌓인 눈은 봄까지 녹지 않고 남아 있고, **눈이 녹는 시기에는 눈이 한꺼번에 녹아 강으로 흘러들어가서 하천의 유량이 단숨에 불어나는** 융설 홍수가 발생합니다.

위도가 더 높아지면 극고압대 영향이 강해져 쌓인 눈 자체도 적어집니다. 열을 차단하는 이불 같은 존재인 눈이 없어지기에 추위가 땅속 깊은 곳까지 닿아 토양은 1년 내내 얼어 있는 영구동토가 됩니다. 만약 이 위에 직접 건물을 세우면 실내 열이 영구동토를 녹여서 건물이 기울어질 우려가 있어요.

건물 붕괴를 막아야 해서 냉대에는 고상식 주택이 눈에 띕니다. 기둥을 땅속 깊이 박고 그 위지면에 건물을 띄워 올려 바닥과 지면 사이에 공간을 만들어서 건물이 기울지 않도록 합니다.

인류가 정주하는 땅의
최저기온은 -67.8℃

🌡️🌧️ 냉대습윤기후(Df)

냉대습윤기후는 유라시아 대륙이나 북아메리카 대륙 북부에 널리 분포하는 기후입니다. 일본 홋카이도도 이 기후대에 속해요. 아한대저기압 영향으로 1년 내내 강수가 있어 습윤합니다.

이 기후대 **북부에는 가문비나무 같은 상록침엽수가 밀집한** 타이가**라는 넓은 삼림이 펼쳐져 있습니다.** 남부의 여름은 비교적 고온이어서, 미국 시카고의 여름 기온은 온대인 프랑스 파리의 여름보다도 높을 정도인데요. 그래서 낙엽활엽수도 섞인 혼효림이 형성됩니다. 농업도 가능해서 밀이나 호밀 재배, 혼합농업, 낙농 등이 이뤄집니다.

🌡️🌧️ 냉대겨울건조기후(Dw)

냉대겨울건조기후는 유라시아 대륙 동부에 나타납니다. 유라시아 대륙은 겨울에 대륙성 고기압이 발생하고 동쪽 지역이 강한 영향을 받아요. 그래서 이 기후대는 겨울에 매우 건조합니다.

습윤하면 구름이나 눈이 이불처럼 지면을 덮어 어느 정도 기온이 유지되지만, 냉대겨울건조기후는 그렇지 않아서 **겨울 평균 기온이 -20℃에서 -40℃에 이르는 극한의 세계**가 됩니다. 인류가 정주하는 곳으로는 가장 추운 -67.8℃를 기록한 적이 있는 러시아의 마을 오이먀콘도 이 기후대에 있어요. 그런데도 여름 낮 시간에는 기온이 20℃ 이상까지 올라가서 기온 연교차가 상당히 큽니다. 이는 식물 생육에 더 엄혹한 조건이며, **겨울에 잎을 떨어뜨리는 잎갈나무 등이 자랍니다.**

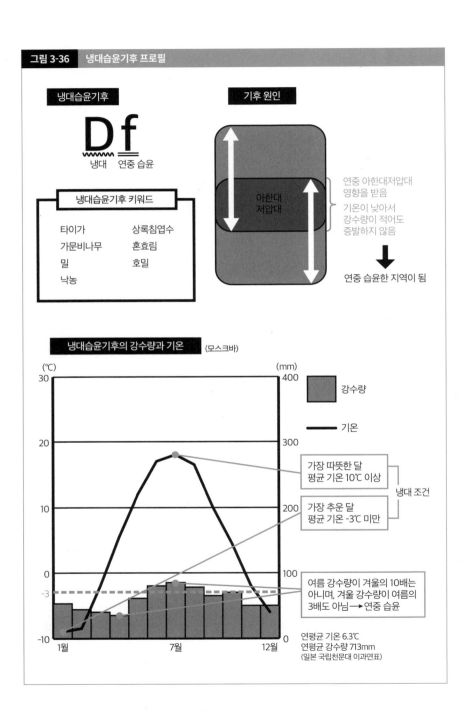

그림 3-36 냉대습윤기후 프로필

냉대습윤기후

Df

냉대 연중 습윤

기후 원인

냉대습윤기후 키워드

타이가   상록침엽수
가문비나무   혼효림
밀   호밀
낙농

연중 아한대저압대
영향을 받음

기온이 낮아서
강수량이 적어도
증발하지 않음

연중 습윤한 지역이 됨

아한대
저압대

냉대습윤기후의 강수량과 기온 (모스크바)

(℃)   (mm)

강수량

기온

가장 따뜻한 달
평균 기온 10℃ 이상

냉대 조건

가장 추운 달
평균 기온 -3℃ 미만

여름 강수량이 겨울의 10배는
아니며, 겨울 강수량이 여름의
3배도 아님 → 연중 습윤

1월   7월   12월

연평균 기온 6.3℃
연평균 강수량 713mm
(일본 국립천문대 이과연표)

166

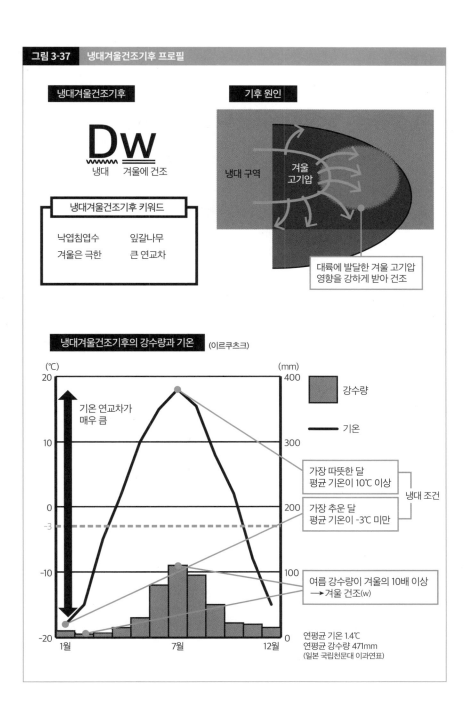

수목이 자라지 못하는 혹한의 세계

🌡️☁ 한대의 특징

한대는 **가장 따뜻한 달 평균 기온이 10℃ 미만으로, 수목이 자랄 수 없는 기후입니다.** 극고압대에 덮여서 강수량은 많지 않아요. 북극권과 남극권에서는 백야나 극야도 나타납니다.

🌡️☁ 툰드라기후(ET)

툰드라기후는 북극해 연안에 분포합니다. 영구동토가 펼쳐져 있고, **여름에만 지표가 녹아 짧은 풀이나 선태식물, 균류 등이 자랍니다.** 이런 식생을 가진 황량한 벌판을 툰드라라고 합니다.

농경은 불가능해서, 툰드라에 사는 북방민족은 바다표범 등을 사냥하거나 순록 유목 등을 하면서 생활합니다. 여름에 녹은 얼음은 겨울에 다시 얼지만, 이때 땅속 수분을 흡수하면서 얼어서 지면이 들리는 현상이 나타납니다. 냉대와 마찬가지로 얼어붙은 토양이 건물의 열로 녹아서, 건물이 기울거나 도로에 금이 가는 등 악영향이 있기 때문에 주거를 고상식으로 하는 등의 궁리를 합니다.

🌡️☁ 빙설기후(EF)

빙설기후는 가장 따뜻한 달도 평균 기온이 0℃를 넘지 않는 얼음 세계입니다. 한랭해서 하강기류가 발생하고, 블리자드라고 하는 눈보라가 휘몰아칩니다. 이 기후는 대륙을 뒤덮는 거대한 빙하인 대륙빙하(빙상)가 존재하는 그린란드 내륙과 남극대륙에만 분포합니다.

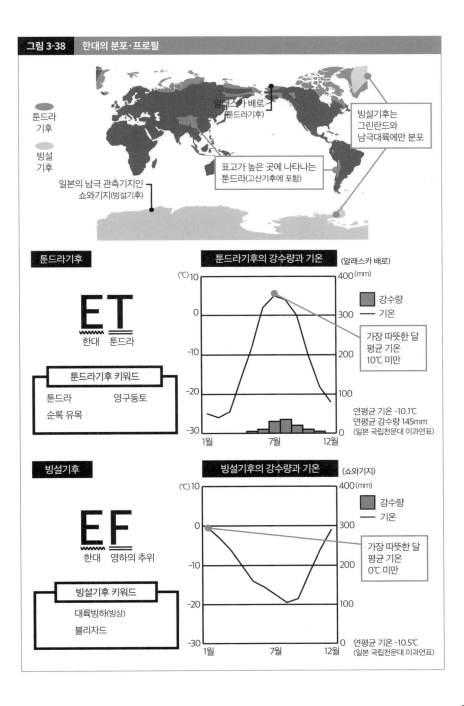

그림 3-38 한대의 분포·프로필

툰드라
기후

빙설
기후

알래스카 배로
(툰드라기후)

빙설기후는
그린란드와
남극대륙에만 분포

표고가 높은 곳에 나타나는
툰드라(고산기후에 포함)

일본의 남극 관측기지인
쇼와기지(빙설기후)

툰드라기후

ET
한대 툰드라

툰드라기후 키워드

툰드라   영구동토
순록 유목

툰드라기후의 강수량과 기온   (알래스카 배로)

(℃)10   400(mm)

0   300

-10   200

-20   100

-30   0
1월   7월   12월

강수량
기온

가장 따뜻한 달
평균 기온
10℃ 미만

연평균 기온 -10.1℃
연평균 강수량 145mm
(일본 국립천문대 이과연표)

빙설기후

EF
한대 영하의 추위

빙설기후 키워드

대륙빙하(빙상)
블리자드

빙설기후의 강수량과 기온   (쇼와기지)

(℃)10   400(mm)

0   300

-10   200

-20   100

-30   0
1월   7월   12월

강수량
기온

가장 따뜻한 달
평균 기온
0℃ 미만

연평균 기온 -10.5℃
(일본 국립천문대 이과연표)

기온이나 강수량으로 분류하지 못하는 고산 특유의 기후

나중에 만들어진 고산기후(H)

고산기후는 티베트고원, 로키산맥, 안데스산맥, 동아프리카 고원 지대 등 표고가 높은 곳에 분포합니다. 기온과 강수량만으로 기후를 판단하는 쾨펜 기후구분에 원래 없었던 기후지만 나중에 연구자들이 추가했어요.

표고가 높으면 **같은 위도대 기후의 특징을 이어받으면서 기온이 내려가는 경향이 나타납니다.** 볼리비아의 라파즈는 기온만 보면 툰드라기후인데 기온과 우량을 모두 보면 확실히 툰드라와는 다른, 우기와 건기가 뚜렷한 산기슭 사바나기후 같은 경향을 보입니다. 고산기후는 이런 위화감을 보정하기 위해 만든 기후입니다.

수직으로 분포하는 식생과 농업

고산기후를 보이는 곳은 당연히 땅 기복이 큰 곳입니다. 산기슭에서 산 정상으로 가면서 기온이 점점 내려가기 때문에 식생은 그 기복에 따라 변화하는 수직분포를 보입니다. 농업도 마찬가지입니다. 예를 들어 산기슭에서 바나나나 카카오를 생산하는 적도 부근을 보면 표고 1000m를 넘는 곳에서는 커피나 옥수수, 2000m를 넘으면 밀, 3000m를 넘으면 감자 등이 생육에 적합한 표고에서 재배됩니다. 안데스 지방에서는 라마나 알파카 사육도 합니다. 기복이 심해서 조금만 이동해도 산이나 골짜기를 오르내리므로 기온 차가 크고, 공기가 얇아서 태양광선이 강하게 내리쬡니다. 기온 일교차도 커서 윗옷 등으로 온도 차에 대비할 필요가 있어요.

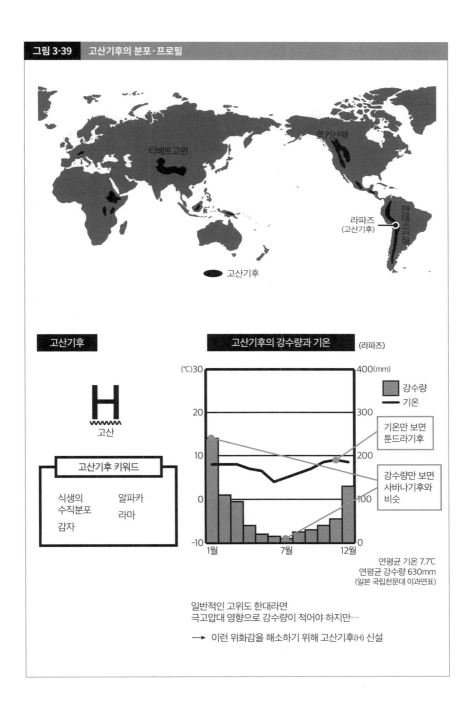

그림 3-39 고산기후의 분포·프로필

루키산맥

티베트고원

라파즈
(고산기후)

안데스산맥

● 고산기후

고산기후

H
〰〰〰
고산

고산기후 키워드

식생의   알파카
수직분포   라마
감자

고산기후의 강수량과 기온 (라파즈)

(℃)30   400(mm)

20   300

▨ 강수량
━ 기온

기온만 보면
툰드라기후

강수량만 보면
사바나기후와
비슷

10   200

0   100

-10   0
  1월   7월   12월

연평균 기온 7.7℃
연평균 강수량 630mm
(일본 국립천문대 이과연표)

일반적인 고위도 한대라면
극고압대 영향으로 강수량이 적어야 하지만…

➡ 이런 위화감을 해소하기 위해 고산기후(H) 신설

기후나 식생과 밀접한 관련이 있는 토양

🌡️ 토양에 영향을 주는 강수량과 식생

여기까지의 설명으로 열대우림기후는 '열대우림', 지중해성기후는 '경엽수', 냉대습윤기후는 '상록침엽수' 등 식생이 기후를 분류하는 단서가 된다는 점을 이해하셨으리라 생각합니다.

강수량과 기온, 그리고 식생은 그 지점에 있는 흙의 질, 즉 토양 형성에 큰 영향을 미칩니다. 비는 약산성이어서 비가 많은 지역은 토양도 산성이 되고, 비가 적은 지역의 토양은 알칼리성이 됩니다. 또 기후는 미생물의 활동에도 영향을 줍니다. 미생물 작용이 활발하면 낙엽이나 마른풀이 분해되어 토양에 양분이 많아져요.

🌡️ 대규모로 분포하는 성대토양

이처럼 토양은 기후와 밀접한 관련이 있음을 알 수 있습니다. 즉 **같은 기후대에는 같은 성질을**

그림 3-40 성대토양

성대토양	기후나 식생의 영향을 받아 대규모로 분포하는 토양		
열대기후	라토졸 (메마른 붉은 산성 토양)	온난습윤기후 서안해양성기후	갈색삼림토
사막기후	사막토	냉대기후	포드졸 (회백색 산성 토양)
스텝기후	율색토·흑토 (체르노젬·프레리토)	툰드라기후	툰드라토

가진 토양이 대규모로 분포합니다. 이렇게 기후대와 분포가 일치하는 토양을 성대토양이라고 합니다. 대표적으로 열대의 라토졸, 냉대의 포드졸, 툰드라기후의 툰드라토 등이 있습니다.

국지적으로 나타나는 간대토양

한편 **기후나 식생과 무관하게 국지적으로 나타나는** 간대토양이라는 토양도 있어요. 주로 기반이 되는 암석이 오랜 세월에 걸쳐 부슬부슬해지는 풍화 작용을 받아 토양이 된 것입니다. 석회암이 풍화한 지중해 지방의 적토 테라로사(이탈리아어로 붉은 흙이라는 뜻), 현무암이 풍화해 인도에 분포하는 레구르, 브라질고원의 테라록사(포르투갈어로 자주색 흙이라는 뜻) 등이 대표적입니다. 레구르나 테라록사는 경작에 적합해서, 레구르는 흑색면화토라고 할 정도로 면화 재배가 활발하며 테라로사에서는 커피 재배를 많이 합니다. 또 바람에 실려 온 고운 흙이 축적한 뢰스(황토)라는 토양도 간대토양에 속합니다.

그림 3-41 간대토양

간대토양   국지적으로 분포하는 토양

뢰스
바람에 실려 온 고운 모래가 축적한 토양
유럽 중부와 중국 북부에 분포

테라로사
석회암이 풍화한 적색 토양
지중해 주변에 분포

테라록사
현무암이 풍화한 자주색 토양
브라질고원에 분포

레구르
현무암이 풍화한 흑색 토양
데칸고원에 많이 보임

다양한 이름을 가진 매서운 국지풍

지구에 부는 다양한 바람

다양한 기후인자를 이야기할 때 바람에 관한 설명도 나왔습니다. 편서풍과 무역풍, 여름에는 해양에서 대륙으로 불고 겨울에는 대륙에서 해양으로 부는 계절풍은 앞서 설명했습니다. 여기서는 국지풍이라고 하는 바람에 대해 설명해볼게요.

별명이 있는 국지풍

국지풍은 비교적 좁은 지역에서 특정 계절에 부는 바람입니다. 대표적인 국지풍은 별명이 붙은 경우가 많아서 신화나 전설, 바람이 불어오는 방향과 연관 지은 이름이 많이 쓰여요. **특별히 별명이 붙은 점은 이런 바람이 굳이 분류하자면 피해를 일으키는 매서운 바람이라는 사실을 알려줍니다.** 많은 국지풍은 기온이나 습도를 단기간에 크게 변화시켜서 농작물에 악영향을 미칩니다.

대표적 국지풍

시로코는 초여름에 사하라사막에서 남유럽으로 세차게 부는 남풍입니다. 처음에는 사하라사막의 건조한 바람이었다가, 지중해를 건너면서 습기를 머금어 남유럽에 도착했을 때에는 그 습기가 안개를 일으킵니다. 또 사하라사막의 모래를 감아올리기 때문에 모래바람이 발생하는 경우도 있어요. 미스트랄은 프랑스 남동부에 부는 한랭하고 건조한 북풍입니다. 알프스산맥 서쪽 골짜기를 지나 지중해 부근에 불어오는 한랭한 바람으로, 겨울에 불 때가 많지만 계절에 상관없이 발생하기도 합니다. 바람이 불기 시작하면 수일간 강풍이 거칠게 불어 천둥 등을 동반합니다.

보라는 겨울에 이탈리아반도와 발칸반도 사이에 있는 아드리아해에 부는 한랭하고 건조한 바람입니다. 종종 강풍으로 지붕이 날아가는 등의 피해도 일으킵니다. **푄**은 알프스산맥 북쪽에 부는, 남쪽에서 온 건조한 바람입니다. '푄 현상'이라는 용어로 알려졌듯이 산맥을 넘어 부는 바람은 산맥을 오를 때 이미 상승기류가 되어 비를 뿌리고서 내리 불기 때문에 고온 건조한 바람이 됩니다. 건조한 데다가 강풍이어서 한번 화재가 발생하면 진압이 어려워 산불에 대비할 필요가 있습니다.

야마세는 일본에 부는 대표적인 국지풍으로, 여름에 도호쿠 지방 태평양 연안에 부는 차고 습한 바람입니다. 저온과 일조부족으로 벼 생육을 악화하는 냉해를 불러옵니다.

그림 3-42	국지풍

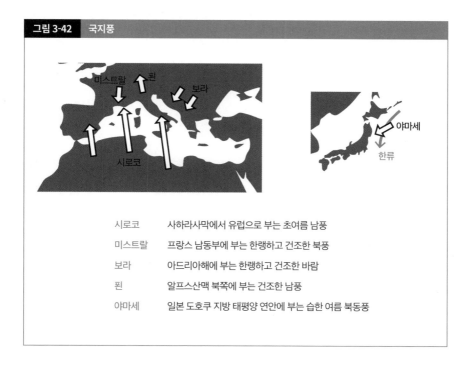

시로코	사하라사막에서 유럽으로 부는 초여름 남풍
미스트랄	프랑스 남동부에 부는 한랭하고 건조한 북풍
보라	아드리아해에 부는 한랭하고 건조한 바람
푄	알프스산맥 북쪽에 부는 건조한 남풍
야마세	일본 도호쿠 지방 태평양 연안에 부는 습한 여름 북동풍

영원불변이 아닌, 변하는 지구 기후

🌡️ 수만 년이나 수년 단위로 변화하는 지구 기후

지금까지 **다양한 기후인자와 기후유형을 살펴봤는데, 기후는 변하지 않는 것이 아닙니다.** 지구에서는 먼 옛날부터 빙하기나 간빙기라고 부르는 수만 년에서 수백만 년 단위 대규모 기온 변동이나, 소빙기라는 수백 년 단위 기온 변동이 일어났습니다.

또 태평양 동부 열대지역의 해수온이 높아지는 엘니뇨, 반대로 해수온이 낮아지는 라니냐처럼 몇 년에 한 번꼴로 지구 전체 기온이 크게 흔들리는 현상도 있어요. 이런 현상이 일어나면 세계에서는 기상이변이 발생하기 쉬워집니다.

🌡️ 밀집하는 사람들이 만들어내는 도시기후

또 사람들이 많이 사는 도시에는 **도시기후**라는 특수한 기후가 나타납니다. 많은 인구가 밀집하면 그만큼 열 발생원이 많아집니다. 그래서 도심 부근은 교외보다 기온이 높은 **열섬** 현상이 일어납니다.

도심 기온이 높다는 것은 상승기류가 발생하기 쉽다는 뜻이기도 해요. 도시에서 따뜻해진 공기가 단숨에 상승해 구름을 발생시켜 비를 뿌려서, 국지적으로 내리는 큰 비인 **게릴라성 집중호우**의 원인이 됩니다. 또 자동차나 공장의 배기가스에 포함된 물질에 의해 광화학 스모그가 발생하는 경우도 있어요.

이런 도시기후 문제를 완화하기 위해 건물 옥상을 녹화하거나 바람이 잘 통하도록 도시계획을 짜는 등의 시도도 이뤄집니다.

제 4 장

농림수산업

인간 생활을
뒷받침하는 기반이 되는 산업

여기까지 주로 자연환경을 언급했는데, 제4장부터는 인간이 하는 일을 이야기합니다.

제4장에서는 농업에 대해 설명합니다. 먼저 농업을 파악하는 관점으로 생산성과 집약도를 설명하고, 농업의 역사와 형태를 소개합니다.

긴 역사에 걸쳐 사람들은 더 많은 수확물을 더 효율적으로 얻기 위한 궁리를 거듭해 왔습니다. 이와 함께 전통적 농업에서 상업적 농업, 그리고 대규모 기업적 농업에 이르기까지 농업 방식도 변화했습니다.

현재 인구가 많은 아시아에서는 전통적 농업에 가까운 집약적 벼농사와 밭농사, 유럽에서는 상업적 농업의 흐름을 따르는 혼합농업이나 낙농, 미국과 호주에서는 넓은 농지를 활용한 기업적 농업 등 각 지역 사정에 맞춘 농업이 이뤄집니다.

이번 장 후반부에서는 쌀, 밀, 옥수수 등 주요 작물에 관해 이야기합니다. 포인트는 작물별 성질 차이나 생산되는 장소의 경향을 파악하는 일입니다. 또 축산업, 임업, 수산업의 개요도 다룹니다.

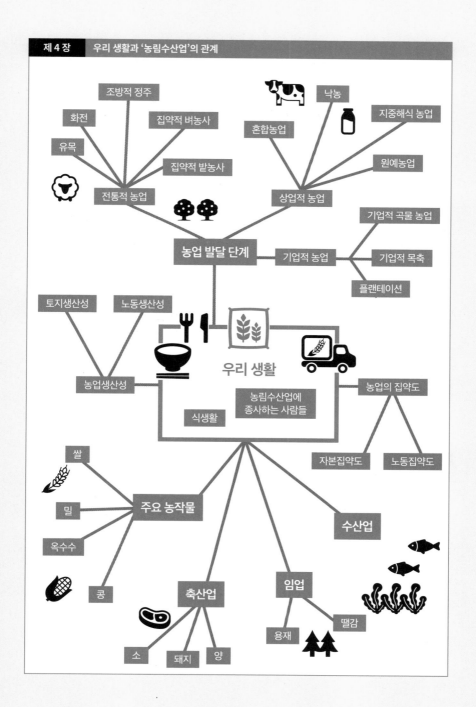

농업을 이해하기 위한 여러 지표

🌾 자연조건에 큰 영향을 받는 농업

지금까지는 주로 지형이나 기후처럼 우리를 둘러싼 자연환경을 중심으로 이야기했습니다. 제 4장부터 제7장까지는 이런 환경 위에 성립하는 각종 산업을 이야기해보려 해요.

　앞장에서 기후를 다뤘고, 이번 장에서는 농림수산업에 대해 이야기합니다. **식물이나 동물을 취급하는 농림수산업은 기후를 비롯한 자연조건에 큰 영향을 받습니다.** 꼭 앞장에서 설명한 기후 내용을 계속 머릿속에 두고 읽어주세요.

| 그림 4-1 | 재배한계 |

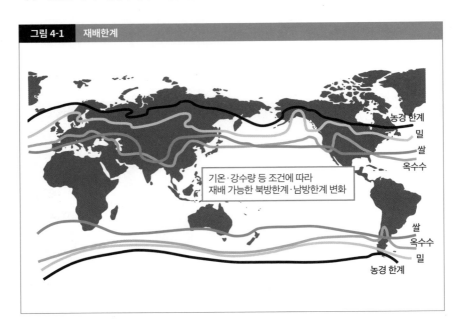

기온·강수량 등 조건에 따라
재배 가능한 북방한계·남방한계 변화

농경 한계
밀
쌀
옥수수

쌀
옥수수
밀
농경 한계

🌾 농작물에 따라 다른 재배한계

각 농작물에는 저마다 알맞은 환경이 있고, 기본적으로는 원산지의 환경이 적합하다고 할 수 있습니다. 작물을 최적의 환경에서 재배하다가 건조하거나 한랭하게 하는 등 조건을 혹독하게 바꾸면 점점 생육이 어려워지고, 한계를 넘으면 자랄 수 없습니다. 이처럼 **각 작물을 재배할 수 있는 범위의 한계**를 재배한계라고 합니다. 인류는 건조지에 물을 끌어오고, 한랭에 강한 작물을 품종개량으로 만들어내면서 재배한계를 극복해온 역사가 있어요.

🌾 토지에 따라, 노동력에 따라 보는 생산성

농업을 살펴보려면 기억해두어야 할 관점이 몇 개 있습니다. 우선 생산성의 관점입니다. 생산성은 작물을 얼마나 효율 좋게 얻는지 알려주는 지표입니다. 생산성의 척도에는 토지 면적당 생산성과 노동력당 생산성이라는 두 가지 관점이 있어요.

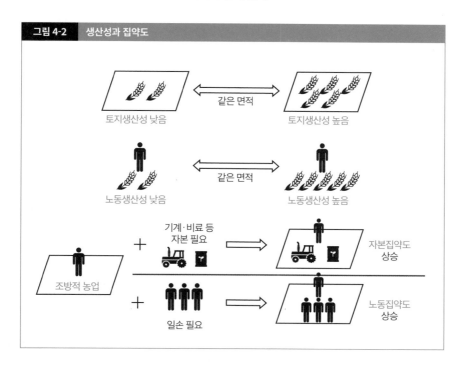

그림 4-2 　생산성과 집약도

토지 면적당 생산성을 토지생산성이라고 합니다. **같은 면적의 토지를 비교했을 때 더 많은 작물을 얻으면 토지생산성이 높다고 해요.**

또 노동력당 생산성을 노동생산성이라고 부릅니다. **같은 일손이나 노동력을 투입했을 때 더 많은 작물을 얻으면 노동생산성이 높다고 합니다.**

🌾 일손이나 돈 측면에서 보는 집약도

또 농업에는 집약도라는 지표도 있습니다. 해당 토지에 일손과 돈을 얼마나 투입해야 생산량이 늘어날지 나타내는 지표입니다. **같은 면적당 기계나 비료 도입 등 많은 돈이 들면** 자본집약도가 높고, **같은 면적당 많은 일손이 필요하면** 노동집약도가 높다고 합니다. 집약도가 높은 농업을 집약적이라고 하고, 노동집약적 또는 자본집약적이라고 불러요. **두 집약도가 모두 낮은 농업**은 조방적 농업이라고 합니다.

🌾 농업의 발달 단계

그리고 농업의 형태에 관해서는 그 발달 단계도 알아두면 좋아요. 대개 농업은 자가소비를 위한 자급적 농업, 판매가 목적인 상업적 농업, 상업적 농업을 더욱 대규모로 하는 기업적 농업으로 발전해왔습니다.

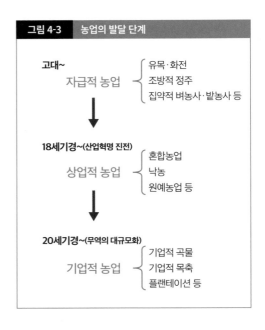

그림 4-3   농업의 발달 단계

고대~
자급적 농업
- 유목·화전
- 조방적 정주
- 집약적 벼농사·밭농사 등

18세기경~(산업혁명 진전)
상업적 농업
- 혼합농업
- 낙농
- 원예농업 등

20세기경~(무역의 대규모화)
기업적 농업
- 기업적 곡물
- 기업적 목축
- 플랜테이션 등

풍토나 환경에 뿌리내린 자급자족 농업

예로부터 이어진 자급자족 경영

원래 농업은 농작물을 자신이 직접 수확해 소비하는 자급자족 형태였습니다. 세계 각지에서 각각 풍토나 환경에 맞춰 농업이 시작되어 지금도 그 전통이 이어지는 지역도 많아요. 또 지역에 따라서는 자급 농업에 더해 상업적 성격을 띠는 경우도 있습니다. 예를 들어 태국이나 베트남 등의 벼농사는 전통적 농업 형태를 유지하지만 두 나라에서 쌀은 중요한 수출 상품입니다. 이런 전통적 농업을 조방적인 순으로 살펴봅시다.

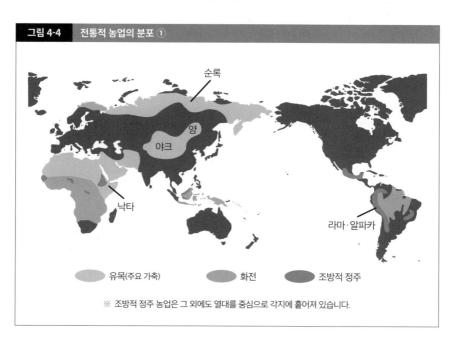

그림 4-4　전통적 농업의 분포 ①

순록

양

야크

낙타

라마·알파카

유목(주요 가축)　　화전　　조방적 정주

※ 조방적 정주 농업은 그 외에도 열대를 중심으로 각지에 흩어져 있습니다.

🌾 이동하면서 가축을 기르는 유목

자연에 자라는 풀과 물을 찾아 이동하면서 가축을 기르는 것을 유목이라고 합니다. 유목은 건조지역이나 한랭지역, 또는 고산지역에서 전통적으로 해왔어요. 중앙아시아부터 북아프리카에 걸친 사막이나 스텝에서는 낙타, 양, 염소를, 몽골에서는 말과 양을 기르고 북극 해안 툰드라 등에서는 순록을 사육합니다. **이렇게 건조지나 한랭지의 유목에서는 목초를 구해 넓은 지역을 이동하는 수평적 이동을 합니다.**

한편 티베트고원에서는 야크를, 안데스산맥에서는 라마와 알파카를 기릅니다. 이런 **고산지역 유목에서는 목초를 찾아 골짜기에서 산 위쪽까지를 오르내리는 수직적 이동을 해요.**

🌾 나무나 풀을 태워 재를 비료로 삼는 화전

아프리카 중남부, 중앙아메리카와 남아메리카, 동남아시아 열대지역에서는 화전이라는 조방적 농업이 이뤄집니다. 열대지역 토양인 라토졸은 산성이면서 메말라서 농업에는 알맞지 않기에 **삼림이나 초원을 태워서 알칼리성 재를 비료로 삼아 농업을 합니다.**

주요 작물은 카사바, 타로, 바나나, 콩류 등입니다. 카사바는 열대를 대표하는 작물로 전분을 풍부하게 함유한 덩이줄기채소의 일종입니다. 카사바에서 얻는 전분이 타피오카라고 알려져 있지요.

화전을 하면 몇 년은 작물을 수확할 수 있지만 이후에는 생산력이 급속히 떨어집니다. 그래서 **2~3년마다 장소를 바꿔 새로운 토지로 이동해 그곳의 땅을 태워 새로운 화전을 만들어요.** 원래 사용하던 토지에 나무와 풀이 자라 생산력이 회복하면 또 그곳을 태우는데, 이를 위해 10년 정도의 시간이 걸립니다.

인구 증가나 상품작물 재배를 이유로 **초목이 충분히 무성해지기를 기다리지 않고 다음 화전을 해버리면 토지 생산력이 원상 복구되지 않아 불모지가 되어버리는 문제도 있습니다.**

🌾 같은 장소에 살면서 밭을 옮기는 농업

화전은 이동하면서 임지를 태우는 농업이지만, 도로 정비 등으로 인해 **사람은 같은 장소에 머물러 살면서 밭만 이동시키는 조방적 정주 농업으로 이행한 지역**도 있습니다. 게다가 밭 이동도 멈추고 같은 장소에서 계속해서 밭농사나 가축 사육을 하기도 합니다. 또 서아프리카의 카카오처럼 상품작물 재배를 함께 하는 경우도 있습니다. 안데스산맥 주변에는 전통적으로 감자 재배와 라마나 알파카 사육을 조합한 조방적 정주 농업을 하는 지역도 있어요.

🌾 사막이나 스텝에서 하는 오아시스 농업

오아시스 농업은 사막기후나 스텝기후에서 하는 농업입니다. 건조지에서는 원래 농업 생산이 어렵지만 샘물이나 외래하천 등 물을 얻을 수 있는 오아시스 주변에서는 농업을 합니다. 지하수가 풍부한 산기슭 등에서 농지 쪽으로 지하수로를 만드는 경우도 있어요. 이런 지하수로는 북아프리카에서는 포가라, 이란에서는 카나트, 아프가니스탄에서는 카레즈 등으로 불립니다.

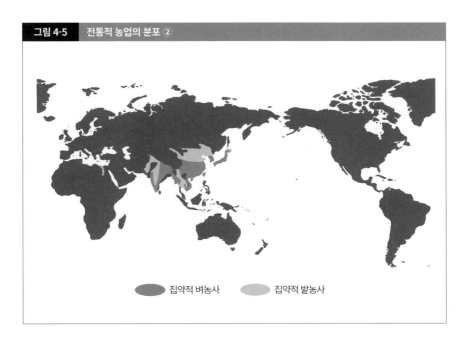

그림 4-5 전통적 농업의 분포 ②

집약적 벼농사   집약적 밭농사

주요 작물로 대추야자, 밀, 면화 등을 꼽을 수 있습니다.

🌾 많은 일손을 투입하는 집약적 벼농사

동남아시아부터 중국 남부 평야까지 걸쳐 널리 하는 벼농사가 집약적 벼농사입니다. **일본에서도 전통적으로 집약적 벼농사를 해왔어요.** 벼농사는 물을 많이 사용하기 때문에 연간 강수량 1000mm를 넘는 지역에서 합니다.

이들 지역은 인구 밀도가 높아서 많은 인력을 동원할 수 있어요. 아시아 농촌에서 볼 수 있는 벼농사는 가족이 총출동한 형태로 일제히 이뤄지기에 **노동집약도가 매우 높고 토지생산성도 높습니다. 그러나 개개인을 보면 수작업이 많고 노동생산성은 그다지 높지 않아요.**

중국 남부나 동남아시아 등 기온이 높고 강수량이 많은 지역에서는 같은 논에서 연 2회 쌀을 수확하는 2기작을 합니다. 더 고위도에 기온이 조금 낮은 지역에서는 벼 수확이 끝난 후 보리나 콩을 재배하는, 같은 토지에서 두 가지 종류의 작물을 재배하는 2모작도 해요.

🌾 아시아 건조지역에서 하는 집약적 밭농사

강수량이 1000mm 미만인 지역에서는 벼농사를 할 수 없어요. 그래서 아시아 건조지역에서는 많은 일손을 들여 밀, 옥수수, 수수 등의 밭농사를 하는 집약적 밭농사가 이뤄집니다. 기본적으로는 건조지역이어서 가끔 가뭄이 발생해 수확량이 불안정하다는 단점이 있지만, 최근에는 관개 정비로 생산성이 안정화하는 추세입니다. 인도 데칸고원에서는 비옥한 레구르 토양을 활용한 면화 재배가 활발합니다.

유럽을 중심으로 발달한 판매 목적 농업

🌾 산업혁명으로 진전한 도시와 농촌의 역할 분담

유럽에서도 처음에는 자급자족 농업을 했지만, 18세기 이후 **산업혁명이 일어나고서 도시와 농촌의 역할 분담이 진전합니다.** 도시에서는 공장 노동자나 서비스업 종사자가 살고, 이들은 농촌에서 만든 농작물을 삽니다. 한편 **농촌에서는 먹거리를 생산해 도시에 판매하게 되었습니다.** 이처럼 시장에서의 판매를 목적으로 한 농업을 상업적 농업이라고 합니다.

　상업적 농업으로의 전환은 산업혁명이 빨리 일어난 유럽에서 시작되어 공업화와 함께 세계

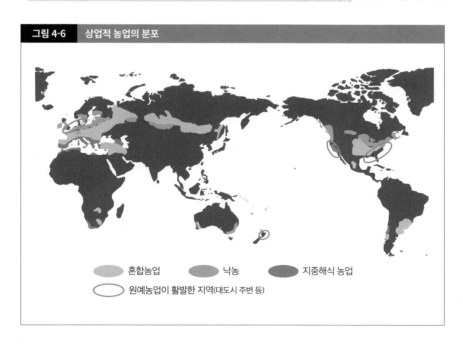

| 그림 4-6 | 상업적 농업의 분포 |

혼합농업　　낙농　　지중해식 농업

원예농업이 활발한 지역(대도시 주변 등)

로 확산했습니다. 이번에는 상업적 농업과 함께 유럽의 전통적인 농업도 살펴볼게요.

🌾 혼합농업으로 가는 길 ① 삼포식 농업까지

유럽에서는 옛날부터 전통적으로 맥류를 재배했습니다. 고대에는 여름에 건조한 지중해 연안에서는 겨울에 밀을, 북유럽에서는 여름에 보리를 재배했어요.

이런 맥류는 같은 밭에서 매년 재배하면 연작장해라는 생육 불량이나 병해가 발생합니다(논에서 하는 벼농사의 경우 물을 채우고 흘리면서 '신진대사'가 일어나 연작장해가 발생하기 어려워요).

연작장해 때문에 오래전부터 **유럽에서는 특정 해에 맥류를 재배하면 다음 해는 토지를 쉬게 하여(그 토지를 휴한지라고 해요) 토지의 힘을 회복시키고 나서 그다음 해에 맥류를 재배해왔습니다.** 이를 이포식 농업이라고 해요.

중세에 진입하면 비교적 1년 내내 알프스산맥 북쪽 땅에서 삼포식 농업을 하게 됩니다. 경지를 크게 3개로 나눠서 겨울작물(밀), 여름작물(보리나 호밀), 휴한지로 두고 3년 주기로 돌린 것이지요. 휴한지에서는 목초를 재배하면서 돼지 등을 방목하고, 그 분뇨를 비료로 활용해 토지의 힘을 유지하려 했습니다.

🌾 혼합농업으로 가는 길 ② 노퍽농법에서 혼합농업으로

시간이 흘러 근대에 들어가는 18세기 무렵 이 삼포식 농업을 발전시킨 노퍽농법이라는 농업이 이뤄집니다. **이 농법은 토지를 4개로 나눠 겨울작물(밀), 뿌리채소류(순무·사탕무), 여름작물(보리), 클로버를 두고 4년 단위로 돌리는 농법**입니다.

클로버는 가축의 먹이가 될 뿐 아니라 공기 중 질소를 거두어들여 땅속 양분으로 만듭니다. 뿌리채소도 식용이나 가축 먹이로 쓰이며 그 뿌리가 토지를 깊이 일구는 효과가 있습니다. 이렇게 그동안의 삼포식 농업에서는 휴한지로 뒀던 토지가 **노퍽농법에서는 가축 사육을 하고 토양의 힘을 키우는 일하는 토지로 변합니다.**

그 결과 사육할 수 있는 가축이 쑥 늘어 퇴비를 많이 만들어내면서 맥류 생산량도 증가했습

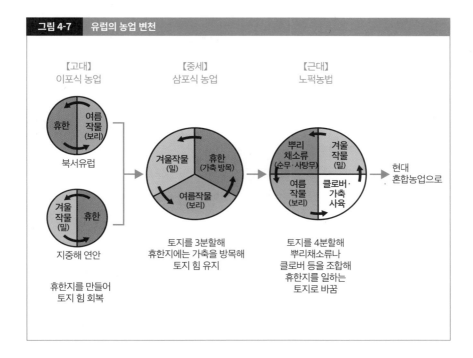

그림 4-7　유럽의 농업 변천

【고대】
이포식 농업

【중세】
삼포식 농업

【근대】
노퍽농법

휴한　여름작물(보리)

북서유럽

겨울작물(밀)　휴한(가축 방목)

여름작물(보리)

겨울작물(밀)　휴한

지중해 연안

휴한지를 만들어
토지 힘 회복

토지를 3분할해
휴한지에는 가축을 방목해
토지 힘 유지

뿌리채소류(순무·사탕무)　겨울작물(밀)

여름작물(보리)　클로버·가축사육

토지를 4분할해
뿌리채소류나
클로버 등을 조합해
휴한지를 일하는
토지로 바꿈

현대
혼합농업으로

니다. 노퍽농법 도입 후에는 맥류의 토지생산성이 2.5배로 높아졌다는 기록도 남아 있어요. 현대 혼합농업은 이 노퍽농법의 흐름을 이어받아 더욱 가축 사육에 중점을 둡니다.

현대의 혼합농업

현대 유럽은 밀·호밀·감자 같은 식용작물과 보리·귀리·옥수수·사탕무·클로버 등 사료용 작물을 재배하고 육우나 돼지 등을 가축으로 사육하는 혼합농업이 폭넓게 이뤄집니다.

　산업혁명 이후에는 도시 인구 증가, 남북아메리카 대륙 등에서 수입한 값싼 곡물과의 경쟁 등에 의해 노퍽농법 중에서도 더 이익을 내기 쉬운 가축 사육에 집중했습니다.

　혼합농업은 아메리카 대륙에도 보급되어 미국 중서부에는 콘벨트라는 넓은 혼합농업 지대가 펼쳐져 있어요. 이 지대에서는 거대한 트랙터를 사용해 옥수수·밀·콩 등을 재배하고 소나 돼지 등을 대규모로 사육하는 농업을 합니다.

🌾 서늘한 기후에서 하는 낙농

낙농은 **사료 작물이나 목초를 재배해 젖소를 사육하고 우유, 버터, 치즈 등을 생산하는 상업적 농업**입니다. 풀이 자라는 곳만 있으면 낙농을 할 수 있어서 곡물이 자라기 어려운 서늘한 기후나 메마른 토양에서도 합니다. 구체적으로는 영국이나 덴마크 같은 북서유럽 연안이나 미국 오대호 주변에서 볼 수 있어요. 이들 지역은 서늘하고 옛날에는 빙하로 덮여 있었기 때문에 비옥한 토양이 얼음에 깎여서 토지가 말라 있습니다.

예전에는 우유와 유제품을 장기 보존할 수 없었기에 낙농을 도시 주변에서 했으나, 살균이나 냉장 기술의 발전으로 이제는 도시에서 멀리 떨어진 곳에서도 낙농이 가능해졌습니다. 호주와 뉴질랜드 등에서도 수출용 낙농을 하게 되었습니다.

또 스위스 산악지대에서는 **이목**이라고 하는 낙농을 합니다. 여름에는 고지인 초지에서 젖소를 사육하면서 목초를 베어두고, 초여름이나 가을에는 표고가 조금 낮은 목초지의 목초를 먹이고, 겨울에는 산기슭 외양간에서 마른풀을 먹이면서 사육하는 식으로 고저 차를 활용한 목축을 합니다. 이목을 하는 고지에 있는 목초지를 알프라고 해요. 만화「알프스 소녀 하이디」에 하이디 일행이 사는 오두막집이 등장하는데, 바로 이것이 이목을 위한 여름 오두막입니다.

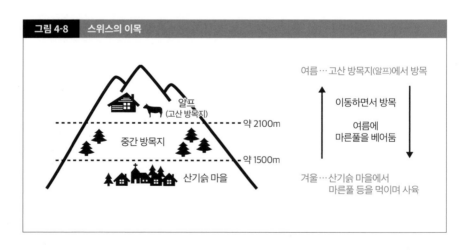

| 그림 4-8 | 스위스의 이목 |

190

🌾 신선이 필수인 작물을 키우는 원예농업

원예농업은 시장에 출하해 수입을 얻기 위한 **채소, 과일, 화훼(관상용 꽃) 등 청과류를 재배하는 농업입니다.** 이 작물들은 신선해야 하므로 주로 대도시 근교에서 재배됩니다. 그래서 근교농업이라고도 하며, 네덜란드의 화훼와 채소 재배가 대표 사례입니다. 일본에서는 이바라키현과 지바현 등에서 활발하며, 수도권에 출하할 작물을 재배합니다.

최근에는 운송수단 발달로 원거리에서도 신선도를 유지한 채 대도시로 운송할 수 있게 되었어요. 이렇게 시장으로부터 먼 곳에서 운송하는 형태의 원예농업을 수송원예(원교농업)라고 부릅니다.

특히 항공 운송의 발달에 따라 수송원예 범위가 확대되어 일본의 경우 쪽파, 아스파라거스, 화훼 등 비교적 작고 값비싼 채소가 홋카이도나 규슈에서 도쿄까지 항공기로 운송됩니다. 원예농업은 비닐하우스나 비료 등에 돈이 드는 경우가 많아 자본집약적입니다.

🌾 지중해식 농업

지중해식 농업은 지중해 연안, 미국 서쪽 해안, 호주 남서부, 칠레 중부, 남아프리카 남서부 등 지중해성기후 지역에 나타납니다.

여름에 건조하고 겨울에 습윤한 기후를 활용해 **여름에는 건조에 강한 올리브, 코르크참나무, 포도, 감귤류를 재배하고 겨울에는 밀을 자급적으로 재배합니다.** 또 양과 염소 사육도 활발합니다.

거대 기업이 운영하는 세계 규모 농업

✾ 대량생산에 의한 농업의 산업화

20세기에 들어가면 농업에 한 단계 더 변화가 찾아옵니다. 공업제품과 마찬가지로 **농작물도 농업제품처럼 취급하고 대량생산해 대규모로 판매하는 기업적 농업의 진전입니다.** 투자를 유치한 기업이 거액의 돈을 들여 상품 가치가 높은 작물이나 가축을 생산해 매출 확대를 추구합니다. 그 중심 역할을 하는 주체가 농업과 비즈니스를 조합한 애그리비즈니스를 하는 농업 관련 기업입니다. 특히 이른바 곡물 재벌로 불리는 대기업은 전 세계에 진출해 국제적으로 농작

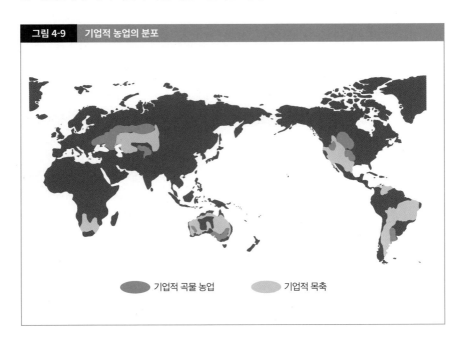

그림 4-9 　기업적 농업의 분포

● 기업적 곡물 농업　　　● 기업적 목축

물 가격을 결정하고, 세계 각국 농업정책을 좌우할 정도로 힘이 있어요.

이런 농업은 남북아메리카 대륙이나 호주 대륙 같은 이른바 신대륙을 중심으로 확산해 있습니다. 또 남부 러시아에서 우크라이나 흑토지대에 걸쳐서도 기업 농업이 이뤄집니다. 열대와 아열대에서 상품작물을 재배하는 플랜테이션도 이 기업적 농업에 속합니다.

🌾 노동생산성이 극히 높은 기업적 곡물 농업

미국에서 캐나다에 걸친 프레리, 남아메리카의 습윤 팜파스, 우크라이나에서 러시아 남서부에 걸친 체르노젬 지대, 호주 남동부 등에서는 밀, 옥수수, 콩 등을 대규모로 생산하는 기업적 곡물 농업을 합니다.

넓은 토지를 대형 기계를 사용해 경작할 때가 많으며, 이때 **기계를 조작하는 사람이 한 명인 경우도 자주 있습니다. 적은 인력으로 많은 수확이 가능해 노동생산성이 매우 높다**는 특징이 있어요. 한편 일일이 밭의 구석구석까지 세심하게 살펴보는 농업이 아니기에 토지생산성은 그렇게까지 높지 않습니다.

🌾 넓은 방목지에서 하는 기업적 목축

북아메리카의 스텝 지대 그레이트플레인스, 아르헨티나의 건조 팜파스, 호주와 뉴질랜드, 남아프리카에서는 넓은 목초지나 방목지에서 축산물을 대규모로 생산해 세계 각지 시장에 출하하는 기업적 목축을 합니다.

기업적 목축은 산업혁명 후 증가한 유럽의 식육 수요를 충족하기 위해 남북아메리카의 스텝 지역에서 시작되었으며, 철도망 발달 및 냉동선 취항과 함께 호주와 남아프리카에서도 발전했습니다.

미국이나 브라질에서는 우선 목초지에 송아지를 방목하고 어느 정도 성장하면 피드랏이라는 축사에 넣은 다음 곡물 사료를 먹여 살을 찌운 후 출하하는 형태를 보입니다.

🌾 열대에 많은 플랜테이션

동남아시아, 라틴아메리카, 아프리카 등 열대지역에서는 카카오, 천연고무, 커피, 바나나, 차 등 상품작물을 재배하는 플랜테이션이라는 대농원이 운영됩니다. **예전에 이들 지역은 유럽 각국의 식민 지배를 받으면서 자금이나 기술을 공급받아 현지 기후와 값싼 노동력을 활용해 상품작물을 생산했습니다.**

독립 후 지금은 국영 농원이 되어 현지 자본가 손에 넘어갔는데, 서구의 애그리비즈니스 지배하에 있는 농원도 많습니다.

플랜테이션의 과제로는 단일 상품작물을 집중해 재배하는 단일경작(모노컬처)으로 굳어지기 쉬운 점이 꼽힙니다. 이런 경우 해당 국가나 지역의 경제가 그 작물 수확량이나 국제가격 변동에 크게 영향을 받아 경제가 불안정해집니다.

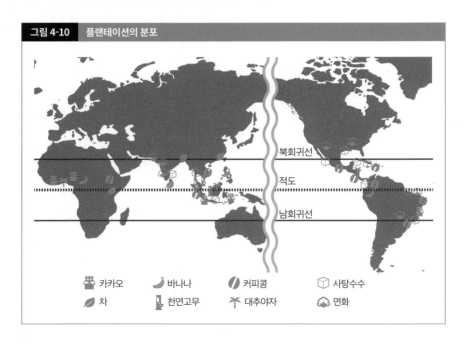

그림 4-10 플랜테이션의 분포

🍫 카카오   🍌 바나나   ☕ 커피콩   ⬡ 사탕수수

🌿 차   🌱 천연고무   🌴 대추야자   ☁ 면화

아시아를 중심으로 하여 주식으로 재배하는 쌀

🌾 인구와 관련이 많은 쌀 생산량

이제 쌀, 밀, 옥수수, 콩 같은 주요 작물에 대해 이야기합니다. 각각 세계 식생활을 지탱하는 중요한 농작물이지만 생산지, 유통량, 소비 방식에는 큰 차이가 있어요. 이 작물들의 프로필을 파악하는 일은 농업을 이해하는 데에 중요합니다.

쌀은 고온다습한 환경에서 잘 자라는 작물로 현재 세계에서 7억 5000만 톤 정도 생산됩니다. 한편 전 세계 수출량은 약 4200만 톤에 그칩니다. 즉 쌀은 90% 이상을 자국에서 소비하는 **자급적 요소가 강한 작물입니다.** 그래서 **쌀 생산량은 인구와 비례 관계가 강한 경향이 있어요.** 생산 상위국에는 중국, 인도, 인도네시아, 방글라데시, 베트남, 태국 등 인구가 많은 고온다습한 아시아 국가가 이름을 올립니다.

🌾 크게 두 가지로 나뉘는 쌀 종류

쌀 무역량이 적은 원인에는 식감 취향도 있습니다. 쌀은 크게 인디카 종과 자포니카 종으로 나뉩니다. 인디카는 대개 낟알이 가늘고 길며 점성이 적은 쌀입니다. 볶거나 진한 국물을 부어 먹는 등 다른 식재료와 섞어 먹는 경우가 많으며, 열대나 아열대의 비교적 기온이 높은 곳에서 재배됩니다. 자포니카는 대체로 낟알 길이가 짧고 점성이 강한 특징이 있습니다. 이 쌀은 취사해서 반찬과 별도로 그대로 주식으로 먹는 경우가 많습니다. 기온이 너무 높으면 잘 자라지 않아 온대나 아열대 등에서 재배합니다.

인디카와 자포니카는 꽤 명확하게 구별되어 인디카를 먹는 사람은 늘 인디카를 먹고, 자포

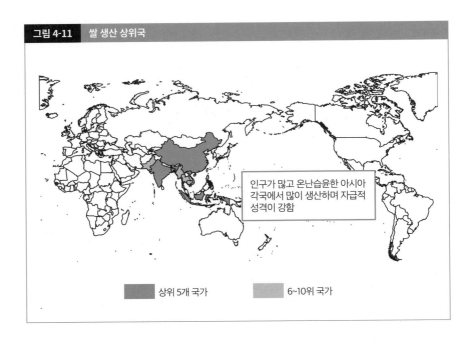

그림 4-11 쌀 생산 상위국

인구가 많고 온난습윤한 아시아 각국에서 많이 생산하며 자급적 성격이 강함

상위 5개 국가

6~10위 국가

니카를 먹는 사람은 항상 자포니카를 먹습니다. **오늘 인디카를 먹었다고 내일은 자포니카를 먹는 일은 거의 없어요.** 그래서 저렴하다는 이유로 외국산 쌀을 수입해 먹는 방식은 적합하지 않습니다.

🌾 쌀 증산과 녹색혁명

쌀은 인구를 부양하는 힘이 강해서 인구 증가 지역에서는 쌀 수확량을 늘리려는 시도가 항상 있었습니다. 특히 1960년대를 중심으로 아시아 각지 개발도상국에서 녹색혁명으로 불린 농업기술 혁신과 다수확품종 도입은 아시아 각국의 엄청난 식량 증산으로 이어졌어요.

하지만 **다수확품종 도입은 관개시설이나 비료에 비용을 투입할 수 있는 사람들과 그렇지 않은 사람들의 격차를 키워** 농촌 내 빈부 격차를 일으키는 결과도 불러왔습니다.

국제 상품의 성격이 강한 밀

무역에 적합한 밀

밀은 쌀과 나란히 세계 식생활을 지탱하는 중요한 곡물입니다. 생산량과 무역량을 쌀과 비교하면 전 세계 생산량은 약 7억 6000만 톤으로 쌀과 비슷한 수준이지만, 총수출량은 1억 8000만 톤 정도로 **수출로 돌리는 양이 쌀보다 많아요.** 밀을 낱알째로 먹는 일은 거의 없으며, 일단 가루로 만들어서 빵이나 면으로 가공하는 방식이 일반적입니다. **밀을 갈아 가루로 만들면 쌀 같은 입맛 차이 문제도 없어지고 품질도 획일화해서 무역에 알맞습니다.**

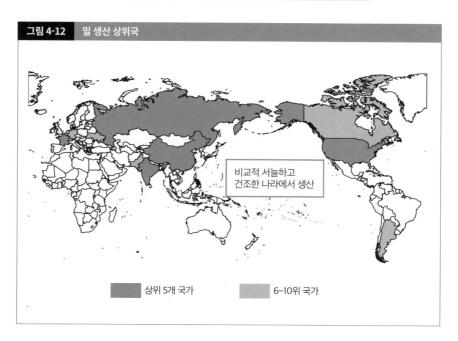

그림 4-12　밀 생산 상위국

비교적 서늘하고
건조한 나라에서 생산

상위 5개 국가　　6~10위 국가

🌾 추운 곳에서 재배하는 밀이 '봄밀'

밀은 서늘하고 건조한 기후에 적합합니다. 주요 생산국은 중국과 인도처럼 인구가 많은 나라나, 러시아·미국·프랑스·캐나다·우크라이나 등 인구가 많으면서도 비교적 서늘한 지역이 있는 나라입니다.

밀은 가을에 씨를 뿌려 겨울을 넘기고 초여름부터 여름에 수확하는 겨울밀과, 봄에 씨를 뿌려 가을에 수확하는 봄밀이 있습니다.

원래 일반적으로 재배하는 밀은 발아 후에 겨울을 넘기고 봄이 오면서 성장하는 겨울밀입니다. 그런데 고위도 지역은 겨울이 길고 지면 동결도 심해서 겨울나기가 어려워요. 그래서 **고위도 지역에서는 봄에 씨를 뿌리고 짧은 여름 동안 생육해 가을에 수확하는 봄밀을 재배합니다.**

그래서 어느 정도 따뜻한 지역에서는 겨울밀, 더 추운 지역에서는 봄밀을 생산합니다. 겨울밀의 경우 생육 조건이 좋은 봄이나 초여름 시기에 차분하게 성숙할 수 있어 결실을 잘 맺고 수확량은 일반적으로 많아집니다. 최근에는 봄밀의 단점을 보완하는 품종도 많이 나와 있어요.

겨울밀과 봄밀의 수확 시기 차이에 더해 호주나 아르헨티나 같은 남반구는 계절이 정반대여서 북반구의 단경기에 수확합니다. 결과적으로 밀은 1년 내내 세계 곳곳에서 재배되어 각지에 유통됩니다.

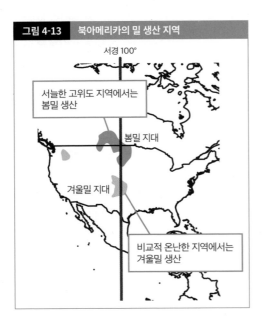

그림 4-13 　북아메리카의 밀 생산 지역

서경 100°

서늘한 고위도 지역에서는 봄밀 생산

봄밀 지대

겨울밀 지대

비교적 온난한 지역에서는 겨울밀 생산

세계 식생활을 지탱하는 메인 플레이어

🌾 세계 최대 수확량과 무역량을 자랑하는 곡물

세계 옥수수 생산량은 **약 11억 톤으로, 3대 곡물 중 가장 많이 생산되며 수출입도 세계 최대입니다.** 일본은 세계 1, 2위를 다투는 옥수수 수입국으로 연간 1600만 톤 정도의 옥수수를 수입합니다. 일본의 쌀 총생산량인 1000만 톤 정도를 크게 웃도는 양의 옥수수를 수입하고 있어요. 하지만 그렇다고 일본인이 매일 주식으로 옥수수를 먹는 것은 아닙니다. 일상에서 옥수수를 직접 먹을 기회는 샐러드 토핑으로 먹거나 바비큐와 곁들여 구워 먹을 때 정도이지요.

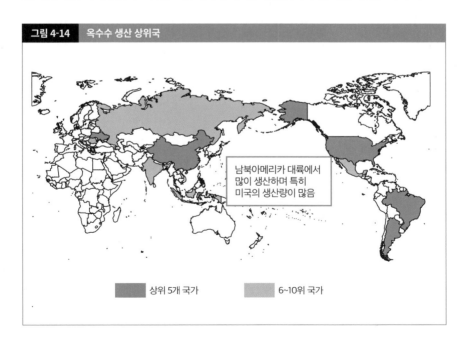

그림 4-14   옥수수 생산 상위국

남북아메리카 대륙에서 많이 생산하며 특히 미국의 생산량이 많음

상위 5개 국가   6~10위 국가

🌾 매일 섭취하는 중요한 작물

그런데 사실 **옥수수는 간접적으로 매일같이 먹는 곡물입니다.** 예를 들어 어떤 음식점에서 프라이드치킨과 주스를 주문했다고 가정해봅시다. 이때 옥수수 사료를 먹여 기른 닭의 고기를 옥수수유로 튀겨서 먹고, 옥수수로 만든 감미료가 들어간 주스를 마시는 경우도 많아요. 주스 원재료에 자주 표시되는 액상과당의 주원료는 옥수수 전분입니다. **옥수수 없이 지금의 세계 식생활은 성립하지 않는다고 해도 과언이 아닙니다.**

🌾 세계 최대 수출국은 미국

옥수수 원산지는 중앙아메리카와 남아메리카입니다. 미국이 주요 생산국으로 특히 중서부 콘벨트 지역에서는 옥수수를 집중적으로 생산합니다. 중국 생산량도 많은데 중국은 인구가 많아서 국내 수요 충족용 생산 중심입니다.

결과적으로 미국이 세계 최대 옥수수 수출국으로, **세계 무역량의 절반 이상이 미국산 옥수수입니다.** 옥수수는 세계 식생활에 큰 영향을 미치는 작물이어서 '콘벨트의 날씨가 국제 식료품 가격을 좌우한다'는 말도 있을 정도입니다.

옥수수의 중요한 용도는 사료입니다. 일반적으로 소고기 1kg 생산에 11kg, 돼지고기 1kg에 6kg, 닭고기 1kg에는 4kg의 사료가 필요합니다. 개발도상국의 경제성장으로 육식 수요가 증가해 옥수수 수요도 늘어났습니다.

또 옥수수는 식물에서 얻는 연료인 바이오에탄올의 주요 원료이기도 해서 최근 생산량이 급증하는 추세입니다.

식용 이외의 용도도 많은 다목적 작물

🌾 브라질의 콩 생산량이 증가

3대 곡물로 꼽히는 쌀·밀·옥수수와 함께 세계 식생활을 지탱하는 중요한 작물이 콩입니다.

콩은 한국과 일본에서는 된장, 간장, 두부, 낫토 등에 쓰여 식용 이미지가 강하지만, 세계에서는 옥수수처럼 주로 사료, 기름, 바이오에탄올의 원료로 많이 이용하고 식용은 극히 일부에 불과합니다. 주요 생산국은 브라질, 미국, 아르헨티나로 브라질 생산량이 최근 10년간 비약적으로 증가한 점이 특징입니다.

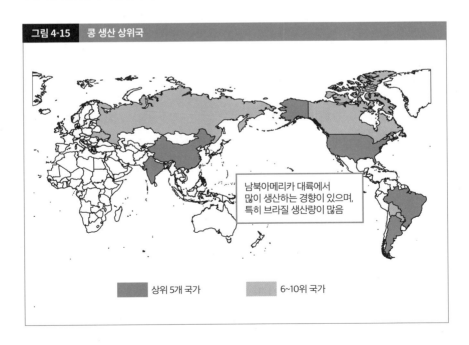

| 그림 4-15 | 콩 생산 상위국 |

남북아메리카 대륙에서 많이 생산하는 경향이 있으며, 특히 브라질 생산량이 많음

상위 5개 국가   6~10위 국가

덩이줄기채소, 기호품, 공업원료 등 생활 속 다양한 작물

🌾 덩이줄기채소

덩이줄기채소의 일종인 **카사바**는 재배가 용이한 것에 비해 전분이 풍부해 열대에서 아열대 지역에서 널리 재배합니다. 날것으로 먹으면 독이 있으므로 물에 삶아서 독을 빼야 합니다. 뿌리에서 채취하는 전분은 타피오카라고 해요. 재배는 **나이지리아, 태국, 인도네시아 등 열대 개발도상국에 집중되며** 대부분 자급용입니다. 남아메리카 안데스 주변이 원산지인 **감자**는 추위에 강하고 성장도 빨라서 전 세계에서 재배합니다. 중국이나 인도같이 인구가 많은 나라나 러시아, 우크라이나, 미국, 독일처럼 다소 서늘한 나라에서 많이 생산합니다.

🌾 사탕수수

사탕수수는 열대와 아열대 지역에서 재배합니다. 수확 전에는 성장을 자제하고 당분을 축적하는 시기가 있는 게 바람직해서 건기가 있는 지역이 좋아요. 줄기 즙에서 설탕을 정제하는 것 외에 바이오에탄올의 원료로도 쓰입니다. 브라질, 중국, 인도가 생산의 중심입니다.

🌾 카카오

초콜릿의 원료인 **카카오**는 코트디부아르와 가나 같은 서아프리카 국가나 인도네시아에서 많이 수확합니다. 카카오나무는 직사광선과 강풍을 싫어해 다른 나무 그늘에서 성장하는 특징이 있어 넓은 농지 전체에 재배해 기계로 수확할 수가 없어요. 그래서 **재배에 많은 일손이 필**

요합니다. 이 특징은 소규모 농가가 값싼 임금으로 지주에게 고용되거나 아동 노동의 온상으로 전락하는 사태로 이어져, 농가가 빈곤을 탈출할 수 없는 구조가 뿌리 깊게 남아 있습니다.

🌾 커피

열대작물인 **커피**는 생육기에 강수량이 필요해서 결실을 맺는 시기는 건기가 알맞습니다. 그래서 **사바나기후와 궁합이 좋습니다.** 생산량 상위는 브라질, 베트남, 콜롬비아 순입니다. 커피는 남미나 아프리카의 이미지가 강해서 베트남이 상위인 점은 의외라고 느낄 수도 있어요.

🌾 차

차는 고온다습하고 물이 잘 빠지는 구릉지를 좋아합니다. 같은 차나무에서 따는 잎도 이후 가공 방식에 따라 각각 녹차, 홍차, 우롱차가 됩니다. 역사적으로 차의 주요 산지인 중국과 인도가 생산량 상위이고, **그 뒤에는 케냐나 스리랑카처럼 차를 즐기는 문화가 있는 영국의 식민지였던 나라가 많이 있습니다.**

🌾 면화

면화는 생육기에 비가 오고 수확기에 건조한 곳이 최적지여서, 연간 강수량은 600mm에서 1200mm 정도가 적당합니다. 면화는 면직물의 원료이며 씨앗에서 기름을 추출할 수 있어요. 인도, 중국, 미국이 생산 상위국입니다.

🌾 천연고무

천연고무는 열대우림기후나 열대몬순기후 등 연중 기온이 높고 비가 많이 오는 환경이 적합합니다. 태국과 인도네시아가 전 세계에서 절반 이상을 생산합니다.

종교의 영향도 받는 가축 분포

소

소는 세계에서 폭넓게 사육되어 소고기나 우유 이외에도 가죽을 이용하거나 농경이나 운반의 수단으로 쓰는 식으로 옛날부터 활용되었습니다. 사육두수 상위 국가는 브라질, 인도, 미국 순입니다.

여기서 주목할 나라가 인도입니다. 사육두수는 세계 2위인데 소고기 생산은 10위 안에도 들지 못합니다. **이는 소를 신성시하는 힌두교도가 많다는 점과 관련이 있습니다.** 인도에서 소는 우유나 노동에 주로 활용합니다. 다만 인도에서 소고기를 전혀 생산하지 않는 것은 아닙니다. 힌두교도가 아닌 사람들도 2억~3억 명 정도 있고, 신성시하지 않는 물소를 포함한 '소 종류 고기'의 생산량은 꽤 많아요.

소고기 생산 상위국은 미국·브라질·중국, 우유 생산 상위국은 미국·인도·브라질입니다.

돼지

돼지도 세계에서 널리 사육됩니다. 주로 고기로 먹거나 기름을 쓰기 위해 사육하지만 가죽도 이용합니다. **이슬람 문화권에서는 돼지고기를 먹는 행위가 경전에 의해 금지되어 돼지 사육을 피합니다.**

사육과 돼지고기 생산 모두 중국이 다른 나라를 압도합니다. 그 외에도 '소시지의 나라' 이미지가 있는 독일, '햄의 나라' 스페인이 사육두수 상위를 차지합니다.

🌾 양

양은 건조에 강한 편이어서 중앙아시아부터 북아프리카에 걸친 건조지역이나 호주 등의 건조지역에서 비교적 많이 사육하는 가축입니다. 반대로 돼지는 사육에 물이 많이 필요해서 습윤한 지역에서 주로 사육해요. 게다가 양을 많이 사육하는 중앙아시아부터 북아프리카에 걸친 지역은 이슬람 국가가 많아서 돼지를 사육하지 않기에, **양과 돼지의 분포는 정반대 경향을 나타냅니다.**

양 사육두수는 중국, 인도, 호주 순으로 많으며 양고기 생산과 양모 생산 상위국은 모두 중국, 호주, 뉴질랜드 순입니다. 뉴질랜드는 사육두수는 세계 10위 안에 들지 못하지만 양고기와 양고기 생산 모두 3위에 올라 있습니다. 인구가 약 500만 명인 나라인 것에 비해 양은 그 두수가 2500만 마리를 넘어 중요한 수출 품목입니다.

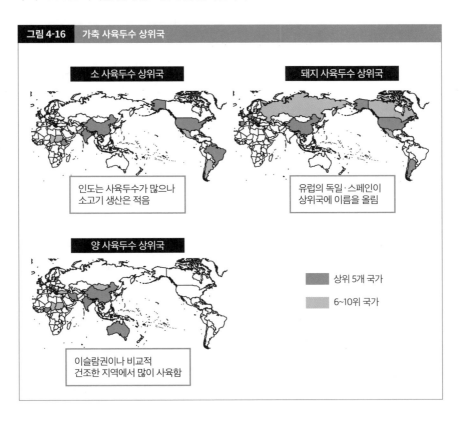

그림 4-16   가축 사육두수 상위국

소 사육두수 상위국

돼지 사육두수 상위국

인도는 사육두수가 많으나
소고기 생산은 적음

유럽의 독일·스페인이
상위국에 이름을 올림

양 사육두수 상위국

상위 5개 국가

6~10위 국가

이슬람권이나 비교적
건조한 지역에서 많이 사육함

수출과 환경의 양립이 필요한 삼림자원

📖 개발도상국에서 많이 이용하는 신탄재

이제 눈을 임업으로 돌려볼게요. 삼림자원 이용은 크게 두 가지로 나뉩니다. 하나는 땔감이나 숯처럼 연료용으로 쓰는 신탄재, 다른 하나는 목재로 건축 등에 사용하는 용재입니다. 종이를 만드는 펄프의 원료가 되는 목재도 용재에 포함됩니다. **개발도상국에서는 연료용 목재, 즉 신 탄재 이용이 많으며 선진국에서는 용재로써의 이용이 많은 특징이 있습니다.**

사람이 많이 사는 지역은 그만큼 신탄재나 용재 수요가 많고, 면적이 넓은 나라는 그만큼 이용 가능한 삼림자원이 풍부해요. 그래서 목재 벌채량은 면적이 넓고 인구가 많은 나라일수록 많은 경향이 있습니다.

📖 용재 이용과 환경보호

나무에는 활엽수와 침엽수가 있는데, 대개 활엽수는 단단하고 수종도 풍부해서 독특한 나뭇 결이 있습니다. 그래서 활엽수는 가구나 악기, 사람 눈에 보이는 곳 등 특수한 용도로 쓰이는 고급재로 이용되는 경향이 있어요. 침엽수는 수종이 적고 대부분의 나무가 같은 키로 성장하거나 가공하기 쉬운 굳기를 지닌 점 때문에 건축용재로 쓰입니다.

삼림이 드넓게 펼쳐진 나라에서 목재는 중요한 수출 품목이지만, 삼림을 무계획적으로 벌채 하면 주변 수질 악화나 토사 피해 증가, 생태계 파괴를 불러옵니다. 예전에는 말레이시아나 인 도네시아 등에서 통나무 수출이 활발했는데, 1970년대부터 수출 규제를 시행하고 있어요. 하 지만 그 영향으로 냉대의 침엽수 수요가 증가해 그쪽 삼림을 파괴하는 상황도 발생합니다.

식생활 다양화와 함께 증가하는 수산자원 수요

세계 어획량 1위는 중국

세계 식생활 지탱에 수산자원이 빠질 수 없습니다. 최근에는 중국, 인도네시아, 베트남 등 아시아 신흥국이 발전하면서 **그곳에 사는 사람들의 식생활이 다양해져 수산자원 수요가 늘고 있어요. 이에 따라 전 세계 수산업 생산량이 지속해서 증가하고 있습니다.**

나라별 어획량 변동은 큽니다. 1990년대까지는 일본과 소련(러시아)이 1·2위를 다퉜으나 1990년대 중반에 중국이 1위로 올라서고, 이후에는 중국 어획량이 압도적으로 늘었습니다. 중국 어획량 면면을 보면 해수산물과 담수산물 비율이 반반 정도로, **다른 나라와 비교해도 담수산물 어획이 특히 많은 점이 특징입니다.** 또 해수·담수와 무관하게 양식 비율이 높아 전체의 70% 이상이 양식입니다. 정리하자면 중국에서 가장 많이 소비되는 어류는 양식 민물고기라고 할 수 있겠지요.

어업이 활발한 해역과 어종

세계의 주요 어장은 **대륙에서 이어지는 경사가 비교적 완만한 부분으로 대개 수심이 130m 정도로 얕은 수역**인 대륙붕이나, 해양에서도 주위보다 조금 더 얕은 뱅크에 발달합니다. 얕은 해역에는 태양광선이 해저까지 내리쬐어 플랑크톤이 왕성하게 번식합니다. 또 한류와 난류가 부딪치는 조경, 심층의 풍부한 영양분을 위로 옮기는 용승이 잘 일어나는 장소도 좋은 어장입니다.

세계 최대 어획량을 자랑하는 해역은 태평양 북서부로, 다양한 어종이 잡힙니다. 특히 최근

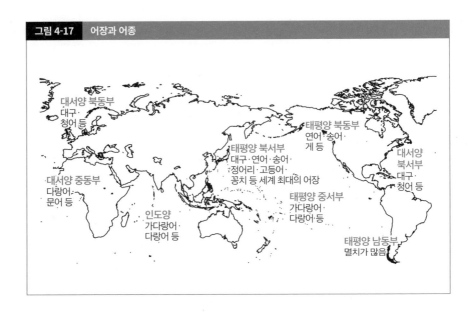

그림 4-17 어장과 어종

대서양 북동부
대구·
청어 등

태평양 북동부
연어·송어·
게 등

태평양 북서부
대구·연어·송어·
정어리·고등어·
꽁치 등 세계 최대의 어장

대서양
북서부
대구·
청어 등

대서양 중동부
다랑어·
문어 등

태평양 중서부
가다랑어·
다랑어 등

인도양
가다랑어·
다랑어 등

태평양 남동부
멸치가 많음

에는 중국의 어획량이 늘고 있어요. 또 대서양 북동부나 태평양 남동부도 전통적인 어장으로 유명해요. 대서양 북동부에는 청어·대구·연어 등이, 태평양 남동부에는 멸치가 많습니다. 멸치는 주로 어분으로 만들어 사료나 비료로 수출됩니다.

🌾 수산자원 보호와 양식·재배 어업

세계 어획량이 증가하면서 수산자원 고갈도 문제가 되고 있습니다. 수산자원 고갈이 문제로 떠오르기 시작한 시기는 1980년대 무렵입니다. 그 후 200해리 배타적 경제수역 설정으로 각국이 자유롭게 조업할 수 있는 해역이 제한되어, 천연 수산자원 어획량이 줄고 대신 양식업 어획량이 늘었습니다. **지금은 세계 어획량의 절반 이상이 양식입니다.**

또 인공적으로 부화시킨 치어를 바다에 방류해 성어를 어획하는 재배어업도 일반적인 방식으로 자리 잡았습니다.

제 5 장

에너지·
광물자원

산업 발전에 빠질 수 없는
에너지와 광물자원

제5장에서는 에너지와 광물자원을 다룹니다. 에너지에는 천연에 존재하는 그대로를 사용하는 1차 에너지, 이를 가공해 사용하는 2차 에너지가 있습니다.

지하에서 채굴하는 대표 에너지자원은 석유, 석탄, 천연가스 등 태고의 동물이나 식물 유해가 변화한 화석연료입니다. 이번 장에서는 석유, 석탄, 천연가스에 대해 각각 산출되는 장소의 특징과 주요 생산국을 설명합니다.

우리에게 친근한 2차 에너지의 대표 격은 전력입니다. 주요 발전 방법에는 수력, 화력, 원자력 등이 있습니다. 국가 에너지 정책은 저렴하게 얻을 수 있는 에너지로부터 역산해 결정되기 때문에 수력, 화력, 원자력 비율은 나라마다 크게 다릅니다. 또 최근에는 재생 가능한 에너지의 이용 비율이 높아지고 있어요.

다양한 공업제품의 소재로 쓰이는 광물자원은 크게 철과 비철금속으로 나뉩니다. 철은 산업에 빠질 수 없는 중요한 금속입니다. 알루미늄의 재료인 보크사이트를 비롯해 금, 은, 동 등 중요한 광물자원의 개요를 소개합니다.

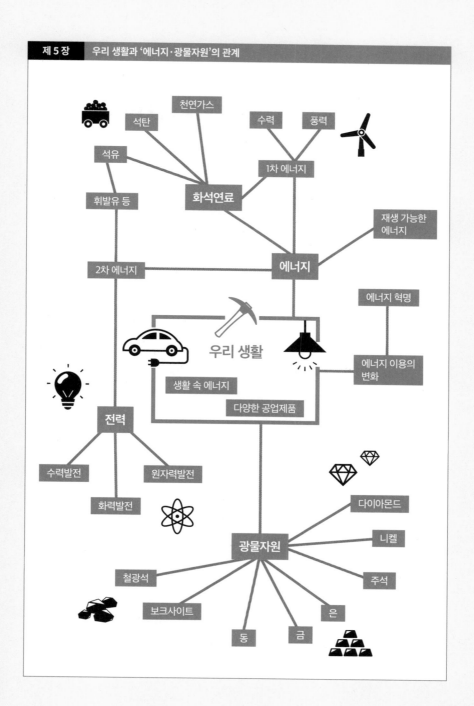

생활의 다양한 에너지

제조업과 관련 있는 자원

이제 에너지자원과 광물자원 이야기를 해보겠습니다.

에너지자원과 광물자원, 그리고 다음 장에서 설명할 공업은 제조업과 연관된 이른바 2차 산업과 관련 있는 산업입니다.

1차 에너지와 2차 에너지

우리가 활용하는 에너지는 석탄, 석유, 수력, 풍력, 원자력, 전력, 증기력 등 셀 수 없이 많지만 크게 1차 에너지와 2차 에너지로 나뉩니다.

1차 에너지는 **천연에 있는 그대로를 이용하는 에너지**입니다. 예를 들면 석탄이나 석유를 그대로 태워 그 열을 이용하거나, 물레방아나 풍차로 맷돌을 돌리면 1차 에너지라고 해요.

2차 에너지는 **1차 에너지를 가공해 만들어낸 에너지**입니다. 다양한 에너지자원을 활용해 발생시킨 전기, 석유로 만드는 휘발유 등 에너지를 더욱 사용하기 쉽게 만든 것입니다.

이를테면 물레방아를 사용해 밀을 가루로 만드는 작업의 경우, 물레방아에 맷돌을 연결해 그대로 가루로 갈면 1차 에너지 이용입니다. 하지만 물레방아에 발전기를 붙여 전기를 일으키고 그 전력으로 제분기를 작동해 가루로 갈면 2차 에너지로 변환한 이용입니다.

에너지자원 중에서도 먼 옛날 동식물의 유해가 땅속에 축적해 오랜 세월에 걸쳐 변화한 일종의 화석을 사용한 자원을 화석연료라고 합니다. 석유, 석탄, 천연가스 등이 대표적이지요.

시대와 함께 변화해온 에너지 이용

⛏ 산업혁명으로 바뀐 에너지 이용

에너지 이용 방식은 시대와 함께 변화해왔습니다. 오래전 인간의 에너지는 장작과 숯, 그리고 수력과 풍력이었습니다. 어떻게 보면 옛날에는 오로지 주변에서 얻을 수 있는 재생 가능한 에너지만을 사용했다는 뜻입니다.

에너지 이용이 크게 변화한 계기는 18세기 영국에서 시작한 산업혁명입니다. 2차 에너지의 중심이 증기력이 되고, 그 연료로 석탄이 대량으로 쓰였습니다. 석탄 에너지가 중심인 시대는 대략 19세기까지 이어졌어요.

20세기에 들어가면 점점 자동차 연료, 플라스틱이나 화학섬유의 원료로써 석유 이용이 본격화합니다.

⛏ 단숨에 석탄에서 석유로 바뀐 에너지 혁명

그리고 1960년대 후반에 이른바 에너지 혁명이 일어납니다. 세계 공업화와 자동차 보급, 중동지역의 대규모 유전 개발, 유조선이나 파이프라인 같은 운송수단의 발달로 단숨에 석탄에서 석유로 에너지 소비의 중심이 이동했습니다.

에너지 혁명 이후 에너지의 중심은 계속 석유가 차지하고 있으나 조금씩 새로운 에너지 이용도 확대되고 있습니다. 1970년대 오일쇼크(석유파동)를 계기로 천연가스나 대체 에너지 이용이 증가해 최근에는 환경에 부담을 덜 주는 재생에너지와 바이오연료 이용에 속도가 붙고 있습니다.

다양한 용도로 쓰이는 대표 에너지자원

⛏ 많은 비용이 드는 석유 채굴·유통

우리는 자동차에 휘발유를 넣거나 난로에 등유를 넣을 때 석유를 소비한다는 감각을 느낍니다. 석유는 우리에게 가장 친숙한 에너지원일지도 몰라요.

이런 휘발유나 등유는 지하자원인 원유를 용도별로 나눈 것입니다. 원유 그 자체는 복잡한 혼합물로 그대로 이용하기는 어렵습니다. 원유를 가열해서 **끓는점 차이를 이용해 석유가스, 나프타(플라스틱이나 화학섬유 등의 재료), 휘발유, 등유, 경유, 중유, 아스팔트 등으로 나눕니다.** 동력이나 연료 이외에도 석유는 여러 용도로 쓰이는 가장 중요한 자원이라고 할 수 있어요. 현재 세계에서 사용하는 에너지의 30% 정도가 석유입니다.

석유는 원유가 매장된 곳을 찾아내서 채굴해 운송하고, 정제해서 유통하고 판매하는 일련의 공정에 많은 비용이 듭니다. 그래서 석유 메이저(국제석유자본)로 불리는 **거대 다국적 기업이 큰 영향력을 발휘해왔습니다.** 특히 제2차 세계대전 이후부터 1970년대 무렵까지는 석유 생산을 소수의 석유 메이저가 독점하면서 가격 결정권을 쥐고 있었어요.

이 같은 서구 대기업의 독점에 대항해 **산유국은 자국 자원을 국유화해 국가에서 관리하고, 자국 경제발전에 이용하려는** 자원민족주의 경향을 갖게 되었습니다. 예를 들면 1960년의 OPEC(석유수출국기구) 결성, 1970년대 산유국에 의한 석유 가격 인상 등이 대표적인 자원민족주의 움직임입니다. 지금은 러시아의 가스프롬이나 중국의 페트로차이나 같은 대규모 국영기업도 석유 시장에 참가해 석유 가격에 영향을 미칩니다.

🔨 석유의 분포

일반적으로 석유는 아주 오래전 바다에 존재한 플랑크톤이나 조류 등의 시체가 해저에 축적해 점점 화학적으로 변화한 것으로 추정됩니다. 그 분포는 전 세계에 퍼져 있는데 어디서나 채굴하기 쉬운 형태로 존재하지는 않습니다.

채굴 방식에는 크게 두 가지가 있습니다. 하나는 지층 안에 자연스럽게 석유가 모여 있는, **이른바 유전에 파이프를 내려 직접 끌어 올리는 방법입니다.** 이 방법은 예전부터 해오던 채굴 방식으로 재래에너지자원이라고 합니다. 석유가 자연스럽게 모인 장소는 지층이 위쪽으로 볼록한 모양으로 습곡(배사)을 이루는 곳이 많은 경향이 있어요.

다른 하나는 **석유분을 포함하는 모래(오일샌드)나 석유분이 스며든 바위(오일셰일)에서 석유를 추출하는 방법**입니다. 오일셰일에서 석유를 추출할 때는 깊은 암반을 수평으로 굴착해 물을 높은 압력으로 주입하고, 암반에 많은 균열을 만들어 부순 다음 석유를 뽑아내는 기술을 활용합니다. 이렇게 새롭게 고안한 특수 기술을 사용해 얻어내는 에너지자원을 비재래에너지자원이라고 합니다.

비재래 자원의 매장량은 재래 자원에 필적하는 수준으로 추정됩니다. 에너지자원 고갈 위기에 놓인 지금 비재래 자원 채굴에 속도를 내고 있습니다.

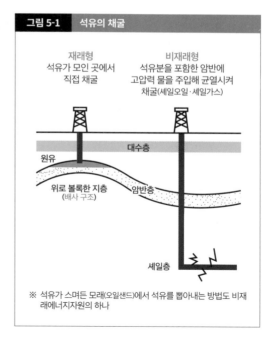

그림 5-1 석유의 채굴

재래형
석유가 모인 곳에서
직접 채굴

비재래형
석유분을 포함한 암반에
고압력 물을 주입해 균열시켜
채굴(셰일오일·셰일가스)

대수층

원유

위로 볼록한 지층
(배사 구조)

암반층

셰일층

※ 석유가 스며든 모래(오일샌드)에서 석유를 뽑아내는 방법도 비재래에너지자원의 하나

🔨 주요 원유 산출국

세계 원유 생산량을 살펴보면 1위가 비재래 자원을 개발하는 미국, 2위가 러시아, 3위가 사우디아라비아입니다.

미국은 세계 최대 산출량을 자랑

하지만 그것도 턱없이 모자라 상당한 양을 수입합니다. 역시 많은 인구를 품은 거대 공업국이라는 인상을 받지요. 비슷한 예로 산출량이 5위인 중국은 세계 최대 원유 수입국인 점을 들 수있습니다. **중국도 거대한 인구를 품은 공업국이어서 자국 산출량으로는 부족해 많은 양을 수입합니다.** 대조적으로 사우디아라비아는 세계 3위 산출국인데도 인구는 미국의 10분의 1 수준이어서 산출량의 4분의 3을 수출로 돌릴 수 있습니다.

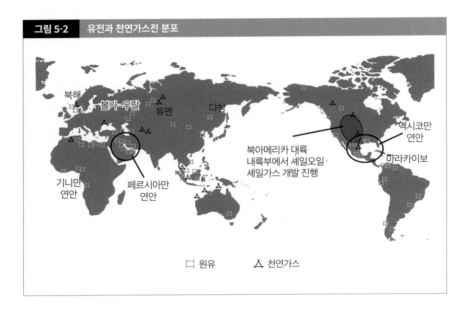

그림 5-2 　유전과 천연가스전 분포

북해
볼가·우랄
튜멘
다칭
멕시코만 연안
북아메리카 대륙 내륙부에서 셰일오일·셰일가스 개발 진행
마라카이보
기니만 연안
페르시아만 연안

▢ 원유　　△ 천연가스

태고의 식물이 탄화해 만들어진 '검은 다이아몬드'

 석탄기에 생긴 대규모 탄전

석탄은 먼 옛날 식물이 시들거나 쓰러져 땅속에 쌓이고서 지중 열이나 압력을 받아 천천히 탄화해 만들어진 것입니다. 특히 고생대 후반에 석탄기라고 하는, 3억 5000만~3억 년 전 시대의 열대나 아열대에는('판게아'가 만들어지기 조금 전 시대입니다) 양치식물의 거대한 삼림이 무성했습니다. 당시 지층에 만들어진 석탄은 근본이 되는 식물의 양, 양질의 석탄으로 거듭날 충분한 시간 등 조건을 갖춰 대규모 탄전은 이 시대에 많이 생긴 경향이 있습니다.

이러한 탄전은 그 위에 3억 년에 걸쳐 지층이 쌓여서 지하 깊은 곳에 잠들어 있는 경우가 많은데, **이른바 고기조산대 지역에서는 예전에 융기한 산맥이 적당히 침식되어 캐내기 좋은 깊이에 석탄이 존재하곤 합니다.** 그래서 대규모 석탄 산지는 고기조산대 주변에 많이 있다는 특징이 있습니다.

반대로 석탄기보다 훨씬 전에 암반이 그대로 노출된 **안정육괴 순상지에는 석탄이 그다지 분포하지 않아요.** 순상지가 펼쳐진 아프리카 각국(남아프리카 제외)이나 브라질의 석탄 산출량은 많지 않습니다.

 석탄 소비와 생산

옛날부터 '검은 다이아몬드'로 불리며 중요시되어온 석탄은 에너지 혁명 이후에도 제철이나 발전 등에 쓰이는 중요한 에너지자원임에 변함없습니다. 석유는 앞으로 50년 정도면 고갈되어버릴 수 있다고 하지만, 석탄은 100년 이상은 채굴 가능하다고 해요.

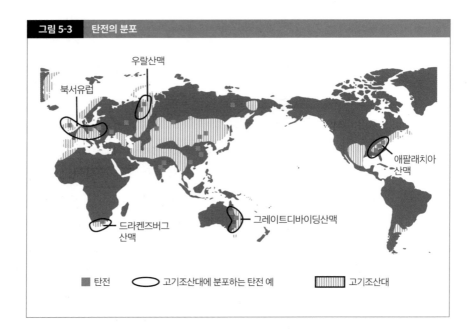

그림 5-3 탄전의 분포

우랄산맥
북서유럽
애팔래치아
산맥
드라켄즈버그
산맥
그레이트디바이딩산맥

■ 탄전　　◯ 고기조산대에 분포하는 탄전 예　　[||||] 고기조산대

원래 석탄 사용은 환경에 미치는 악영향이 크다는 인식이 있었으나, 액체화나 가스화로 오염물질을 제거하는 기술(클린 콜 테크놀로지·CCT) 연구가 최근 급속하게 진행되어 석탄 소비는 증가하는 추세입니다.

석유는 액체여서 파이프라인이나 유조선 등으로 비교적 용이하게 운반할 수 있지만, 석탄은 고체여서 상당히 부피가 큰 탓에 운송비용이 많이 듭니다. 그래서 **석탄은 굳이 분류하자면 석탄 산출국이 그대로 자국에서 사용하는 비율이 높은 자원**입니다.

석유는 전체 채굴량의 60% 정도를 수입 또는 수출하지만 석탄은 전체 채굴량 가운데 무역으로 돌리는 양이 20% 정도입니다. **석탄 생산은 중국이 압도적으로, 세계 석탄의 약 절반은 중국이 산출하는 석탄입니다.** 2위 인도가 세계 생산량의 10% 정도이니 중국 생산량이 얼마나 많은지 알 수 있어요. 하지만 그래도 부족해서 중국은 세계 최대 석탄 수입국이기도 합니다. 일본은 세계 3위 석탄 수입국으로, 수입량의 약 60%를 호주에서 수입합니다. 석탄 수입 세계 4위는 한국으로, 호주에서 약 45%를 수입해요.

수요가 늘어나는 '타는 기체'

 타고 남은 찌꺼기가 적은 클린 에너지

천연가스는 **석유파동 이후 이용이 늘어 지금은 세계 에너지의 20% 이상을 천연가스가 차지합니다.** 원래 천연가스는 타는 기체여서 석탄이나 석유보다 타고 남은 찌꺼기 배출량이 적고, 태웠을 때 열량이 높아 석탄·석유보다 깨끗한 에너지로 인식됩니다.

천연가스에는 유전지대에서 산출하는 석유계 가스, 유기물이 땅속에서 부패해 만들어지는 메탄계 가스가 있습니다. 석유계 가스 분포는 유전 분포와 비슷한 경향을 나타냅니다. 천연가스는 기체인 채로는 부피가 너무 커서 운송과 저장이 어려워요. 그래서 -162℃까지 냉각해서 액화해 부피를 600분의 1로 줄여 운송·저장합니다. 또 기체를 그대로 **파이프라인**으로 운송하기도 합니다.

 천연가스 산출이 많은 러시아·이란·카타르

세계 최대 천연가스 산출국은 미국이고 2위는 러시아이며, 이어서 이란, 중국, 캐나다, 카타르 순입니다. **러시아, 이란, 카타르는 석유와 비교해도 특히 천연가스 산출량이 많은 국가로 알려졌습니다.**

에너지 전체로 보면 한국의 에너지 자급률은 6% 정도로 매우 낮으며, 94%가량의 에너지를 수입에 의존합니다. 에너지 안정 공급을 위해 국제 정세 급변에 대비해 석유·석탄·천연가스를 균형 있게 수입해 비축해두는 것이 중요하다고 할 수 있습니다.

나라마다 다른 발전 방법 비율

⛏ 생활에 없어서는 안 될 2차 에너지

전력은 우리 생활에 없으면 안 되는 것입니다. 장작, 숯, 수력, 휘발유, 등유 등을 포함한 총 에너지 소비 가운데 30%가 전력 형태로 이용됩니다. 전력은 주로 수력, 화력, 원자력으로 만들어집니다.

수력, 화력, 원자력의 비율은 각 나라가 얻을 수 있는 에너지나 국가 에너지 정책에 따라 크게 다릅니다.

⛏ 수력발전, 원자력발전, 화력발전

먼저 수력발전이 중심인 나라는 수자원이 풍부하고 댐 건설에 알맞은 지형 조건을 갖춘 곳이 많으며, 주로 강수량이 많은 고위도나 열대에 나타납니다. 수력발전 비율이 높은 나라는 캐나다, 브라질, 노르웨이 등입니다.

이어 원자력발전이 중심인 나라는 프랑스, 우크라이나, 스웨덴이 대표적입니다. 프랑스는 전력의 약 70%, 우크라이나는 50%, 스웨덴은 40% 가까이가 원자력발전입니다. **원자력발전 설치나 운용에는 해당 국가의 에너지 정책이 큰 영향을 미칩니다.** 원자력 이용을 하지 않거나 원자력발전을 줄이려고 하는 나라도 많이 있어요.

그 외 많은 나라가 화력발전 중심입니다. 최근에는 이산화탄소 배출 등을 고려해 재생에너지로 전환하는 나라도 늘었습니다. 독일이나 영국은 화력발전이 중심이면서도 재생에너지 발전이 30%를 넘어 화력발전과 어깨를 나란히 하는 수준입니다.

여러 공업제품의 소재로 쓰이는 다양한 광물자원

철광석

일반적으로 금속자원은 철과 비철금속으로 분류됩니다. 철과 비철금속으로 나누는 게 다소 어색한 느낌이 들지만, 그만큼 철은 오래전부터 가장 중요한 금속자원이었습니다. 모든 산업에 철은 없어서는 안 될 자원으로, '산업의 쌀'이라고도 해요. **철광석을 채굴하는 장소는 안정육괴, 그중에서도 순상지에 많이 존재합니다.** 지금부터 약 27억 년 전 먼 옛날, 바다에 광합성을 하는 생물이 번성해 수중 산소가 증가한 시기가 있었습니다. 이때 해수에 녹아든 철이 산소

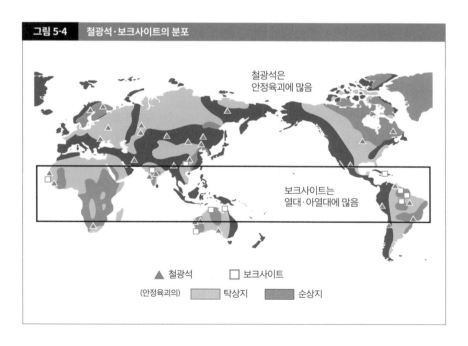

그림 5-4 철광석·보크사이트의 분포

철광석은
안정육괴에 많음

보크사이트는
열대·아열대에 많음

▲ 철광석   □ 보크사이트

(안정육괴의)   탁상지   순상지

와 결합해 산화철이 되어 바닷속에 축적해 두꺼운 철 층을 만들었다고 알려졌습니다. 순상지는 대개 25억 년 전부터 8억 년 전까지의 기간에 걸쳐 육지가 되어 암반이 그대로 드러났기에 이 철 층이 지표 가까이에 존재하는 것입니다.

철광석은 호주, 브라질, 중국, 인도, 러시아 등 큰 순상지가 있는 지역에서 산출합니다. 특히 호주와 브라질의 존재감이 커서 한국과 일본이 들여오는 철광석의 대부분은 이 두 나라에서 수입합니다.

🔨 보크사이트

보크사이트는 알루미늄의 원료가 되는 광석입니다. 알루미늄은 가볍고 부드러워 가공이 쉽기 때문에 캔이나 알루미늄박 등 많은 용도로 쓰입니다. 보크사이트 생산 상위국은 호주, 중국, 기니, 브라질, 인도, 자메이카 등 **열대나 아열대 지역인 나라가 많습니다.** 이는 열대의 붉은 토양인 라토졸(유기물이 분해되어 영양분의 흡수·유출을 거쳐 남은 산화철이나 산화알루미늄 성분이 많은 흙) 중에서도 특히 알루미늄 성분이 많은 곳이 보크사이트의 근원이기 때문입니다.

보크사이트를 알루미늄으로 만들 때는 보크사이트에서 추출한 산화알루미늄을 용해해 전기 분해해서 순수한 알루미늄으로 만듭니다. **이 전기 분해에는 상당히 많은 전력을 사용해서 알루미늄 캔을 '전기 통조림'이라고도 해요.** 그래서 알루미늄을 생산하는 나라는 전력을 값싸게 조달할 수 있는 나라가 중심을 이룹니다. 중국과 인도처럼 석탄을 캘 수 있는 나라, 러시아·아랍에미리트·바레인 같은 산유국, 캐나다와 노르웨이처럼 수력발전이 가능한 나라 등이 대표적입니다.

🔨 구리

구리(동)는 전선, 동전, 장식품 등에 오래전부터 사용되어왔습니다. **구리의 주요 산지는 변동대, 특히 신기조산대에 많이 나타납니다.** 이는 지하 마그마 속에 모인 구리 성분이 차갑게 식어 굳은 것이나, 마그마에 달궈진 물속에 구리 성분이 모여 차갑게 굳은 것 등이 구리가 되는 경우가 많기 때문입니다.

마그마 활동이 활발해서 온천이 많은 곳에서는 구리를 잘 캐낼 수 있어요. 일본도 구리가 많이 채굴되는 지역 중 하나여서 헤이안 시대(794~1185년)부터 메이지 시대(1867~1912년)까지 구리는 일본의 주요 수출품이었습니다. 다만 제2차 세계대전 후에는 폐광이 이어져 현재 일본에 가동 중인 구리 광산은 없어요. 구리는 칠레, 페루 등 신기조산대에 위치하는 나라나 아프리카 지구대 부근 코퍼벨트('코퍼'가 구리입니다)에 있는 콩고나 잠비아에서 많이 생산합니다.

🪓 금·은

금과 은도 동(구리)과 마찬가지로 마그마 작용이나, 마그마에 고온으로 달궈진 물의 작용으로 광맥이 생기는 경향이 있어요. 따라서 **신기조산대에 있는 나라에서 많이 생산됩니다.**

역사적으로 대항해 시대에는 '황금의 나라'로 불리는 이들 지역을 향해 많은 항해자가 바다를 건넜고, 그곳에서 캐는 금과 은이 세계 화폐 가치를 결정했습니다. 현재 금은 옛날부터 있

그림 5-5 금·은·동·주석·니켈·다이아몬드의 분포

▲ 금   ◯ 은   ● 동(구리)   ▢ 주석   ◆ 니켈   ◇ 다이아몬드

던 광산에서 대부분 채굴하며, 비용이 많이 들어도 채굴 가능한 곳에서만 채굴합니다. 그만큼 희소성과 가치가 높아서 채산성이 좋기 때문입니다. 산출국은 중국, 호주, 미국, 캐나다 등 세계에 흩어져 있습니다. 이에 비해 산출량이 금의 약 8배로 많은 은은 멕시코, 페루, 중국, 러시아, 칠레 등 신기조산대 주변에서 많이 채굴합니다.

⛏ 주석·니켈

주석은 청동·땜납 등 합금 원료로 쓰이는 금속입니다. 중국 외에 미얀마와 인도네시아 등 동남아시아, 브라질이나 페루 등 안데스산맥 주변에서 많이 채굴합니다. 니켈은 합금이나 도금, 태양전지 등에 사용됩니다. 필리핀과 러시아가 대표적인 산출국이며, 프랑스령 **뉴칼레도니아**도 세계에서 10% 정도를 산출하는 '니켈의 섬'으로 유명합니다.

⛏ 다이아몬드

보석으로도, 또 다이아몬드 줄이나 다이아몬드 커터처럼 공업용으로도 사용하는 다이아몬드는, 다이아몬드를 포함하는 암석이 선캄브리아 시대에 대규모 맨틀 운동에 의해 형성되어 그 상태가 지금까지 보존된 곳에 나타납니다. 그래서 안정육괴 순상지에서 많이 생산됩니다. 러시아와 캐나다에서 많이 생산하지만 보츠와나, 콩고민주공화국이 그 뒤를 이어 아프리카 산출량이 많은 점도 특징입니다. 특히 보츠와나는 인구 267만 명의 작은 나라인데도 다이아몬드 광맥이 대규모로 있어서 국내총생산(GDP)의 20%가 다이아몬드 관련 산업인 '다이아몬드 나라'입니다.

제 6 장

공업

공업이 뒷받침하는
편리한 우리 생활

제6장 주제는 공업입니다. 우리 주변은 다양한 공업제품으로 넘쳐납니다. 공업은 공업제품을 만들어 파는 공장과 기업에 이익을 가져다줄 뿐 아니라 공업제품을 유통하고 판매하는 도매업과 소매업, 그리고 공업제품을 이용하는 서비스업의 발전도 촉진합니다. 그래서 세계의 많은 나라가 공업에 힘을 쏟고 있어요.

당초 공업은 가정에서 자가 사용하는 물건을 만드는 자급적 성격이었으나, 점점 공업제품은 판매하기 위한 상품으로 변모합니다. 큰 변화가 일어난 계기는 18세기 산업혁명입니다. 산업혁명 이후 기계공업이 공업의 중심이 되었으며 20세기에는 중화학공업이 발전했습니다.

공업은 '어디에 공장을 세우면 이익을 극대화할까'라는 관점이 중요합니다. 산업에 따라 중시하는 입지 조건이 다르기 때문에 지역마다 다른 공업이 발전하게 됩니다.

아울러 이번 장에서는 금속공업, 기계공업, 식품공업, 첨단기술산업, 콘텐츠산업 등 각종 공업의 특징을 살펴봅니다.

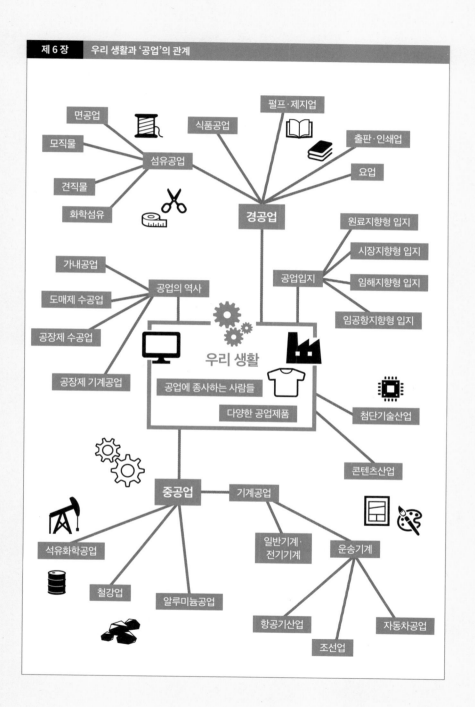

원재료에서 부가가치를 만들어내는 공업 활동

 ## 산업의 중심에 위치하는 공업

우리 주변은 편리한 공업제품으로 넘쳐납니다. **공업이란 농림수산업에서 생산한 원재료나 광물자원을 가공해 우리에게 도움이 되는 것으로 생산하는 활동**을 가리킵니다. 일반적으로 공업은 농림수산업과 광업보다 노동생산성이 높고, 공업 발전은 많은 일자리를 창출하며 상업이나 서비스업 발전도 촉진합니다. 그래서 많은 나라에서는 공업을 활성화하는 산업정책을 우선으로 채택하고 있습니다.

공업제품을 만들기 위해 필요한 원재료비나 연료 등의 구입비를 차감하고서, 원재료에서 창출된 새로운 가치를 부가가치라고 합니다. 세계 각국 기업은 디자인의 질을 높이거나 새로운 기능을 추가하는 식으로 **자체 공업제품의 부가가치 제고에 힘을 쏟고 있어요.**

 ## 경공업과 중공업

공업을 크게 나누면 경공업과 중공업이 있습니다. 섬유나 식품 등 가정에서 개인이 사용하는 소비재를 만드는 공업이 경공업으로, 산업혁명 이전 공업은 대부분 경공업이었어요.

반면 공업용 기계 같은 물건을 만들어내기 위한 생산재를 만드는 공업, 자동차나 가전제품 등 장기간 사용하는 내구 소비재를 생산하는 공업처럼 대규모 설비가 필요하고 비교적 중량이 큰 생산물을 생산하는 공업을 중공업이라고 합니다. 철강업과 기계공업이 대표적이며, 산업혁명 이후에 발전했습니다.

가정에서 도매상, 공장, 기계로 발전한 공업

 가내에서 공장으로 발전한 수공업과 공장 기계공업

공업의 역사는 우리가 쓰는 물건을 우리가 만드는 자급적 수공업에서 시작했습니다. 여기서 점점 우리가 만든 물건을 판매하기 위한 공업으로 옮겨갔어요. **도매상이 각 가정에 제품 생산을 위탁하고 각 가정은 수공업품을 생산해 도매상에 제품을 공급하는** 도매제 가내공업, 그리고 **노동자가 공장에 모여 집중적으로 수공업을 하는** 공장제 수공업으로 발전했습니다.

18세기 영국에서 시작한 산업혁명의 영향은 세계로 확산해 공업 방식도 크게 변화했어요. 수공업에서 기계공업으로 이행하는 거대한 변화의 물결에 인간의 수작업은 점점 기계가 대체해 공장제 기계공업이 공업의 중심이 됩니다. 산업혁명을 일찍 달성한 영국, 프랑스, 독일, 미국, 러시아, 일본이 세계 공업의 중심이 되어 20세기를 맞이합니다.

 중화학공업의 발달

20세기에는 **전기와 석유 이용이 늘어 기계공업과 금속공업, 화학제품 생산 등을 포함한 중공업**인 중화학공업이 발달했습니다.

제2차 세계대전 후에는 산업혁명 시기부터 공업국으로서 세계를 이끈 미국이나, 서유럽 각지 선진국이나 국영기업을 중심으로 중화학공업에 힘을 실은 소련의 공업 생산이 더욱 발전합니다. 유럽의 중공업 삼각지대, 현재 블루바나나라고 부르는 영국 남부에서 이탈리아 북부에 걸친 상공업 번성 지역, 미국 **오대호** 주변, 소련 공업지역 콤비나트 등이 세계 공업 생산의 중심이 되었습니다. 제2차 세계대전에서 패전국이었던 일본도 1950년대 중반부터 이른바 고

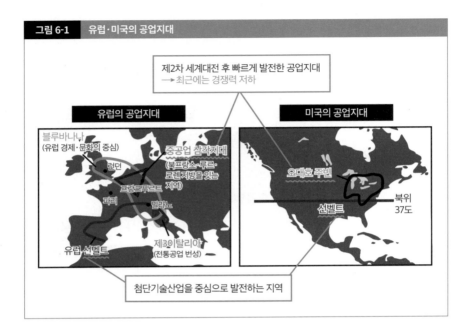

그림 6-1 유럽·미국의 공업지대

제2차 세계대전 후 빠르게 발전한 공업지대
→ 최근에는 경쟁력 저하

유럽의 공업지대

미국의 공업지대

블루바나나
(유럽 경제·문화의 중심)

중공업 삼각지대
(북프랑스·루르·
로렌지방을 잇는
지역)

런던

프랑크푸르트

파리

밀라노

제3의 이탈리아
(전통공업 번성)

유럽 선벨트

오대호 주변

선벨트

북위
37도

첨단기술산업을 중심으로 발전하는 지역

도경제성장 시기에 급속히 공업 생산을 회복했습니다. 이 나라들은 공업제품을 만드는 데 그 치지 않고 산업용 로봇 도입이나 컴퓨터 이용 등으로 기술 혁신을 이루며 제품의 성능 향상이나 생산 효율화도 추구했습니다.

 급속히 공업화를 이룬 신흥국

이처럼 선진국이 중심이던 상황이 바뀐 것은 1970년대 무렵부터입니다. **이전까지는 개발도상국이었던 나라나 지역 중에서 급속하게 공업화를 이룬 곳이 등장했습니다.** 특히 신흥공업경제지역(NIEs)이라고 하는 한국, 대만, 홍콩, 싱가포르 등의 공업화가 진전했습니다. 이어 1990년대에는 태국이나 말레이시아 같은 동남아시아 국가와 중국, 인도 등의 공업화가 진행되었어요.

이들 국가가 급속히 발전한 이유는 **선진 공업국의 기업이 인건비가 저렴한 개발도상국으로 공장을 이전해 생산하고, 그 나라 시장에서 많은 제품을 판매했기 때문입니다.** 어느새 선진국에 본사를 둔 대기업이 저임금 국가에서 생산하고, 역수입하는 형태로 자국 시장에 판매하는 **방식**도 정착했습니다. 개발도상국은 해외에서 더 많은 투자를 유치하려고 공업단지를 만들어 공장을 밀집시키고, 더 많은 외국 기업을 유치하기 위해 세제 혜택 등을 제공하는 수출가공구를 설치하기도 합니다.

이런 과정에서 **선진국 공업제품을 구매해 소비하는 입장**이었던 개발도상국은 '돈을 내고 살 바에 직접 만드는 편이 낫다'고 판단해 점점 **자국 기업을 세우고 공업제품을 스스로 만들게 됩니다.** 이러한 수입대체공업화는 많은 개발도상국에서 공업화의 첫 단계입니다. 그 후에는 **제품을 외국에 수출해 돈을 벌어들이는** 형태로 전환해 수출지향형 공업으로 이행합니다.

 ## '세계의 공장'이 된 중국

2000년대에 들어서는 브릭스(BRICS)라고 하는 브라질, 러시아, 인도, 중국, 남아프리카공화국의 경제발전이 두드러졌습니다. 이 나라들은 풍부한 지하자원이나 노동력을 살려서 해외 투자를 유치해 급성장했습니다. **그중에서도 중국은 '세계의 공장'으로 불리며 세계 공업 생산의 중심으로 거듭났습니다.** 이번 장을 읽다 보면 중국 이야기가 제법 눈에 띌 거예요.

 ## 선진국이 직면하는 산업 공동화

여기까지의 흐름에서 선진국이 직면한 문제가 산업 공동화입니다. 공장 해외 이전이나 개발도상국의 생산 확대 등으로 **선진국 노동자가 개발도상국 사람들에게 일자리를 빼앗긴 격이 되어 실업자가 증가했습니다.** 예를 들어 미국 오대호 주변 공업지대는 이제 '러스트벨트(녹슨지대)'로 불리며 실업자 문제가 중요한 사회 문제로 대두했습니다.

 ## 계속 모색하는 새로운 형태의 공업

이런 과정을 거쳐 산업 공동화에 속도가 붙으면 선진국이라고 반드시 유리한 위치에 있다고

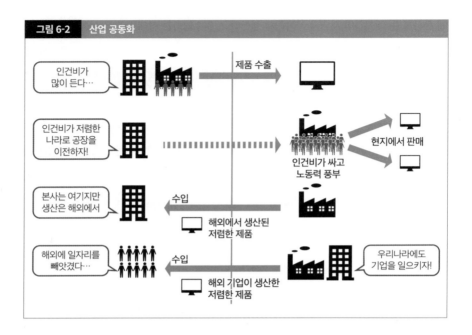

그림 6-2 산업 공동화

는 할 수 없게 됩니다.

그래서 많은 선진국은 거액의 연구개발비용을 투입해 신제품이나 새로운 기술 개발에 주력합니다. 이를 공업의 지식집약화라고 하며, 미국이나 유럽에서는 첨단기술산업의 집적지가 탄생합니다.

전통적인 공업도시에서 멀리 떨어진 미국 남부의 선벨트 지역, 스페인에서 이탈리아 북부까지 이어지는 유럽 선벨트 등의 지역이 대표적입니다.

한편으로는 그 지역만의 전통을 살린 의류산업이나 수공업 같은 전통 공예기술을 중시하는 움직임도 일어납니다. 그 대표 사례로 이탈리아 북·중부의 제3이탈리아 지역이 있습니다.

공업 분류에도 활용되는 집약도

 일손이 필요한 공업인지, 돈이 드는 공업인지

농업 이야기를 할 때 집약도를 설명했어요. 일손이 필요한 농업을 노동집약적, 돈이 드는 농업을 자본집약적, 일손과 돈 모두 많이 필요하지 않은 농업을 조방적이라고 합니다. **공업에서도 일손이 필요한 공업이나 자본이 필요한 공업 등을 집약도로 분류합니다.**

 노동집약적 공업 · 자본집약적 공업

노동집약적 공업은 **생산에 많은 인력이 필요한 공업을 가리킵니다.** 섬유공업이나 기계조립 등이 노동집약공업에 해당합니다. 생산에 드는 인건비의 비중이 커서 이런 공업은 더욱 저렴한 임금으로 고용할 수 있는 노동력을 찾는 경향이 있습니다.

　한편 자본집약적 공업은 석유화학공업과 철강업처럼 **공장이나 기계 설치 등에 거액의 투자가 필요한 산업을 가리킵니다.** 이런 공업은 누구든 간단히 시작할 수 있는 것이 아니어서 한 나라에서도 자본력을 갖춘 소수 회사가 운영하는 경향이 있어요.

 지식집약적 공업

지식집약적 공업은 생산에 **고도의 전문 지식이 필요한 산업입니다.** 반도체 같은 첨단기술산업 등이 해당합니다. 의약품이나 신소재 개발 등도 지식집약적 공업입니다.

이익에 직결되는 공장을 짓는 장소

 공업입지에 따른 분류

공업을 분류하는 관점으로 공업입지가 있습니다. 공장 경영자는 원료를 공장에서 제품으로 가공해 시장으로 판매하는 일련의 과정에서 운송비나 인건비 등 생산에 드는 비용을 고려해 **어디에 공장을 세우면 가장 비용을 아끼고 이익을 극대화할 수 있는지 생각합니다.**

따라서 비슷한 종류의 공장은 비슷한 장소에 모이게 됩니다. 이 같은 공업입지에 대해 살펴 보겠습니다.

 공업입지 ① 원료지향형

원료와 제품 중량을 비교했을 때 **원료가 제품 무게를 크게 웃돌면** 원료지향형 공업이 되는 경 우가 많습니다. 철광석에서 철을 뽑아낼 때, 철광석 속에 포함된 철 성분은 약 50~60% 정도 입니다. 철광석을 운반하면 철이 아닌 부분까지 중량에 포함되므로 **원료 산지 부근에서 철을 만들어 제품을 옮겨야 중량이 가벼워집니다.** 그래서 제철소를 철 산지 부근에 만들면 운송비 를 최소화할 수 있어 안성맞춤입니다.

이런 원료지향형 공업에는 철강업처럼 광석에서 금속 등을 만들어내는 산업, 석회석을 시멘 트로 가공하는 시멘트공업, 목재 등으로부터 종이를 만드는 제지업 등이 있습니다.

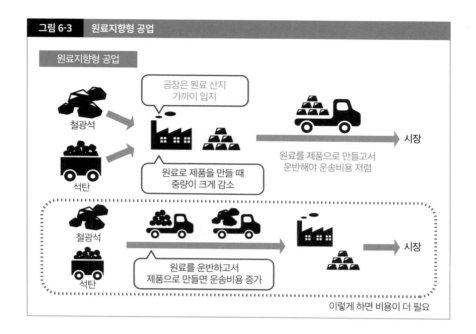

그림 6-3 원료지향형 공업

원료지향형 공업

철광석

석탄

공장은 원료 산지 가까이 입지

원료로 제품을 만들 때 중량이 크게 감소

시장

원료를 제품으로 만들고서 운반해야 운송비용 저렴

철광석

석탄

원료를 운반하고서 제품으로 만들면 운송비용 증가

시장

이렇게 하면 비용이 더 필요

공업입지 ② 시장지향형

원료지향형 공업과 다르게 **원료를 어디서나 얻을 수 있고, 그 질에도 차이가 없는 제품을 다루는** 공업은 시장 가까이에 입지합니다. 이를 시장지향형 공업이라고 해요. 시장지향형 공업의 대표 격으로 맥주나 청량음료가 있습니다. 이런 음료 중량의 대부분은 물입니다. 정수장을 거친 수돗물이라는 전제는 있으나, 물은 어디서든 쉽게 구할 수 있고 어디서도 품질은 변하지 않습니다. 이런 원료를 보편원료라고 부릅니다. 그리고 물과 비교하면 일반적으로 음료에 맛을 첨가하는 보리나 과즙의 중량이 더 적어요.

이런 경우 굳이 시장으로부터 먼 곳에서 음료를 만들어 시장까지 운반하기보다는 **시장 근처 수돗물을 이용해 음료를 만들고, 그대로 근처 시장에 판매해야 운송료가 저렴합니다.** 일본에서는 간토 지역 후추시나 후나바시시, 간사이 지역 스이타시 등 도심에서 조금 떨어진 곳에 맥주 공장이 많이 입지해 있습니다.

그 외 출판이나 인쇄, 고급 장식품 등 유행에 민감한 산업의 공장도 시장지향형입니다. **이런**

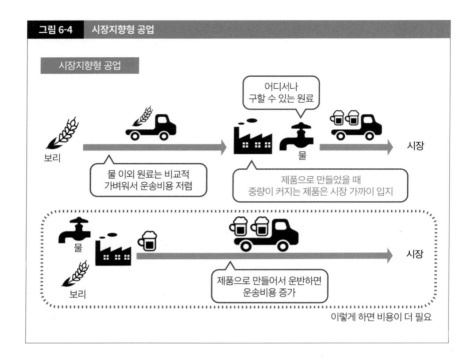

그림 6-4　시장지향형 공업

시장지향형 공업

보리

물 이외 원료는 비교적 가벼워서 운송비용 저렴

어디서나 구할 수 있는 원료

제품으로 만들었을 때 중량이 커지는 제품은 시장 가까이 입지

물

시장

물

보리

제품으로 만들어서 운반하면 운송비용 증가

시장

이렇게 하면 비용이 더 필요

산업은 부가가치가 높고 원료인 종이나 천의 가격보다는 유행에 대응해 상품을 빠르게 출하하여 얻는 이익이 더 크기 때문에 시장 근처에 공장을 세웁니다.

공업입지 ③ 임해지향형

철강업은 철광석을 채굴하는 곳 가까이에 입지하는 원료지향형이라고 설명했는데, 철광석을 수입해 철을 만들기도 해요. 이때 **하선한 철광석을 비용을 들여 국내로 운송하지 않고 하선한 장소에서 철을 생산하면 가장 좋습니다.**

　그래서 원료를 수입해 제품을 생산하는 공업은 바다에 맞닿은 항구 가까이에 입지하는 임해지향형 공업이 됩니다. 주요 산업으로는 해외에서 중량이 무거운 원료를 수입하는 철강업과 석유화학공업 등이 있습니다.

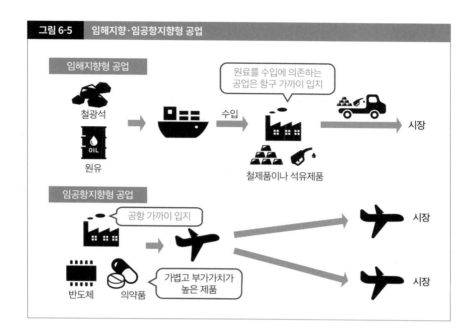

그림 6-5 임해지향·임공항지향형 공업

임해지향형 공업

철광석

원유 OIL

수입

원료를 수입에 의존하는 공업은 항구 가까이 입지

철제품이나 석유제품

시장

임공항지향형 공업

공항 가까이 입지

반도체 의약품

가볍고 부가가치가 높은 제품

시장

시장

 공업입지 ④ 임공항지향형

바닷가에 입지하는 임해지향형 공업과 달리 공항 근처에 입지하는 임공항지향형 공업도 있습니다. 항공 운송은 배와 비교하면 한 번에 운반할 수 있는 양은 적으면서도 많은 비용이 들어요. 그래서 **중량이 가볍고 중량 대비 가치가 높은 제품을 만드는 공업**이 공항 근처에 입지합니다. 이런 산업으로는 반도체 부품(IC·LSI 등)을 만드는 첨단기술산업, 의약품공업 등을 꼽을 수 있습니다. 부가가치가 높은 제품이라면 먼 시장에도 재빠르게 운송할 수 있는 항공기의 이점을 충분히 활용할 수 있습니다.

 공업입지 ⑤ 노동력지향형

의복이나 전자제품 조립 등에는 많은 인력이 필요합니다. 이런 공업은 **더 값싼 임금으로 사람을 고용할 수 있는 곳에 입지하는 경향이 있습니다.** 이를 노동력지향형 공업이라고 합니다. 도심에서 떨어져 특징적인 산업이 없는 곳이나 인건비가 저렴한 개발도상국에 입지합니다.

또 미국 실리콘밸리나 전통 공예품을 생산하는 일본 교토처럼 고도의 지식을 갖춘 인재나 특수한 기술을 가진 장인 등이 모여야 하는 산업도 노동력지향형 공업이라고 할 수 있어요.

공업입지 ⑥ 집적지향형

자동차, 전자기기, 대규모 석유화학단지 등은 **많은 부품과 협력업체 공장이 필요합니다.** 자동차라면 엔진을 만드는 회사, 배터리를 만드는 회사, 좌석 시트를 만드는 회사, 에어백을 만드는 회사, 도료를 만드는 회사, 그리고 본사가 거느리는 대규모 조립 공장 등이 각각 가까이에 입지합니다. 이렇게 입지하면 완성품을 관련 기업에 빨리 운반해 운송비를 절약하고, 기계·부품·기술을 공유할 수 있습니다. 이를 집적지향형 공업이라고 합니다.

그래서 **해당 지역 주민 대부분이 특정 기업 관련 회사에서 일하는 마을이 형성되기도 합니다.** 일본에서는 아이치현 토요타시의 토요타자동차 관련 기업군이 대표 사례입니다.

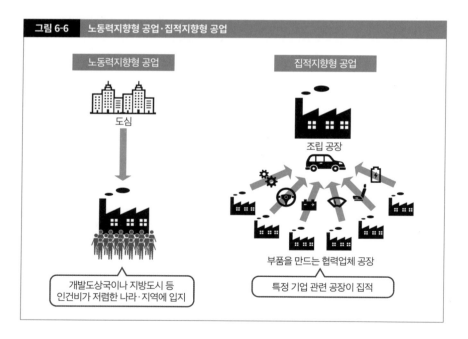

그림 6-6　노동력지향형 공업·집적지향형 공업

노동력지향형 공업

도심

개발도상국이나 지방도시 등 인건비가 저렴한 나라·지역에 입지

집적지향형 공업

조립 공장

부품을 만드는 협력업체 공장

특정 기업 관련 공장이 집적

공업화의 첫걸음으로 많이 하는 대표적 경공업

 ## 중국이 압도적 존재감을 가진 섬유공업

섬유공업은 면화, 양모, 석유 등을 원료로 생산된 섬유를 가공해 실이나 직물을 만드는 산업입니다. 면화나 양모에서 실을 뽑는 산업인 방적업, 생사에서 실을 만드는 산업인 제사업, 실을 짜서 천을 만드는 직물업, 천을 바느질해 의복을 만드는 봉제업(어패럴업) 등으로 구성됩니다.

현재 세계 섬유공업에서는 중국이 압도적인 존재감을 드러냅니다. 면사, 모사, 생사, 화학섬유 등 어떤 실도 중국 생산이 세계 1위입니다. 면사는 2위 인도의 약 9.5배, 모사는 2위 튀르키예의 약 300배, 생사는 2위 인도의 약 2.5배, 화학섬유는 2위 인도의 약 8배로 압도적인 생산량을 자랑하는 직물 생산 세계 1위의 나라입니다.

 ## 산업혁명의 중심이었던 면공업

면화에서 면사를 뽑아내 면직물을 짜는 면공업은 18세기에 일어난 산업혁명의 중심 산업이었습니다. 산업혁명이 면공업에서 시작해 점점 기계공업이나 중공업으로 옮겨갔듯, **지금도 개발도상국이 공업화 첫 단계에 면공업을 많이 도입합니다.**

면직물 생산 상위 나라에는 중국, 인도, 파키스탄, 인도네시아, 브라질 등이 있습니다. 최근에는 동남아시아 국가들의 생산량이 증가해 베트남, 방글라데시, 미얀마에서 생산한 옷이 가게에 진열되는 일도 흔합니다.

오래전부터 해온 모직물공업

의복으로써의 양모 이용은 역사가 오래되어, 선사시대 유적에서 모직물이 출토되기도 했어요. 예전에는 호주와 뉴질랜드 같은 남반구 국가에서 양모를 많이 생산했는데 최근 양모 생산은 중국, 튀르키예, 인도 등 북반구 나라가 중심입니다.

모직물 생산 상위권은 중국, 튀르키예, 일본 등이 차지합니다. 튀르키예는 오스만 제국 시대부터 전통적으로 융단 등을 많이 생산했으며, 일본에서는 아이치현 이치노미야시 주변에서 생산이 활발합니다.

 ## 중요한 교역품이었던 견직물공업

누에고치를 원료로 생사를 뽑아내 견직물로 가공하는 공업인 견직물공업은 아시아에서 옛날부터 해왔습니다. '실크로드'로도 알려졌듯이 고대부터 중국산 비단은 동서 교역로를 통해 서아시아나 유럽으로 전해졌습니다.

지금도 견직물 생산의 중심은 중국입니다. 생사의 60%, 견직물의 90% 이상을 중국에서 생산합니다.

중국의 뒤를 잇는 견직물 생산 상위국은 러시아와 벨라루스인데 중국과 러시아의 격차가 30배에 달합니다.

 ## 섬유의 중심이 된 화학섬유

지금까지 면, 모, 비단 등 천연섬유를 중심으로 설명했습니다. 그런데 **사실 세계에서 쓰이는 섬유의 70% 이상은 석유 등을 원료로 생산한 나일론이나 폴리에스터 같은 화학섬유입니다.**

예전에는 석유화학공업이 발전한 미국이나 일본 등이 화학섬유 생산의 중심이었는데, 점점 중국과 인도의 생산이 확대되어 지금은 중국, 인도, 미국이 화학섬유 생산 상위국입니다. 역시 여기서도 중국의 생산이 압도적으로, 세계 화학섬유의 약 7%를 중국이 생산합니다.

어떤 나라든 일정 비율을 차지하는 중요한 산업

 인간 생활에 직결되는 공업

식품은 인간 생활에 직결되어서 **모든 나라에서 공업 생산액의 5~20% 정도를 식품공업이 차지하며, 극단적으로 비중이 적은 나라는 거의 없습니다.** 식품공업에는 제분업, 양조업, 제당업, 유업, 제과, 수산가공업 등 많은 산업이 포함됩니다. 최근에는 식생활이 크게 바뀌어 레토르트식품, 냉동식품, 인스턴트식품 등의 시장이 커지고 있어요.

식품공업의 원료는 농업이나 어업 등으로 얻는 농림수산물입니다. 따라서 기본적으로는 그 생산물을 구할 수 있는 곳에서 발전합니다. 농업과 어업에 종사하는 사람들에게는 식품공업이 대량으로 구매해주는 고마운 존재이면서도, 반면 생산물을 싸게 사들여 그 이익을 업체가 독점하는 일도 많아서 갈등이 발생하기도 합니다.

 대표적 식품공업인 제분업과 양조업

밀가루는 빵과 면의 재료로 세계 식생활을 지탱합니다. 그래서 식품공업 중에서도 제분업은 대표적인 위치를 차지해요. 제분 공장은 원료 산지에 입지하는 경우, 밀을 수입해 항구 근처에서 제분하기도 합니다. 일본도 대규모 제분공업은 바다에 맞닿은 지역에 입지합니다. 밀가루 생산 상위국은 중국, 미국, 이란 순입니다.

양조의 경우 맥주 생산은 중국과 미국 등 인구가 많은 나라가 상위권입니다. 와인은 전통적인 양조법으로 생산하는 경우가 많아 이탈리아, 스페인, 프랑스 등 포도 생산이 활발한 나라가 상위권을 차지합니다.

일상의 다양한 물건을 만들어내는 경공업

 ## 목재가 원료인 펄프와 종이

종이를 만드는 일련의 공정을 수행하는 공업이 펄프·제지업입니다. 식물에서 펄프라는 섬유를 뽑아내는 펄프공업과 그 섬유를 종이로 만드는 제지업으로 구성됩니다.

펄프공업은 원료인 목재의 산지나 수입 항구 가까이에 입지합니다. 미국, 브라질, 중국, 캐나다에 이어 스웨덴이나 핀란드처럼 삼림자원이 풍부한 나라가 높은 순위에 올라 있습니다. 종이 생산은 중국이 1위이며 이어 미국, 일본 순입니다. 제지업은 공업용수를 많이 사용해서 용수지향형 입지 공업이라고도 합니다.

 ## 대도시에 입지하는 출판·인쇄업

출판·인쇄업은 잡지·신문 등을 출판·인쇄하는 공업입니다. 정보가 잘 모이고 소비자도 많이 있는 파리, 뉴욕, 런던, 도쿄 등 수도나 수도에 준하는 대도시 주변에 입지합니다.

 ## 시멘트나 유리를 만드는 요업

흙 등을 재료로 도자기, 시멘트, 벽돌, 유리 등을 만드는 산업을 요업이라고 합니다. 요업의 '요'는 기와를 굽는 가마를 뜻해요. **시멘트는 원료인 석회석이 무겁고 부피가 커 제품 중량과 큰 차이가 발생하기 때문에 원료지향형 입지의 대표적인 사례입니다.** 유리공업은 운송 중에 제품이 깨지는 위험을 최소화하기 위해 시장 가까이에 입지합니다.

대규모 공장이 필요한
중화학공업의 대표 격

 석유를 분류해 제품으로 만드는 공업

석유화학공업은 **석유나 천연가스를 원료로 삼아** (석유의 본래 용도인 중유, 경유, 등유, 휘발유 등 '연료' 이외) **플라스틱, 화학섬유, 비료 등 화학제품을 만드는 공업입니다.** 원유를 일단 가열해 증기로 만들고서 다시 액체로 돌려놓으면 기체에서 액체가 되는 온도 차이에 따라 분류됩니다. 이 분류 과정에서 나온 나프타라고 하는 일종의 휘발유에서 다양한 원료가 추출되어 화학제품이 됩니다.

이렇게 석유를 유래로 하는 제품은 플라스틱, 화학섬유, 합성고무, 도료, 염료, 접착제, 비료, 세제, 의약품 등 다방면에 걸쳐 있습니다.

 파이프로 이어지는 콤비나트 형성

석유화학공업은 **대규모 공장과 장비가 필요한 장치산업입니다.** 또 원료는 액체나 기체여서 원유에서 제품 생산까지 파이프를 통해 연속적으로 생산하는 점이 특징입니다. 대부분 관련 공장이 한 지역에 집결해 그 사이를 혈관처럼 파이프가 순환하는 **콤비나트**(결합한 공업지대) 형태를 띱니다. 석유는 대규모로 수출입하는 자원이어서 큰 석유화학공장은 대부분 바다 근처에 입지합니다. 석유화학제품 생산 상위국은 중국과 미국입니다.

일본의 주요 석유화학 콤비나트는 바다 근처, 특히 태평양벨트로 불리는 간토 지역부터 규슈 북부로 이어지는 지역에 집중해 있습니다. 한국 역시 바다 근처인 울산과 여수 등에 석유화학 콤비나트가 형성돼 있어요. 하지만 한국과 일본은 원유나 천연가스를 거의 수입에 의존하

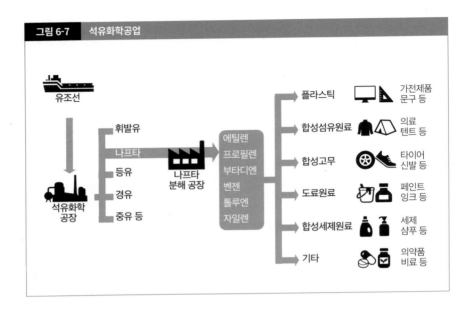

| 그림 6-7 | 석유화학공업 |

고 설비도 다소 오래되어, 대규모 생산 설비를 잇달아 건설하는 중국이나 세계 최대 산유국인 미국과 비교하면 경쟁력은 뒤처집니다. 그래서 한국과 일본에서는 고기능 섬유, 신소재, 화장품, 의약품 등 부가가치가 높은 제품 생산에 중점을 둡니다.

 석유화학과 관련 깊은 의약품공업

석유화학공업에서 생산하는 제품 중에 의약품이 있다고 하면 다소 위화감을 느끼는 분도 있을지 모르겠습니다. 하지만 상당한 비율의 의약품이 석유에서 합성되어 생산됩니다. 옛날부터 쓰인 천연 약품 성분을 연구해 이와 같은 성분을 석유 유래 원료에서 합성해요.

의약품은 축적된 지식과 기술이 필요해서 **의약품공업에 오랜 전통을 가진 유럽에서의 생산이 활발합니다.** 예를 들어 독일, 프랑스, 영국의 주요 수출 품목을 보면 세 나라 모두 기계류, 자동차에 이어 의약품이 3위입니다. 의약품은 소량으로도 부가가치가 높아서 미국이나 중국도 경쟁력을 갖췄습니다.

세계 공업을 지탱하는
온갖 소재로 쓰이는 금속

 세계 철의 절반을 생산하는 중국

이제 금속공업으로 분류되는 공업을 살펴볼까요? 철강업은 철광석, 석탄, 석회석 등을 원료로
철을 만드는 산업입니다. 철은 건설과 기계공업을 아우르는 온갖 산업 현장에서 쓰이는 가장
중요한 금속입니다.

철 생산량 통계는 조강이라고 하는, 가공 전 소재로서의 철의 양으로 계산합니다. 이 조강이
늘어나거나 길어지면서 다양한 공업제품이 됩니다. 조강 생산량 1위는 중국으로, 세계의 55%
이상이라는 압도적인 생산량을 자랑합니다. 이어 인도와 일본 순이지만 인도와 일본 모두 생
산량은 중국의 10분의 1 정도입니다.

 세월에 따라 변하는 철 주요 생산국

제철 자체는 고대부터 해왔으나(철제 농기구, 칼 등은 옛날부터 만들었지요) 제철업으로 발전한 것
은 영국에서 시작한 산업혁명 이후입니다. 산업혁명 전에는 주로 목재를 연료로 철을 만들었
으나, 영국의 터빈이라는 인물이 석탄을 가공해 코크스라는 연료(석탄을 가열해 탄소 성분을 높인
연료)로 제철하는 방법을 발명해 **철 생산에서 석탄은 없어서는 안 될 원료가 되었습니다.**

당초 영국에서 발전한 철강업은 20세기 초반에 탄전·철산 개발을 적극적으로 추진한 독일
이나 미국이 중심이었어요. 제2차 세계대전 후에는 정책적으로 중공업을 육성한 소련이나 고
도경제성장기를 맞이한 일본의 철강업이 발전했고, 소련 붕괴 이후 1990년대 후반까지는 일
본이 세계 1위 철강 생산국이었습니다. 최근에는 중국의 철강 생산이 두드러지게 늘었으며,

인도도 공업화 진전과 함께 생산을 확대하고 있습니다. 일본은 저출생 고령화나 경기 침체 등으로 국내 철 수요는 줄고 있으나, 신흥국 대상 수출이 늘어 중국에 이어 세계 2위 철 수출국을 유지하고 있습니다.

원료지향에서 임해지향으로 입지 변화

철은 **기본적으로 부피가 큰 광석인 철광석과 석탄이 소재여서 원료지향형 입지를 선택합니다.** 독일과 미국의 철강업 발전도 루르 지방과 오대호 주변같이 탄전이나 철산을 배경으로 한 입지를 바탕으로 발전했어요.

하지만 석탄에서 효율 좋은 에너지를 이용하는 기술이 발전하고, 광석을 운반하는 전용선이나 항만시설 등을 갖추면서 **오히려 철광석이나 석탄을 대량으로 채굴하는 나라에서 원료를 수입해야 철을 저렴하게 만들 수 있다는 생각이 주류로 자리 잡았습니다. 지금은 임해지향형 입지가 중심**이 되었습니다.

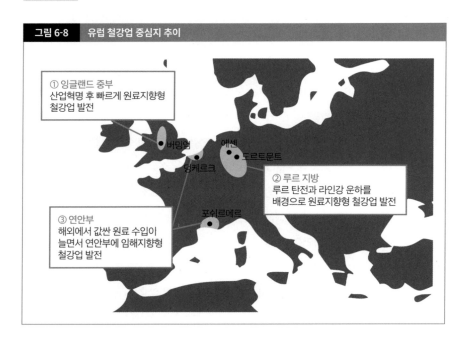

그림 6-8   유럽 철강업 중심지 추이

① 잉글랜드 중부
산업혁명 후 빠르게 원료지향형
철강업 발전

버밍엄
에센
됭케르크
도르트문트

② 루르 지방
루르 탄전과 라인강 운하를
배경으로 원료지향형 철강업 발전

③ 연안부
해외에서 값싼 원료 수입이
늘면서 연안부에 임해지향형
철강업 발전

포쉬르메르

장점이 많은 금속이지만
생산에는 전기가 대량으로 필요

 가볍고 녹슬지 않는, 전기도 잘 통하는 금속

제5장에서 보크사이트를 설명하면서 언급했습니다만, 알루미늄은 경량인 데다가 잘 녹슬지 않고, 열을 잘 전달해 전기도 잘 통하는 특징이 있습니다. 사실 알루미늄 표면에는 산화한 막이 생겨서 그 내부의 녹 진행을 막기 때문에, 원래 표면이 녹슨 상태라 그 안까지는 녹슬지 않는다고 할 수 있어요.

특히 경량이라는 점이 매력이어서 항공기나 자동차 부품, 높은 철탑 사이를 두르는 고압 전기선 등에 자주 쓰입니다. 송전선이 가벼우면 철탑에 가하는 부하가 적어서 보수 점검 비용도 내려갑니다. 지금은 철과 어깨를 나란히 할 정도로 중요한 금속 재료입니다.

 전기를 대량으로 쓰는 '전기 통조림'

알루미늄의 주요 원료는 보크사이트입니다. 보크사이트 약 4톤에서 알루미늄 약 1톤을 생산할 수 있는데, 생산에 전기 분해가 필요해서 알루미늄 캔이 '전기 통조림'으로 불릴 정도로 대량의 전기를 필요로 합니다. 따라서 **알루미늄공업은 값싼 전기를 쉽게 구할 수 있는 나라에 알맞습니다.** 생산 상위국에는 중국, 인도, 러시아, 캐나다, 아랍에미리트, 호주, 노르웨이, 바레인 같은 석탄 채굴국, 산유국, 수력발전이 가능한 나라 등이 있습니다.

생활 속에 넘쳐나는 편리한 기계를 만드는 공업

 ## 넓은 범위에 걸친 기계공업

금속공업에서 기계공업으로 눈을 돌려봅시다. 한마디로 기계공업이라고 해도 '기계'가 가리키는 범위가 상당히 넓어요. 일반기계(농업기계, 건설기계, 공작기계, 산업기계 등), 전기기계(가정용 전기제품 등), 운송용 기계(자동차, 선박, 항공기 등), 정밀기계(카메라, 시계 등), 그리고 무기 등으로 나뉩니다. 그중 운송용 기계에 대해서는 나중에 설명할게요.

또 무기 같은 군사산업은 통계로 표면에 드러나기는 어렵지만, 기업의 주요한 일부분으로 국가의 중요한 수출산업 지위를 부여받습니다. 미국 항공기 회사 보잉도 매출의 3분의 1 이상을 군사 부문이 차지합니다.

 ## 기계공업을 축으로 발전한 선진국

산업혁명 이후 인류는 다양한 기계를 만들어냈습니다. 하지만 상당수 기계가 군사용이거나 공장에서 사용하는 용도로, 일반 시민 생활에 기계는 그렇게까지 스며들지 않았어요.

사람들의 생활 반경에 기계가 넘쳐나게 된 것은 제2차 세계대전 이후부터입니다. 일본에서는 1950년대 후반에 이른바 '삼종신기'라고 하는 세탁기, 냉장고, 흑백TV가 보급되었습니다. 1960년대에는 '3C'로 불린 컬러TV, 에어컨, 자가용이 보급됐어요. 한국의 경우 1960년대에 흑백TV와 냉장고가 일부 보급되다가 1970년대 들어 본격화됐어요. 그러다 1988년 서울올림픽을 기해 컬러TV를 비롯한 각종 가전의 보급률이 크게 늘어났습니다. 이때 선진국에서는 활발하게 전기기계가 생산되어 기계공업을 축으로 경제발전을 이뤘습니다.

산업 공동화에서 제4차 산업혁명으로

1970년대부터 신흥국의 성장과 석유위기로 인해 선진국 공업 생산에도 먹구름이 드리우기 시작했고, **기계공업 생산의 중심은 신흥공업경제지역(NIEs) 나라들이나 중국, 동남아시아 각 국으로 점점 옮겨갔습니다.** 전기기계 조립에 필요한 노동자가 많고 인건비가 저렴한 나라로 공장을 이전하는 기업이 증가했기 때문입니다.

당초 중요한 부품은 본사가 있는 나라의 공장에서 생산하고 그 부품을 해외에 일단 수출해 해외 공장에서 조립해서 역수출하는, 즉 조립만 해외에서 하는 방식이 이뤄졌으나, 점점 현지 기업이 부품 제조부터 조립까지 모두 하게 되었습니다.

그 결과 선진국 기계공업은 일자리를 빼앗기는 모양새가 되어 산업 공동화가 진행되었습니다. 다만 그렇다고 해도 기계를 만들기 위한 기계나 산업용 로봇, 건설기계 등은 선진국 제품의 수요도 큽니다.

최근에는 제4차 산업혁명이라는 말이 나와 인공지능(AI), 사물인터넷(IoT), 로봇기술 등 신기술 도입에 속도가 붙고 있습니다. 3D 프린터 활용이나 공장 완전무인화가 가속하면 기존에 공업에서 중시한 노동력이나 생산성의 개념이 크게 바뀔 것으로 예측됩니다.

 ## '세계의 공장' 중국의 기계 생산이 세계를 주도

현재 TV나 냉장고 등 **가전용 전기제품의 상당수는 '세계의 공장'으로 불리는 중국에서 생산됩 니다.** 수출용 전기제품뿐 아니라, 2000년대 경제발전으로 소득 수준이 높아져 중국 국내 전기제품 수요도 늘고 있어요. 가정용 냉장고, 전기 청소기, 가정용 세탁기 등 대부분의 가정용 전기제품의 생산대수 상위 국가는 중국으로, 2위와 크게 격차를 벌리고 있습니다.

거대 기업이 즐비한 고부가가치 공업

많은 기업이 관여하는 집적지향형 공업

자동차는 사람이나 사물을 운송하는 수단으로, 현대사회에 없어서는 안 될 존재입니다. 특히 제2차 세계대전 이후 세계 모터리제이션(자동차 보급)의 본격화와 함께 각 가정에 보급되어 지금은 차량이 2~3대 있는 집도 흔히 볼 수 있습니다. 차는 부가가치가 높은 고가 상품으로, 2만~3만 점에 이르는 많은 부품으로 이루어집니다. 그래서 금속·유리·섬유·고무·플라스틱 등 소재를 만드는 기업, 각종 부품을 만드는 기업, 이를 조립해 자동차로 만드는 기업 등 여러 기업이 관련되어 있어요.

일본에서도 자동차공업에는 직·간접적 관여를 통틀어 약 500만 명이 종사합니다. **차를 만들고 팔아서 많은 사람이 생계를 유지한다는 뜻입니다. 또 부품 생산을 다른 나라에서 분담하는 등 국제 분업도 일반적으로 이뤄집니다.**

나라별·기업별로 보는 자동차 생산

자동차는 19세기 말 독일에서 탄생해 20세기에는 미국에서 대량생산을 시작했습니다. 미국은 제2차 세계대전 이후에도 자동차 생산의 선두를 달렸으나, 1970년대에는 일본이 미국을 제치고 세계 1위 자동차 생산국이 됐습니다. 이는 1970년대 오일쇼크의 영향으로 소형에 연비가 좋은 일본 차 수요가 증가한 점이 원인입니다. 1990년대는 일본 메이커들이 미국 현지로 진출하며 미국이 다시 1위를 탈환합니다. 2000년대 중반부터 수년간은 일본의 하이브리드 차량이나 전기 자동차 수요가 늘어 일본이 1위에 올랐다가 2009년 이후에는 중국이 자동

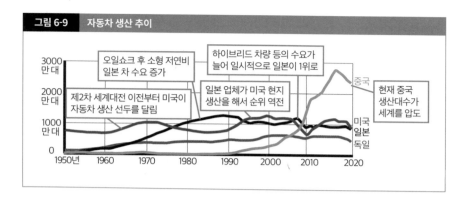

그림 6-9 자동차 생산 추이

3000
만 대

2000
만 대

1000
만 대

0

오일쇼크 후 소형 저연비
일본 차 수요 증가

하이브리드 차량 등의 수요가
늘어 일시적으로 일본이 1위로

제2차 세계대전 이전부터 미국이
자동차 생산 선두를 달림

일본 업체가 미국 현지
생산을 해서 순위 역전

현재 중국
생산대수가
세계를 압도

중국

미국
일본
독일

1950년   1960   1970   1980   1990   2000   2010   2020

차 생산에서 1위를 유지하고 있어요. 현재 세계 전체 자동차 생산대수는 약 7500만 대, 그중 30% 이상이 중국에서 생산된 차량입니다.

나라별로는 중국이 자동차 생산 1위지만 기업별로는 세계를 대표하는 거대 기업이 상위권에 포진합니다. 일본에 본사를 둔 토요타자동차, 독일 폭스바겐 그룹, 프랑스와 일본의 합작 기업인 르노 닛산 미쓰비시 얼라이언스, 미국 제너럴모터스, 한국 현대자동차, 이탈리아 피아트·미국 크라이슬러·프랑스 푸조 등이 통합된 스텔란티스, 미국 포드 등이 상위 7개사로 자동차 약 5000만 대를 판매합니다.

기업 이름을 보면 서양이나 일본계 회사가 많아서, 언뜻 보면 중국이 생산대수 1위라는 점과 모순되어 보입니다. 이는 중국 기업이 이를테면 토요타자동차와 손을 잡고 토요타 브랜드 차량을 생산하는 협력관계를 맺고 있기 때문입니다. 중국은 외국에서 만들어진 차량에는 높은 관세를 물려 수입량을 억제하고 국내 산업을 보호하려 합니다. 그래서 외국 업체가 중국에서 차량을 판매하려면 중국 기업과 협력해서 중국 국내에서 차량을 만드는 것이 일반적입니다. 예를 들어 중국의 디이치처(FAW)라는 업체는 토요타, 폭스바겐, 마쓰다 등 여러 브랜드의 자동차를 만들고 있어요. 결과적으로 거대 기업의 판매대수도, 중국의 자동차 생산대수도 많아 보이는 것입니다.

동아시아 국가에서 활발하게 생산하는 선박

 일본의 조선업

조선업도 자동차공업과 마찬가지로 많은 소재와 부품이 필요한 산업입니다. 개발도상국 경제 발전 등의 요인으로 화물선 수요는 매년 증가하며 세계 조선업 시장은 커지고 있습니다.

일본은 제2차 세계대전까지 군사산업의 일환으로 조선업이 발전했습니다. 전쟁 후에는 일시적으로 생산량이 줄었으나, 전후 재건과 함께 생산량이 다시 증가해 1956년에 영국을 제치고 세계 1위 조선업 국가가 되었습니다. 지금도 일본은 여전히 20% 이상의 세계 점유율을 차지하고 있어요.

 급성장한 한국·중국의 조선업

일본을 바짝 뒤쫓으며 성장한 것이 **한국**의 조선업입니다. 1970년대에 한국은 조선업을 활성화하고 선박 수출로 이익을 내겠다는 계획을 세워 조선업 육성에 착수했습니다. 한국 **울산**에 대기업 계열 조선소가 건설되었고, 2000년대 전후에는 한국이 일본을 누르고 세계 1위 조선업 국가에 올랐습니다.

그러나 2000년대 후반에는 중국의 조선업이 발전해 한국을 제치고 세계 1위가 됩니다. 현재 조선 양을 보면 중국·한국·일본 순으로 이 세 나라를 합치면 세계 시장의 93%를 점유합니다. 수출액도 이 세 나라가 상위입니다.

최첨단기술이 투입되는 항공산업

 세계적 분업이 추진되는 항공산업

항공기를 생산하는 항공산업도 자동차나 선박과 마찬가지로 많은 부품과 소재가 필요한 산업입니다. **하늘을 나는 탈것이기 때문에 부품에 정밀성, 가벼움, 높은 내구성이 필요해 최첨단기술이 투입됩니다.**

대형 항공기 생산은 미국 보잉과 유럽 에어버스 2개사가 과점(소수 기업의 시장 독점)하는 체제입니다. 소형기는 이 2개사에 캐나다의 봄바디어, 브라질의 엠브라에르가 추가됩니다.

보잉도 에어버스도 국제 분업이 발달한 회사입니다. 보잉은 미국 서해안 시애틀 근교와 동해안 노스캐롤라이나에 거대한 조립 공장이 있고 그 부품은 프랑스, 이탈리아, 호주, 한국, 일본 등지에서 조달합니다. 예를 들어 보잉의 주요 기종인 제트 여객기 B787의 주 날개는 일본 미쓰비시공업이 만듭니다.

에어버스는 보잉을 비롯한 미국 기업의 독점에 대항하기 위해 프랑스와 옛 서독 기업에 의해 설립된 회사입니다. 처음부터 국제 분업 체계를 진행해 EU 각국이나 영국에서 만들어진 부품을 프랑스 남부 도시 **툴루즈**로 옮겨 조립합니다.

 민간으로 이행하는 우주산업

로켓과 인공위성을 제조하는 우주산업은 군사나 과학 연구를 중심으로 하는 국가 산업으로부터 **점점 상용화를 목적으로 하는 민간으로의 이행으로 진전하고 있습니다.** 미국의 스페이스X 등이 대표적입니다.

연구기관과 기업이 협력하는
첨단기술산업

 다양한 종류가 있는 첨단기술산업

첨단기술산업은 속하는 산업의 범위가 명확하게 정해져 있지는 않지만 전자기술, 정보통신기술, 신소재, 바이오기술, 나노기술 등의 산업을 가리킵니다.

 미국의 첨단기술산업 집적지

새로운 기술 개발에는 **연구개발비 투입이나 대학 등 교육기관과 민간기업의 산학협력이 중요**

그림 6-10　미국의 첨단기술산업 집적지

합니다. 이런 연구개발에 현재 가장 힘을 쏟는 나라가 미국으로, 세계에서 연구개발비를 제일 많이 투입합니다.

미국의 북위 37도 이남 선벨트 지역은 예전에는 공업 생산이 뒤처진 지역이었으나, 인구 증가와 함께 첨단기술산업의 진출이 증가해 미국 공업의 중심이 되었습니다. 인텔, 구글, 애플 등 유명 기업의 본사가 있는 캘리포니아주의 실리콘밸리 외에도 텍사스주의 실리콘프레리, 플로리다주의 일렉트로닉스벨트 등 첨단기술산업 집적지가 형성되어 있습니다.

한편 순조롭게 첨단기술산업 생산을 늘리는 나라가 중국입니다. 현재 세계 노트북 PC의 95% 이상, 스마트폰의 80% 이상, 태블릿 PC의 75% 이상은 중국에서 조립되는 제품입니다. 아이폰이나 아이패드는 순수 미국 제품 같지만, 사양을 보면 '캘리포니아에서 설계되어 중국에서 조립된 제품입니다' 같은 문구가 있어 중국에서 제조한 사실을 알 수 있습니다.

 ## 소프트웨어산업을 잘하는 인도

첨단기술산업 중 하나로 소프트웨어산업이 있습니다. PC나 스마트폰 등 기계가 있어도 소프트웨어가 없으면 작동하지 않지요.

이런 소프트웨어산업이 발전하는 나라가 **인도**입니다. 인도는 예전에 영국령이었던 역사가 있어서 영어를 하는 인재가 많고, 이과 교육에 충실해 서양 소프트웨어 기업의 업무 도급 지역으로 각광받았습니다. 또 미국이나 유럽 각국과의 시차를 이용해 **본사가 밤이어도 인도에서는 업무를 이어서 할 수 있다는 장점이 있어요.**

인도 남부에 소프트웨어산업과 ICT산업이 집중되어 있으며, 그중 **벵갈루루**라는 도시는 인도의 실리콘밸리로 불리는 중심 도시입니다.

세계 사람들의 여가를 책임지는 콘텐츠산업

 ## 계속 확대되는 콘텐츠산업 수요

콘텐츠산업은 영상, 음악, 게임, 서적 등의 제작과 유통을 하는 산업입니다. 콘텐츠산업은 말하자면 사람들의 여가를 책임지는 산업으로, 개발도상국 생활수준이 높아지면서 사람들의 여가가 늘어 세계 전체 수요가 커지고 있습니다.

한국은 K-팝과 K-드라마 등의 콘텐츠가 세계적인 인기를 끌고 있는 나라입니다. 코로나19로 많은 분야의 산업이 타격을 입었지만 한국 콘텐츠산업의 수요는 지속적으로 늘었지요.

일본의 경우 포켓몬스터 등으로 대표되는 애니메이션이나 게임이 해외에서 평가가 높으며 일본을 방문하는 외국인 관광객의 콘텐츠 관련 소비도 늘고 있습니다. 일본 정부는 이른바 '쿨 저팬' 전략을 중심으로 콘텐츠산업을 활성화하는 데에 힘을 쏟고 있습니다.

 ## 소규모 기업이 지탱하는 일본 콘텐츠산업

한편 일본 콘텐츠산업에는 몇 가지 과제가 있습니다. 넷플릭스나 아마존프라임 같은 온라인 동영상서비스(OTT)나 할리우드 영화산업을 품은 미국과 비교하면 그 시장 규모는 작은 수준에 머물고 있습니다. 예를 들면 일본 애니메이션을 넷플릭스를 통해 봐도 그 수익의 일부는 넷플릭스에 돌아가서 미국으로 흘러갑니다.

또 일본 콘텐츠산업은 자금력이 약한 와중에 소규모 기업이 지탱하고 있어 저임금 노동집약적 업무 형태를 띱니다. 해외용 콘텐츠 프로모션이나 다양한 자금조달 방법을 제공하는 등 정부가 해야 할 역할도 크다고 할 수 있습니다.

제 7 장

유통과
소비

사람과 사람, 나라와 나라를 잇는
교통과 물류

제7장에서는 교통, 무역, 관광, 상업 등 이른바 3차 산업을 다룹니다.

자동차, 철도, 선박, 항공기 등 교통수단에는 각각 특징이 있습니다. 자동차는 편리성이 높은 반면 길이 막히면 시간을 가늠하기 어려운 측면이 있어요. 선박은 비용이 저렴하고 대량으로 물건을 운반할 수 있는 이점이 있는 반면 운송에 시간이 걸립니다. 이처럼 수단마다 특성 차이가 있어 나라나 지역별로 교통수단 이용 비율이 달라집니다.

현대사회에 무역과 국제 분업 활동은 없어서는 안 되는 존재입니다. 이번 장에서는 자유무역과 보호무역 등 무역 방식에 대해서도 설명합니다.

관광은 여가와 밀접한 관계가 있어요. 특히 유럽에서는 바캉스라고 하는 장기 휴가를 즐기는 관습이 있어서 남유럽에서 장기 체류하는 스타일의 관광을 하는 사람들이 많습니다.

상업에 대해서는 소매업과 도매업으로 나눠 소매업에서는 백화점, 슈퍼마켓, 편의점 등 형태별 특징을 살펴봅니다.

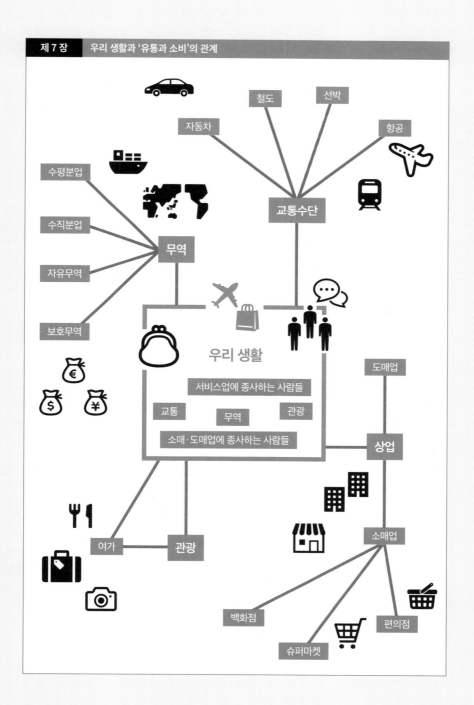

용도에 맞게 구별해 사용하는 교통수단

✈🛍 교통수단 ① 자동차

자동차는 현재 가장 널리 쓰이는 교통수단으로 볼 수 있습니다. **자동차는 편리성이 높고 어디든 직접 갈 수 있는 점이 최대 장점입니다.** 화물운송의 경우도 목적지까지 직접 전달하는 '문 앞 수송'이 가능합니다. 철도는 선로가 없으면 이용할 수 없고, 배나 항공기는 항구나 공항이 없으면 이용할 수 없기에 편리성 측면에서는 자동차에 미치지 못합니다.

단 **철도와 선박처럼 한 번에 대량으로 운반하기에는 적합하지 않은 점, 도로 정체가 발생하면 시간 내에 도착하지 못하는 점** 등이 단점입니다. 국가 경제발전이 진전하면 인구당 자동차 보유대수가 늘어 일상생활에서 자동차를 많이 사용하는 모터리제이션이 일어납니다.

✈🛍 교통수단 ② 철도

철도는 선로와 역 설치에 많은 비용이 들지만, 화물차나 여객차를 연결하면 **대량의 화물이나 많은 사람을 한 번에 수송할 수 있습니다.** 또 운송량 대비 에너지 소비량 비율이 낮아 **같은 무게의 화물이라면 자동차보다 저렴하게 운반할 수 있어요.** 정체의 영향이 없기 때문에 시간에 맞게 운송 가능한 점도 장점입니다. 하지만 문 앞 수송은 불가능하며, 자동차의 편리성에 밀려 철도 이용률은 하락하는 경향이 있습니다.

그러나 최근 에너지 소비량이 적고 환경에 부담을 적게 주는 철도 이용이 다시 주목받고 있어요. 교통체증 해소나 배기가스 감축을 도모하면서 편리성이 높은 트램(노면전차)을 도심에 설치하는 경우도 늘고 있습니다.

✈️ 교통수단 ③ 선박

선박은 비교적 저속이지만 **저렴하고 대량 운반이 가능합니다.** 바다 건너 국가와의 무역에 선박이나 항공기를 이용하는데, 운송비를 생각하면 선박이 중요한 무역 운송수단이 됩니다.

선박을 보유한 상위 국가는 **파나마**, 라이베리아, 마셜 제도 순입니다. 다소 생소한 나라일 수도 있는데, 이들 국가는 **선박에 물리는 세금 등이 저렴해 선박을 보유한 전 세계 기업들이 형식상으로는 파나마나 라이베리아에 배를 많이 등록**하곤 합니다. 이런 배를 편의치적선이라고 해요. 또 유럽의 큰 강 등 완만하고 폭이 넓은 하천에서는 내륙 선박교통이 발달해 있습니다.

✈️ 교통수단 ④ 항공기

항공기는 지형 영향을 받지 않고 **장거리를 고속으로 이동할 수 있는** 교통수단입니다. 하지만 대량 수송에는 적합하지 않고, 수송에 드는 비용도 비쌉니다.

항공 운송에는 공항 설치가 필요한데, 그중에는 지역 내 항공 네트워크의 중심 역할을 하는 대형 공항을 설치하는 경우도 있습니다. 이런 공항을 허브공항이라고 하며, 허브공항과 허브공항 사이를 대형 항공기가 다니고 그 외 지방 공항을 소형 항공기로 연결하는 방식을 허브 앤 스포크 방식이라고 해요.

반면 각지 공항을 직접 연결하는 방법을 포인트 투 포인트 방식이라고 합니다. 두 방식 모두 일장일단이 있어 실제 공항망은 이를 조합한 형태로 되어 있습니다.

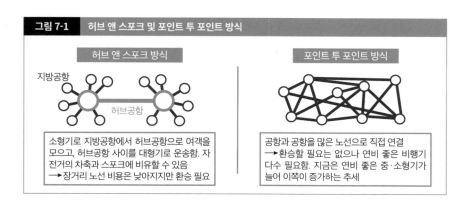

| 그림 7-1 | 허브 앤 스포크 및 포인트 투 포인트 방식 |

허브 앤 스포크 방식

지방공항 / 허브공항

소형기로 지방공항에서 허브공항으로 여객을 모으고, 허브공항 사이를 대형기로 운송함. 자전거의 차축과 스포크에 비유할 수 있음
➡️ 장거리 노선 비용은 낮아지지만 환승 필요

포인트 투 포인트 방식

공항과 공항을 많은 노선으로 직접 연결
➡️ 환승할 필요는 없으나 연비 좋은 비행기 다수 필요함. 지금은 연비 좋은 중·소형기가 늘어 이쪽이 증가하는 추세

✈️🧳 나라마다 다른 교통수단 비중

<그림 7-2>는 일본, 미국, 서유럽 나라들(그래프는 영국·프랑스·독일 평균)의 국내 교통수단별 비율 예입니다. 일본은 철도망을 촘촘히 갖춰서 모터리제이션 후에도 출퇴근·통학 등에 **철도 여객 이용이 비교적 많은 편입니다.** 또 일본은 섬나라여서 세토내해(일본 열도를 이루는 섬 중 혼슈·시코쿠·규슈 사이에 있는 바다–역자 주)가 큰 수송로 역할을 하기 때문에 **화물 교통에 선박 비율이 상당히 높습니다.** 미국은 모터리제이션이 진행되어 여객 교통은 자동차 비율이 압도적입니다. 하지만 국토가 넓어서 **화물 교통에는 철도의 비율이 높습니다.** 서유럽 국가들은 미국과 비교하면 철도 여객 이용이 다소 많은 경향이 있습니다.

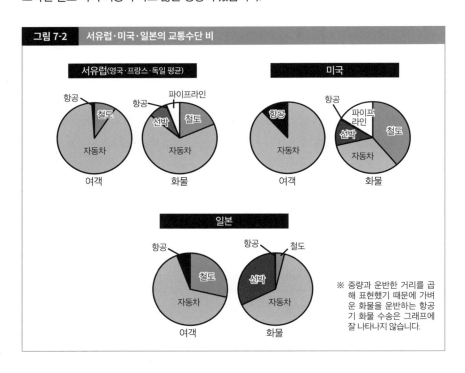

그림 7-2   서유럽·미국·일본의 교통수단 비

※ 중량과 운반한 거리를 곱해 표현했기 때문에 가벼운 화물을 운반하는 항공기 화물 수송은 그래프에 잘 나타나지 않습니다.

자유무역이냐 보호무역이냐에 따라 다른 무역 정책

✈️🧳 물물교환이 아니어도 무역에 포함

우리 주변을 살펴보면 외국에서 생산한 물건이 많음을 알 수 있습니다. 제6장에서도 설명했지만 우리 손에 있는 스마트폰의 대부분은 중국에서 만들어졌으며, 우리가 입는 옷, 먹는 음식의 상당수도 해외에서 수입한 상품입니다.

무역품이라고 하면 형태가 있는 물건을 상상하는데, 물건뿐 아니라 국경을 넘어 금융, 여행, 다양한 콘텐츠 등 서비스를 교환하는 경우도 서비스 무역이라는 무역 형태입니다.

✈️🧳 역내 무역 비중이 큰 EU

세계 국가나 지역을 무역액이 큰 순으로 나열해보면 중국, 미국, 독일, 일본 순입니다. 그 뒤에는 유럽 국가들과 한국 등이 이름을 올립니다. 환율 변동 등은 있으나 상위 국가에서는 대체로 중국과 독일은 수출이 수입을 웃돌고, 미국은 수출보다 수입을 많이 하는 경향이 있습니다. 2020년 코로나19의 유행과 2022년 러시아의 우크라이나 침공으로 국제 무역 환경은 상당히 불안정해졌습니다.

또 나라들이 가까이 붙어 있고 국가 간 분업이 잘 이뤄지는 EU에서는 **EU 회원국 간 무역(역내무역) 금액이 상당한 비율을 차지합니다.** 국경을 넘어서 가는 쇼핑도 일종의 역내무역으로 집계되는 점, 공통 통화인 유로를 사용하는 점 등도 역내무역이 많은 이유입니다. EU는 총무역액의 65% 이상이 역내무역입니다.

시대 변천을 살펴보면 1970년대까지는 **선진국이 공업제품을 수출하고 개발도상국은 공업**

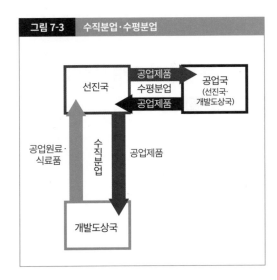

그림 7-3 수직분업·수평분업

선진국

공업제품
수평분업
공업제품

공업국
(선진국·
개발도상국)

공업원료·
식료품

수직분업

공업제품

개발도상국

원료나 연료, 식료품 등을 수출하는 분업이 이뤄졌습니다. 이를 수직분업이라고 해요.

그러나 1980년대부터 개발도상국의 공업화가 시작되어 **선진국과 개발도상국이 공업제품을 서로 수출하고 수입하는 관계**가 되었습니다. 이렇게 공업제품끼리 서로 수출입하는 분업을 수평분업이라고 합니다.

✈️🛍️ 해마다 증가하는 무역량

글로벌화가 진전하는 지금의 세상에서 세계 무역량은 매년 지속해서 증가하고 있습니다. 이처럼 무역량이 확대되는 이유는 자유무역이 세계에서 진행되기 때문입니다.

예를 들어 농업을 잘하고 공업에 서투른 나라와, 농업에 서투르고 공업을 잘하는 나라가 있다고 가정해봅시다. 공업을 잘하는 나라는 굳이 비용을 들여 잘하지 못하는 농업 생산에 힘을 쏟기보다는, 농업국에서 값싼 농산물을 수입하고 대신 공업제품을 수출해야 효율적입니다.

이처럼 잘하는 분야를 서로 분담하는 국제 분업이 전제지만, 국가를 넘어 어떤 제품도 자유롭게 무역이 가능한 방식이 자유무역입니다. 자유무역을 추진하면 **국제 분업 덕분에 사람들은 값싼 제품을 얻을 수 있고, 나라 간 관계는 서로 없어서는 안 될 상부상조하는 존재가 되어 더욱 밀접한 관계로 발전합니다.**

✈️🛍️ 자국 산업을 보호하기 위한 보호무역

한편 **자유무역의 확산으로 손해를 보는 사람이나 국가도 발생합니다.** 공업을 잘하는 나라에서 값싼 공업제품을 계속 사들이면 자국 공장에서 만든 제품이 팔리지 않아 공장이 망할 수도 있어요. 자유무역 체제에서는 조건상 불리한 나라도 유리한 나라와 같은 토대에서 경쟁해야 하기 때문입니다.

이런 사례를 바탕으로 자국 산업을 보호하려는 무역정책이 보호무역입니다. **구체적으로는 수입품에 관세를 물리고 가격을 높여 자국민이 외국 제품을 사지 않도록 하거나 수입량을 제한합니다.** 보호무역은 '너희 나라 물건은 사지 않아', '너희 나라의 이 상품은 사지 않아' 같은 식이어서 이런 추세가 진행되면 **전 세계 경제가 정체하고 국가 간 관계도 껄끄러워집니다.** 최근에는 미국이 자국 노동자를 보호한다는 명목으로 중국에서 만든 제품에 물린 관세를 올려 중국이 '보복관세'를 부과하고, 양국 관계가 악화한 사례가 있습니다. 과거에는 세계 대공황의 영향으로 각국이 보호무역정책을 전개해 국제관계가 악화한 것이 제2차 세계대전이 일어난 이유 중 하나로 꼽힙니다.

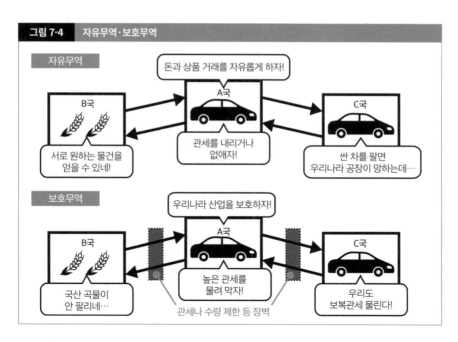

그림 7-4 자유무역·보호무역

자유무역

돈과 상품 거래를 자유롭게 하자!

A국

B국

서로 원하는 물건을 얻을 수 있네!

관세를 내리거나 없애자!

C국

싼 차를 팔면 우리나라 공장이 망하는데…

보호무역

우리나라 산업을 보호하자!

A국

B국

국산 곡물이 안 팔리네…

높은 관세를 물려 막자!

C국

우리도 보복관세 물린다!

관세나 수량 제한 등 장벽

✈️🧳 자유무역을 실현하기 위한 '조정역'

많은 나라는 원칙적으로 자유무역을 해야 국제 분업이 이뤄져 나라 간 관계가 강화되고, 세계 전체에 이익이 된다는 개념을 이해하고는 있습니다. 그러나 자국 산업이 외국 제품에 밀려 노동자가 일자리를 잃는 것은 피하고 싶다는 딜레마도 있어요.

이는 **나라별 다양한 사정이나 입장을 조정하면서 세계적으로는 자유무역을 유도하는 조정역이 필요하다는 뜻입니다.** 그 역할을 하는 곳이 세계무역기구(WTO)입니다. WTO는 상품 무역 이외에도 서비스 무역 등의 거래를 포함해 관세를 인하 또는 철폐해 전 세계 무역 시스템이 원활하게 돌아가도록 조정이나 대화를 하는 기관입니다.

✈️🧳 소수 국가끼리 묶인 FTA와 EPA

하지만 **WTO에는 어떻게 해도 회의가 정체된다는 단점이 있습니다.** 세계 국가의 80% 이상이 가입했는데도 기본적으로는 만장일치가 원칙이기 때문입니다. 많은 나라의 사정을 조정하려고 해도 조직이 커서 **이쪽을 뚫으면 저쪽이 막히는 사태로 흘러가기 쉬워 좀처럼 의견이 통일되지 않습니다.**

그래서 소수 국가끼리 대화해서 '**우리끼리는 자유무역을 하자**', '이 품목은 자유무역을 하자' 같은 식으로 약속하기도 합니다. 이를 FTA(자유무역협정)라고 해요.

아울러 무역뿐 아니라 **투자 규칙 통일, 지식재산권 취급 등을 포함한 경제 전체 협력관계를 원활하게 하기 위한 협정**을 EPA(경제연계협정)라고 합니다. 일본은 2005년 싱가포르를 시작으로 여러 나라와 EPA를 맺고 있고, 한국 역시 10여 개국과의 EPA 체결을 추진 중이에요.

장기 휴가와 관련 깊은 관광 수요

✈️ 한국과 일본의 장시간 근로 실태

한국인은 너무 많이 일한다고들 하고, 장시간 노동을 한국 사회의 특징처럼 말하기도 합니다. 한국보건사회연구원이 발표한 자료에 따르면 한국의 연간 근로시간은 약 1900시간으로, OECD(경제협력개발기구) 평균을 크게 웃돕니다. 노동자의 시간주권(개인이 자유롭게 시간을 운용할 수 있는 권리와 능력)은 OECD 국가 중 하위권을 차지했습니다. 즉 **유급휴가 소화율이 낮아 쉬고 싶을 때 자유롭게 휴가를 사용하기 어려워 근로 자유도가 낮게 나타나는 것**이지요.

한편 일본의 연간 근로시간은 약 1600시간으로 나타납니다. 하지만 일본의 경우 통계에 드러나지 않는 '공짜 야근'이 많고, 근로 자유도 역시 한국과 마찬가지로 낮습니다. 또 비정규직 근로자에게는 (일하고 싶어도) 난이도가 낮고 단시간에 끝나는 일밖에 주지 않아서 결과로 드러나는 평균 근로시간이 줄어드는 측면도 있습니다.

✈️ 지중해 연안 나라에 모이는 유럽 관광객

서유럽 나라들은 총 근로시간이 짧은 경향이 있습니다. 그 이유 중 하나로 여름에 바캉스라고 하는 장기 휴가를 내서 여가를 보내는 유럽의 관습을 꼽을 수 있어요. 바캉스를 보내는 방법의 대표 사례가 관광입니다.

유럽 바캉스의 전형적인 스타일은 영국이나 독일 등 알프스산맥보다도 북쪽에 사는 사람들이 **온난한 기후의 혜택을 받는 지중해 연안 나라에서 장기 체류하는 것입니다.** 그래서 많은 관광객이 밖으로 나가는 **독일, 영국, 북유럽 국가들의 관광수지는 적자를 기록하고 관광객을 받**

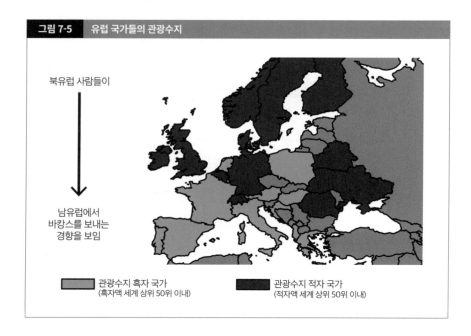

그림 7-5 유럽 국가들의 관광수지

북유럽 사람들이

남유럽에서
바캉스를 보내는
경향을 보임

관광수지 흑자 국가
(흑자액 세계 상위 50위 이내)

관광수지 적자 국가
(적자액 세계 상위 50위 이내)

아들이는 프랑스, 스페인, 포르투갈, 그리스 등의 관광수지는 흑자가 됩니다. 유럽 외 나라들을 보면 미국, 호주, 태국 등이 관광수지가 흑자인 나라입니다. 일본의 경우 외국인 관광객(인바운드)을 적극적으로 유치하려고 시도하는 가운데 2012년부터는 비자 발급이 쉬워져 외국인 관광객이 늘었고, 2015년 이후에는 일본의 외국 여행자 수를 웃돌고 있어요.

✈️🛍️ 다양화하는 관광 스타일

관광은 그 지역의 역사와 문화를 접하거나 테마파크에서 즐기는 등의 형태가 대표적인 스타일이지만, 최근에는 여행 형태가 다양해지고 있습니다. 농촌이나 산촌에 체류하면서 농작물 체험이나 사람들과의 교류를 통해 그 지역의 문화나 자연에 친숙해지는 그린 투어리즘, 지역 자연환경이나 문화 보호 활동을 관광의 하나로 하는 에코 투어리즘 등이 있어요.

판매자와 구매자를 잇는 생활 속 산업

✈🛍 소매업과 도매업으로 이루어진 상업

상품을 만들어내는 생산자와 상품을 구매해 사용하는 소비자를 잇는 산업이 상업입니다.

상업은 소매업과 도매업으로 이루어져 있어요. 소매업은 소비자에게 물건을 파는 상업, 도매업은 소매업에 물건을 파는 산업입니다.

✈🛍 대면 판매를 중심으로 하는 소매업

우리 소비자가 물건을 사러 가는 가게가 소매업입니다. 소매업 업태로는 주로 백화점, 슈퍼마켓, 편의점, 전문 양판점, 전문점 등이 있어요.

백화점은 주로 접객에 의해 고급 제품을 대면 판매하는 소매업입니다. 일본의 경우 백화점

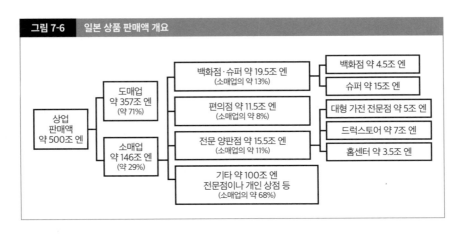

그림 7-6 　일본 상품 판매액 개요

- 상업 판매액 약 500조 엔
  - 도매업 약 357조 엔 (약 71%)
  - 소매업 약 146조 엔 (약 29%)
    - 백화점·슈퍼 약 19.5조 엔 (소매업의 약 13%)
      - 백화점 약 4.5조 엔
      - 슈퍼 약 15조 엔
    - 편의점 약 11.5조 엔 (소매업의 약 8%)
      - 대형 가전 전문점 약 5조 엔
      - 드럭스토어 약 7조 엔
      - 홈센터 약 3.5조 엔
    - 전문 양판점 약 15.5조 엔 (소매업의 약 11%)
    - 기타 약 100조 엔 전문점이나 개인 상점 등 (소매업의 약 68%)

은 매장 면적의 50% 이상에서 대면 판매를 하도록 정해져 있습니다. 그래서 백화점에서는 상품을 구경하면 점원이 다가오고, 원하는 물건을 "이거 주세요" 하고 사는 스타일이 대부분입니다. 백화점은 **큰 역 앞에 입지하는 경우가 많으며**, 예전에는 소매업의 꽃이었지만 모터리제이션이 진행되면서 교외 종합 슈퍼마켓이나 쇼핑센터 등 선택의 폭이 넓어져 **백화점 매출은 점차 둔화하는 추세입니다.**

✈🛍 셀프서비스의 슈퍼마켓

슈퍼마켓은 백화점과 달리 매장 면적의 50% 이상이 셀프서비스(자신이 원하는 물건을 골라 계산대에 가져가는 방식)인 소매업입니다. 식료품, 의류, 일용품을 폭넓게 판매하는 종합 슈퍼마켓과 특정 상품을 전문적으로 취급하는 전문 슈퍼마켓 등이 있습니다.

✈🛍 편리함이 특징인 편의점

편의점은 주로 식료품을 취급하는 셀프서비스 방식의 소형 점포를 말합니다. 대부분 연중무휴 24시간 영업을 하고 있어요.

편의점은 식료품뿐 아니라 택배 접수, 공공요금 수납, 복사, 은행 ATM 등 다양한 서비스도 제공합니다. 이런 편리함 덕분에 판매액은 1990년대 이후 빠르게 증가했어요.

편의점 점포는 소형이어서 재고를 보관할 창고 공간이 없습니다. 그래서 **항상 재고를 관리하고, 배송 센터에서 트럭이 오면 재고를 계속 보충하는 시스템이 필요합니다.** 편의점은 판매한 상품을 집계하는 POS(판매시점정보관리) 시스템이 많이 활용됩니다.

또 일본에서는 종종 같은 기업의 편의점이 한 지역에 몰리기도 하는데, 이는 **한 지역에 집중해서 출점하는 도미넌트 출점 전략을 도입했기 때문입니다.** 도미넌트 출점에는 배송 효율화, 해당 지역 체인점 인지도 향상 등의 효과가 있습니다.

✈️🛍️ 실제로 많은 점포는 다양한 전문점

또 전문 양판점으로 분류되는 소매점도 있습니다. 가전 양판점, 드럭스토어, 홈센터(생활용품·인테리어 전문 마트) 등이 전문 양판점에 속합니다. 이런 소매점은 전자제품, 의약품, 주거용품 등을 주로 취급하면서 그 외 상품도 비교적 폭넓게 팝니다.

이런 분류 외에도 세상에는 수많은 가게, 즉 전문점이 존재합니다. 개인이 운영하는 과일가게, 차량 판매점, 주유소 등 실제 가게 수를 보면 '기타'에 들어가는 가게가 압도적으로 많고 판매액도 '기타'가 가장 많아요.

또 **대도시 교외나 철도망을 따라서 슈퍼마켓은 물론 임차인이 입주한 많은 전문점이 모여 있는 스타일의 대형 복합 쇼핑센터가 있습니다.** 넓은 주차장이 있고 영화관과 푸드코트 등 많은 이용자를 끌어들일 시설을 갖춘 점이 특징입니다.

✈️🛍️ 소매업에도 큰 영향을 미치는 세상의 변화

모터리제이션이나 정보화 사회로의 진전은 소매업 방식에도 큰 영향을 주고 있습니다.

모터리제이션의 진행과 함께 사람들은 자동차로 교외 대형 점포나 쇼핑센터 등에 쇼핑하러 가기 시작했습니다. 차가 있으면 값싼 물건을 많이 사서 차에 싣고 갈 수 있기 때문에 대량생산이나 대량소비에 더욱 속도가 붙습니다. 한편으로는 **역 근처 상점가 등은 사람들이 오지 않아 쇠락하고, 문 닫은 가게에는 셔터가 내려져 '셔터 거리'라고 불릴 정도로 한산한 상점가가 많이 생겼습니다.** 또 정보화 사회 진전으로 온라인 판매(이커머스) 이용도 증가하고 있어요. 점포가 없는 소매업 스타일도 이제 일반적입니다.

✈️🛍️ 지방 중심 도시에 많은 도매업

소매업 점포에서 우리가 구하는 물건은 생산자부터 소매업자까지 여러 사람의 손을 거쳐 도착합니다. 사실 소비자의 눈에 보이지 않는 곳에서 여러 도매업자들이 전국에 물건을 보내고 있어요. 그래서 **상업 전체로 보면 도매업자의 판매액이 소매업자의 판매액의 2배 이상으로,**

상업 전체의 약 70%를 차지합니다.

도매업은 수많은 생산자에게서 상품을 사들여 수많은 소매점에 상품을 확산하는 기능이 있어서 **지역의 교통과 정보가 모이는, 그 지방의 중심 도시에 입지하는 경우가 많습니다.** 따라서 일본의 도매업과 소매업을 비교해보면, 도매업은 홋카이도, 미야기현, 히로시마현, 후쿠오카현 등 지방 중심 도시가 있는 지역의 판매액이 인구 대비 큰 편입니다. 한편 생활에 밀접한 **소매업은 인구 분포와 비슷한 경향을 나타냅니다.**

그림 7-7	일본 지역별 소매업·도매업

	도매업 판매액	소매업 판매액	지역 인구
1위	도쿄도	도쿄도	도쿄도
2위	오사카부	오사카부	가나가와현
3위	아이치현	가나가와현	오사카부
4위	후쿠오카현	아이치현	아이치현
5위	가나가와현	사이타마현	사이타마현
6위	홋카이도	홋카이도	지바현
7위	사이타마현	지바현	효고현
8위	효고현	후쿠오카현	홋카이도
9위	히로시마현	효고현	후쿠오카현
10위	미야기현	시즈오카현	시즈오카현

도매업은 지방 중심 도시의 순위가 높은 경향이 있음

소매업은 지역 인구와 비슷한 경향을 보임

(히로시마현 12위
  미야기현 14위)

제 8 장

인구와
촌락·도시

우리 생활의 무대인
도시와 촌락

제8장에서는 주로 사람의 활동을 다룹니다. 인구, 사람이 모이는 장소인 도시나 촌락 등 취락이 이야기의 중심입니다.

우선 인구 상태에 대해 공부합니다. 일반적으로 인구는 다산다사에서 다산소사, 여기서 소산소사로 가는 추이입니다. 이 인구전환 모델은 많은 나라에 들어맞습니다. 실제로 현재 많은 선진국은 소산소사 유형으로 가고 있으며 인구 증가가 정체 상태입니다. 저출생 고령화 역시 많은 나라에 나타나는 현상입니다. 또 취업이나 진학 등으로 대표되는 사람들의 사회적 이동도 인구 증감에 영향을 미칩니다.

이런 인구전환을 가시화한 것이 인구피라미드입니다. 인구피라미드를 이용해 연령층의 쏠림이나 미래 인구도 예측 가능합니다.

사람들이 생활하는 무대인 취락에는 도시와 촌락이 있습니다. 자연발생적으로 만들어진 촌락, 자연조건과 사회조건이 조합해서 생긴 촌락 등 그 형태는 매우 다양합니다.

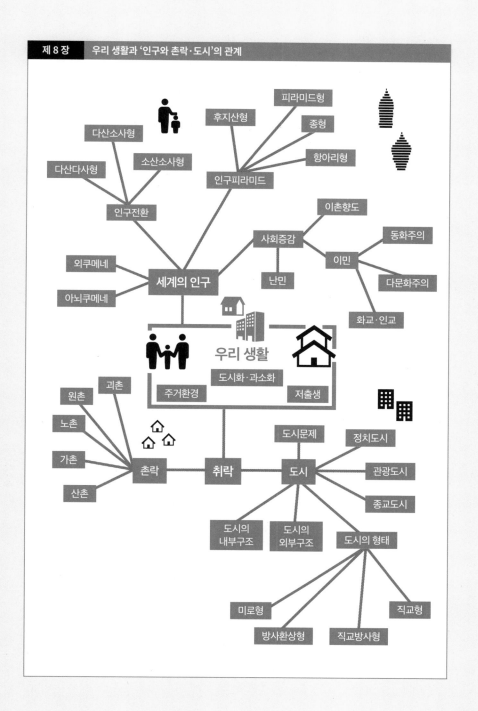

인구폭발로 불린 제2차 세계대전 후 인구 증가

거주할 수 있는 지역을 늘려온 인류

지구에는 약 80억 명이 살고 있습니다. 셀 수 없을 정도로 많은 사람이 지구 곳곳에 살고 있는데 그 분포는 균등하지 않아요. 역시 식량을 얻을 수 있는 곳이나 살기 좋은 기후 지역에 사람들이 모입니다.

인간이 일상적으로 거주할 수 있는 장소를 외쿠메네, 거주할 수 없는 장소를 아뇌쿠메네라고 합니다. 인류는 인구 증가나 기후변화에 대응하는 형태로 궁리를 거듭해 조금씩 아뇌쿠메네를 외쿠메네로 만들어왔습니다.

산업혁명 후에 상승한 인구 증가율

세계 인구는 지금부터 약 2000년 전에는 2억~4억 명, 그리고 18세기 초반에는 약 6.5억 명이었던 것으로 추정됩니다. 그리고 지금은 80억 명이므로 **최근 300년간 인구가 단숨에 73억 명 이상 증가한 셈입니다.**

18세기 무렵 인구 증가율이 단숨에 높아졌습니다. 그 이유는 영국에서 시작된 산업혁명입니다. 상공업의 발달로(예를 들면 교통 발달이 식료품 유통을 원활하게 하는 일 등) 인구 증가율이 가속해 1800년에는 약 9억 명, 1900년에는 약 16억 명, 1950년에는 약 25억 명, 2000년에는 약 61억 명이 되었습니다. 제2차 세계대전 후의 급격한 인구 증가를 인구폭발이라고도 해요. 현재 증가 속도는 다소 떨어졌지만 그래도 2050년에는 세계 인구가 95억 명을 넘을 것으로 추정하고 있습니다.

'다산다사'에서 '소산소사'로 향하는 인구전환 모델

자연증감과 사회증감

나라별, 또는 지역별 인구 증감을 보는 관점으로 자연증감과 사회증감이 있습니다.

자연증감은 **출생이나 사망에 따른 증감**입니다. 출생 수와 사망 수를 비교해 플러스가 되면 자연증가, 마이너스가 되면 자연감소라고 해요.

사회증감은 **인구 이동에 따른 증감**입니다. 유입 수에서 유출 수를 보고 플러스가 되면 사회증가 또는 전입초과라고 하고, 마이너스가 되면 사회감소 또는 전출초과라고 합니다.

총인구 대비 사회증가 비율이 사회증가율입니다. 인구가 감소하는, 이른바 과소 마을 등을 살펴보면 자연감소가 아닌 사회감소가 심각한 경우가 많습니다.

인구전환 제1단계, 다산다사형

자연증가와 자연감소에 주목해 그 증감을 모델화한 개념을 인구전환이라고 합니다. 이 **인구전환은 일반적으로 다산다사형에서 다산소사형으로, 그리고 소산소사형으로 이행합니다.**

먼저 제1단계 다산다사형은 과거에는 산업혁명 이전의 전통적 농업사회에, 지금은 개발도상국 중에서도 다소 발전이 늦은 지역에 나타납니다.

이런 시대나 지역에는 의료가 발달하지 못하고 기근이나 역병 등도 함께 발생해 사망률이 높습니다. 이 와중에 농업사회에 필요한 많은 인력을 확보하기 위해 아이를 많이 낳아 높은 출생률을 유지해야 합니다.

결과적으로 **출생률은 높은 수준이지만 사망률도 높아서 인구의 대폭 증가는 나타나지 않습**

니다. 지금은 개발도상국도 도시 지역에서는 최소한의 의료 서비스를 받을 수 있는 경우가 많아져 나라 전체가 이 단계에 머무른 나라는 그렇게 많지 않아요.

인구전환 제2단계, 다산소사형

제2단계는 다산소사형입니다. **도시화나 공업화가 진전해 근대화가 이뤄지면 위생과 의료 수준이 향상해 사망률이 낮아집니다.** 한편 출생률은 위생과 의료 수준 향상 같은 뚜렷한 저하 요인이 없어서(오히려 의료 수준이 높아지면 태어난 아이들이 금방 사망하지 않아서 인구 증가 요인이 됩니다) 바로 낮아지지 않고 높은 수준을 유지합니다. **이렇게 되면 사망률은 낮아지고 출생률은 높은 수준을 유지하는 상황이 되어 인구폭발 같은 엄청난 인구 증가 시기가 찾아옵니다.**

얼마 지나지 않아 점점 출생률도 낮아지기 시작합니다. 우선 의료 발달로 성인으로 성장한 어린이 수가 증가해서, 아이들이 어느 정도 사망할 것을 예상하고 많이 낳을 필요가 없어집니다. 대신 자녀 한 명 한 명에 많은 교육비를 들여 생산성이 높은 일꾼으로 만들려고 합니다. 또 여성의 사회 진출 진전도 출생률 저하 요인이 됩니다.

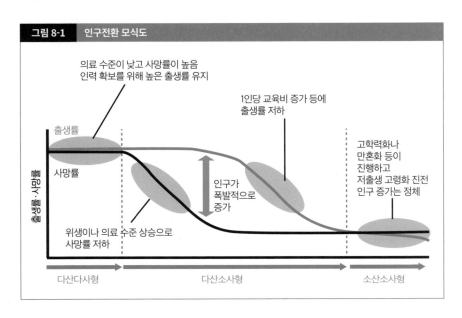

그림 8-1 인구전환 모식도

인구전환 제3단계, 소산소사형

그리고 제3단계 소산소사형입니다. 이 단계는 출생률도 사망률도 낮은 상태입니다. **고학력화, 자녀에게 드는 비용 증가, 가치관 변화 등의 요인이 출생률을 끌어내려** 많은 경우 저출생이나 고령화 같은 문제도 발생합니다. 인구 증가는 정체하고 그 후에는 인구 감소 사회에 돌입할 가능성도 생겨납니다.

인구 보너스와 인구 오너스

인구 증가는 소비자가 증가하고 노동력도 쉽게 확보할 수 있다는 의미여서, **인구가 증가 중인 나라는 경제성장에 큰 기회를 맞이합니다.** 이를 인구 보너스라고 하며, 1970년대부터 현재까지 한국의 고도경제성장도 인구 보너스가 그 배경이었어요. 그러나 한 사람 한 사람을 보면 경제성장의 혜택이 모두에게 돌아가지 않고 빈곤에 머무는 층도 아직 많은 시기입니다.

반대로 선진국을 중심으로 여러 나라에서는 저출생 고령화가 심각한 상태입니다. 겉보기에 인구는 그다지 변하지 않지만, 생산가능인구가 고령 인구로 대체되고 생산가능인구가 부양해야 하는 고령자나 어린이가 많아지는 상태를 인구 오너스라고 합니다. **사회보장비용 부담 증가나 경제성장 둔화 등의 영향이 지적됩니다.**

인구피라미드로 보는
국가나 지역의 인구 구성

🏢 인구 구성과 인구피라미드

인구전환을 토대로 국가나 지역의 인구 구성을 살펴보겠습니다.

인구 구성을 구분 짓는 기준으로 0~14세 소년인구, 15~64세 생산가능인구, 65세 이상 노년인구가 자주 활용됩니다. 15세부터 64세까지인 사람의 벌이가 그 이외 인구를 부양하는 것으로 해석할 수 있어요.

이런 연령 구성을 수년 단위로 막대그래프로 만들어 성별을 좌우로 나눠서 나타낸 그래프가 인구피라미드입니다. 숫자만 볼 때보다 **그 모양으로 나라나 지역의 인구 구성이나 문제점이 한눈에 보여서 미래 인구 증감도 예측할 수 있다는 장점이 있어** 널리 쓰입니다. 인구피라미드는 모양에 따라 후지산형, 피라미드형, 종형, 항아리형 등으로 분류됩니다.

🏢 인구피라미드 ① 후지산형과 피라미드형

먼저 **다산다사형부터 다산저출생형까지 아우르는** 후지산형과 피라미드형 인구피라미드를 소개합니다. 밑변이 넓고 정상이 좁은 산 모양을 한 피라미드가 후지산형입니다. 밑변이 넓다는 것은 아기와 어린이가 많다는 뜻입니다. 그러나 어린이 사망자 수도 많아서 조금 위에 있는 생산가능인구를 보면 한층 줄어들어 있습니다. 노년인구가 되는 인구는 한정됩니다. **이 인구피라미드는 다산다사 상황을 나타냅니다.** 이런 모양을 보이는 나라로는 아프리카 사하라사막 남쪽에 있는 말리, 차드, 나이지리아 등이 꼽힙니다. 이들 나라에서는 의료와 위생 상황, 영양 상태의 개선이 필요합니다.

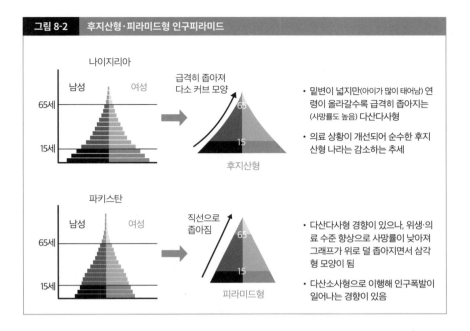

그림 8-2 후지산형·피라미드형 인구피라미드

나이지리아

남성　여성

65세

15세

급격히 좁아져
다소 커브 모양

65

15

후지산형

- 밑변이 넓지만(아이가 많이 태어남) 연령이 올라갈수록 급격히 좁아지는 (사망률도 높음) 다산다사형
- 의료 상황이 개선되어 순수한 후지산형 나라는 감소하는 추세

파키스탄

남성　여성

65세

15세

직선으로
좁아짐

65

15

피라미드형

- 다산다사형 경향이 있으나, 위생·의료 수준 향상으로 사망률이 낮아져 그래프가 위로 덜 좁아지면서 삼각형 모양이 됨
- 다산소사형으로 이행해 인구폭발이 일어나는 경향이 있음

인구피라미드가 꼭대기부터 바닥까지 직선으로 내려가 전체적으로 삼각형 모양이면 **피라미드형**입니다. 고령층으로 갈수록 폭이 좁아져서 아직 사망률이 높지만, 후지산형과 비교하면 급격히 좁아지지는 않아요. 이는 **그 나라나 지역이 다산소사형으로 이행하는 도중임을 나타냅니다.**

의료, 위생, 영양 상황이 개선된 개발도상국이 이런 모양인 경우가 많아요. 앞으로 **생산가능인구 증가가 예상되므로 향후 경제발전이 기대되는 나라입니다.** 필리핀, 파키스탄, 에콰도르 등 동남아시아나 남아시아, 라틴아메리카 나라에 많이 나타납니다.

🏭 인구피라미드 ② 종형과 항아리형

이어 **소산소사형을 나타내는** 종형과 항아리형 두 가지 모양을 소개합니다. **태어나는 아이 대부분이 노년인구까지 살아 있게 되면 유아 인구가 그대로 유지되어 몸통 굵기가 노년인구까지 그다지 변하지 않는** 종처럼 생긴 종형이 됩니다. 이 모양은 프랑스, 미국, 영국 등 출생률이

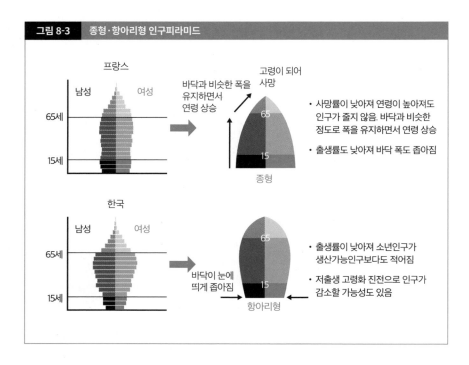

그림 8-3 종형·항아리형 인구피라미드

프랑스

남성　　여성

65세

15세

바닥과 비슷한 폭을 유지하면서 연령 상승

고령이 되어 사망

65

15

종형

· 사망률이 낮아져 연령이 높아져도 인구가 줄지 않음. 바닥과 비슷한 정도로 폭을 유지하면서 연령 상승
· 출생률도 낮아져 바닥 폭도 좁아짐

한국

남성　　여성

65세

15세

바닥이 눈에 띄게 좁아짐

65

15

항아리형

· 출생률이 낮아져 소년인구가 생산가능인구보다도 적어짐
· 저출생 고령화 진전으로 인구가 감소할 가능성도 있음

조금 높은(저출생에 약간 제동이 걸린) 선진국에 나타나는 형태인데, 최근에는 개발도상국 중에서도 종형인 나라가 많습니다.

아울러 **저출생에 제동이 걸리지 않으면 인구 유지에 필요한 출생률도 확보하기 어려워집니다.** 일반적으로 나라나 지역의 인구 유지를 위해서는 합계출산율(여성 한 명이 평생 낳을 것으로 예상되는 평균 자녀 수)이 2.1은 되어야 하는데 이를 크게 밑돌게 됩니다. 한편 의료 수준은 높아서 노년인구는 많은 채로 유지됩니다. 결과적으로 **위쪽이 넓고 아래쪽이 좁아지는** 항아리형을 나타냅니다. **이 패턴은 길게 보면 인구 감소가 예측됩니다.** 이탈리아, 스페인, 한국, 일본 등이 출생률이 낮아 대표적인 항아리형 국가입니다.

산업별로 본 인구 구성 변화

산업별로 분류하는 인구 구성

인구를 연령별로 3분할하면 '소년·생산가능·노년'인데, 일하는 사람들의 인구를 산업별로 3가지로 나눈 것을 산업별 인구 구성이라고 합니다.

1차 산업은 자연에서 일하면서 직접 작물을 취득하고 생산하는 산업으로 **농림수산업이 해당됩니다.** 2차 산업은 1차 산업으로 얻은 작물을 가공하는 산업으로, **제조업이나 건설업 등이 여기 속합니다.** 자연에서 직접 얻지만, 일반적으로 광업도 2차 산업으로 분류합니다.

그리고 3차 산업이 상업이나 서비스업 등 1·2차 산업에 포함되지 않는 산업입니다. **운송, 금융, 의료, 교육, 행정 등 폭넓은 산업을 포함합니다.**

시간이 지나며 변하는 산업별 인구 구성

인구전환처럼 산업별 인구 구성도 **처음에는 1차 산업이 많았던 나라가 2차 산업의 비율을 늘리고, 그 후 3차 산업이 대부분을 차지하게 됩니다.** 개발도상국에서는 인구의 절반 이상이 1차 산업(주로 농업)에 종사하지만, 공업화를 조금씩 이루면서 2차 산업 비중이 커집니다. 공업을 비롯한 2차 산업은 많은 부가가치를 만들어내고, 도시로의 인구 이동을 촉진해 점차 서비스업이 발전하여 언젠가는 **인구 대부분이 3차 산업에 종사하게 됩니다.**

한국도 3차 산업 인구가 약 73.6%로 많고 1차 산업이 0.3%, 2차 산업이 26.1%를 차지합니다(2021년 기준).

인구 이동과 이에 따른 문제점

🏢 일자리를 찾는 사람들이 모이는 도시

인구의 사회증가나 사회감소를 만들어내는 인구 이동에는 다양한 원인과 역사적 배경이 있습니다.

일자리를 찾는 사람들이 이동하는 현상은 사회증감을 일으키는 가장 큰 요인입니다. 일반적으로 경제발전이 뒤처진 지역은 일자리가 없고, 경제발전이 진행된 지역은 노동력이 부족하곤 합니다. 그래서 농촌에서 도시로 인구 흐름이 생겨납니다.

이처럼 농촌에서 도시로 인구가 이동하는 현상을 이촌향도라고 합니다. 인구폭발 도중인 개발도상국 중에는 일자리를 찾아 농촌에서 도시로 급속하게 인구가 이동하는 극심한 이촌향도가 나타나는 곳도 있습니다.

많은 인구가 유입된 도시에서는 과밀이 나타나 환경오염, 주택부족, 교통체증 등 문제가 발생합니다. 인구가 급속하게 증가했기에 일자리를 제대로 구하지 못하고 고정 주거지도 얻지 못한 채 도시 주변으로 이주하며 열악한 환경의 주택지인 슬럼을 형성하기도 합니다.

🏢 인구가 눈에 띄게 감소한 과소 마을

한편 인구가 감소한 농촌 중에는 인구가 두드러지게 감소해 과소 상황이 되는 곳도 있습니다. 일본의 경우 과소에 더해 노년인구가 50%를 넘은 취락을 한계집락이라고 하며, 이는 농작업이나 관혼상제 등 취락으로의 기능을 유지하기 곤란한 지역이 됩니다. 특히 교통 유지나 의사 확보는 중요한 문제가 되고 있습니다. 또 상점도 적고 식료품이나 일용품 구입에도 상당한 불편이 따릅니다. 이런 지역에서는 대도시권 사람들에게 출신지나 그 근처에서 취직하게 하는 U턴, 출신지 이외 지방에 취직하는 I턴 등을 촉진하기도 합니다.

🏠 사회증가·사회감소를 나타내는 인구피라미드

이런 인구 이동을 인구피라미드로 살펴보겠습니다. 일자리를 찾아 인구가 이동하는 경우 주로 생산가능인구가 이동합니다.

생산가능인구가 이동하면 그들의 자녀 세대도 함께 이동하는 경우가 많아서 **인구가 유입하는 대도시는 생산가능인구와 소년인구가 동시에 증가하는 별형 피라미드가 됩니다.**

한편 농촌 지역은 생산가능인구가 대폭 감소하고, 특히 진학·취직 등으로 고향을 떠나는 젊은이가 많아서 **10대 후반부터 30대 정도까지가 극단적으로 줄어듭니다.** 그래서 인구피라미드 모양도 상당히 불안정한 표주박형입니다. 실제로는 아이 출생도 적어서 거꾸로 된 호리병이나 길쭉한 꽃병 같은 불안정한 모양도 됩니다.

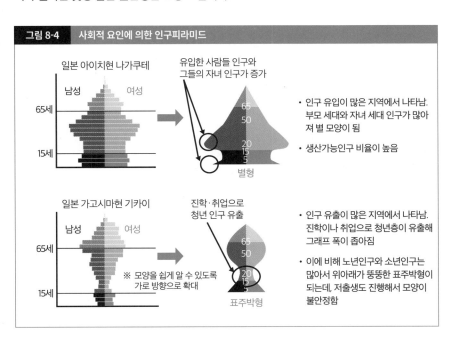

그림 8-4 　사회적 요인에 의한 인구피라미드

일본 아이치현 나가쿠테
남성　여성
65세
15세

유입한 사람들 인구와 그들의 자녀 인구가 증가
65 50 20 15 5
별형

· 인구 유입이 많은 지역에서 나타남. 부모 세대와 자녀 세대 인구가 많아져 별 모양이 됨
· 생산가능인구 비율이 높음

일본 가고시마현 기카이
남성　여성
65세
15세
※ 모양을 쉽게 알 수 있도록 가로 방향으로 확대

진학·취업으로 청년 인구 유출
65 50 20 15 5
표주박형

· 인구 유출이 많은 지역에서 나타남. 진학이나 취업으로 청년층이 유출해 그래프 폭이 좁아짐
· 이에 비해 노년인구와 소년인구는 많아서 위아래가 뚱뚱한 표주박형이 되는데, 저출생도 진행해서 모양이 불안정함

국경을 넘어 이동하는 이민과 난민

🏙 일자리를 찾아 세계를 돌아다니는 이민

농촌에서 도시로 가는 이촌향도 유형 인구 이동을 세계로 확대해 보면 **임금수준이 낮은 나라에서 높은 나라로, 국경을 넘어 일자리를 찾아 이동하는** 이민 형태가 됩니다. 일자리를 구하기위해 이동하는 경우 대부분 옮겨간 지역 사람들과 일자리를 경쟁해야 하는데 이민을 배척하는 사람도 늘어 갈등으로 번지는 사례도 많아요.

🏙 세계 각지에 분포하는 화교와 인교

중국은 역사적으로(청나라 시절 인구 급증과 교역 확대 등의 요인으로) 동남아시아로 많은 이주자를보내왔습니다. **이 사람들은 각지에서 중국인 거리(차이나타운)를 만들었어요.** 지금은 전 세계에중국계 사람들이 분포합니다.

여러 세대에 걸쳐 이주해 해당 나라 국적을 취득한 중국인들이 큰 경제적 영향력을 가진 사례도 적지 않습니다. 또 중국 국적을 유지하고 해외로 이주한 사람들은 화교라고 불러요.

인도계 사람들도 전 세계에 이주해왔습니다. 인도는 예전에 영국령이었는데, 그때 인도 사람들은 세계에 퍼져 있던 영국령 나라에서 노동자로 고용되면서 세계 각지로 진출했습니다. 이런 사람들을 뿌리로 둔 인도계 사람들을 인교라고 하며, **옛 영국 식민지 나라들에 많이 분포해 있어요.**

인교가 옛 영국 식민지에 많이 있듯이, 식민지 지배의 영향이 이민으로 종종 나타나기도 합니다. 예를 들면 영국은 인도·파키스탄·방글라데시, 프랑스는 알제리·튀니지·베트남 등 식민지 지배를 당하던 나라의 사람들이 일자리를 찾아 이주하는 곳이 되었습니다.

또 석유 산출로 경제가 발전한 산유국도 많은 사람을 끌어들이는 이민 대상국입니다.

🏢 다문화주의와 동화주의

이민을 어떤 자세로 대할지에 대한 방침은 나라마다 다릅니다. 하나는 **이민자들의 출신지 문화나 언어를 존중하는 방식**인 다문화주의, 다른 하나는 **이민을 받아들인 나라가 자신의 나라 언어나 문화를 습득시켜 그 나라 방식을 적극적으로 따르도록 하는 방식**인 동화주의입니다. 어느 쪽이 더 좋다고 하기보다는 각각 장단점이 있어요. 물론 평등하고 관용적인 사회가 바람직하지만, 이민을 마이너리티(사회 소수자)로서 배제하려는 생각을 가진 사람들도 있어서 뿌리 깊은 문제가 되고 있습니다.

🏢 부득이한 사정으로 국경을 넘는 난민

일자리 부족 등의 사정은 있어도 이민은 어느 정도 자발적으로 이주한 사람들입니다. 그런데 **전쟁, 정치적 박해, 종교적 박해 등 어쩔 수 없는 사정으로 국경을 넘어 이주해야만 하는 사람들**도 있어요. 이런 사람들을 난민이라고 해요. 국경을 넘지 않더라도 나라 안 거주지에서 쫓겨나 난민 생활을 하는 국내 피난민들도 있습니다.

뉴스를 보면 매일 세계 각지에서 분쟁, 내전, 민족 대립이나 박해 등이 발생하는 사실을 알 수 있습니다. 그럴 때마다 난민이나 국내피난민 수는 증가합니다. **난민은 지금도 늘고 있으며, 2000년대 초반에 2000만 명 정도였던 난민과 국내피난민이 지금은 6000만 명을 넘어서** 피난 생활도 장기화하는 추세입니다. 난민을 받은 나라나 지역의 입장에서는 부담이 크므로 난민 문제는 전 세계가 협력해 해결해야 할 과제입니다.

사람이 모이는 곳에 생기는 취락

취락의 시작은 물을 얻기 쉬운 곳

이제 사람들이 사는 무대인 촌락과 도시를 살펴보려 합니다.

일정 규모 이상의 사람들이 모여 사회생활을 하게 되면 그 집단을 취락이라고 합니다.

옛날 사람들의 생활은 자연조건에 크게 영향을 받아서, 취락도 자연조건의 영향을 크게 받아 형성되었어요. 취락 형성에 큰 영향을 미치는 첫 번째 요인은 물입니다. 생활에는 물이 꼭 필요하기 때문에 **물을 얻기 쉬운 강이나 호수 부근, 산기슭이나 선상지 끝부분 등에 취락이 생깁니다.**

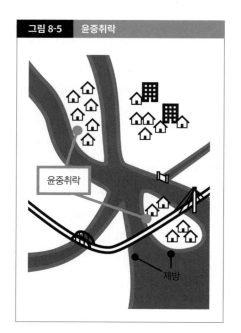

그림 8-5　윤중취락

윤중취락

제방

평탄한 하천 중류나 하류는 농업을 하기 좋고 살기도 좋지만 수해에 취약해서 평탄지 중에서도 조금 높은 곳에 있는 자연제방 등에 취락이 만들어집니다. 강 사이에 껴서 홍수 위험이 큰 곳에는 주위를 제방으로 둘러싸 수해에 대비하는 윤중취락이 나타납니다. 일본에서는 기후현 남부에서부터 아이치현 서부, 미에현 북부에 걸친 기소강, 나가라강, 이비강을 총칭하는 이른바 '기소 삼강' 하류의 윤중취락이 유명합니다. 한국의 대표적인 윤중취락으로는 서울의 여의도가 있습니다.

사회적 환경에 의해 생기는 취락

자연환경과 관련 있는 취락 형성뿐 아니라 사회적 환경에 의한 취락 형성 방식도 있습니다.

그 중요한 요인은 **적으로부터 몸을 지키기 위한 경우, 교역에 알맞은 장소인 경우가 있습니다.** 외부 적에 맞서 주위에 땅을 파 만든 수로를 두른 환호취락(농업용수를 위해 수로를 두르는 환호취락도 있어요), 언덕 위에 만들어지는 병영취락 등이 있습니다.

교역에 적합한 장소에 생기는 취락의 사례로는 길이 모이는 곳에 만들어지는 취락, 수로가 모이는 곳에 생기는 취락 등이 있어요. 독특한 사례로는 일본 간토평야에 많이 나타나는 곡구취락이 있습니다. 산지에서 평야로 옮겨가는 길목에 있는 취락으로, 골짜기에서 평야로 하천이 흘러 나가는 곳에 있습니다. **이런 지점에는 산에서 온 물자와 평야에서 온 물자가 모이는 경향이 있어 취락이 발달합니다.**

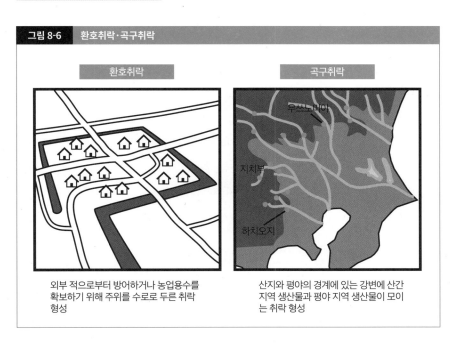

| 그림 8-6 | 환호취락·곡구취락 |

환호취락

곡구취락

외부 적으로부터 방어하거나 농업용수를 확보하기 위해 주위를 수로로 두른 취락 형성

산지와 평야의 경계에 있는 강변에 산간 지역 생산물과 평야 지역 생산물이 모이는 취락 형성

시대나 입지에 따라 다양한 표정을 지닌 촌락

농림수산업이 주요 산업인 촌락

취락을 크게 나누면 농림수산업이 주체인 촌락, 상공업이나 서비스업이 주체인 도시가 있습니다. 일반적으로 촌락은 규모가 작고, 도시는 규모가 큽니다.

형태에 따른 촌락 분류 ① 괴촌·원촌

촌락을 분류하면 집촌과 산촌 두 가지 유형으로 나뉩니다. **집촌은 많은 가옥이 밀집한 촌락으로** 몇 가지 패턴이 있습니다.

괴촌은 정해진 형태 없이 **이름대로 덩어리(괴)처럼 존재하는 촌락입니다.** 사람들이 모여 살면 괴촌이 생기기 때문에 자연발생적으로 생기는 촌락은 대부분 괴촌입니다. 샘물이 나오는 곳, 농업에 알맞은 곳, 홍수 위험이 적은 곳 등에 주로 나타납니다.

이 같은 촌락 주위를 수로로 둘러싸면 환호취락이 됩니다.

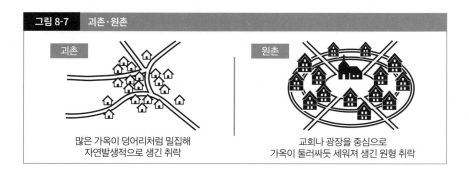

그림 8-7　괴촌·원촌

괴촌
많은 가옥이 덩어리처럼 밀집해 자연발생적으로 생긴 취락

원촌
교회나 광장을 중심으로 가옥이 둘러싸듯 세워져 생긴 원형 취락

또 유럽에서는 사람들이 사는 곳 중심에 교회가 있어요. 교회와 그 앞 광장을 중심으로 **원형으로 촌락이 형성되면** 원촌입니다. 독일 동부에서 폴란드까지 걸친 지역에서 많이 보이며, 항공사진으로 보면 동그란 원 모양의 취락을 발견할 수 있습니다.

형태에 따른 촌락 분류 ② 노촌·신전취락

열촌은 도로를 따라 만들어진 형태의 촌락입니다. 대표적으로 유럽의 노촌과 임지촌, 일본의 신전취락 등이 있습니다.

이들 촌락은 **도로를 따라 집이 나란히 세워져 있고 그 뒤에 좁고 긴 띠 형태의 농지가 존재하는 점이 특징입니다.** 이는 이 촌락의 농지를 개척할 당시 각각 농가에 토지를 균등하게 할당하면서 만들었기 때문입니다.

또 일본의 신전취락 중에도 도로 양쪽에 집이 나란히 있고 그 배후에 띠 모양 경작지가 펼쳐지는, 전형적인 노촌 형태를 띠는 경우가 있습니다.

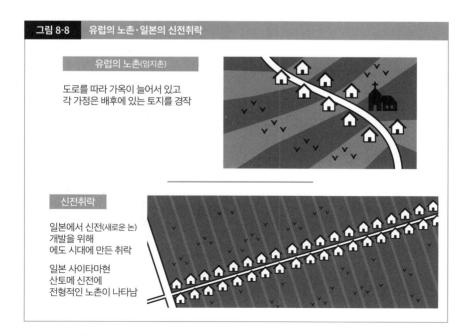

그림 8-8　유럽의 노촌·일본의 신전취락

유럽의 노촌(임지촌)

도로를 따라 가옥이 늘어서 있고
각 가정은 배후에 있는 토지를 경작

신전취락

일본에서 신전(새로운 논)
개발을 위해
에도 시대에 만든 취락

일본 사이타마현
산토메 신전에
전형적인 노촌이 나타남

🏙️ 형태에 따른 촌락 분류 ③ 가촌

노촌은 농지와 도로 관계에 따라 성립한 촌락인데, 비슷한 형태로 가촌이 있습니다. 가촌은 농업과의 관련성이 아닌 상공업이나 신사 등 다른 사회적 요인으로 생긴 취락입니다.

일본에서는 슈쿠바마치(역참 마을)가 에도 시대(1603~1868년) 무렵 도카이도나 나카센도 같은 도로를 따라 만들어진 취락입니다. **여행자를 위한 숙박시설, 상점, 음식점 등이 즐비해 도로를 따라 길고 좁은 취락이 형성됩니다.**

몬젠마치(문 앞 마을)는 절이나 신사 앞에 생긴 취락입니다. **절이나 신사 참배객을 위한 숙박시설, 상점, 음식점, 수공업자 등이 늘어서 있어** 길고 좁은 취락이 형성됩니다.

🏙️ 형태에 따른 촌락 분류 ④ 산촌

앞서 소개한 괴촌, 노촌, 가촌 등은 주택이나 상점이 모여 있는 집촌이지만, 이와 반대로 집들이 뿔뿔이 흩어져 있는 형태의 촌락도 있습니다. 이를 산촌이라고 하며, 주로 농촌에 나타나

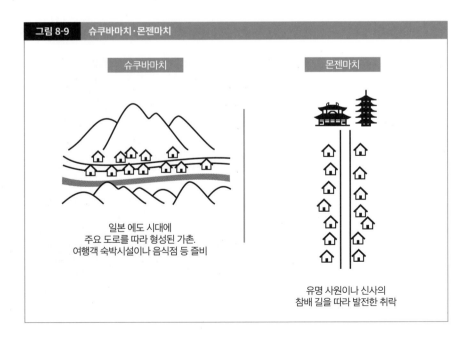

| 그림 8-9 | 슈쿠바마치·몬젠마치 |

슈쿠바마치

일본 에도 시대에
주요 도로를 따라 형성된 가촌.
여행객 숙박시설이나 음식점 등 즐비

몬젠마치

유명 사원이나 신사의
참배 길을 따라 발전한 취락

요. 각 농가가 **거리를 유지하면서 그 주변 농지를 경작해서, 넓은 경작지 가운데 둥둥 떠다니는 섬처럼 집들이 존재하는** 독특한 풍경을 만듭니다.

한국에서는 태백산맥 동북부, 충청남도 서해안의 간척지와 과수원 지대, 대도시 주변의 근교농업 지대 등에 산촌이 보입니다.

이런 산촌에서는 한 집 한 집이 떨어져 있어서 집들이 서로 바람막이 역할을 하지 못해 바람이 불면 잘 흔들립니다. 그래서 집 주변에 바람을 막기 위한 숲인 방풍림을 만드는 집이 많은 점이 특징입니다.

또 미국이나 캐나다 등에는 타운십이라는 토지 제도에 기초한 산촌이 있어요. 넓은 개척지를 사방 6마일(9.6km)의 타운십이라는 단위로 구획해 그 안을 또 사방 800m로 나눠 농가에 할당하는 방식으로, 이 구획별로 농가가 존재하면서 산촌 형태를 띱니다.

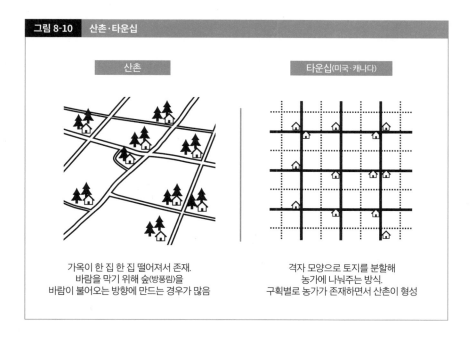

| 그림 8-10 | 산촌·타운십 |

산촌

가옥이 한 집 한 집 떨어져서 존재.
바람을 막기 위해 숲(방풍림)을
바람이 불어오는 방향에 만드는 경우가 많음

타운십(미국·캐나다)

격자 모양으로 토지를 분할해
농가에 나눠주는 방식.
구획별로 농가가 존재하면서 산촌이 형성

정치, 상업, 공업 등 여러 기능을 갖춘 도시

계속 상승하는 도시 인구율

일반적으로 국가 산업구조는 농업에서 공업, 상업이나 서비스업으로 옮겨가며 변화합니다. 인구구조도 1차 산업에서 2차 산업, 3차 산업으로 이행하기 때문에 2차 및 3차 산업에 종사하는 사람들이 사는 무대인 도시의 인구는 점점 증가합니다.

그래서 전체 인구 대비 도시에 사는 인구 비율(도시 인구율)은 매년 상승하고 있어요. 현재 세계의 도시 인구율은 약 55%로, 도시에 사는 사람들 수가 촌락에 사는 사람들 수를 웃돌아 앞으로도 증가할 것으로 예상됩니다.

정치와 산업의 중심이 된 도시

세계의 도시 형성을 살펴보면 옛날에는 고대 로마, 중국 장안(현 시안), 일본 헤이안쿄(현 교토)처럼 **정치·군사 기능을 가진 나라의 수도로** 정치도시가 만들어졌습니다.

유럽이 중세와 근세에 들어가면 **교역에 알맞은 곳**에 교역도시가 생깁니다. 이탈리아 **베네치아**, 독일 **함부르크**, 프랑스 **상파뉴 지방** 도시 등이 대표적입니다. 또 중세 도시에는 방어를 위한 장벽이나 땅굴이 있는 성곽도시도 많았습니다. 가령 일본에서는 제2차 세계대전 이후 성 주변에 조카마치(성 아래 마을이라는 뜻-역자 주)라는 마을이 발전했습니다.

세계가 산업혁명을 맞이하면서 공장이 잇달아 세워지고 공장에서 일하는 노동자가 생활하는 공업도시가 탄생했습니다. 공업도시가 생기면서 이에 따른 상업도 번성했어요.

정치도시, 상업도시, 공업도시는 근대 이후에도 형성되어 세계 곳곳에 존재합니다. 근대 이후에 만들어진 정치도시로는 미국 **워싱턴D.C.**, 브라질 **브라질리아**, 호주 **캔버라** 등이 있어요. 공업도시에는 자동차 산업이 발전한 미국 **디트로이트**나 일본 **토요타** 등이 있습니다.

　근대 이후 상업도시의 예로는 미국 뉴욕 등이 꼽히는데, **인구가 많으면 당연히 상업도 발전하기에 도시의 많은 부분이 상업도시적 성격을 함께 갖고 있습니다.**

관광·종교·학술·군사의 중심인 도시

프랑스 **니스**나 **칸**, 미국 **라스베이거스** 등은 관광·휴양 도시로 많은 사람을 끌어들입니다. 종교도시에는 유대교, 기독교, 이슬람교 3종교 성지인 **예루살렘**, 이슬람교 성지인 사우디아라비아 **메카**, 힌두교 성지인 인도 **바라나시**, 기독교 순례지인 스페인 **산티아고 데 콤포스텔라** 등이 있어요.

　또 대학을 중심으로 연구기관이 모인 영국 **옥스퍼드** 같은 학술도시, 군사적 거점으로 발전한 스페인 **지브롤터**와 러시아 **블라디보스토크** 같은 군사도시 등이 있습니다.

상공에서 본 도시의 다양한 형태

여기서 언급한 도시를 지도 앱 등을 사용해 항공사진으로 보면 도시마다 다르게 생긴 점이 흥미로워서 여러 도시를 비교해보게 됩니다.

　많은 도시는 가로세로로 도로가 교차하는 **직교형** 도로를 갖췄습니다. 중심 도로를 깔고 그곳에서부터 직교하는 도로를 좌우로 뻗어 도시를 만드는 방법으로, 옛날에는 중국 장안, 일본 헤이세이쿄(현 나라)와 헤이안쿄, 근대 이후에는 미국 **시카고**와 **뉴욕** 등에 해당합니다.

　미국 **워싱턴D.C.**는 직교형에 방사형 도로를 조합한 직교방사형 도시입니다. 대규모 직교형 도시는 도심 접근성이 약간 나빠지는 단점이 있는데(크게 L자형으로 꺾거나 이리저리 돌아야 해서), 방사형 도로를 조합하면 도심 접근성이 좋아지는 장점이 있어요.

　모스크바나 **파리** 등 도시 중심지에서 방사형으로 도로를 만들어 환상 도로로 잇는 방사환상형 도시도 있습니다.

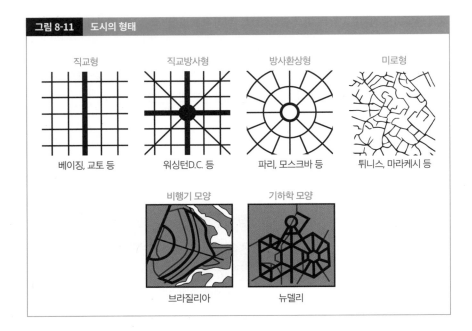

그림 8-11   도시의 형태

직교형
베이징, 교토 등

직교방사형
워싱턴D.C. 등

방사환상형
파리, 모스크바 등

미로형
튀니스, 마라케시 등

비행기 모양
브라질리아

기하학 모양
뉴델리

　　서아시아나 북아프리카의 오래된 도시에는 막다른 골목이 많은 **미로형** 도시가 있습니다. 튀니지의 **튀니스**, 모로코 **마라케시** 등이 대표적 예로 외부 적으로부터의 방위 등을 위한 이유가 있어요.

　　인공적으로 만들어진 도시 중에는 개성 있는 모양을 한 곳도 있습니다. 브라질 수도 **브라질리아**는 상공에서 보면 비행기 모양을 한 변종입니다. 인도 **뉴델리**와 호주 **캔버라**는 아름다운 기하학 모양으로 도로가 배치되었습니다.

대도시에 나타나는 도시 내부 구조와 외부 구조

기능에 따라 나뉘는 도시 내부 구조

도시 내부를 살펴보면 도시 안에는 상업지구, 공업지구, 주택지 등 다양한 지역이 있습니다. 공업지구는 상품, 원료, 재료를 얻기 쉬운 곳에 모이고 상업지구는 어디에서도 접근성이 좋은 곳에 모여 있어요.

특히 **도심에는 공공기관과 기업 사옥, 대형 백화점이 모이는** 중심업무지구(CBD)가 생깁니다. 또 도심에서 조금 떨어진 곳에 있는, 교통망이 집중되는 거점에 부도심 지역이 발달하기도 합니다. 미국, 호주, 일본 등은 CBD나 그 주변의 고층 빌딩군이 도심에 생기는데, **오랜 역사를 가진 유럽 도시 등은 역사적으로 오래된 도심부를 구시가지로 남겨두고 있어 조금 떨어진 곳에 CBD가 만들어지는 경우가 많습니다.**

확장하는 도시 외부 구조

도시 주변을 살펴보면 도시 주변 지역에는 많은 사람이 살고, 도시로 통근·통학이나 쇼핑을 하러 옵니다. 이를 도시권이라고 부르며, **도시와 주변 지역은 경제나 서비스로 끈끈하게 연결되어 있어요.**

또 이런 주변 지역도 도시 기능을 갖추면 대도시 주변 위성도시가 됩니다. 이런 도시권이나 위성도시를 이른바 베드타운이라고 하며, 많은 주민이 낮에는 대도시에서 일하고 밤에는 베드타운으로 돌아옵니다. 그 결과 도심과 베드타운에서는 낮과 밤 인구가 크게 변해 주야간 인구 비율 차이가 뚜렷하게 나타납니다. **낮에는 도심으로 통근·통학하는 사람들이 있어서 베드**

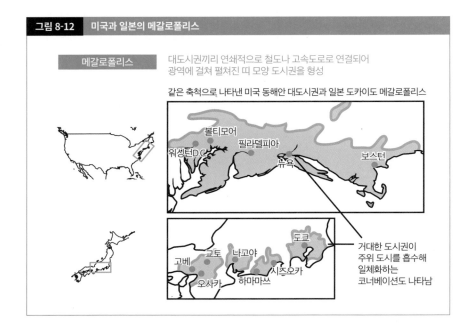

그림 8-12　미국과 일본의 메갈로폴리스

메갈로폴리스　대도시권끼리 연쇄적으로 철도나 고속도로로 연결되어 광역에 걸쳐 펼쳐진 띠 모양 도시권을 형성

같은 축척으로 나타낸 미국 동해안 대도시권과 일본 도카이도 메갈로폴리스

볼티모어
필라델피아
워싱턴D.C.
보스턴
뉴욕

도쿄
교토　나고야
고베
시즈오카
오사카　하마마쓰

거대한 도시권이 주위 도시를 흡수해 일체화하는 코너베이션도 나타남

타운 인구는 감소하고, 도심 인구는 증가합니다. 밤은 그 인구가 베드타운으로 돌아가기 때문에 도심 인구는 감소하고 베드타운 인구가 증가해요.

또 규모가 큰 도시를 살펴봅시다. 특히 거대한 도시는 메트로폴리스라고 해요. 도쿄나 뉴욕이 대표적으로, 크게 펼쳐진 도시권이 주변 도시를 흡수해 코너베이션(연계도시)으로 나타나는 상태가 됩니다. 일본에서는 **사이타마현 남부, 가나가와현 동부, 지바현 서부 등이 도심과 시가지가 연계해 도쿄와 일체화한 것처럼 보이는 대표적인 코너베이션 사례입니다.**

아울러 대도시 여러 개가 철도나 고속도로 등으로 연결되어 띠 모양으로 이어지면 메갈로폴리스라고 합니다. 미국 보스턴에서 워싱턴D.C. 일대, 유럽 블루바나나, 일본 간토 평야에서 효고현에 걸친 도카이도 메갈로폴리스 등이 대표적입니다.

도시 발전에 따라 발생하는 다양한 문제

도시가 발전하면 문제도 많아진다

기본적으로는 나라가 발전하면 농촌에서 도시로 가는 사람들이 늘고 도시가 발전해갑니다. 도시 발전은 국가 경제성장의 지표이기도 하지만, 이로 인해 교통체증이나 환경오염 등 다양한 문제도 많이 발생하게 됩니다. 이런 도시문제를 살펴보겠습니다.

개발도상국에서 발생하는 도시문제

개발도상국에서는 20세기 후반 무렵부터 도시로의 인구 집중이 극심해졌습니다. 인구폭발을 맞이한 단계의 나라에서는 사람들이 일자리를 찾아 도시로 향하거나, 농촌에 기계가 도입되면서 노동력이 남아돌아 도시 일자리를 구하는 일이 많아졌습니다.

이렇게 농촌 사람들이 이주한 결과 **나라의 중심 대도시는 국내 타 도시 규모를 크게 웃돌고, 두 번째로 큰 도시의 인구도 큰 차이로 앞서는 도시로 형성되기도** 합니다. 이런 도시를 수위도시(프라이메이트 도시)라고 합니다. 칠레 **산티아고**, 코트디부아르 **아비장**, 태국 **방콕** 등이 대표적인 수위도시입니다.

이처럼 급속한 도시 인구 증가에 따라 개발도상국 도시에서는 환경 악화가 문제로 떠오릅니다. 교통체증 발생, 배기가스에 의한 대기오염, 지하수를 퍼 올리고서 발생하는 지반 침하 등 많은 문제가 일어나고 있어요.

또 급속한 도시 인구 증가에 상하수도, 전기, 가스 등 생활 기반이 되는 이른바 인프라스트럭처(인프라) 정비가 따라오지 못해 슬럼이라고 하는 환경이 열악한 주택지가 형성되는 경우도 많아요. 브라질의 파벨라는 그 대표 격으로 잘 알려져 있습니다.

빈곤한 사람들은 그런 슬럼에서 생활할 수밖에 없어서 도시에 살아도 일자리를 구하지 못하고 길거리에서 물건을 팔거나 일용직 노동, 쓰레기 산에서의 재활용 작업 등 비공식 부문(통계로 기록되지 않는 비공식 부문 경제활동)에서 일하면서 간신히 생활을 지탱하는 경우가 많습니다. 이런 사람들 중에는 부모나 친척 등의 보호를 받지 못하고 길거리에서 집단생활을 하는 이른바 스트리트 칠드런도 있어요.

선진국에서 발생하는 도시문제

선진국도 도시문제와 무관하지 않습니다. 선진국은 도시화가 개발도상국보다 빨리 진전했기 때문에 도시문제도 일찍부터 발생했습니다. 대도시 인구 집중에 따른 토지 가격 급상승이나 교통체증 등이 중요한 도시문제로 꼽힙니다. 또 도시 인구가 증가해 주변부로 인구가 빠져나가면서 주변 지역 농지나 녹지에 주택이나 공장을 무계획적으로 세워 벌레 먹듯이 확산하는 스프롤 현상도 나타납니다.

이너 시티 문제와 젠트리피케이션

특히 서양 대도시에서는 도시화가 진행되면 비교적 부유한 사람들이 과밀하고 환경이 나쁜 도심 부근을 떠나 환경이 좋은 교외에 집을 구하려는 사례도 증가합니다. **도심 부근에는 남은 저소득층, 고령자, 외국에서 온 이민자가 증가하여 도심 주변의 환경이 악화**하는 이너 시티 문제가 발생합니다.

이 문제를 개선하려고 각 도시에서 하는 노력이 재개발 추진입니다. 건물을 리뉴얼해 금융기관이나 기업 등이 입주하는 오피스 빌딩이나 고층 아파트 등을 건설함으로써 환경을 개선하려는 시도가 이뤄집니다. 이런 젠트리피케이션(도시 고급화) 움직임에 의해 지역 전체의 경제적 지위가 높아지면 부유층이 돌아오고, 도심에 다시 고급 상점과 음식점도 모입니다.

이 같은 재개발은 도심뿐 아니라 도시 각지에서 진행됩니다. 특히 오래된 공업도시는 하천이나 항구 근처에 있는 경우가 많아서 산업구조 변화로 그곳이 낙후되면 항만 근처 환경이 악화합니다. 이런 지역의 재개발은 워터프론트 개발이라고 불러요. 지금은 강변이나 해변에 멋진 도로가 늘어선 매력 있는 거리가 많아졌어요.

젠트리피케이션이나 워터프론트 개발의 대표 사례로 치안이 안 좋았던 지역에 브랜드숍이나 레스토랑이 즐비하게 된 뉴욕의 **소호**, 조선소 등 항만시설이 오피스로 탈바꿈한 런던 **도클랜즈 지구** 등이 꼽힙니다.

최근에는 교통 측면에서의 도시문제 개선도 진행되고 있습니다. 대기오염이나 교통체증 같은 도시문제를 개선하기 위해 환경에 부담이 적고 정체 해소에도 도움이 되는 트램(노면전차) 사용, 자동차를 교외 주차장에 세우고 철도나 버스로 환승해 도심으로 가는 파크 앤드 라이드 도입, 도심으로 진입하는 자동차에 요금을 부과하는 로드 프라이싱 등이 대표 사례입니다. 바닥이 낮은 차세대 트램인 LRT 사용도 늘고 있어요.

인구 감소에 따른 도시문제

과거의 도시문제는 개발도상국이나 선진국이나 도시의 인구 증가에 따른 것이었습니다. 그러나 많은 선진국에서 저출생 고령화와 인구 감소가 문제로 번지면서 **도시 인구 감소도 문제로 떠올랐습니다.** 거주자 사망이나 점포 정리 등으로 빈집이나 빈 가게 등이 불규칙하게 발생해 도시가 스펀지처럼 구멍이 숭숭 나는 도시의 스펀지화 문제, 세수 부족으로 도로나 수도관·가스관 교환이 뒤로 밀리면서 노후화가 두드러지는 문제가 발생하고 있습니다. 이런 인구 감소 문제에 대응하기 위해 중심 시가지를 활성화하면서 도시 기능을 중심부로 집중시켜 기능 유지를 도모하는 콤팩트 시티 등의 대책이 나오고 있어요.

제 9 장

의식주·
언어·종교

기후·풍토에 뿌리내린 다양한 생활문화

제9장에서는 세계의 다양한 생활문화, 언어, 종교 등의 개요를 설명합니다.

우선 세계 생활문화로는 의복, 식문화, 주거 순으로 세계의 전통문화를 살펴봅니다. 세계의 의복은 기후나 얻을 수 있는 소재에 크게 영향을 받습니다. 또 종교의 영향을 받은 의복도 있어요. 식문화나 주거도 기후나 그 지역에서 구하기 쉬운 식재료 또는 건축 자재에 많은 영향을 받습니다. 전통적인 생활문화가 남아 있는 한편 세계에서는 패스트패션, 패스트푸드, 콘크리트로 만든 주택 등 의식주 획일화도 진행되고 있습니다.

언어와 종교는 사람들을 민족으로 구분하는 데에 중요한 요소입니다. 세계에 존재하는 수많은 언어의 대다수는 어족이나 어파 등의 그룹으로 나뉩니다.

또 세계의 종교에는 세계 각지에 신자가 분포하는 세계종교와 특정 민족이 믿는 민족종교가 있습니다. 유럽의 경우 역사적으로 수많은 언어와 기독교 종파가 뒤섞여 존재합니다.

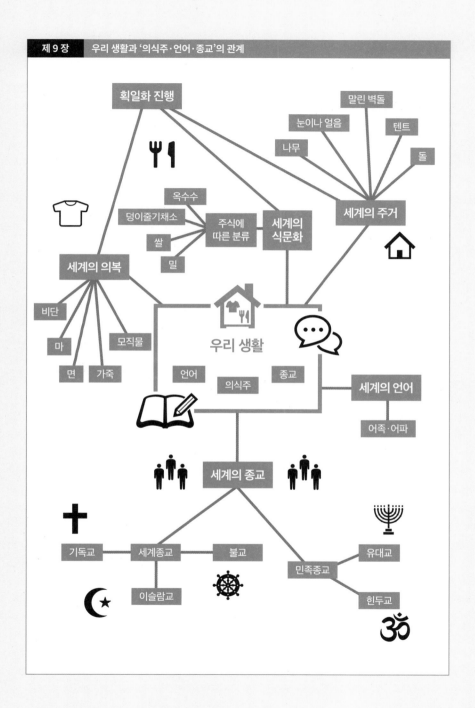

자연환경·사회환경에 영향을 받는 의복

🏠 지역마다 차이가 나타나는 생활문화

세계를 여행하면 그 지역마다 다른 문화가 있음을 알 수 있습니다. 제9장에서는 사람들 생활에 뿌리내린 생활문화 중에서 의식주, 그리고 언어와 종교에 대해 이야기합니다.

🏠 자연환경에 영향을 받는 의복

더울 때 얇은 옷을, 추울 때 두꺼운 옷을 입듯이 **우리가 입는 의복은 주위 자연환경, 특히 기온에 큰 영향을 받습니다.** 또 똑같이 더워도 얇은 옷을 입는 곳만 있지 않고, 건조하거나 햇볕이 강한 곳에서는 몸을 덮는 옷을 입어 피부를 보호합니다.

또 구하기 쉬운 소재인지도 의복에 큰 영향을 미칩니다. 모직물이나 가죽 등은 해당 동물이 서식하는 토지, 면·마·비단 등은 면화·마·뽕나무 등이 서식하는 곳에서 의복으로 쓰입니다.

🏠 기후에 뿌리내린 민족의상

일반적으로 한랭한 지역에서는 방한을 위해 보온성이 좋은 동물 털가죽을 이용한 의복을 착용합니다. 북극권 이누이트의 방한복인 아노락은 보온성이 뛰어난 바다표범 등의 모피를 사용해요.

열대에서 온대에 걸친 온난하고 습윤한 지역에서는 통기성이나 흡습성이 우수한 마나 면 옷을 입습니다. 인도의 사리나 베트남의 아오자이 등이 대표 예입니다.

사우디아라비아나 북아프리카 건조지에서는 강렬한 햇볕이나 모래먼지로부터 피부를 보호하기 위해 옷자락이 긴 긴소매 옷을 착용합니다.

또 고지에서는 보온성이 높은 양이나 알파카 등의 털을 사용한 의복을 자주 입습니다. 페루의 안데스산맥 일대에서는 알파카나 라마의 털을 짠 판초라는 상의를 활용해요. 쌀쌀한 아침과 밤에는 입어서 체온을 유지하고, 따뜻해지는 낮에는 벗어서 기온 차에 대응합니다.

사회환경에도 영향을 받는 의복

자연환경뿐 아니라 사회환경에 영향을 받는 의복도 있습니다. 특히 이슬람 신앙을 가진 여성은 근친자 이외 남성에게 머리카락이나 피부를 보여주면 안 되기 때문에 머리를 덮는 스카프나 머리와 몸을 가리는 긴 옷을 입습니다.

최근에는 글로벌화 영향에 의해 대량생산으로 가격을 낮춘 패스트패션이라는 옷을 전 세계에서 입게 되었습니다. 이런 현상도 사회환경이 옷에 미치는 영향 중 하나입니다.

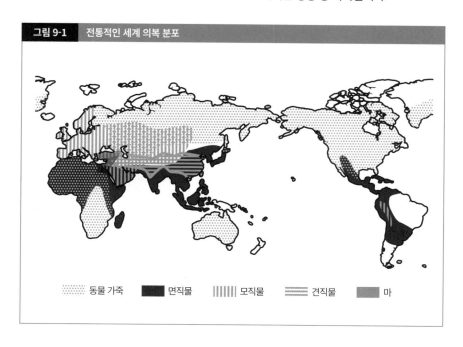

그림 9-1　전통적인 세계 의복 분포

〓〓〓〓 동물 가죽　　■ 면직물　　||||||| 모직물　　〓〓〓 견직물　　■ 마

가장 쉽게 다른 문화를 체험하는 법, 세계 음식

현지 식당에서 체험할 수 있는 다른 나라의 문화

우리가 해외여행을 갈 때 문화 차이를 가장 많이 느낄 수 있는 분야가 식문화일지도 모릅니다. 해외여행을 가서 그 지역의 민족의상을 입는 사람, 현지 가정에서 홈스테이를 하는 사람이 다수파는 아닐 것 같아요. 하지만 현지 음식점에 들어가서 외국 요리를 먹고 그 맛의 차이에서 문화 차이를 체험하는 사람은 많을 겁니다.

주식으로 분류하는 식문화

세계 각지 음식을 주식으로 분류하면 밀, 쌀, 옥수수, 덩이줄기채소, 육류 등으로 나눌 수 있습니다. 그 이외에도 유제품이나 잡곡 등이 주식인 경우도 있어요.

밀은 주로 건조지나 냉량한 지역 등의 주식입니다. 밀을 가루로 만들어 빵이나 파스타로 먹지요. 인도나 서아시아에서는 난 또는 차파티라고 하는 평평한 빵을, 북아프리카에서는 밀가루를 알갱이로 반죽해 만든 쿠스쿠스라는 요리를 먹습니다.

쌀은 일본, 중국 남부, 동남아시아 등 온난하고 습윤한 지역에서 주식으로 먹습니다. 쌀알을 그대로 삶거나 찌는 경우도 많지만, 중국의 버미셀리나 베트남의 쌀국수처럼 쌀을 재료로 한 면도 있습니다.

옥수수는 그대로 먹기도 하지만 대부분 가루로 만들어 굽거나 죽으로 만듭니다. 멕시코에서 먹는, 반죽한 옥수수 가루를 얇게 펴서 구운 토르티야가 유명해요.

덩이줄기채소는 아프리카나 동남아시아에서는 카사바, 남아메리카에서는 감자, 태평양 섬에서는 타로나 마 등을 먹습니다. 남미산 감자는 유럽에 전해져 독일 등에서도 활발하게 생산되어 주식에 가까운 존재가 되고 있습니다.

세계화의 물결에도 남아 있는 다양성

양복이나 패스트패션이 의류의 일반적인 형태가 된 것처럼 음식에도 세계화와 획일화가 진행되고 있습니다. 세계적 규모의 패스트푸드 체인점, 인스턴트식품이나 냉동식품은 이런 음식 글로벌화를 추진하고 있어요.

한편으로 먹는 것은 인생의 낙 중 하나입니다. 여행을 가면 그 나라나 지역의 먹거리를 먹어보려고 하고, 중국요리나 이탈리아요리 등 여러 나라 음식을 하는 식당들이 거리에 있습니다. 모두가 획일화를 지향하는 것은 아니며, 다양한 나라의 먹거리나 전통 식사도 풍부한 선택지로 남아 있어요.

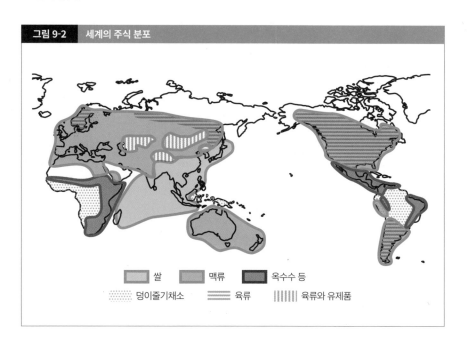

그림 9-2 세계의 주식 분포

쌀   맥류   옥수수 등
덩이줄기채소   육류   육류와 유제품

목재부터 벽돌, 암석, 얼음까지 다양한 소재로 만드는 주거

환경이나 소재에 따라 다른 주거문화

주거는 우리의 생활공간이면서 우리 몸과 재산을 보호해주는 장소이기도 합니다. 세계 주거는 각각의 자연환경이나 구할 수 있는 소재에 따라 지역마다 특징이 있습니다.

구하는 소재에 따라 다른 전통적 주거

먼저 전통적인 주거 소재를 살펴봅시다. 열대나 냉대는 나무를 구하기 쉬워서 나무가 주거 소재로 쓰입니다.

나무가 풍부하지 않은 건조지역의 경우 서아시아나 북아프리카에서는 흙 블록을 말려서 만든 **말린 벽돌**이, 남유럽에서는 석회암 같은 돌이 많이 사용됩니다.

한랭한 지역에서는 눈이나 얼음으로 주거지를 만들기도 합니다. 이누이트가 사냥할 때 만드는 이글루가 대표적입니다.

주거 기능에 영향을 미치는 기후

주거는 더위와 추위, 햇볕과 건조로부터 우리 몸을 보호해줍니다. 그래서 주거 기능은 각 지역 기후와 관련이 있어요. 또 그 지역에서 얻을 수 있는 소재와도 밀접한 관계가 있습니다.

동남아시아같이 고온다습한 환경에서는 주거에 통기성을 중시합니다. 출입구나 창문을 크게 만들고, 바닥을 고상식으로 높게 해서 바람이 잘 통하게 합니다. 고상식 주거는 시베리아 등지에도 있지만 이는 집에서 나온 열이 영구동토를 녹여 집이 기울지 않게 하려는 목적입니다.

북아프리카나 서아시아 같은 건조지역이나 건조한 지중해성기후 지역의 여름 등에는 강렬한 햇볕이 내리쬡니다. 건조하면 낮과 밤의 온도 차가 커서 겨울에 상당히 한랭한 지역도 있기 때문에, **벽을 두껍게 또는 창문을 작게 해서 햇볕이나 기온 차를 차단하는 집을 만듭니다.** 소재는 단열성이 좋은 말린 벽돌이나 돌이 쓰입니다.

이동하면서 유목하는 사람들은 **이동을 전제로 한 조립식 텐트에서 생활합니다.** 몽골에서는 가축으로 기르는 양의 털로 만든 펠트를 나무 골조에 덮어서 만드는 텐트를 사용해요. 이 텐트를 몽골에서는 게르, 중국에서는 파오라고 부릅니다.

🏠 주거에서도 진행되고 있는 획일화

의류나 음식과 마찬가지로 주거도 세계적인 획일화가 진행되고 있습니다. 전통적인 소재 대신 철근 콘크리트로 만든 집이 일반적이고, 기후 대응은 에어컨으로 할 수 있게 되었습니다.

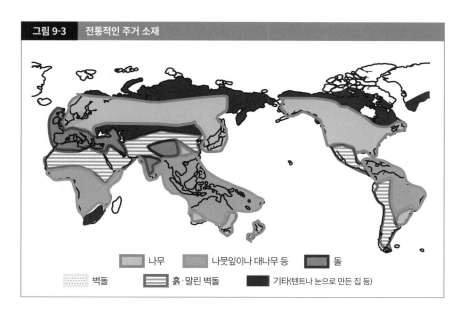

그림 9-3　전통적인 주거 소재

🟩 나무　🟩 나뭇잎이나 대나무 등　⬛ 돌
▦ 벽돌　▤ 흙·말린 벽돌　⬛ 기타(텐트나 눈으로 만든 집 등)

전 세계에 존재하는 수많은 언어

🏠 식민지 분포에도 영향을 받는 언어 분포

식사 외에도, 해외여행을 가면 느끼는 대표적인 외국 문화가 언어가 아닐까 생각합니다. 호텔이나 역에서 현지인과 소통할 때, 거리 안내판을 어떻게든 읽으면서 목적지에 도착할 때는 다른 문화를 접하는 감각을 강렬하게 맛봅니다.

오늘날 세계에는 수많은 언어가 있습니다. 세계 주요 언어를 해당 언어를 제1언어로 쓰는 사람 수로 순위를 매겨보면 중국어, 스페인어, 영어, 힌디어, 아랍어, 벵골어 순입니다.

이를테면 스페인어는 스페인 인구(약 4750만 명)보다 사용하는 사람이 많은데(약 4억 6000만 명), **예전에 스페인 식민지였던 지역에서 스페인어를 계속 사용해오고 있기 때문에 스페인 인구보다도 사용 인구가 많은 것입니다.**

🏠 언어계통 분류에 쓰이는 어족과 어파

언어를 분류해보면 기원이 같다고 추정되는 언어는 어족이라는 그룹으로 묶입니다. 앞서 언급한 언어를 어족으로 나눠보면 스페인어·영어·힌디어·벵골어는 유럽에서 서아시아, 인도에 걸쳐 분포하는 인도·유럽어족, 중국어는 중국과 티베트와 미얀마에 걸쳐 분포하는 시나·티베트어족, 아랍어는 서아시아에서 인도에 걸쳐 퍼진 아프로·아시아어족으로 분류됩니다.

이 어족을 더 나눈 것이 어파입니다. 인도·유럽어족을 예로 들면 영어는 게르만어파, 스페인어는 로망스어파(라틴어계, 라틴어파라고도 해요), 힌디어와 벵골어는 인도·이란어파 같은 식으로 나뉘어요.

지구에 존재하는 수많은 언어

이 밖에도 튀르키예에서 중앙아시아, 시베리아까지 퍼져 있는 알타이제어, 핀란드의 핀어나 헝가리의 헝가리어 등이 속한 우랄어족, 동남아시아에서 마다가스카르에 걸쳐 분포하는 오스트로네시아어족 등이 있습니다. 또한 캅카스어족, 니제르·코르도판어족, 아메리카원주민제어 등의 어족도 있으며 그 안에 많은 어파가 있습니다.

실제 세계에는 수천 개에 이르는 다양한 언어가 뒤엉켜 존재하며 이 분류에 해당하지 않는 언어, 복수 어족이나 어파의 특징을 가진 언어도 많이 있어요. 한국어와 일본어 역시 그 기원이 명확하지는 않고 학자들마다 의견도 달라서 주요 어족에는 속하지 않습니다.

한 나라 안에서 서로 다른 언어를 사용하는 사람들이 섞인 사례도 있습니다. 같은 국가에서 복수 언어를 사용하는 집단이 있으면 가끔 대립을 겪는 경우도 생겨요. 그래서 복수 공용어를 설정하거나, 아시아나 아프리카 등에서는 예전에 그 땅을 지배한 나라의 언어를 공용어로 쓰기도 합니다.

그림 9-4	주요 어족과 언어		
인도·유럽어족		게르만어파	영어·독일어
		슬라브어파	러시아어
		로망스어파	프랑스어·스페인어
		헬리닉어파	그리스어
		인도·이란어파	힌디어·페르시아어
아프로·아시아어족			아랍어·히브리어
우랄어족			핀어·헝가리어
알타이제어			튀르키예어·몽골어
시나·티베트제어			중국어·태국어
오스트로네시아어족			인도네시아어·타갈로그어
오스트로네시아제어			베트남어
드라비다어족			타밀어
아프리카제어			코이산제어
아메리카제어			이누이트어·케추아어
기타			한국어·일본어

세계 역사를 크게 움직여온 종교

 세계종교와 민족종교

종교는 사람들이 마음과 행동을 의지하거나, 사람들의 집단이나 국가를 연결하는 존재로 세계 역사에서 중요한 역할을 해왔습니다. 결혼식이나 장례식 등에는 종교적 요소가 포함되는 경우가 많으며, 특정한 날에 종교를 기념하는 제례를 하는 예도 많이 볼 수 있습니다. **각 종교의 특징이나 금기(금지된 행위) 등을 알고 배려하는 것은 다양한 나라 사람들과 관계를 맺을 때 꼭 필요합니다.** 예를 들면 이슬람교 신자를 위해서는 예배 장소를 확보해두거나, 금기인 돼지고기나 주류를 먹지 않도록 배려할 필요가 있어요.

세계의 종교는 세계종교와 민족종교 두 가지로 크게 나뉩니다. 세계종교는 **국가나 민족을 넘어 널리 믿는 종교**이며, 민족종교는 **특정 민족을 중심으로 믿는 종교**입니다. 세계종교에는 기독교, 이슬람교, 불교 등이 있으며 민족종교는 유대교와 힌두교가 대표적 예입니다.

또 종교는 일신교와 다신교로 나눌 수도 있습니다.

일신교는 단 하나의 절대신을 믿고, 다신교는 여러 신들을 믿는 종교입니다. 대표적인 일신교에는 유대교, 기독교, 이슬람교 등이 있으며 다신교에는 힌두교나 일본의 신도 등이 있어요.

 전 세계에 신자가 분포하는 세계종교

유대교를 모체로 1세기 중반에 탄생한 기독교는 예수가 창시자로 신을 향한 사랑과 이웃 사랑을 설파하는 종교이며, 현재 신자 수가 세계 최대인 종교입니다. **로마제국에서 국교가 되면서 유럽 각지에 퍼졌고 유럽인의 식민 활동, 선교 활동, 제국주의 지배 등에 의해 아메리카 대륙,**

호주, 라틴아메리카, 아프리카로 확산했어요. 교회의 분열이나 종교개혁 등 역사적인 과정을 거쳐 가톨릭, 프로테스탄트, 동방정교회 이렇게 셋으로 크게 나뉘었습니다.

이슬람교는 7세기 전반 아랍에 등장한 인물인 무함마드가 창시한 종교입니다. 유대교나 기독교와 관련이 깊은 일신교로 절대신 알라를 믿습니다. 신자 평등을 설파하고 신자는 알라가 제시한 계시에 따라 행동하도록 요구받습니다. 교역이나 정복 활동을 더욱 확대해서 서아시아부터 북아프리카, 중앙아시아, 남아시아, 동남아시아로 신앙 범위가 넓어졌어요. 이슬람교는 가르침의 차이 등에 따라 다수파인 수니파와 소수파인 시아파로 크게 나뉩니다.

불교는 5세기경 인물인 붓다(석가모니)의 가르침에 따라 윤회전생으로부터의 해탈을 설파하는 종교입니다. 인도 갠지스강 유역에서 탄생해 동남아시아에서 동아시아로 확산했습니다. 스리랑카와 동남아시아를 중심으로 분포하며 출가와 수행을 중시하는 상좌부불교, 동아시아를 중심으로 분포하며 많은 사람을 널리 구제하는 것을 목표로 하는 대승불교로 분류됩니다.

유대교·힌두교로 대표되는 민족종교

유대교는 유대인(히브리인, 이스라엘인이라고도 해요)의 민족종교입니다. 단 하나의 신을 믿는 일신교로 이스라엘을 중심으로 신앙합니다. 많은 계율이 있고 신자는 계율을 지키면서 구세주의 도래를 바라는 특징이 있어요.

힌두교는 인도의 민족종교로, 민족종교로는 세계 최대의 신자 인구를 가집니다. 고대 인도 종교인 브라만교와 인도 토착 종교가 융합해 성립했습니다. 많은 신을 모시는 대표적인 다신교로 알려졌습니다.

이 밖에도 세계에는 인도의 자이나교와 시크교 등 많은 민족종교가 존재합니다.

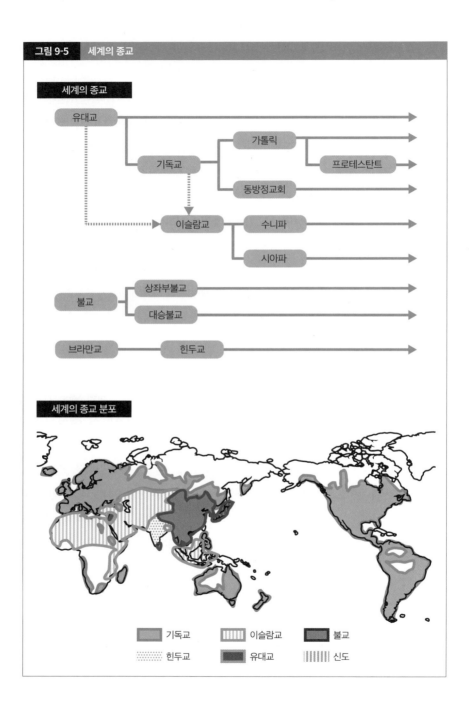

그림 9-5 세계의 종교

세계의 종교

- 유대교
- 기독교
  - 가톨릭
    - 프로테스탄트
  - 동방정교회
- 이슬람교
  - 수니파
  - 시아파
- 불교
  - 상좌부불교
  - 대승불교
- 브라만교 — 힌두교

세계의 종교 분포

- 기독교
- 이슬람교
- 불교
- 힌두교
- 유대교
- 신도

유럽에 다양성을 가져온 언어·종교 분포

 ## 크게 3개의 어파가 존재하는 유럽

지금까지 설명한 언어와 종교, 특히 기독교 종파(교파)가 뒤섞여 있는 곳이 유럽입니다. 유럽을 보면 수많은 나라가 있고 국경선도 뒤섞여 있으며, 종종 그 국경은 언어나 종교의 경계에 그어집니다.

유럽의 언어는 일반적으로는 인도·유럽어족 중에 크게 게르만어파, 로망스어파, 슬라브어파로 나뉩니다. **게르만어파는 독일에서 북유럽까지 걸쳐서, 로망스어파**(라틴어에서 파생한 언어)**는 지중해 연안에, 슬라브어파는 동유럽에 분포합니다.** 핀어나 헝가리어 등 우랄어족에 속하는 언어도 있어요.

 ## 기독교 종파도 3개로 분류

유럽은 역사적으로 기독교의 영향을 강하게 받아 교회 건축이나 종교 미술 등 특징 있는 문화를 만들어왔습니다. 기독교 종파별로 보면 **북유럽에서는 프로테스탄트, 남유럽에서는 가톨릭, 동유럽에서는 동방정교회가 많이 분포합니다.**

이 같은 언어와 종교 분포가 유럽의 나라들을 어느 정도 나눠주고 있어요. 예를 들면 이탈리아와 스페인은 '로망스어파＋가톨릭', 오스트리아는 '게르만어파＋가톨릭', 네덜란드는 '게르만어파＋프로테스탄트', 폴란드는 '슬라브어파＋가톨릭' 등의 특징이 있습니다.

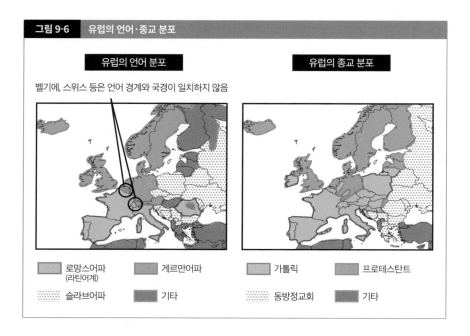

그림 9-6　유럽의 언어·종교 분포

유럽의 언어 분포

벨기에, 스위스 등은 언어 경계와 국경이 일치하지 않음

유럽의 종교 분포

로망스어파
(라틴어계)

게르만어파

가톨릭

프로테스탄트

슬라브어파

기타

동방정교회

기타

대립의 원인인 어긋난 경계

하지만 자세히 살펴보면 언어나 종교 경계와 국경선이 일치하지 않는 나라도 있어요. 이런 나라에서는 복수 공용어를 설정하는 식으로 대응하지만 종종 대립이 일어나곤 합니다.

벨기에에서는 네덜란드어권 사람들과 프랑스어권 사람들이 양분되어 종종 나라를 뒤흔드는 대립이 일어났습니다. 벨기에의 공용어로는 네덜란드어와 프랑스어에 더해 독일어도 설정되어 있어요.

스위스는 인접한 나라의 언어를 사용해서 독일어, 프랑스어, 이탈리어, 로만슈어라는 4개의 공용어가 존재합니다. 역 표시나 정부 발표 등은 항상 4개 국어로 하는 등 어떤 언어를 써도 불공평하지 않도록 노력하고 있습니다.

또 바스크어를 쓰는 스페인 바스크 지방은 스페인에 맞서 독립운동을 한 역사가 있습니다.

제 10 장

국가와
그 영역

현대사회를 구성하는 기본 단위인 국가

제10장 주제는 국가와 민족입니다.

　국가는 우리 사회를 구성하는 매우 중요한 단위입니다. 군주국과 공화국, 단일국가와 연방국가, 자본주의국가와 사회주의국가, 다민족국가 등 다양한 국가 스타일이 있어요. 국가에는 영토·영해·영공 등 영역이 설정되어 있는데 이 영역이 종종 국가 간 분쟁으로 번집니다.

　세계에는 다양한 문화를 가진 민족이 적어도 수천 종류는 존재하지만 국가 수는 200개에 조금 미치지 못합니다. 그래서 국가 경계선과 민족 경계선이 일치하지 않고 이런저런 민족문제가 발생합니다. 그중에는 아직도 지구촌의 숙제로 남은, 큰 비극을 낳은 민족문제도 있습니다.

　현재 국가끼리 협력관계를 맺는 움직임이 전 세계에서 확산하고 있습니다. 그 대표격인 EU는 가맹국 증가와 함께 과제가 표면화하고 있습니다. 세계 대부분의 나라가 가입한 국제평화기구인 유엔도 상임이사국 간 대립 등으로 그 힘을 충분히 발휘하지 못하는 단점을 드러내고 있어요.

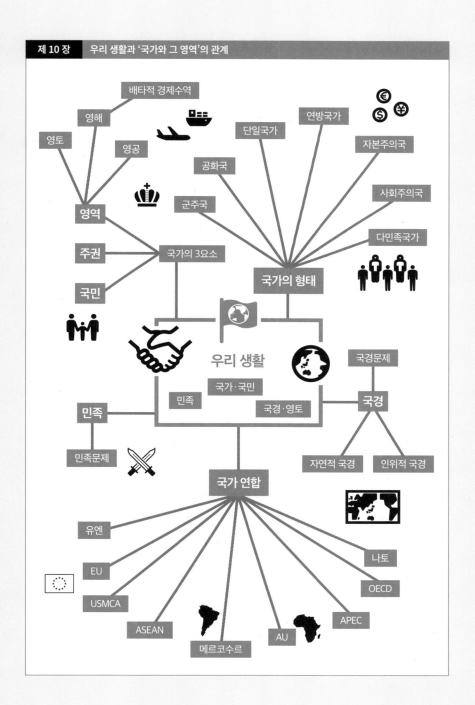

우리 사회의 기초인 국가라는 구조

국가를 구성하는 3가지 요소

우리는 일상생활에서 가족, 학교, 회사, 취미 동아리 등 다양한 집단에 소속됩니다. 그중에서도 국가는 우리 사회를 구성하는 기본 단위로 매우 중요한 집단입니다.

현재 세계에는 200개에 가까운(나라마다 독립을 인정하는 국가 수가 달라서 수에 차이가 있어요) 다양한 스타일의 국가가 있습니다. **어떤 지역을 국가로 성립시키려면 3가지 요소를 모두 갖춰야만 합니다. 바로 주권, 영역, 국민**으로 구성되는 이른바 국가의 3요소입니다.

국가를 통치하는 권력인 주권

주권이란 다른 나라의 지배나 법에 종속되지 않고 국가를 통치할 수 있는 권력입니다.

예를 들면 한국의 주권자는 국민입니다. 한국은 법에 의해 통치되는 국가여서 주권자인 국민이 정한 법(국민이 선출한 대표자가 정한 법)을 토대로 한국이라는 나라가 통치됩니다. **한국의 영역에는 다른 나라 주권자가 결정한 사항이 영향을 미치는 일은 없습니다.**

주권을 갖지 못한 비독립지역은 식민지, 이를 통치하는 나라는 종주국이라고 합니다.

영역은 주권이 미치는 범위를 뜻합니다(자세한 내용은 후술할게요). 국민은 그 나라 국적을 가진 국가의 구성원입니다.

정치·경제·민족적으로 분류되는 국가 스타일

군주국과 공화국, 단일국가와 연방국가

정치 구조에 따라 나라를 분류하면 국왕 등이 국가 원수인 군주국, 왕 같은 군주가 없는 공화국으로 크게 나뉩니다. 상당수 공화국은 대통령 등 국가 원수를 선출합니다.

군주국은 군주가 절대적 권력을 쥐는 절대군주제, 군주는 존재하나 기본적으로는 헌법에 의해 그 권력이 제한되고 헌법에 따라 나라가 운영되는 입헌군주제로 나뉩니다.

국가의 결속으로 눈을 돌려보면 한국이나 프랑스처럼 중앙정부가 나라 전체를 통치하는 단일국가, 미국과 러시아처럼 사법권이나 입법권 등의 권한을 가진 주나 공화국이 모인 연방국가가 있어요.

자본주의국과 사회주의국, 다민족국가

경제 측면에서 국가를 분류하면 **자본가가 노동자를 고용해 기업이 서로 이익을 극대화하며 경쟁하는 자본주의**를 국가의 기본 기조로 삼는 자본주의국, 자본주의에 대해 비판적인 입장을 갖고 **생산수단을 공동으로 관리하고 평등한 분배를 지향하는 사회주의**를 국가 기조로 삼는 사회주의국 등이 있습니다. 1980년대 말부터 1990년대에 걸쳐 대부분의 사회주의 정권은 붕괴하고, 많은 사회주의국은 자본주의로 기조를 전환했어요.

민족으로 보면 같은 민족이 모여 나라를 구성하는 경우는 단일민족국가, 복수 민족이 존재하는 국가는 다민족국가라고 합니다. **엄밀히 보면 모든 나라에 복수의 민족이 존재하며 순수한 단일민족국가는 없습니다.**

바다에도 하늘에도 미치는 국가의 주권

영역의 3요소

국가의 3요소가 주권·영역·국민이라는 점을 앞서 설명했는데, 이 중에 국가의 주권이 미치는 범위인 영역에도 3가지 요소가 있습니다. 바로 영토, 영해, 영공입니다.

영토와 영해와 배타적 경제수역

영토는 **국가의 주권이 미치는 육지**로, 하천이나 호수 등 그 안에 있는 물도 영토에 포함됩니다. 영해는 **영토 주변에 있는 일정 범위의 바다**입니다. 현재는 12해리(약 22km)를 채택하는 나라가 많으며 한국과 일본의 영해도 12해리입니다. 바다에는 조수간만 차이가 있어서 일반적으로는 영해의 범위를 '물이 가장 많이 빠지고 해수면이 내려갔을 때의 해안선'으로부터 12해리로 봅니다. 외국 배가 영해에 들어오는 경우, 연안 국가의 평화나 안전을 침해하지 않는다면 원칙적으로는 연안국에 사전 통지하지 않고 항행할 수 있습니다. 이를 무해통항권이라고 합니다.

영해 주변에는 추가로 12해리의 접속수역이 설정되어 **밀수나 밀항 감시, 금지 물품이나 병원균 반입 금지 등 일정한 권한을 행사**할 수 있습니다.

아울러 영해 바깥쪽에는 해안에서 200해리(약 370km)까지 배타적 경제수역(EEZ)이 설정됩니다. 이 해역에서는 **연안국에 수산자원이나 광물자원 등의 독점적 이용과 관리가 인정됩니다.** 기본적으로는 자원 이용이나 그 조사를 위한 권리여서 원칙적으로 항공기와 선박은 자유로운 항행이 가능해 해저 케이블 등의 설치도 자유롭습니다.

배타적 경제수역의 200해리는 대개 대륙붕 범위를 가리킵니다. 대륙붕은 육지 주변에 비교적 경사가 완만한, 수심 약 130m까지의 얕은 해저입니다. 수산자원이 풍부하고 광물자원이 매장되어 있을 가능성도 있어서 연안 각국이 활발하게 개발을 추진하는 영역입니다.

대륙붕에는 명확하게 '여기까지'라고 알려주는 선이 없어서 그 경사도 제각각입니다. 그래서 지형적으로 연안국의 육지와 관련이 있어 국제적으로 인정받으면 해당 연안국은 200해리를 넘어서 대륙붕(연장대륙붕)을 설정할 수 있습니다. 그 범위에는 상한이 적용됩니다.

🏴 영공에 포함되지 않는 우주공간

영공은 **영토와 영해의 상공**입니다. 그 위 우주공간은 영공에 포함되지 않아요. 배와 다르게 **항공기의 무해통항권은 인정되지 않아서 허가 없이 통행할 수 없습니다.**

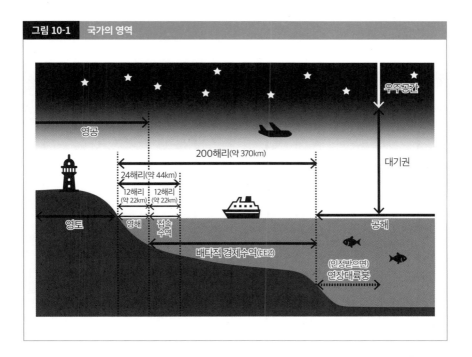

그림 10-1　국가의 영역

갈등도 많은 국가와 국가의 경계

자연적 국경과 인위적 국경

국가와 국가의 경계인 국경에는 크게 두 가지가 있습니다. **산맥, 하천, 호수 등 지형을 바탕으로 한** 자연적 국경과 **토지의 소유권 경계, 위도, 경도를 바탕으로 설정된** 인위적 국경입니다.

세계의 국경은 상당수가 자연적 국경으로, 프랑스와 스페인의 국경인 **피레네산맥**이나 태국과 라오스의 국경인 **메콩강** 등 하나하나 세면 끝이 없어요.

한편 인위적 국경은 미국과 캐나다 사이, 아프리카 국가 등에 많이 존재합니다. 대표적인 인

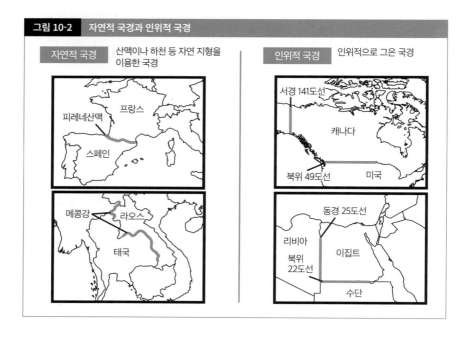

그림 10-2 　자연적 국경과 인위적 국경

자연적 국경 　산맥이나 하천 등 자연 지형을 이용한 국경

인위적 국경 　인위적으로 그은 국경

위적 국경으로 **미국과 캐나다의 긴 국경인 북위 49도선, 알래스카와 캐나다의 국경인 서경 141도선, 이집트와 수단의 국경인 북위 22도선, 이집트와 리비아의 국경인 동경 25도선 등을 꼽을 수 있어요.** 인위적 국경은 그곳에 사는 민족과 관계없이 설정되는 경우가 많아 민족이 분단된 지역에서는 대립이나 분쟁이 쉽게 일어나곤 합니다.

🏴 국경을 둘러싼 국제문제

세계 역사를 보면 여러 나라의 흥망성쇠를 거치면서 영토를 둘러싼 분쟁도 많았음을 알 수 있습니다. 이른바 주권국가라는 개념도 고대부터 계속 존재하지는 않았습니다. 현재 국경선도 그런 역사적 변천을 거쳐 지금에 이른 것입니다.

이렇게 국경선이 변화하는 가운데 서로 영유권을 주장하는 지역이나 어느 국가 영역인지 모호한 지역이 발생하면 국제문제로 발전하기도 합니다. 특히 여러 나라의 이해가 얽힌 자원을 두고 쟁탈전이 일어나면 문제가 복잡해져 좀처럼 해결이 어렵습니다.

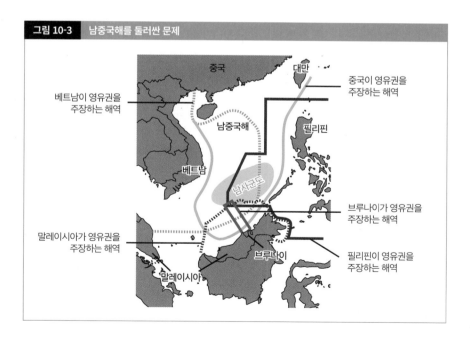

그림 10-3   남중국해를 둘러싼 문제

🚩 많은 나라와 지역의 이해가 얽힌 남사군도 문제

현재 많은 나라와 지역의 이해가 얽힌 지역으로 주목받는 곳이 남중국해의 남사군도(스프래틀리 군도)입니다. 남사군도는 바다 위로 나온 섬 부분은 작지만 넓은 대륙붕이 있어 수산자원이 풍부하고 석유나 천연가스 등 광물자원이 있는 것으로 추정됩니다. **게다가 중국, 대만, 필리핀, 말레이시아, 브루나이, 베트남 등의 나라가 둘러싸듯 존재하면서** 각각 다른 영해나 배타적 경제수역을 주장해 국제문제로 번지고 있습니다.

　그중 중국은 섬을 매립하거나 군사기지 등을 만드는 식으로 지배 실적을 만들려고 활발하게 움직이고 있어요. 이에 대해 베트남이나 필리핀은 격렬하게 항의하고 있습니다.

전 세계에 존재하는 민족문제의 원인

일치하지 않는 민족 경계와 국경

앞장에서 세계에는 다양한 언어, 종교, 생활문화가 있다는 점을 이야기했습니다. 세계에는 다른 언어, 종교, 생활문화를 가진 민족이 많이 존재합니다. 언어만 해도 세계에는 수천 개에 이르는 언어가 있는데, 세계 국가 수는 200개에 조금 못 미치는 정도입니다. 따라서 **한 나라에 많은 민족이 존재하는 형태가 일반적입니다.**

이 민족들이 싸우지 않고 공존하면 이상적이겠지만, 민족문제는 많은 나라와 지역에서 발생하며 커다란 비극을 세계에 가져옵니다. 특히 아프리카나 중동은 많은 민족이 있는데도 식민지 지배의 영향으로 **국경선이 민족 경계와 맞지 않게 그어져 민족문제가 많이 발생하는 지역입니다.**

민족문제 유형

민족문제를 크게 나누면 다음과 같은 패턴이 있습니다.

첫 번째는 **인구가 많은 민족끼리 한 나라 안에서 대립하는 경우입니다.** 수백만 명 규모의 거대 인구를 포함하는 민족끼리 대립하는 경우 국가에 큰 분열을 일으킬 우려가 있어서 복수 공용어를 설정하거나, 자치권을 폭넓게 인정하는 식으로 충돌을 피하는 사례도 있어요.

두 번째는 이른바 소수민족 패턴입니다. 그 나라의 인구 대부분을 차지하는 민족에 비해 **압도적으로 소수인 민족은 정치적으로도 경제적으로도 지배나 차별의 대상이 되기 쉽습니다.** 이런 소수민족이 자치권이나 분리독립을 요구하는 투쟁을 벌이거나, 오히려 억압받아 언론의 자유를 빼앗기는 경우도 종종 발생해요.

세 번째는 **국경선과 민족 경계가 불일치해 다수파와 소수파로 나뉜 상황입니다.** 민족 경계와 국경은 꼭 일치하지는 않기 때문에 국경이 민족을 분단하는 일도 자주 있어요. 이때 단추를 잘못 채운 것처럼 한 나라의 일부에 다른 나라 민족이 들어가 소수파가 되어버리는 경우도 생깁니다. 소수파 민족이 분리독립을 요구해 같은 민족 계통의 인접국이 보호를 주장하며 군사 개입을 하면 나라 간 대립이나 전쟁으로 발전하기도 합니다. 또 민족 거주 구역이 여러 나라에 걸쳐 있어 어느 나라에서도 소수민족이 되어버리는 사례도 있습니다.

네 번째는 **같은 민족인데 정치적인 이유 등에 의해 분단되어 대립하는 경우입니다.** 냉전 시대에 발생한 사례가 많으며 아직도 휴전 상태인 한반도의 분단, 40년 이상 이어진 동독과 서독의 분단 등의 사례가 있습니다.

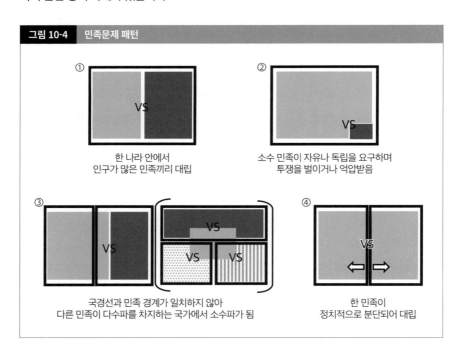

그림 10-4 민족문제 패턴

① 한 나라 안에서
인구가 많은 민족끼리 대립

② 소수 민족이 자유나 독립을 요구하며
투쟁을 벌이거나 억압받음

③ 국경선과 민족 경계가 일치하지 않아
다른 민족이 다수파를 차지하는 국가에서 소수파가 됨

④ 한 민족이
정치적으로 분단되어 대립

많은 비극을 불러오는 세계의 민족문제

인구가 많은 민족끼리 대립

이제 민족문제를 구체적으로 살펴보려고 합니다. 많은 인구를 포함하는 민족끼리 대립하는 패턴의 대표 사례로 벨기에(인구 약 1150만 명)가 꼽힙니다. **네덜란드어를 하는 플랑드르 주민이 약 60%(약 650만 명), 프랑스어를 하는 왈롱 주민이 약 30%(약 350만 명)인데** 종종 국가가 분열하나 싶을 정도로 심각하게 대립합니다. 한쪽 주민이 유리하도록 활동하는 정치가도 있어서 선거 때 쟁점으로 떠오르기도 해요.

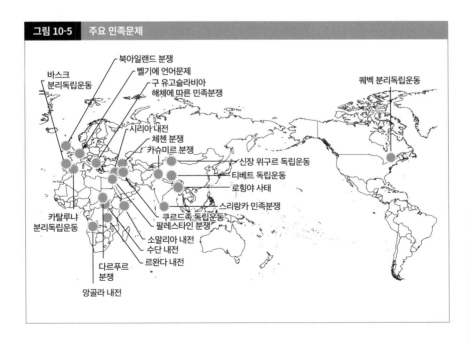

그림 10-5 주요 민족문제

바스크 분리독립운동
북아일랜드 분쟁
벨기에 언어문제
구 유고슬라비아 해체에 따른 민족분쟁
퀘벡 분리독립운동
시리아 내전
체첸 분쟁
카슈미르 분쟁
신장 위구르 독립운동
티베트 독립운동
로힝야 사태
스리랑카 민족분쟁
카탈루냐 분리독립운동
쿠르드족 독립운동
팔레스타인 분쟁
소말리아 내전
수단 내전
르완다 내전
다르푸르 분쟁
앙골라 내전

캐나다(인구 약 3800만 명)에서는 **주민의 약 60%가 영어를 쓰고 20%가 프랑스어를 씁니다.** 프랑스어를 하는 사람은 캐나다 동부 **퀘벡주**에 집중되어 퀘벡주 인구의 약 80%(600만 명 이상)를 차지합니다. 독립을 요구하는 주민 투표를 한 적도 있으며(부결되었지만) 독립을 호소하는 정당 활동도 활발합니다.

영국(인구 약 6700만 명) **스코틀랜드**(약 550만 명)의 독립운동, 스페인(인구 약 4700만 명) **카탈루냐**(약 750만 명)의 독립운동 등도 종종 뉴스에 나옵니다.

1990년부터 1994년까지 일어난 르완다 내전, 1992년부터 1995년까지 일어난 보스니아 내전처럼 인구가 많은 민족끼리 대립해 내전이 발발하면 큰 비극으로 이어집니다.

🏴 빈발하는 소수민족문제

소수민족문제는 세계 곳곳에서 발생합니다. 미얀마의 로힝야족 사태 등 소수민족에 대한 박해나 인권침해가 국제사회에서 지탄받고 있습니다. 중국의 티베트족이나 위구르족 독립을 둘러싼 문제도 일어나고 있어요. 소수민족은 충분한 교육을 받지 못하고 경제적으로도 빈곤한 경우가 많아 소멸 위기에 처한 민족도 많습니다.

그중에는 튀르키예, 이란, 이라크, 시리아에 걸친 산악지대에 사는 쿠르드족 같은 사례도 있어요. 수천만 명에 이르는 국가 규모 인구를 두고 제1차 세계대전 전후로 국경선이 그어진 결과 튀르키예, 이란, 시리아, 이라크에 걸쳐 살게 되어 **각 나라에서 소수민족 취급을 받는 민족입니다.** 쿠르드족의 독립을 요구하는 운동은 각국 정부에서 엄격하게 탄압받아 많은 난민 발생으로 이어지고 있습니다.

🏴 민족문제에 종교가 얽힌 팔레스타인 분쟁

민족문제에 종교가 얽히면 상당히 격렬한 충돌로 발전하는 사례가 많습니다. 팔레스타인 분쟁은 그 대표 격입니다. **서아시아의 팔레스타인 지방은 유대교, 기독교, 이슬람교 3종교의 성지인 예루살렘을 포함하는 지역으로, 이 지방을 둘러싸고 유대인과 아랍인이 극심하게 대립**

하고 있어요. 전쟁 후 팔레스타인에 유대인 국가인 이스라엘이 건국되자 아랍인이 격렬하게 반발해 네 차례에 걸쳐 중동전쟁이 일어났습니다. 이 문제는 많은 나라들의 개입을 불러 복잡해졌고, 완전한 평화 실현에 다다르는 길은 먼 상황입니다.

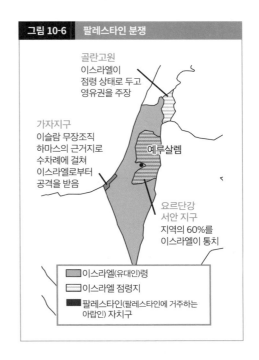

그림 10-6 | 팔레스타인 분쟁

골란고원
이스라엘이 점령 상태로 두고 영유권을 주장

가자지구
이슬람 무장조직 하마스의 근거지로 수차례에 걸쳐 이스라엘로부터 공격을 받음

예루살렘

요르단강 서안 지구
지역의 60%를 이스라엘이 통치

- 이스라엘(유대인)령
- 이스라엘 점령지
- 팔레스타인(팔레스타인에 거주하는 아랍인) 자치구

🏳 지금도 미해결 상태인 카슈미르 분쟁

제2차 세계대전 후 영국은 식민지로 통치했던 인도의 독립을 인정했으나, 종교 차이로 인해 힌두교도 중심인 인도와 이슬람교도 중심인 파키스탄으로 분리독립되었습니다.

당시 힌두교 지역인 인도 북부 카슈미르 지방의 번왕(지배 권력을 가진 유력자)이 주민 다수파를 차지한 이슬람교도의 반대를 무릅쓰고 카슈미르 지방이 인도의 일부가 되도록 결정하면서, **인도와 파키스탄 사이 카슈미르 지방 영유권을 둘러싼 분쟁으로 번졌습니다.** 이 분쟁 도중에 두 나라가 핵무기를 개발·보유한 점도 큰 뉴스거리가 되었습니다.

세계지도를 보면 카슈미르 지방에는 점선이 그어져 있어서, 지금도 이 문제가 이어지고 있으며 국경이 확정되지 않았음을 알 수 있습니다.

🏳 소련 붕괴로 표면화한 민족문제

흑해와 카스피해에 걸쳐 위치하며 아시아와 유럽의 경계이기도 한 **캅카스산맥 주변에는 다양한 언어와 종교를 가진 많은 민족이 모자이크처럼 있습니다.** 이 지역은 예전에 소련을 구성한

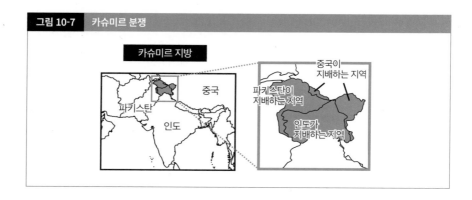

그림 10-7　카슈미르 분쟁

카슈미르 지방

중국

파키스탄

인도

중국이
지배하는 지역

파키스탄이
지배하는 지역

인도가
지배하는 지역

러시아·아르메니아·아제르바이잔으로 나뉘고 이에 더해 그 안에 많은 민족의 자치구나 공화국이 존재합니다.

　소련이 붕괴하고서 연방을 구성했던 나라들이 잇달아 독립을 선언했지만, 당시 소련 구성국뿐 아니라 몇몇 러시아 연방 구성국도 러시아 연방으로부터의 독립을 요구했습니다. 소련도 연방인데 그 안의 러시아도 또 연방이어서 이중 구조였어요. 그중에서도 이슬람교도가 다수파를 차지하고 체첸어를 쓰는 체첸공화국은 러시아로부터의 독립을 요구했으나 이를 러시아가 인정하지 않아 분쟁이 일어났습니다.

　아제르바이잔, 아르메니아, 조지아도 민족문제를 안고 있습니다.

　이슬람교도가 많은 아제르바이잔에 기독교도인 아르메니아계 주민이 많은 나고르노-카라바흐 자치주는 아제르바이잔으로부터의 독립과 아르메니아 병합을 원합니다. 조지아에서는 두 자치공화국인 압하지야, 아자리야와 남오세티야 자치주가 분리독립을 요구하고 있어요.

⚑ 아직 불투명한 우크라이나 정세

우크라이나에서는 우크라이나계 주민과 러시아계 주민의 대립이 자주 발생합니다. 우크라이나 정부나 우크라이나계 주민과, 우크라이나 안에서는 소수파인 크림반도나 우크라이나 동부 러시아계 주민과의 대립이 일어나고 있어요.

　이 같은 대립을 두고 러시아는 누차 러시아계 주민 보호를 명목으로 군사 개입을 하고 있습

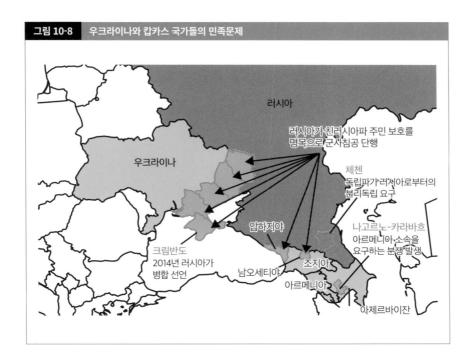

| 그림 10-8 | 우크라이나와 캅카스 국가들의 민족문제 |

러시아

러시아가 친러시아파 주민 보호를
명목으로 군사침공 단행

우크라이나

체첸
독립파가 러시아로부터의
분리독립 요구

나고르노-카라바흐
아르메니아 소속을
요구하는 분쟁 발생

압하지야

크림반도
2014년 러시아가
병합 선언

남오세티야

조지아

아르메니아

아제르바이잔

니다. 2014년에는 크림반도의 러시아 병합을 일방적으로 강행했고, 2022년 2월에는 러시아
계 주민 보호를 명목으로 내세워 우크라이나를 침공했습니다. 유엔총회에서는 2014년 크림
반도 병합의 무효, 2022년 우크라이나 침공에 대한 러시아의 철퇴 요구가 각각 의결되었습니
다. 지금도(2023년 기준) 두 나라의 대립은 계속되고 있어 우크라이나 정세의 앞날은 불투명합
니다.

전쟁 해결에 꼭 필요한 서로 존중하는 자세

🏴 다문화의 공생이 전제인 사회로

지금까지 국가나 민족의 대립과 분쟁이 일어나는 여러 사례를 살펴봤습니다. 이런 문제를 해결하려면 지구 규모의 시야를 갖고 서로 언어나 종교 등 문화를 이해하고 존중하는 자세가 중요합니다.

세계 이민은 증가하는 추세입니다. 저출생이 진행되는 한국과 일본에서도 노동력을 보충하기 위해 외국인 노동자를 더 많이 받아들이는 방안이 논의되고 있어요. **전 세계 정책이나 생활이 다문화의 공생을 전제로 삼는 방향으로 나아갈 것으로 보입니다.**

🏴 빈곤문제와 NGO

세계에서 국경을 초월해 인류 공통 과제를 해결하려는 국제협력도 활발하게 이뤄집니다. 특히 기아, 낮은 의료 수준, 민족문제나 분쟁 등 개발도상국 과제의 상당수는 빈곤이나 경제격차가 그 원인으로 지목되어 이른바 지속가능발전목표(SDGs)에서도 첫 번째 목표로 빈곤문제 해결이 제기됩니다.

빈곤문제 해결을 목표로 개발도상국의 경제개발이나 복지 향상을 위해 하는 경제원조가 ODA(공적개발원조)입니다. 한국과 일본도 적극적으로 ODA 원조를 하고 있는데, 재정 지원은 일부 사람만 이득을 보고 받아들이는 나라의 정책 실패 탓에 유효하게 활용되지 않기도 해서 잘되지 않는 경우도 많습니다. 청년 해외 봉사단 등 인적 지원, 비정부기구(NGO), 비영리기관(NPO), 기업 등의 경제활동도 병행하는 다각도의 지원이 필요한 상황입니다.

지역별 또는 대륙별로 형성되는 국가군

🏴 냉전 구조를 대체하는 국가 간 구성

현재 세계에서는 특정 대륙이나 지역의 국가가 모여 무역 자유화나 안전보장 등 협력관계를 강화하는 움직임이 진행되고 있습니다.

예전에는 두 군사대국인 미국과 소련에 의한 냉전이라는 큰 구조가 세계를 뒤덮었으나, 미국과 소련의 영향력은 점점 줄어들었어요. 세계 국가들이 독자적 협력관계를 모색하게 되어 **여러 국가가 모인 국가군이 만들어지게 되었습니다.**

🏴 국가군의 대표, 유럽연합

이런 국가 모임의 대표가 유럽연합(EU)입니다. EU는 경제적인 통합뿐 아니라 외교 방침이나 안전보장을 비롯한 정책, 경찰, 사법 협력 등을 포함한 협력관계입니다. 특히 경제 통합을 중심으로 단일통화 유로를 도입하고, 사람들의 국경 왕래를 자유롭게 하는 셍겐조약을 체결하는 등 유럽의 일체화를 추진했습니다. 유로나 셍겐조약에 가입하지 않은 나라나 셍겐조약에 가입한 EU 비회원국도 있어요.

EU 회원국끼리는 역내무역에 원칙적으로 관세가 붙지 않고 가입국 간 인적·물적·자본·서비스 이동이 자유롭습니다. 제품 규격이 같아 다른 나라에서도 같은 전자제품을 쓸 수 있고, 다른 나라 대학의 수업을 받아도 졸업장이 나옵니다. 업무 자격도 공통이어서 다른 나라에 가도 금방 일을 시작할 수 있는 점 등 다양한 메리트가 있어요.

유럽은 많은 나라가 국경을 맞대고 있어 역사적으로도 전쟁이 많은 지역이었습니다. 특히

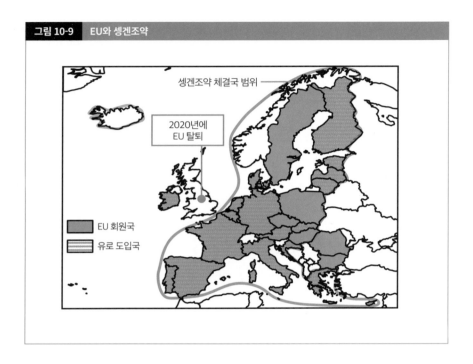

그림 10-9 EU와 셍겐조약

셍겐조약 체결국 범위

2020년에
EU 탈퇴

■ EU 회원국
▨ 유로 도입국

두 차례의 세계대전으로 유럽 국가들은 상당히 큰 상처를 입고 말았습니다. 그래서 이런 전쟁을 되풀이하지 않고 경제적으로 발전하는 길을 모색해 유럽 통합이 시작되었습니다.

1952년에 결성된 유럽석탄철강공동체(ECSC)를 시작으로 1958년에는 유럽경제공동체(EEC)와 유럽원자력공동체(EURATOM)가 결성되었습니다. 1967년에 이 3개 기관이 통합해 유럽공동체(EC)가 성립했어요. 처음에는 6개국으로 시작한 EC 가입국은 점점 증가해 1993년에는 마스트리흐트조약이 발효해 유럽연합으로 발전했습니다.

📋 유럽연합을 탈퇴한 영국

이렇게 보면 EU의 장점은 회원국에 매우 크지만 최근에는 EU 확대에 따른 새로운 문제도 생겨나고 있어요.

2000년대에 들어 동유럽을 중심으로 13개국이 가입해 EU는 단숨에 동쪽으로 확장했습니다. 그러나 이 동유럽 국가들의 소득 수준은 낮아서 노동자 평균 수입이 높은 서유럽 각국에 일자리를 찾아 이동하는 사례가 증가했습니다. 그 결과 이들이 이주해 간 나라에서 일자리 쟁탈전이 발생하고 서유럽 나라들의 실업률이 올랐습니다.

이런 상황에서 EU 탈퇴를 결정한 나라가 영국입니다. 영국은 원래 법률이나 상업 방식이 다른 유럽 나라들과 달라서 유로에도 셴겐조약에도 참여하지 않았어요. 게다가 동유럽 각국에서 온 노동자 등 이민 문제가 더해져 EU 탈퇴 여론이 불거지며 결국 탈퇴에 이르렀습니다.

EU에서는 각국이 보조를 맞춰야 해서 경제정책에서는 어느 정도 유리한 나라도 인내가 필요합니다. 또 부유한 나라에서 경제발전이 뒤처진 나라에 보조금을 내야만 하는 제도에도 불만의 목소리가 높아지고 있습니다. 영국의 탈퇴를 계기로 다른 국가의 일부 국민 사이에서도 EU를 부정적으로 보는 여론이 확산하고 있어요.

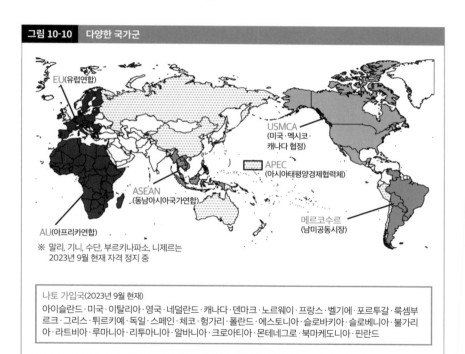

그림 10-10 다양한 국가군

EU(유럽연합)
USMCA
(미국·멕시코·캐나다 협정)
APEC
(아시아태평양경제협력체)
ASEAN
(동남아시아국가연합)
메르코수르
(남미공동시장)
AU(아프리카연합)

※ 말리, 기니, 수단, 부르키나파소, 니제르는 2023년 9월 현재 자격 정지 중

나토 가입국(2023년 9월 현재)
아이슬란드·미국·이탈리아·영국·네덜란드·캐나다·덴마크·노르웨이·프랑스·벨기에·포르투갈·룩셈부르크·그리스·튀르키예·독일·스페인·체코·헝가리·폴란드·에스토니아·슬로바키아·슬로베니아·불가리아·라트비아·루마니아·리투아니아·알바니아·크로아티아·몬테네그로·북마케도니아·핀란드

🏳️ 미국·멕시코·캐나다 협정

미국·멕시코·캐나다 협정(USMCA)은 북아메리카 3개국의 무역협정입니다. 제2차 세계대전 후 원래 미국은 자유무역을 추진해왔으며 1994년에는 미국, 캐나다, 멕시코 3개국이 참여하는 북미자유무역협정(NAFTA)을 체결해 대부분 품목의 관세를 철폐했습니다. 그러나 최근 캐나다로부터의 값싼 농산물과 식품 유입, 멕시코에서 조립한 자동차 수입에 의한 일자리 감소 등으로 미국 실업률이 높아져서, 도널드 트럼프 전 미국 대통령의 요청에 NAFTA 재교섭이 이뤄져 자유무역에 일정 제한을 둔 USMCA가 발효되었습니다.

🏳️ 동남아시아국가연합

동남아시아국가연합(ASEAN)은 당초 미국의 지원을 받은 자본주의 진영 5개국의 국가연합군으로 만들어졌으나, 냉전 종결 후에는 베트남 등의 국가들이 가입해 현재 10개국 체제로 자리 잡았습니다. 가입국은 서로 경제적, 문화적 발전을 지향하는 협력을 목적으로 합니다.

인구가 6억 5000만 명에 이르고 비교적 값싼 노동력이 풍부한 데다가 앞으로 성장이 유망해 외국으로부터 투자를 유치하고 있습니다. 2018년에는 ASEAN 역내 관세가 원칙적으로 모두 철폐되었습니다.

🏳️ 남미공동시장

남미공동시장(메르코수르)은 1995년에 브라질과 아르헨티나를 중심으로 발족한 공동체입니다. 브라질·아르헨티나·우루과이·파라과이가 정회원으로 참여해 발족하고, 안데스 지역 나라 등을 준회원으로 두고 자유무역협정을 체결해 규모를 확대했습니다. 각국의 손발이 좀처럼 맞지 않아 그 기능과 목적이 흔들리기도 하지만, 역내 관세를 원칙적으로 철폐해 인적·물적 교류 활성화를 지향하고 있습니다.

🏴 아프리카연합

아프리카연합(AU)은 아프리카 대륙 국가 50개국 이상이 가입한 지역 기구입니다. EU를 모델로 삼아 경제적, 정치적 통합을 목표로 유로 같은 단일통화 도입을 모색하고 분쟁의 방지와 해결도 중시하고 있어요. 유엔총회를 비롯한 유엔회의에서는 나라마다 1표가 배정되기에 세계 국가의 4분의 1이 가입한 아프리카연합이 함께 손발을 맞추면 큰 영향력을 발휘할 것으로 보입니다.

🏴 아시아태평양경제협력체

아시아태평양경제협력체(APEC)는 환태평양 지역의 경제협력을 추진하기 위한 조직입니다. 미국, 한국, 중국, 일본, 대만, 홍콩, 싱가포르, 호주 등 아시아 태평양 21개국과 지역이 참가하는 거대 규모 조직입니다. 무역, 투자, 기술 측면 협력이나 세계적 과제 해결을 위한 대화 등 다방면에 걸쳐 활동합니다. 이해관계가 대립하는 나라도 많아서 하나의 결정을 내리지 않고 가입국 간 자주적인 합의에 의한 협력관계를 맺는 점이 특징입니다.

🏴 경제협력개발기구

경제협력개발기구(OECD)는 선진국을 중심으로 약 40개국이 가입한 국제기구로 '선진국 클럽'이라고도 합니다. 가입국의 경제성장과 무역 자유화, 개발도상국 지원 등이 목적입니다.

🏴 북대서양조약기구

북대서양조약기구(나토)는 **북대서양의 안전보장을 도모하는 군사동맹**입니다. 어떤 가입국이 공격받더라도 모든 나라가 공격받았다고 간주하고, 병력 사용을 포함한 집단적 자위권을 행사해 북대서양 지역의 안전을 회복하는 행동에 나서서 세계 최대 군사동맹이라고도 해요.

과제도 산적한 국제평화기구

강력한 권한을 가진 상임이사국

유엔은 제2차 세계대전 후에 설립된 국제평화기구입니다. 국제 평화 유지와 나라 간 우호관계 발전을 도모하고, 세계의 경제·사회·문화·인도적 여러 문제를 해결하려는 목적을 내세워 세계 대부분의 나라가 가입했습니다.

유엔은 제2차 세계대전 승전국이었던 이른바 연합국인 미국과 영국을 중심으로 설립되었습니다. 정식 명칭은 국제연합(United Nations)으로 전쟁 중 연합국에서 비롯한 이름을 그대로 사용하고 있어요. 그래서 제2차 세계대전 승전국이었던 5개 대국인 미국, 소련(현 러시아), 영국, 프랑스, 중국(설립 당시 중화민국)은 안전보장이사회의 상임이사국으로 거부권이라는 강력한 권한을 갖고 있습니다. 이후 한국이나 독일 등도 유엔에 가입해 회원국을 늘려가면서 지금의 형태로 확대했습니다.

유엔의 구조

유엔은 총회, 안전보장이사회, 경제사회이사회, 신탁통치이사회, 국제사법재판소, 사무국 등 6개 주요기관과 15개 전문기관으로 구성됩니다. 그 외부에는 유엔과 연계한 협력기관, 국제단체, 각국 정부 기관 등이 있어요.

총회는 유엔의 최고 기구로 다양한 문제를 논의합니다. 1개국당 1표 의결권을 가지며 결정사항은 가입국이나 안전보장이사회에 권고하는 형태로 나옵니다. 이 권고는 법적 구속력은 없지만, 유엔은 **다양한 국제문제에 대해 각국이 어떻게 생각하는지 알 수 있는 세계의 축소판으**

로 존재감이 있는 조직입니다. 지속가능발전목표, 이른바 SDGs도 2015년 유엔총회에서 채택되었습니다.

그리고 유엔의 중심 역할을 하는 기구가 바로 안전보장이사회입니다. 안전보장이사회는 국제 평화 유지에 특히 중요한 역할을 부여받아, 모든 유엔 가입국은 안전보장이사회의 결정을 수락하고 실시하는 데 동의한다는 전제가 깔려 있어요. 안전보장이사회는 상임이사국 5개국과 2년 임기로 선출되는 비상임이사국 10개국을 합쳐 15개국으로 구성됩니다. **찬성표 9표로 방침이 결정되는데 그중 상임이사국 5개국은 반드시 찬성해야 합니다.** 즉 상임이사국은 거부권을 가집니다. 반대표는 거부권 행사지만 기권이나 결석은 거부권 행사가 되지 않아요. 안전보장이사회의 결정에 기초해 유엔 평화유지활동(PKO)이라는 일종의 군사 활동이나 치안유지를 위한 다양한 활동을 세계 각지에서 전개합니다.

유엔의 전문기관으로는 국제노동기구(ILO), 유엔식량농업기구(FAO), 유엔교육과학문화기구(UNESCO), 세계보건기구(WHO), 국제통화기금(IMF) 등이 있습니다.

🏴 유엔이 떠안은 과제

유엔도 많은 과제를 안고 있습니다. 안전보장이사회는 **상임이사국에 거부권을 부여하기 때문에 상임이사국끼리 대립하는 문제에는 유엔이 힘을 충분히 발휘할 수 없어요.** 또 총회에서는 인구가 많은 나라도 적은 나라도 각각 1표씩 의결권이 있어 1표의 격차가 발생합니다. **경제력이 약한 나라는 재정 원조를 해주는 나라를 위해 행동하기 쉽다는 문제도 있어요.**

유엔의 예산은 회원국이 내는데 분담금을 체납하는 나라도 많고(분담금을 2년 체납한 나라는 총회 의결권을 잃어요), 실제로는 분담금의 70% 정도밖에 받지 못해 **유엔의 재정난은 심각해지는 상황입니다.**

나오며

제가 쓴 '한 번 읽으면 절대 잊을 수 없는' 책 시리즈도 드디어 6권째입니다. 특히 이번에 지리 책을 써서 지리와 역사 과목 중 세계사, 일본사, 지리 3과목의 책을 완결한 것은 고등학교에서 지리와 역사를 가르치는 교사로서 매우 뜻깊은 일입니다.

이 책을 출판하면서 제가 지금까지 근무한 학교인 사이타마현립 사카도고등학교, 후쿠오카현립 다자이후고등학교, 후쿠오카현립 가오히가시고등학교, 후쿠오카현 공립 고가교세이칸 고등학교, 후쿠오카현립 하카타세이쇼고등학교의 모든 학생과 사회과 선생님께 깊이 감사드립니다.

일본에서 지리·역사 교사는 하나의 면허로 세계사도 일본사도 지리도 가르쳐야 하는 직업입니다. 아울러 학교나 학급에 따라서, 또 학생 개개인에 따라서도 관심이나 이해의 정도에 큰 차이가 있습니다. 교사는 그 방대한 내용을 다양한 수요와 수준에 맞춰 가르쳐야 합니다. 이는 간단히 할 수 있는 일이 아니라, 동료 선생님끼리 서로 배우고 때로는 거꾸로 학생들에게 배워서 시행착오를 거쳐야 차차 수업을 해나갈 수 있습니다. 이 책을 비롯한 '한 번 읽으면 절대 잊을 수 없는' 시리즈 내용도 그렇게 지금까지 학교 학생들, 동료 선생님들과 쌓아온 하루하루 속에서 키워온 것 같습니다. 또 수학이나 이과적 요소에 대해 조언해준 수학 및 이과 선생님들, 그리고 이 책에 없어서는 안 될 다양한 그림을 그려준 일러스트레이터 아오키 마이코 씨에게도 감사드리고 싶습니다. 진심으로 감사합니다.

역사나 지리는 책상 위에서만 공부해서는 의미가 없습니다. 역사와 지리 책을 읽는 데 그치지 말고 꼭 국내와 세계 각지를 직접 찾아다니면서 다양한 유적과 문화재를 보고, 그 지역 풍토와 사람들의 생활을 접하며 느끼고 생각한 것이 실제 생활에 도움이 되기를 바랍니다.

2023년 1월

야마사키 케이치

부록

지형도 읽는 법

지형도 읽는 법

한국의 경우 지형도는 국토교통부 산하 기관인 국토지리정보원이 제작합니다. 1000분의 1, 5000분의 1, 2만 5000분의 1 등의 다양한 수치지형도가 제작되었으며, 오늘날은 영역과 축척을 국민이 자유롭게 선택하여 쉽고 편리하게 제공받을 수 있어요.

일상에서 지형도를 그대로 손에 들고 사용하는 사람은 적을지도 모르지만 도로지도나 관광지 가이드맵, 재해예측지도 등에도 등고선이나 지도 기호가 자주 쓰입니다. 평소 지도와 친해지고 그 정보를 읽어내는 습관을 붙이면 지리 이해에도 도움이 됩니다.

축척

축척이란 실제 거리를 지도 위에 줄여서 나타낸 비율입니다. 실제 거리를 분모로, 지도상 거리를 분자로 삼아 나타냅니다. 1km가 어느 정도 거리인지 파악해두면 좋아요.

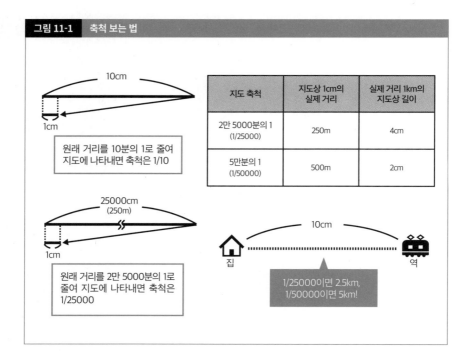

그림 11-1   축척 보는 법

지도 축척	지도상 1cm의 실제 거리	실제 거리 1km의 지도상 길이
2만 5000분의 1 (1/25000)	250m	4cm
5만분의 1 (1/50000)	500m	2cm

10cm

1cm

원래 거리를 10분의 1로 줄여 지도에 나타내면 축척은 1/10

25000cm (250m)

1cm

원래 거리를 2만 5000분의 1로 줄여 지도에 나타내면 축척은 1/25000

10cm

집   역

1/250000이면 2.5km, 1/500000이면 5km!

등고선

등고선은 고도가 같은 지점을 연결한 일종의 등치선도입니다. 토지의 높낮이를 표현하는 데 쓰여요.

일반적으로 2만 5000분의 1 지도에서는 10m마다, 5만분의 1 지도에서는 20m마다 등고선이 그어집니다.

등고선끼리 간격이 좁을수록 급한 경사, 넓을수록 완만한 경사를 나타냅니다.

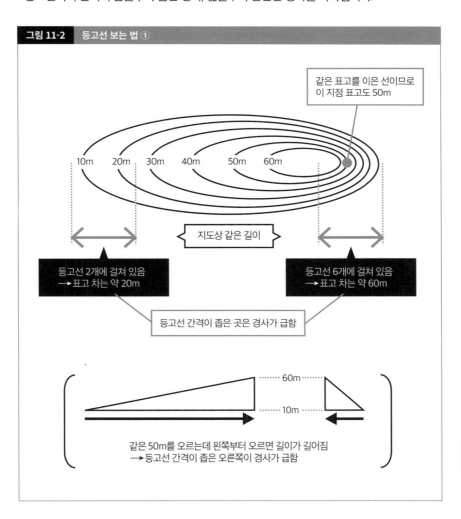

그림 11-2 등고선 보는 법 ①

같은 표고를 이은 선이므로 이 지점 표고도 50m

10m 20m 30m 40m 50m 60m

지도상 같은 길이

등고선 2개에 걸쳐 있음
→표고 차는 약 20m

등고선 6개에 걸쳐 있음
→표고 차는 약 60m

등고선 간격이 좁은 곳은 경사가 급함

60m

10m

같은 50m를 오르는데 왼쪽부터 오르면 길이가 길어짐
→등고선 간격이 좁은 오른쪽이 경사가 급함

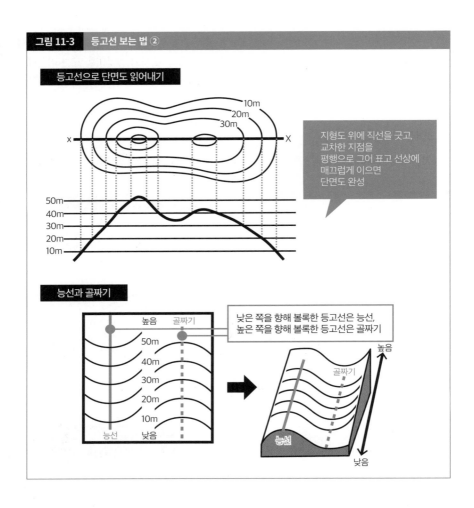

그림 11-3 등고선 보는 법 ②

등고선으로 단면도 읽어내기

10m
20m
30m

지형도 위에 직선을 긋고,
교차한 지점을
평행으로 그어 표고 선상에
매끄럽게 이으면
단면도 완성

50m
40m
30m
20m
10m

능선과 골짜기

높음   골짜기

낮은 쪽을 향해 볼록한 등고선은 능선,
높은 쪽을 향해 볼록한 등고선은 골짜기

50m
40m
30m
20m
10m

능선   낮음

높음

골짜기

능선

낮음

지도 기호

지도에 표현하는 사물의 형태나 특징을 나타내는 기호가 지도 기호입니다.

각 지점을 나타내는 점에 배치되는 지도 기호, 넓이를 나타내는 면 형태의 지도 기호, 선로나
도로 등을 선으로 나타낸 지도 기호가 있습니다.

<그림 11-4>는 일본 국토지리원이 발행하는 지도의 지도 기호입니다. 한국의 지도 기호와
는 차이가 있는 점 참고하기 바랍니다.

그림 11-4 　일본의 지도 기호

지점을 나타내는 지도 기호

◎	시청	메이지 시대에 정해진 옛 군청 마크
○	행정복지센터 주민센터	일부 도시의 구청도 이 기호 사용
⌂	법원	옛 법원이 재판 내용을 나타내려고 세운 팻말 도안화
◇	세무서	돈 계산에 사용했던 주판 알과 축 도안화
✚	병원	옛 육군 위생병 표시 도안화
Y	소방서	에도 시대부터 불을 끄는 도구로 사용해온 U자 진압 도구 도안화
⊗	경찰서	경찰봉을 교차한 그림을 원으로 둘러싸 파출소와 구별
✕	파출소	경찰봉을 교차한 모습 도안화
✶	초·중학교	'문무겸비' 등에 쓰이는 학예를 나타내는 '문(文)' 도안화
⊗	고등학교	학예를 나타내는 '문(文)'을 원으로 둘러싸 초·중학교와 구별
⌂	양로원	양로원 건물과 지팡이를 도안화
☼	발전소 변전소	발전소의 톱니바퀴와 전기 회로를 도안화
📖	도서관	펼쳐진 책 도안화
🏛	박물관	박물관이나 미술관 등의 건물 모양 도안화
卄	신사	신사 참배 길에 세워진 문 도안화
卍	사원	불교 심벌로 자주 쓰이는 만자 도안화
⊖	우체국	옛날에 우편을 취급한 테신쇼(통신성)의 '테(テ)' 도안화
⚲	전파탑	안테나와 전파 모양을 도안화
♨	온천	온천수가 솟아나는 곳과 수증기를 도안화
☼	등대	등대를 위에서 볼 때 사방으로 빛이 뻗어나가는 모습 도안화
⌐	성터	성을 세울 때의 설계도 도안화
⚓	항만	대형 선박의 닻 모양 도안화

선으로 나타내는 지도 기호

·⟩·⟨·⟩·⟨· / ‒··‒··‒	경계선	위는 현 경계, 아래는 시 경계
══	도로	선의 굵기나 칠하는 방식으로 도로 폭이나 고속도로, 국도 등을 구별
▬▬▬	철도	위는 복선 구간, 중간은 단선 구간, 아래 사각형은 역
∴∴∴	송전선	지형의 기복에 관계없이 직선으로 표시

면을 나타내는 지도 기호

‖ ‖ ‖	논
˅ ˅ ˅	밭
○ ○ ○	과수원
℺ ⋀ ℺ ⋀	숲: 왼쪽 활엽수림, 오른쪽 침엽수림

혼자이거나, 외롭거나, 고독하거나

혼자이거나, 외롭거나, 고독하거나

소리타 가쓰히코 지음

이유라 옮김

시그마북스
Sigma Books

혼자이거나, 외롭거나, 고독하거나

발행일 2020년 6월 15일 초판 1쇄 발행
지은이 소리타 가쓰히코
옮긴이 이유라
발행인 강학경
발행처 시그마북스
마케팅 정제용
에디터 장아름, 장민정, 최윤정
디자인 김문배, 최희민

등록번호 제10-965호
주소 서울특별시 영등포구 양평로 22길 21 선유도코오롱디지털타워 A402호
전자우편 sigmabooks@spress.co.kr
홈페이지 http://www.sigmabooks.co.kr
전화 (02) 2062-5288~9
팩시밀리 (02) 323-4197
ISBN 979-11-90257-50-3 (03180)

Original Japanese title: KODOKU WO KAROYAKANI IKIRU NOTE

Copyright ⓒ Katsuhiko Sorita 2019

Original Japanese edition published by Subarusya Corporation

Korean translation rights arranged with Subarusya Corporation

through The English Agency (Japan) Ltd. and Creek & River Entertainment Co., Ltd.

이 도서의 국립중앙도서관 출판예정도서목록(CIP)은 서지정보유통지원시스템 홈페이지(http://seoji.nl.go.kr)와

국가자료종합목록 구축시스템(http://kolis-net.nl.go.kr)에서 이용하실 수 있습니다. (CIP제어번호 : CIP2020017774)

* **시그마북스**는 (주)**시그마프레스**의 자매회사로 일반 단행본 전문 출판사입니다.

고독을 길들이기 위한 처방전

고독을 마음속에 품고서 제 클리닉을 찾는 분이 늘어나고 있습니다.

"제 마음의 버팀목이던 고양이가 어제 무지개다리를 건넜어요."
"더 이상 회사에서 제가 할 일은 없다고 해요."
"연휴가 되면 우울해져요."
"정신을 차려보니 한밤중에 냉장고를 뒤지고 있었어요."
"아침에 일어났더니 아내와 아이들이 떠나고 없었어요."
"저와 제일 친한 친구가 제 남자 친구와 사귀고 있었어요."
"수술 동의서에 서명해줄 사람이 없어요."
"이대로 혼자 죽는 걸까요."

상담하러 오는 분들의 고민 뒤에는 다양한 고독이 숨어 있습니다.
사람들 사이의 인연이 희미해지고 결혼하지 않는 사람과 비정규직도 점차 늘어나고 있지요. 이제까지 많은 사람이 믿고 의지하던 가정이나 직장 같은 내가 있어야 할 자리가 불안정해지고 있습니다. 그리고 모든 사람은 시간이 흐름에 따라 나이가 들지요.

　이 책은 우리가 이런저런 이유로 고독해진다고 단순히 알려주는 책이 아닙니다. 고독하면 안 된다고 비난하는 책도, 고독이란 무엇인지 설명하는 책도 아닙니다. 고독을 불필요하게 두려워하지 않고 똑바로 마주하고 즐김으로써 다가올 고독을 대비하는 구체적인 처방이 쓰여져 있습니다.

인지행동치료로 무엇이 달라지는가

고독을 인식하는 법은 사람마다 다릅니다. 시대에 따라서도 변하지요. 정답은 없습니다. 고독을 부정적으로 인식하는 사람도 있지만 받아들이기에 따라 그리 나쁜 것도 아닙니다. 지금 고독을 느끼더라도 나쁜 것이 아니라고 인식하면 마음이 한결 가벼워지고 앞을 향해 나아갈 수 있습니다. 이처럼 선입견에 따른 부정적인 확신에서 벗어나 현실적인 인식에 가까워지도록 돕는 것이 '인지행동치료'입니다.

　인지행동치료는 주목받는 심리치료 중 하나로, '생각을 바꾸고 행동으로 옮겨 몸과 마음에 변화를 가져오는 방법'입니다. 우울증, 공황장애, 사회불안장애 등을 치료할 때 주로 쓰이는 치료법입니다.

　'인지'라고 하면 인지 능력이 저하되는 치매를 떠올리는 사람도 있지만 여기서 말하는 인지는 사물을 해석하거나 현실을 인식하는 법,

쉽게 말해 사고방식을 의미합니다. 예를 들어 50세 생일을 맞이했을 때 '이제 인생의 정점을 지나버렸다'라고 생각하는 사람과 '인생은 이제부터다'라고 생각하는 사람이 있습니다. 두 사람 중 후자가 매사에 적극적이고 긍정적으로 살아갈 가능성이 높습니다. 사물을 보는 관점이나 인식하는 법을 바꾸어 지금까지 나를 사로잡고 있던 기분과 행동에 변화를 가져오는 것이 인지행동치료의 메커니즘입니다. 어려워 보인다고요? 그렇지 않습니다. 전문 용어는 이 책에 나오지 않으니 가벼운 마음으로 읽으면 됩니다.

이 책의 개요

인간은 지금 자신이 있는 곳에서 안심할 수 있는 장소를 찾아내지 못할 때 고독을 느낍니다. 어쩌다 운 좋게 안심할 수 있는 장소를 발견하더라도 그곳에 계속 안주할 수는 없지요. 시간이 흐름에 따라 주위 환경도 변하기 때문입니다. 장소 자체가 없어지는 경우도 있고요.

우리의 인생은 고독과 분리할 수 없습니다. 이 책은 고독을 잘 길들이기 위한 책입니다. 내가 나의 안내자 역할을 할 수 있도록 말이지요. 나에게 맞는 속도로 한 걸음씩 나아가면 됩니다.

제1장에서는 고독이란 무엇인지 그 구조를 설명합니다.

제2장에서는 고립되기 쉽고 진짜 나를 드러내지 못하는 사람을 위해 '거절에 대

한 불안에 대처하는 법을 소개합니다.

제3장에서는 있을 곳을 잃어버릴까 봐 두렵고, 내가 바라는 대로 행동할 수 없다는 사람을 위해 '실패에 대한 불안'에 대처하는 법을 소개합니다.

제4장에서는 타인에게 소중한 사람이 되고 싶고, 혼자만의 시간을 어떻게 보내야 할지 모르겠다는 사람을 위해 '상실에 대한 불안'에 대처하는 법을 소개합니다.

제5장에서는 남녀가 고독을 느끼는 법에 어떤 차이가 있는지 설명합니다.

목표 :

(예 : 혼자 오로라를 보러 간다, 회사를 뛰쳐나와 독립한다, 평소 관심 있던 분야에 대한 책을 집필한다, 자녀에게 회사를 물려준다 등)

처음에는 사물을 보는 관점을 바꾸는 데 있어 조금 헤맬지도 모릅니다. 하지만 스스로 생각하고 판단한 대로 행동하다 보면 내 인생을 스스로 개척해나간다는 자신감이 쌓이게 됩니다. 그때가 바로 이 책이 도움이 될 때입니다. 마지막 책장을 덮을 무렵에는 무거웠던 마음이 한결 가벼워져 있을 것입니다. 여러분이 새로운 한 걸음을 내딛는 데 도움이 되기를 진심으로 바랍니다.

아사나기클리닉 심료내과
소리타 가쓰히코

차례

제3장 독립적인 마음으로 살아간다

제4장 인생의 몫을 늘려간다

제5장 남녀가 고독을 느끼는 법에는 차이가 있다

제 1 장

고독을 느끼는 이유와
사라지지 않는 불안

1 고독이란?

'다녀왔습니다'라는 인사를 한다

'다녀오세요', '다녀오겠습니다', '다녀오셨어요', '다녀왔습니다'라는 인사를 나눌 수 있으면 고독하지 않다고 말하는 사람이 있습니다. 맞는 말입니다. 현관문을 열었을 때 '다녀왔습니다'라고 인사할 수 있는 가정에서 자라는 아이는 행복할 가능성이 높습니다. 하지만 평생 그럴 수 있으면 좋겠지만, 죽는 날까지 이 인사를 나누며 살아갈 수 있는 사람은 오늘날 그리 많지 않습니다. 앞으로는 더 줄어들 테고요.

- 아내가 먼저 세상을 떠나자 살아갈 기력을 잃은 남편
- 처음에는 편했던 도시 생활에 지쳐가는 혼자 사는 젊은 여성
- 장래에 대한 불안을 느끼는 독신 남성
- 반려견을 잃은 뒤 우울증에 걸린 중년 여성
- 친구가 다른 친구와 친해져 외톨이가 된 중학생

많은 분이 마음속에 고독을 품은 채 제 클리닉을 찾아옵니다. '다녀오셨어요' 하고 맞아주는 사람이 없는 집으로 돌아가는 것이 당연해질 날도 이제 머지않았습니다. 개나 고양이만 기다려주는 집으로 돌아가게 되겠지요. 어쩌면 그 개나 고양이에게 인공지능이 탑재되어 있을지도 모르겠네요.

고독이라는 단어에는 긍정적인 의미가 없다

'고독'이라는 단어에는 두 가지 의미가 있습니다. '혼자 있는 것'과 '혼자 있는 것을 두려워하는 것'입니다. 이 두 가지 의미는 본래 다른 개념이지만 둘 다 고독이라고 표현합니다. 지금까지 고독이라는 단어에 '혼자 있는 것을 즐긴다'라는 긍정적인 의미는 없었습니다. 고독을 존중하는 습관이 없었기 때문이겠지요.

영어권도 마찬가지입니다. loneliness는 '혼자 있는 것을 두려워하는 마음'이라는 의미이며, solitude는 '단순히 혼자 있는 것'을 의미하는 중립적인 표현입니다(현대 영어에서 solitude는 긍정적인 의미의 고독, loneliness는 부정적인 의미의 고독으로 구분해 사용한다. - 옮긴이). 이처럼 영어에도 '혼자 있는 것을 즐긴다'라는 의미의 단어는 없습니다. 과거 인간은 결코 혼자서는 살아갈 수 없었기 때문에 혼자 있는 것을 긍정적으로 인식하는 말이 필요하지 않았던 것이지요.

혼자서 자유롭게 살아가고 있다

고독을 대하는 방식은 시대에 따라 변화해왔습니다. 과거 농촌에서는 사람들이 힘을 합쳐야 농사를 지을 수 있었기 때문에 고독한 사람은 살아갈 수 없었습니다.

현대 사회에서는 혼자서도 얼마든지 살아갈 수 있습니다. 편의점이 있으니 굶어 죽을 걱정도 없고, 소량으로 판매하는 식재료도 쉽게 구할 수 있습니다. 칸막이를 설치해 1인용 공간을 마련한 식당도 늘었습니다. 혼자 노래방에 가는 것은 일반적이고요. 또 집에서 한 발자국도 나가지 않아도 온라인으로 구매한 물건을 택배로 받을 수 있습니다. 옷, 책, 생활용품, 반찬 등 거의 모든 물건을 말이지요.

우리는 페이스북에 올라오는 친구의 게시물을 부지런히 확인하고 '좋아요'를 누릅니다. 온라인 게임에서 다른 사용자와 협력해 적을 무찌르기도 합니다. 또 현실 애인은 없어도 훨씬 예쁘고 멋진 2차원 여자 친구와 남자 친구가 있습니다. 영화 〈블레이드 러너 2049〉에서 주인공의 귀가를 맞아주던 홀로그램 여자 친구를 보고 놀랐던 적이 있는데, 이것도 머지않아 현실이 될 듯합니다.

앞으로 1인 가구의 삶은 점차 발전할 것입니다. 현대 사회는 아직 과도기라 얼굴을 마주하고 고민을 나눌 가족이나 친구가 없으면 외롭다는 사람이 적지 않습니다. 하지만 이제는 가족의 정의도, 친구의 정의도, 고독의 정의도 달라질 것입니다.

오늘날의 고독은 긍정적인 의미를 포함하게 되었습니다. 타인의 평판에 휘둘리지 않고 자신이 원하는 대로 자아실현을 할 수 있다는 것이 고독의 좋은 점이지요. 이렇게 생각하면 고독도 그리 나쁜 것이 아닙니다. 하지만 아직까지는 '고독=불안'이라는 선입견이 사람들의 머릿속에 깊이 뿌리박혀 있어 쉽게 사라지지는 않을 듯합니다. 고독해진다는 것, 우리는 잠재적으로 무엇을 두려워하는 것일까요?

2 인간은 고독을 원하고 두려워한다

고독을 느끼는 법에는 차이가 있다

우리는 누군가와 함께 있으면 안심이 되지만, 여럿이 있다 보면 상대방을 배려하느라 그만 지치고 맙니다. 또 누구에게도 간섭받지 않고 혼자 있으면 홀가분하지만, 오랫동안 혼자 지내다 보면 외롭거나 불안하거나 심심해집니다.

혼자 있는 것에 대해 우리가 느끼는 감정에는 차이가 있습니다. 쾌적함부터 불안함까지 다양한 그러데이션이 존재하지요. 건강한 긍정적 고독에서 병적인 부정적 고독으로 완만하게 이어지는, 마치 무지개 같은 스펙트럼이라고 할 수 있습니다.

긍정적 고독

고독해질 수 있는 시간과 공간을 갖고 싶어서 홀로 여행을 떠나는 사람이 있습니다. 이는 긍정적 고독입니다. 고독은 자기 자신과 대화하게 하며 자기성찰을 촉구합니다.

자기성찰, 다른 말로 '내성(Introspection)'이라 함은 자신에 대해 스스로 생각하는 것입니다. 번잡한 일상 속에서 문득 멈춰 섰을 때 우리는 자신의 인생에 대해 생각하게 되지요. 과거 그리고 미래에 대해 생각하며 괴로워합니다. '그때 이렇게 하면 좋았을걸' 하고 후회하는 나와 '난 대체 어떻게 하고 싶은 거지?' 하고 고민하는 나, 마음속에 생겨나는 서로 다른 나입니다. 두 명의 내가 서로 대화하며 새로운 가치를 만들어갑니다.

다른 사람들과 함께 있다 보면 주위의 의견에 영향을 받아 마음속에 있는 또 다른 나와 대화할 수 없습니다. 타인의 생각을 너무 신경 쓴 나머지 진짜 내 마음이 보이지 않게 됩니다. 하지만 긍정적 고독을 추구하게 되면 우리는 진짜 나를 발견할 수 있습니다. 이것이 바로 고독의 효용입니다.

부정적 고독

반대로 병적으로 치닫는 부정적 고독이란 무엇일까요? 놀라운 이야기가 하나 있습니다. '5일 동안 아무도 만나지 못하면 어떻게 될까?'라는 주제로 기획된 해외 텔레비전 프로그램이 있었습니다. 아무도 만나지 못하도록 작은 방에 갇힌 30대 주부는 처음에는 육아로부터 해방되어 마음껏 지낼 수 있다고 기뻐했지만, 사람들과 단절된 상태가 계속되자 견딜 수 없어했습니다. 안절부절못하고 속이 울렁거리며 환각이 보이기 시작했고, 마침내 그 환각과 말을 주고받게 되었다고 합니다.

인간은 이야기를 나눌 사람이 없으면 마음에 이상이 발생해 뇌가 가상의 대화 상대를 만들어내게 됩니다. 이것이 병적인 부정적 고독입니다. 교도소의 독방은 이를 이용한 형벌이며, 이런 증상을 구금반응(자유가 억눌린 상태에서 일어나는 심리적인 반응을 말한다. - 옮긴이)이라고 합니다.

물론 텔레비전 프로그램인 만큼 어느 정도의 연출은 포함되어 있을 수 있지만, 딱히 특별한 일은 아닙니다. 우리도 오랫동안 타인과 대화하지 않다 보면 금세 혼잣말을 하곤 하니까요.

아이들은 흔히 '상상 속 친구(Imaginary Friend)'라는 가상의 친구를 만들어냅니다. 상상 속 친구는 머릿속에만 존재하기도 하고 환각으로 나타나는 경우도 있습니다. 외동이나 첫째 아이에게 많이 나타나는 편이라 외로움을 달래기 위해 만들어졌다는 설도 있는데, 비록 상상 속 친구라 하더라도 함께 있으면 역시 안심이 되나 봅니다.

어렸을 때 반복되는 학대를 당했거나 방치되었던 사람은 오랫동안 누구의 도움도 받지 못하고 고통받았던 경험이 있습니다. 이는 물리적으로 혼자였다는 의미가 아니라, 자신을 한 사람의 인간으로 인정해주는 사람이 없는 상황에 놓여 있었다는 의미입니다. 이런 경우 비참한 경험을 했던 자신을 지금의 자신으로부터 분리하고자 하는 심리적인 메커니즘이 작용해 다른 인격이 나타납니다. 바로 해리성정체감장애, 다른 말로 다중인격장애라고 합니다. 다중인격장애는 정신건강의학과에서 결코 특별한 질환이 아닙니다.

나의 불안은 나만 감당할 수 있다

인간은 자유를 억압당하거나, 자존심에 상처를 입거나, 신체의 안전을 위협받는 상태가 오래 지속되면 견디지 못합니다. 병적인 고독이란 단순히 외톨이가 되는 것이 아니라, 스스로 어떻게 할 수 없는 환경적인 요인으로 인해 불안이 가중된 상태를 말합니다. 이런 감정은 누구나 인생의 여러 단계에서 마주치게 됩니다. 이를테면 배우자가 갑자기 사망하거나, 회사를 위해 몸 바쳐 일했는데 정리 해고를 당했을 때의 충격을 혼자 감당해야 하므로 고독을 느끼게 되지요. 또 학비를 마련할 수 없어 꿈을 포기해야 하거나, 맞벌이 부부인데 혼자 집안일과 육아를 떠맡는 등의 부당함에 직면했을 때도 손쓸 수 없는 고독을 느끼게 됩니다.

지금은 건강하니까 괜찮지만 병에 걸리면 자신을 돌봐줄 사람이 아무도 없다며 걱정하는 사람도 있습니다. 평소에는 많은 사람에게 둘러싸여 있어도 정작 곤란할 때 옆에 있어주는 사람은 없을지도 모른다는 장래에 대한 불안이지요.

마음의 병을 앓을 정도는 아니더라도 이런 식으로 누구와도 공유할 수 없는 괴로움, 슬픔, 고민 탓에 스스로 고독하다고 느끼는 사람도 있을 것입니다. 우리가 고독을 두려워하는 이유는 부정적인 상상이나 기억과 결합하기 쉬워서이기도 합니다.

불안을 나눌 수 있는 사람이 가까이에 없으면 고독은 더욱 깊어집니다. 내가 아무리 열심히 이야기를 해도 상대방은 기대만큼 나를 이해해주지 못하고, 나 역시 상대방을 잘 이해할 수 없을 때 체념은 외로움이 되지요.

인간은 본래 타인을 완전히 배제하고 혼자 살아갈 수 있을 만큼 강한 존재가 아닙니다. 거기에 불안이 더해지면 부정적 고독에 사로잡히게 되고, 심한 경우 고독으로 인해 정신이 이상해지기도 합니다. 많은 사람이 느끼는 고독은 정상에서 비정상으로 이어지는 스펙트럼 사이에 무수히 변형되어 존재합니다.

**부정적 고독을 심화시키는
세 가지 불안이란?**

살다 보면 많은 사람을 만난다

우리가 고독을 부정적으로 느낄 때는 '타인과의 단절'과 '스스로 조절하기 어려운 환경적인 불안'이 마음속에 존재합니다. 물론 평범한 생활을 하면서 누구와도 완전히 접촉하지 않는 경우는 아주 드물지요. 그러나 피할 수 없는 환경적인 불안에 직면했을 때 그 불안을 혼자 감당하는 경우가 적지 않습니다. 그중에서도 많이 맞닥트리는 것이 다음에 나오는 세 가지 불안으로, 하나씩 살펴보겠습니다.

거절에 대한 불안

'거절에 대한 불안'은 인간관계나 따돌림에 대한 불안입니다. 누군가에게 거절당하면 타인에게 부정적인 평가를 받았다고 생각해 자존심에 상처를 입습니다. 인간관계로 인한 고민은 나이가 들어도 계속됩니다. 하지만 막 날개를 펼치기 시작하는 젊은 세대는 인생에서 친구 관계의 우선순위가 높기 때문에 또래 친구들에게 친구로 인정받지 못하는 것을 특히 심각하게 받아들이는 경향이 있습니다.

실패에 대한 불안

'실패에 대한 불안'은 자신이 원하는 대로 살지 못하고 뒤처지는 것에 대한 불안입니다. 학창 시절에는 공부든 노는 것이든 대체로 엇비슷합니다. 하지만 사회에 나가면 각자 자신의 진로를 선택하고 그 안에서 경쟁이 시작됩니다. 자신이 원하는 대로 살 수 있으면 좋겠지만 세상에는 이런 사람만 존재하지 않습니다. 거창한 성공을 바라지 않는 사람이더라도 자신을 돌아보는 일 없이 살아가다 보면 허무함을 느끼기 마련입니다.

물론 패자부활전은 가능합니다. 선로에서 벗어나는 것을 탈락(수동적)이라고 인식할지, 탈출(능동적)이라고 인식할지는 마음먹기에 달렸습니다. 천편일률적인 시대에 안녕을 고하는 것은 자립이라고 할 수 있으며, 자립과 고독은 종이 한 장 차이입니다.

상실에 대한 불안

'상실에 대한 불안'은 당연하게 여겼던 것이나 이제까지 쌓아 올린 것을 어쩔 수 없이 떠나보내야 할 때 느끼는 불안입니다. 가족이나 소중한 친구를 잃는 이별은 큰 상실감이 따르는 일입니다. 또 우리가 그동안 쌓아 올린 것들은 자부심의 근원이었는데, 정년이 되어 직장을 잃거나 오랫동안 좇았던 꿈을 포기할 수밖에 없을 때 이런 자부심을 잃어버린 느낌이 드는 사람도 있습니다.

나이가 들수록 건강, 젊음, 커리어, 배우자, 인적 네트워크, 부모로서의 역할 등 이제까지 나를 구성하던 요소가 사라지는 것 같아 쓸쓸합니다. 반면, 해야 할 일이나 하고 싶은 일은 좀처럼 찾을 수 없어 고민에 사로잡히게 되지요.

자기평가가 낮아진다

이 세 가지 불안은 타인의 이해와 관심을 받지 못하는 것, 다시 말해 '타인에게 인정받지 못하는 것'을 두려워한다는 공통점이 있습니다. 불안이 현실이 되어 타인의 평가가 낮아졌다고 느끼면 자기평가도 낮아지기 쉽습니다. 여기서 '자기평가(Self-evaluation)'란 내가 나를 어떻게 평가하는지를 말합니다. 자기평가가 낮아지면 자신을 한심하고 다른 사람들보다 열등한 존재라고 생각하게 되고, 이러면 진짜 나답게 행동할 수 없게 되지요.

자기평가의 저하는 부정적 고독으로 이어집니다. 이 책에서는 세 가지 불안을 부정적 고독의 대표적인 원인으로 보고 이야기를 진행합니다.

4 거절에 대한 불안 ①
대인관계에서 주눅이 든다

학창 시절에 친구를 사귀기 어려웠다

거절에 대한 불안, 실패에 대한 불안, 상실에 대한 불안 중 대다수가 처음으로 경험하는 것이 거절에 대한 불안입니다. 거절에 대한 불안은 인간관계를 잘 맺지 못하거나, 친구들 사이에서 따돌림당하는 일을 두려워하는 마음입니다.

이 불안은 학교에 들어갈 때부터 시작됩니다. 이 시기에는 학교와 집이 있을 곳의 전부입니다. 학원, 공부방, 방과 후 돌봄센터도 있지만 어디까지나 부차적인 장소니까요. 또 학교에 적응하지 못하는 사람도 있을 것입니다. 그렇게 되면 교실에서 외톨이로 있거나 집 안에 틀어박힐 수밖에 없습니다. 그리고 어떤 집단에 소속되어 있어도 반이 바뀔 때마다 다시 새로운 친구를 사귀어야 합니다.

스스로 노력하지 않아도 주위에서 먼저 같이 놀자고 말해주는 아이는 행복한 아이입니다. 그렇지 않은 아이는 자신이 먼저 나서서 친구를 만들어야 합니다. 부모가 대신 나서서 친구를 만들어주지는 않으므로, 친구를 사귀는 기술이 거의 없는 만큼 당연히 갈팡질팡하는 아이도 있습니다. 어린아이는 마음이 맞지 않는 친구와는 놀지 않기 때문에 인간관계를 배우기에는 꽤 스파르타식 환경입니다. 이때부터 자신감을 잃어버리는 아이도 있을 것입니다.

집단 속에서 나의 입지를 깨닫는다

아이들은 자라면서 점점 재미있는 일을 생각해내거나, 운동을 잘하거나, 새로운 정보에 빠삭하거나, 예쁘고 잘생긴 사람이 인기를 얻기 쉽다는 사실을 깨닫습니다. 이런 사람은 자기주장에 능숙하고 자신 감이 넘쳐 보이지요. 하지만 그렇지 않은 아이는 주위 사람들이 받아 들여 주지 않을 것만 같아서 적극적으로 친구를 사귀지 못합니다.

반짝반짝 빛나는 타인을 보고 주눅이 들어 나는 어떤 사람이고 어떻게 행동해야 자연스러운지 모르겠다는 사람도 있습니다. 자리에 맞게 적절한 자기주장을 못 하기도 하지요.

특정 그룹이나 조직에서 나만 겉돈다거나 다른 구성원이 나를 만 만하게 보고 함부로 대하는 경우도 있습니다. 항상 함께 붙어 다녔는 데, 휴일 모임에 나만 초대받지 못하고 나를 빼고 다른 사람들끼리만 공유하는 이야깃거리가 있는 것 같다면 사실 나는 따돌림당하고 있 는 것일지도 모릅니다.

이런 경험이 반복되다 보니 인간관계가 힘들고 외로운 수준을 넘 어 자신이 비참하고 부끄럽게 느껴진다는 사람도 많습니다. '넌 매력이 없어. 넌 누구도 쳐다보지 않는 존재야'라고 낙인이 찍힌 듯한 기분이 들지요. 누구라도 자신이 무가치하게 느껴지는 것은 괴롭고 자존심이 상하는 일입니다. 이것이 바로 거절에 대한 불안에서 오는 고독의 본질입니다.

5 거절에 대한 불안 ②
진짜 나다울 수 없다

혼자 있는 것은 나쁜 일이 아니다

어느 집단이든 그 안에서 편안한 인간관계를 맺는 데 실패해 상처받는 사람은 셀 수 없이 많습니다. 보통은 '나한테 문제가 있어'라고 생각하기 때문이지만 꼭 그렇다고 볼 수는 없습니다. 번거로운 인간관계를 싫어해 혼자 있는 것을 선택하는 사람도 있습니다. 이 경우 물리적으로는 고독하더라도 거절당할까 봐 불안해하지는 않습니다. 친구가 없어 보인다는 단점은 있지만, 자존심에 살짝 금이 가는 대신 억지로 사람들과 친해지려 애쓸 필요는 없지요.

일상생활에 지장이 없다면 긴 안목으로 봤을 때 이런 선택도 나쁘지 않습니다. 상대방에게 인정받고자 하는 마음이 너무 크면 그 사람의 눈에 내가 어떻게 보일지만 신경 쓰느라 나다운 모습이 숨어버리게 됩니다. 하지만 상대방의 의향을 신경 쓰지 않으면 그 사람을 과대평가하지 않고 냉정하게 관찰할 수 있습니다. 타인에게 연연하지 않을수록 나답게 있을 수 있으므로 나와 잘 맞는 인간관계를 맺기가 쉬워집니다. 다만 친하지 않은 사람들 속에서 혼자 있게 되면 인지왜곡(그릇된 가정이나 잘못된 개념화를 이끌어내는 체계적인 인지적 오류를 말한다. - 옮긴이)이 일어나기 쉬우므로 주의가 필요합니다. 이 부분은 2장에서 자세히 설명하겠습니다.

호감을 얻기 위해 무리하지 않는다

집단 속에서 혼자 있고 싶어 하는 사람은 소수입니다. 모두가 혼자라면 애초에 고민할 필요도 없겠지요. 그렇다면 주위 사람들 모두 자신을 좋아해서 고독하지 않다는 사람에게 초점을 맞춰봅시다. 이런 사람의 경우 주위 사람들에게 잘 보이고자 조금은 무리하게 애를 쓰고 있어서, 집에 혼자 있게 되면 그제야 마음을 놓을 수 있다는 경우가 많습니다. 내심 고독해질 수 있는 순간만 기다리고 있는 것이지요.

학교, 직장, 가정 등 폐쇄적인 환경에 놓이면 소외당하는 것이 두려워 거짓된 나를 만드는 경우도 있습니다. 그 상황을 무사히 넘기기 위해 주위의 분위기를 보고 그에 맞는 역할을 연기하지요. 누구나 어느 정도는 하는 일입니다. 이를테면 원래 내성적이지만 사교적인 성격을 가장하는 사람은 무척 많습니다. 이는 가면을 쓰거나 터보 엔진을 가동하듯 다소 무리하게 애를 쓰는 것인데, 단기적으로는 효과적입니다. 영업 사원이 벼락치기 영업을 할 때처럼요. 그러나 진짜 내 모습이 아닌데, 장기간 연기를 해야 한다면 지치고 맙니다. 텔레비전 방송에서 큰 웃음을 주는 코미디언도 텔레비전 밖에서까지 항상 재미있지는 않습니다.

　주위 사람들에게 '맞추는 것'이나 '참는 것'이 효과적일 때도 많지만, 자신이 연기하는 인물에게 휘둘리지 않는 것이 중요합니다. 인간이기에 활기가 넘칠 때도 있지만 그렇지 않을 때도 있습니다. '언제나 활발한 ○○○'으로 남아야 한다는 심리적인 속박에서 벗어나고, 혹여나 뭐라고 하는 사람이 있다면 "그래? 평소랑 똑같은데?" 하고 대꾸하면 그만입니다.

　우울증으로 휴직했던 사람이 복직한 뒤 건강한 모습을 보이고자 무리하는 경우가 있습니다. 하지만 이렇게 행동하면 오래갈 수 없습니다. 저는 이런 사람에게 "저공비행이라도 좋으니 추락하지 않는 걸 목표로 삼으면 어떨까요?"라고 조언합니다. 가능한 한 나답게 있어야 마음이 지치지 않으니까요.

진짜 나로 있는 순간을 소중히 여긴다

오늘날 도시의 밤은 음영을 잃고 천편일률적으로 밝기만 한 것 같습니다. 형광등의 하얀 불빛 덕분에 24시간 내내 한낮처럼 밝은 편의점에도 한때의 어둠은 필요하지 않을까요?

　서비스업에 종사하는 사람은 온종일 웃는 얼굴로 있으라는 요구를 받기도 합니다. 설령 실연을 당하거나 시험에 떨어져 실망한 날이더라도 말이지요. 일을 하는 동안에는 자신의 진짜 기분과는 다른 표정을 짓도록 강요당하기 때문에 그 반동으로 일이 끝나고 집으로 돌아와 현관문을 닫은 순간 눈물이 터지는 사람이 많습니다. 슬프지 않은데도 말이지요. 자신의 감정에 맞게 자연스러운 표정을 지을 수 없게 되어버린 것입니다.

즐겁지 않은데도 항상 방긋방긋 웃고 다닐 필요는 없습니다. 때로는 어깨의 힘을 살짝 빼면 어떨까요? 슬픈 일이 있으면 슬퍼하세요. 떠나간 연인이나 젊었던 날의 추억을 떠올리는 것도 좋습니다. 고독에 잠기는 것도 좋은 방법이지요.

2장에서 자세히 다루겠지만 거절에 대한 불안이 큰 사람은 '상대방이 나를 어떻게 생각하는가'가 아니라, '나는 상대방을 어떻게 생각하는가'라는 관점을 우선시하면 불안이 줄어듭니다. 상대방에게만 나를 평가할 권리가 있는 것이 아니며 나에게도 똑같은 권리가 있습니다. 이 사실을 깨닫는 것이야말로 어른이 되는 첫걸음이라고 할 수 있습니다. 어른은 어린아이보다 친절하니 딱 잘라 거절하는 일도 없을 테고요.

SNS를 보고 느끼는 박탈감

편집된 정보라는 사실을 기억한다

현대 사회의 고독은 과거처럼 직접적으로 우리의 목숨을 위협하지는 않지만, 혼자라는 사실이 부끄럽다고 느끼는 사람은 예나 지금이나 별로 줄어들지 않은 것 같습니다. 오늘날은 SNS의 발달로 인해 타인의 학교나 직장에서의 모습뿐 아니라 사생활까지도 손쉽게 들여다볼 수 있습니다. 인스타그램에는 수많은 친구에게 둘러싸여 반짝반짝 빛나는 나날을 보내는 사람이 넘쳐납니다. 그에 비해 평범한 하루하루를 보내는 자신이 비참하게 느껴져 열등감을 느낀다는 사람도 있습니다.

하지만 SNS는 현실을 그대로 반영하지 않습니다. 익명을 빌려 자신이 가장 빛나는 한순간만을 잘라내어 타인에게 보이는 사람도 많습니다. 매우 부풀려진 현실이지요. 게다가 온라인상에는 '외톨이는 끔찍해'라는 풍조가 만연해 있습니다. 그 배경에는 고독한 사람을 야유하며 우월감을 느끼려는 심술궂은 욕망이 숨어 있지요. 하지만 실제로 이렇게 여론을 몰아가는 대다수는 자신이 고독하다는 사실을 의식하고 있습니다.

온라인상의 정보는 거짓은 아닐지 몰라도 모든 진실이 담겨 있지는 않습니다. 이런 정보를 보고 나 자신과 비교하며 낙심할 필요는 없습니다. 가볍게 보고 즐기는 정도가 딱 적당하다고 생각합니다.

6 실패에 대한 불안 ①
있을 곳이 없다

나는 주위에 도움이 되는 사람인가

두 번째로 '실패에 대한 불안'에 대해 알아보겠습니다. 우리가 있을 곳을 마련해주는 최초의 존재는 어머니입니다. 어머니는 대가 없는 애정으로 아이를 품어주고, 어머니의 이런 사랑을 받으며 아이는 '살아 있어서 행복하다'라고 느끼게 됩니다. 학교도 마찬가지입니다. 학교는 기본적으로 아이가 있을 곳을 마련해 성장에 기여합니다. 이후 어른이 되면 대다수가 먹고살기 위해 일을 합니다. 문제는 직장은 '무조건' 모든 사람에게 일할 수 있는, 즉 있을 곳을 부여해주지는 않는다는 것입니다.

일하는 사람은 자신이 있을 곳을 쟁취하기 위해 스스로의 힘으로 돈을 벌거나 조직에 공헌해야 합니다. 회사에 더 큰 이익을 가져오는 사람은 주위 사람들로부터 인정을 받지만, 아무것도 하지 않는 사람은 자리에 있기 힘들어집니다. 자신이 있을 곳을 손에 넣지 못한 사람은 자신감을 잃고 경제적으로 궁핍해지기도 하지요. 이 불평등으로부터 실패에 대한 불안이 생겨납니다.

사회에 나오면 더 이상 주인공이 아니다

실패에 대한 불안이란 사회에 나와 개인의 판단으로 인생의 열쇠를 잡게 되었을 때 낙오되지 않을까 하고 두려워하는 불안입니다.

우리는 어렸을 때부터 학교에 다니기 때문에 사회에 나가도 다들 거기서 거기일 것이라 생각하며 안심합니다. 하지만 모두가 엇비슷한 모습을 한 것은 어렸을 때뿐입니다. 학교에 다닐 때는 선생님이 목표를 정해줍니다. 학생이 학교의 주인공이기 때문이지요. 수업도 진로 상담도 모두 학생을 위해서 하는 일입니다. 학교에 다닐 때는 수동적이어도 충분합니다.

하지만 학교를 졸업하고 사회인이 되면 상황은 급변합니다. 회사는 직원을 위해 존재하지 않으니까요. 직원은 회사의 주인공이 아닙니다. 회사의 목적은 노동력으로서 직원을 고용해 이윤을 남기는 것입니다. 직원의 성장을 바라지 않는 경영자는 없을 테지만, 어쩌다 직원이 성장하면 행운일 뿐 성장 자체가 회사의 목적은 아닙니다. 이를 이해하지 못하는 사람은 여전히 학생 마인드에서 벗어나지 못한다며 핀잔을 듣습니다.

평등한 대우를 바라는 것은 무리다

회사는 직원 모두에게 평등하게 가치 있는 일을 제공하지는 않습니다. 자신이 맡은 임무에서 기대 이상의 성과를 낸 사람에게만 매력적인 다음 과제가 부여됩니다. 성과를 내지 못하는 사람은 판에 박힌 듯한 일만 배정받게 되지요. 이런 일이 반복되다 보면 인생이 커다란 꽃송이처럼 활짝 피어나는 사람과 꽃봉오리인 채 끝나는 사람의 격차가 크게 벌어집니다. 어쩌다 보니 자신이 하고 싶었던 일을 맡은 사람은 행운이지만, 그렇지 않은 사람은 스스로 보람을 찾아야 합니다. 이대로 회사에서 계속 일을 할지, 이직을 할지, 아니면 눈 딱 감고 독립해서 프리랜서가 될지…….

실력 있고 자신감이 넘쳐 진취적으로 인생을 개척해나가는 사람은 '내가 한 일은 내가 책임진다'라는 사고를 매력적으로 여깁니다. 학생 때처럼 걸음이 느린 사람에게 일부러 맞추지 않아도 되니까요. 하지만 그렇지 않은 평범한 사람에게 자기책임은 시련입니다.

수동적인 사람은 갈 곳이 없는 시대다

일반적인 회사에는 핵심 임무를 맡은 핵심 직원 외에 다양한 역할을 담당하는 직원이 있습니다. 하지만 이제는 다양한 역할을 담당하는 직원은 점점 사라지는 추세입니다. 앞으로 이런 역할은 인공지능이 대신하게 되고 사람들은 갈 곳을 잃게 될 것입니다. 보람 있는 일을 맡을 수 없는 사람과 경쟁에서 뒤처진 사람이 생겨남에 따라 많은 사람이 낙오되는 고독을 경험할 것입니다. 직장 밖에서도 마찬가지입니다. 결혼이나 이혼, 자녀 문제, 부모와의 관계, 어디에서 어떻게 살아갈지, 또 이런 일들이 인생에 어떤 영향을 끼칠지……

내 인생 설계에 대해 나를 대신해 전문적으로 생각하고 이끌어주는 사람은 없습니다. 사람마다 처한 상황이 모두 다르기 때문에 '그 사람만 따라 하면 평생 문제없다'라고 보장된 역할 모델은 어디에도 없습니다.

우리는 사회에 나간 이후 더욱 공부할 필요가 있습니다. 자신이 원하는 모든 것을 손에 넣을 수 있는 사람은 극소수입니다. 대다수가 좌절을 경험하지요. 그리고 어떤 결과가 나오든 자신의 책임으로 받아들여야 합니다. 실패에 대한 불안을 가볍게 하는 첫걸음은 각오를 다지는 것입니다.

7 실패에 대한 불안 ②
나의 판단으로 행동하기 두렵다

필요한 것은 마음의 성장이다

실패에 대한 불안이 큰 사람은 현재에 안주하고 현상 유지를 바라는 경향이 있습니다. 나이가 들어도 좀처럼 어른이 되지 못하고 자립하지 못한 유형이지요. 지금 이대로가 편하기에 스스로 과제를 찾아서 행동하는 위험 부담을 안고 싶지 않은 것입니다. 어차피 실패할 거라면 모두와 함께인 편이 안심되니까요.

횡단보도에서 빨간불인데도 불구하고 다 같이 길을 건너는 사람들을 떠올려봅시다. 이들은 모두와 함께라면 괜찮다고 생각하지요. 멀리서 대형 트럭이 전속력으로 달려옵니다. 살짝 불안을 느끼면서도 다들 대열을 흐트러트리지 않고 걷습니다. 혼자만 대열을 빠져나오기 무섭기 때문이지요. 모두와 함께라면 누군가가 어떻게든 해결해주지 않을까라고 바라면서요.

이런 사람들의 대다수는 어른이 되는 훈련을 하지 않은 채 사회인이 되어 회사에서 하는 말을 너무 진지하게 받아들입니다. 회사가 추구하는 인재는 임금에 걸맞은 노동력을 제공하고 상사의 명령을 잘 따르며, 지긋지긋한 인간관계도 수용하고 다 같이 협력해 기대하는 성과를 내며, 회사를 위해 자신을 갈고닦고 스스로 건강 관리까지 하는 인재입니다. 회사 입장에서는 너무 편한 직원상인 셈인데, 여기에 의문을 품지 않고 완벽하게 이런 모습을 갖추려는 사람이 많습니다. 스스로 생각할 필요도 없고 책임을 지지 않아도 되니까요. 그러나 이처럼 타인의 말만 정답이라고 생각하면 성장할 수 없습니다. 오히려 상황에 따라 새로운 과제를 찾아 직접 움직이는 사람이 인정받는 법입니다. 이런 사람은 대체할 수 없으니까요.

반항기를 보내는 법이 영향을 끼친다

자기 뜻대로 움직이려 하지 않는 사람은 어렸을 때 반항기를 제대로 보내지 못한 경우가 많습니다. 반항기는 아이가 어른이 되기 위해 꼭 필요한 시기입니다. 부모가 시키는 대로 하고 여러 측면에서 부모의 보호를 받던 아이의 단계에서 스스로 생각하고 결정하는 어른이 되어가는 것이지요. 어린아이의 생각은 순수하지만 아직 시야가 좁고 깊이가 부족하며, 한쪽으로 치우치기 쉬워 부모의 도움이 필요합니다. 그러다 점차 반항을 시작하고 자기 생각대로 행동해 시행착오를 거치면서 자신만의 스타일을 익혀갑니다. 마침내 부모에게 전면적으로 의존하지 않게 되었을 때 비로소 어른이 되었다고 할 수 있습니다.

반면, 반항기에 어른이 되기 위한 장애물을 뛰어넘으려 하지 않는 사람도 있습니다. 어른이 되기를 거부하면서도 결국 어른에게 모든 판단을 맡겨버리고 스스로 결정하지 않는 것이지요. 이는 부모의 판단을 고분고분 따라서 일이 잘 풀리더라도 본인의 자신감으로 이어지지는 않습니다. 성장할 기회를 놓치는 바람에 자신만의 공간에 혼자 틀어박히게 되는 사람도 있습니다. 여자아이의 경우 여성으로서의 성숙을 거부해 거식증에 걸리기도 합니다.

이런 현상이 발생하는 원인은 아이의 반항기를 받아들이는 어른 쪽에서 능숙하게 대응하지 못한 까닭일 수도 있습니다. 어른은 아이에게 반항할 여지를 주어야 합니다. 아이가 원하는 대로 다 해주거나 무작정 거부하는 것 역시 좋지 않습니다. 어른은 아이가 쓰러트려야 할 존재라기보다, 어느 정도 싸우는 보람이 있고 넘어설 가치가 있는 벽이어야 합니다. 반항기에 부모가 너무 무르거나 지나치게 엄했다는 사람은 이 점을 염두에 두고 자신의 행동을 돌이켜보면 수긍할 수 있을 것입니다.

리더가 되기 망설여지는가

아이에서 어른으로의 역할 변화는 일방적으로 평가당하는 존재에서 자신을 평가하는 존재가 되는 것, 그리고 타인을 평가하는 존재로 바뀌는 것이기도 합니다. 이는 어른이 된 뒤에도 몇 번이고 반복되는 중요한 주제입니다. 예를 들어 사원에서 중간 관리직이 될 때도 그렇습니다. 중간 관리직은 위아래에서 치이는 어려운 자리입니다. 반항기를 거쳐 부모를 능숙하게 넘어선 사람은 사원에서 관리직으로 역할이 달라졌을 때 비교적 유연하게 대응합니다.

반면, 부모에게 딱 달라붙은 채 넘어서는 것을 회피했던 사람은 리더가 되는 것을 망설입니다. 이런 사람들의 대다수는 타인의 의견을 무분별하게 수용하고 적절한 자기주장을 못 하지요. 리더가 되더라도 매사를 자기중심적으로 생각하거나 문제가 발생했을 때 책임질 각오가 되어 있지 않아 회피하며, 자신에게만 관대하고 타인에게는 포용력이 부족한 사람도 있습니다. 정신적 미성숙과 자신감 부족이 밑바탕에 깔려 있으면 작은 일에도 불안감을 느껴 행동을 억제하기 때문에 끝끝내 자신감이 생기지 않습니다.

실패에 대한 불안을 줄이기 위해서는 마음의 자립이 무엇보다 중요합니다. 이 책에서는 방법도 함께 소개합니다. 스스로에게 자신감을 가지고 상대방의 입장을 배려할 수 있는 사람은 어른입니다.

어른이 된다는 것은 쉽게 달성할 수 없는 과제입니다. 물론 완전무결한 어른 같은 것은 없습니다. 어른이라도 약한 소리는 하는 법이니까요. 타인의 도움을 전혀 받지 않고 살아갈 수 있는 사람은 이 세상에 없습니다.

동조압력이란?

많든 적든 우리는 의존하고 있다

일본이 동조압력이 강한 나라라는 점을 확실히 의식하게 된 것은 제가 고등학교 1학년이었던 여름, 미국의 시골 마을에서 홈스테이를 할 때였습니다. 그날은 호스트 가족과 처음으로 저녁 식사를 하던 날이었습니다. 소고기, 돼지고기, 닭고기 중 어느 것이 좋은지 고르라기에 "알아서 해주세요." 라고 대답했다가 "그건 대답이 아니야!" 하고 꽤 엄한 어조로 꾸지람을 들었습니다.

자리의 분위기를 살피며 자신의 희망 사항을 말하지 않아야 바람직한 어른이라고 믿었던 저는 큰 충격을 받았습니다. '주위 사람들이 하는 대로 따라 해야 한다'라는 규칙에 얽매여 있었다는 사실을 깨달았기 때문입니다. 지금 생각해보면 미국인은 '주위 사람들'이 아니라 '기독교 유일신'의 언약을 우선시했을 뿐입니다. 그들을 이끄는 신의 율법을 따르는 것은 중요해도 자신과 같은 존재인 인간의 눈치를 살피며 조심할 필요는 없었던 것이지요.

최근에는 서로의 의향을 관찰하며 보조를 맞춰가는 일은 거의 없어졌습니다. 대신 온라인상에서 '새로운 세간'이 만들어지고 있습니다. 과거에 이웃의 이목이 동조압력이 되어 개개인의 행동을 단속했던 것처럼 현대

사회에서는 SNS가 새로운 시대의 눈과 귀가 되어 또 다른 형태로 사람들에게 동조압력을 가하는 것이지요.

이런 새로운 세계의 규칙에 따르면 모두가 좋아하는 것은 높은 평가를 받고 모두가 탐탁지 않게 여기는 것은 소위 '까이게' 됩니다. 여기서 말하는 모두란 어쩌다 공통의 관심사를 가지고 한곳에 모인 불특정 다수입니다. 익명 뒤에 숨어 사람들을 비난하거나 개인 정보를 유출해 괴롭히는 '악플'은 새로운 세계의 동조압력으로 인해 발생합니다. 악플이 많다는 것은 익명의 그늘에 숨어 정의의 사도를 자처하고 타인을 깎아내리며 음습한 쾌감을 느끼는 사람이 많다는 의미입니다.

타인을 비난할 때는 자신의 이름을 밝히는 것이 최소한의 예의가 아닐까요? 칭찬을 하는 경우라면 익명이라도 좋겠지만요.

8 상실에 대한 불안

지금 이대로 있을 수 없게 된다

젊음은 지나간 뒤에야 비로소 깨닫는다

마지막으로 '상실에 대한 불안'에 대해 알아보겠습니다. 상실에 대한 불안이란 이제까지 당연하게 곁에 있던 것이나 시간을 들여 이룩한 것을 잃게 될 때 느끼는 불안입니다. 마음의 지주가 되어주던 존재를 잃으면 고독은 더욱 깊어집니다. 나이와는 상관없기 때문에 젊을 때도 느끼지만 노년이 될수록 특히 느끼기 쉬운 고독입니다. 새로이 얻는 것보다 잃어가는 것이 많게 느껴지는 시기이기 때문입니다.

인생의 정점은 오래 지속되지 않습니다. 술자리에서 아침까지 달렸던 것도 먼 옛날 일이지요. 이제는 하루만 무리해도 며칠 동안 피로가 가시지 않고, 어디를 가든 돋보기안경을 빼놓을 수 없게 되었습니다. 새로운 자극을 받는 즐거움보다 고통을 피하는 것을 우선하게 되었습니다.

젊음은 지나간 뒤에야 비로소 깨닫는 존재라 젊을 때는 잘 모릅니다. 문득 정신을 차리고 보면 그제야 늙음이 깊이 스며들어 있다는 사실을 깨닫습니다. 그리고 이 사실을 있는 그대로 받아들이는 사람과 반대로 젊음에 연연하는 사람이 존재합니다.

현역 시절 가진 것이 많았던 사람일수록 잃는 것도 많습니다. 회사에 인생을 걸었던 사람, 자녀의 미래에 자신을 겹쳐 보던 사람, 체력에 자신 있던 사람, 미모를 내세우던 사람…… 그렇다고 잃는 것이 많은 사람이 불행하다는 의미는 아닙니다. 복싱에서 헤비급 챔피언 벨트를 잃을 수 있는 사람은 챔피언 벨트를 얻었던 챔피언뿐이듯, 큰 상실감을 경험한다는 것은 그만큼 행복한 사람이라는 의미이기도 합니다.

자존심과 타협한다

고령자가 자동차를 운전하는 상황을 생각해봅시다. 대중교통이 발달하지 않은 곳에서는 운전을 못 하면 일상생활에 지장이 있지만, 운전을 하면 사고가 발생할 위험도 커집니다.

일본에서는 75세 이상 운전자가 면허를 갱신할 경우 의무적으로 기억력 스크리닝 검사를 합니다. 검사 결과에 따라 면허증 반납을 권장하거나 더욱 자세한 검사를 하게 됩니다. 그런데 이때 여성은 순순히 면허증을 반납하는 반면, 남성은 좀처럼 수긍하려 들지 않습니다. 운전 능력은 남자의 자존심과 밀접한 관계가 있기 때문이지요. 남자의 체면이 걸린 문제로, 운전을 해서는 안 된다고 낙인찍히는 게 싫은 것입니다.

치매 검사를 받기 위해 가족의 손에 이끌려 제 클리닉을 찾는 분이 있습니다. 대개는 언짢은 얼굴을 하고 있는데, '날 치매 노인 취급하다니' 하고 얼굴에 쓰여 있습니다. 이럴 때 저는 충분한 시간을 들여 이제까지의 병력 등을 질문한 뒤 치매가 의심되는 경우 "이제부터 할 검사에서 치매라는 결과가 나오면 곧바로 면허 자격이 박탈됩니다."라고 설명합니다. 그런 다음 "지금 하신 이야기로 보면 운전에는 지장이 없을 것 같지만, 만에 하나를 생각해 미리 면허증을 반납하면 어떨까요? 이렇게 하신다면 오늘 검사는 여기까지만 하고 영상 검사는 다음에 면허증을 가져오셨을 때 진행하겠습니다." 하고 유도를 합니다. 그러면 자진 반납하겠다는 분이 나타납니다. 가족 앞에서 치매 판정을 받고 면허까지 박탈당하는 불명예를 맛보고 싶지 않기 때문이지요. 그리고 이때 스스로 납득하기 위해서는 '자기 자신이 선택했다'라는 점이 무척 중요합니다.

연장자라는 이유로 존경받지 못해도 좋다

누구나 나이가 들면 자기 나름대로 꿋꿋이 살아남았다는 자부심이 생기기 마련입니다. 중학생조차도 후배에게 얕보이는 것은 싫어하지요. 하지만 '모두에게 존경받는 훌륭한 연장자이어야 한다'라는 속박에서 자유로워지는 편이 좋습니다. 이제까지 세상에 충분히 공헌하며 살아왔으니까요.

과거에는 은퇴를 하고 나면 책임에서 벗어나 유유자적 살 수 있었습니다. 하지만 이제는 늙었다는 핑계를 세상이 용납하지 않습니다. 오늘날에는 은퇴를 하고 나서도 자기책임이 요구됩니다. 연공서열이 무너지고 실적에 따라 보수를 받는 시대가 되었기 때문입니다. 마치 싸울 기력도 남아 있지 않은데, 전선에 머물도록 명령받은 병사와 같습니다. 질 것이 뻔한 싸움을 강요당하는 것입니다. 이런 상황에서 '연장자답게' 행동하라고 자신을 압박하면 부담이 너무 커지지 않을까요? 요즘은 나이가 들어도 적극적으로 행동하기를 기대하는 경향이 있는데, 너무 지나친 것도 조금 그런 것 같습니다. 개인적으로는 완고한 노인보다 귀엽고 멋진 할아버지, 할머니를 목표로 삼는 편이 훨씬 이득이라고 생각합니다.

생애미혼율이 높아지는 이유

결혼에서 기대하는 부분이 달라지고 있다

생애미혼율이란 50세까지 결혼을 한 번도 하지 않은 사람이 전체 인구에서 차지하는 비율로, 이 비율이 점차 높아지고 있습니다. 특히 남성에게 두드러지는 경향을 보입니다. 이대로라면 머지않아 '결혼하지 않는다'라는 선택지가 순식간에 표준이 될 것입니다.

기존의 결혼 방식에 계속 의존한다면 다음 세대를 양성하는 것은 불가능합니다. 국가를 유지하기 위해서는 전략의 대담한 전환이 필요합니다. 과거에는 맏아들이 떠맡았던 연로한 부모를 모시는 일이 이제는 사회 전체가 책임지도록 바뀌고 있는 것처럼 말이지요.

수십 년 전에는 여성은 결혼하지 않으면 살아가기 힘든 세상이었습니다. 사회적으로 여성이 살아남기 위해서는 결혼을 거부할 수 없었지요. 하지만 여성의 사회 진출이 활발해지면서 결혼하지 않아도 살아갈 수 있는 사람이 늘어나기 시작했고, 경제력을 바탕으로 여성 스스로 결혼 여부를 결정할 수 있게 되었습니다. 또 과거에는 연애가 그림의 떡이었을지 모르지만, 시간이 흘러 결혼을 전제로 하지 않아도 연애를 할 수 있는 시대가 되자 결혼의 가치는 점차 낮아졌습니다. 이제는 결혼하지 않겠다는 사람이 늘어나고 연애 자체도 필요하지 않다는 사람이 증가하는 경향입니다.

그런데 최근 일본에서는 결혼을 희망하는 사람이 다시금 늘어나고 있습니다. 불안정한 사회 상황으로 인해 결혼의 목적이 '살아가기 위한 안전보장'(『곤란한 결혼』 우치다 타츠루 지음)이 되었기 때문이지요. 특히 이런 경향은 여성에게 두드러지게 나타나며, 결과적으로 남성과 여성의 생애미혼율은 큰 차이를 보이고 있습니다.

남성보다 여성의 생애미혼율 상승이 둔화되는 이유는 초혼 여성이 상대적으로 또래의 젊은 남성보다 경제적으로 윤택한 연상의 재혼 남성과 결혼하는 일이 늘었기 때문이지요. 하지만 현재 30세인 사람이 50세가 되었을 무렵에는 고령의 남성도 상대적으로 유복하다는 장점을 잃었을 것입니다. 그때 결혼이라는 제도가 또 어떻게 달라져 있을지는 알 수 없지만요.

제 2 장

가능한 한
나답게 있는다

1 고립된 상황에서는
나다운 모습이 나오지 않는다

타인의 눈이 신경 쓰이는 것은 당연하다

우리가 주위 사람들과 인간관계를 맺을 때는 반드시 거절에 대한 불안이 따르기 마련입니다. 이때 아무리 모른 척하고 싶어도 무시할 수 없는 것이 타인의 시선이지요.

인간은 타인의 눈을 의식하는 생물입니다. 그래서 외로운 것 자체가 괴롭다기보다, 고립된 모습을 보고 주위 사람들이 어떻게 생각할지 신경 쓰인다는 사람이 많습니다. 친구 없는 사람으로 보이기 싫어서 고립되고 싶지 않다는 것입니다.

실제로 내가 혼자 있을 때 주위 사람들이 나를 어떻게 생각할지는 모르는 일입니다. 그리고 나를 향한 주위의 시선을 내가 어떻게 받아들일지는 당시의 내 마음이 어떤 상태인지에 따라 달라집니다. 단적으로 말해 우리는 타인의 시선을 '다정하다' 또는 '무섭다' 둘 중 하나로 인식합니다.

우리가 느끼는 시선은 세 종류로 나뉜다

만일 매일 교도관에게 감시당하는 죄수라면 주위에서 자신을 비판적인 시선으로 바라본다고 느낄 것입니다. 하지만 아기는 엄마가 온종일 지켜보고 있어도 불편해하기는커녕 오히려 안심하겠지요. 우리가 느끼는 타인의 시선은 언제나 똑같은 것이 아니며, 당시의 상황과 상대방에 따라 다정하게 또는 비판적으로 느껴집니다.

혼자 있으면 타인의 시선이 신경 쓰인다는 사람은 상대방이 나를 비판적으로 바라본다고 느끼기 때문에 항상 긴장하고 있습니다. 나를 바라보는 시선에서 악의나 적대심을 품고 있을 수도 있다고 생각하기 때문이지요. 또 아는 사람이 아무도 없는 파티에 가서 혼자 있으면 모두의 시선이 낯설고 어색하게 느껴집니다. 마치 사람들이 나를 보며 속으로 이런저런 평가를 하고 있을 것만 같지요.

우리가 타인을 가만히 바라볼 때의 시선은 크게 세 종류로 분류할 수 있습니다.

- 감싸는 듯한 '다정한 시선'
- 분석하는 듯한 '냉정한 시선'
- 비판하는 듯한 '무서운 시선'

'다정한 시선'이란 엄마가 아기를 지켜볼 때의 시선입니다. 상대방에게 호의를 가지고 있을 때 나오는 눈빛이지요. '냉정한 시선'이란 상대방에 대한 선입견이나 큰 의미 없이 단순히 '무슨 일 있나?', '저 사람은 어떤 사람일까?' 하고 관심을 가지고 바라보는 시선입니다. '무서운 시선'이란 공격성을 띤 시선입니다. 상대방을 비판하거나 감시하고 자유를 억압하려 합니다. 이 세 가지 시선은 '다정한 시선-냉정한 시선-무서운 시선'순으로 완만하게 이어져 있습니다.

나의 불안을 상대방의 시선에 투영한다

나를 보는 시선을 어떻게 받아들일지는 상대방과의 관계에 따라 달라집니다. 이를테면 친한 사람과 있을 때는 나를 향한 시선이 다정하게 느껴지고, 나를 보고 있다는 사실을 의식하는 일도 거의 없습니다. 반면, 친하지 않은 사람과 있을 때는 상대방의 시선이 무섭게 느껴지곤 합니다. 나를 싫어하거나 비난하는 듯한 느낌을 받지요.

불안한 사람은 자신의 불안을 상대방의 시선에 투영합니다. 나를 우습게 보는 것 같다고 생각하면 상대방이 무섭게 느껴질 수밖에 없습니다. 인지(생각하는 방식 또는 받아들이는 방식)가 왜곡되어 자꾸만 부정적으로 해석하는 것이지요.

혼자 있을 때 타인의 눈이 신경 쓰인다는 사람은 마치 '시선'이라는 병에 걸린 환자와 같습니다. 타인이 나를 보며 '저 사람은 친구도 없는 외톨이인가 봐. 틀림없이 지루한 사람이라 아무도 상대해주지 않을 거야'라고 생각하지 않을까 하는 계속되는 의심과 망상에 사로잡혀 괴로워하지요.

안심할 수 없는 곳에서는
극단적으로 행동하기 쉽다

싸우느냐 도망치느냐의 스위치가 켜진다

주위 사람들에게 내가 어떻게 보일지 신경이 쓰인다면 현재 안심할 수 없는 환경에 있다고 볼 수 있습니다. 이럴 때 우리는 주위 사람들이 나를 나쁘게 생각하지 않을까, 나를 평가하면서 점수를 매기지 않을까 하는 의심을 하게 됩니다. 주위 사람들이 나에게 해를 끼칠지도 모르는 적일 가능성을 생각하며 본능적으로 불안을 느끼지요.

야생에서 천적을 마주친 동물은 상대방이 자신보다 약하다고 판단되면 공격하고 강해 보이면 도망칩니다. 이때 심장 박동수와 호흡수가 증가하고 위로 향하는 혈류는 감소하지요. 싸우느냐 도망치느냐, 이것을 '투쟁-도피반응' 또는 '공격-도피반응'이라고 합니다. 이는 야생 동물이 살아가기 위해 꼭 필요한 장치입니다.

이제 인간은 야생에서 생활하지 않기 때문에 이런 장치는 필요 없지만, 친하지 않은 사람과 함께 있거나 불편한 고객과 상담을 하는 상황을 맞이하면 긴장한 나머지 이 스위치가 켜지는 일이 있습니다. 심한 경우 목소리가 높아지고 손이 떨리며 심장은 마구 고동치지요. 인간이 야생을 떠난 지는 아직 그리 오래되지 않았기 때문에 스트레스를 받으면 싸우느냐 도망치느냐의 스위치가 실수로 작동하는 것입니다.

인지왜곡을 의심해본다

혼자 있어도 나답게 편히 행동하려면 내가 있는 곳을 안심할 수 있는 장소로 여겨야 합니다. 자신을 무리에서 벗어난 외톨이라고 느끼면 인지왜곡이 일어나기 쉬워, 그 결과 투쟁-도피반응이 일어나며 좋든 싫든 싸우느냐 도망치느냐의 양자택일을 하게 됩니다.

싸울 때와 도망칠 때 우리는 다음과 같은 마음 상태가 됩니다. 의학적인 의미와는 조금 다르지만 인간관계도 싸우는 쪽과 도망치는 쪽으로 나뉘는 경우가 있습니다.

- **싸우는 사람의 마음**

  서열이 높은 사람은 일방적으로 공격을 퍼붓습니다. 상대방을 깔보고 자신의 의견을 밀어붙이며 상대방을 굴복시키기 위해 몰아세웁니다.

- **도망치는 사람의 마음**

  서열이 낮은 사람은 방어하는 데 급급합니다. 자신의 생각을 억누르고 상대방의 의견을 비판 없이 수용합니다. 자기만의 세계에 틀어박혀 자신을 지키려 하거나 그 자리를 떠납니다.

원만한 인간관계를 유지하려면 위아래의 서열을 떠나 서로의 의견을 존중하며 소통해야 합니다. 이것이 '건전한 자기주장(Assertion)'입니다. 그러나 상대방이 어떤 사람인지 모르는 경우 우리는 때때로 극단적인 행동을 취하기도 합니다.

인생에서 처음으로 느낀 두려움

불안한 경험을 기억하는 이유가 있다

제 클리닉을 방문하는 외래 환자에게 "인생에서 처음으로 두려움을 느꼈던 경험을 이야기해주세요."라고 종종 질문하곤 합니다. 이 기억에는 큰 의미가 있기 때문이지요. 물건을 훔쳤던 기억, 부모님이 싸우던 기억, 큰 물난리가 났던 기억……. '내가 왜 이런 걸 기억하지?' 하며 이상하게 생각하는 분도 있지만 사실 이 기억에는 중요한 의미가 숨어 있습니다. 인생에서 처음으로 불안의 경고음이 울린 중요한 기억이기 때문에 지워지지 않고 남아 있을 가능성이 높습니다.

불안의 경고음이 작동하는 메커니즘은 출구가 보이지 않는 동굴을 보고 무서워하는 본능이 터널이나 엘리베이터에서 공황발작을 일으키는 것과 비슷합니다. 다시 말해 '출구도 보이지 않는 저런 동굴에 들어가면 빠져나오지 못할 거야'라는 경고음에 대한 과잉반응이 공황발작인 것이지요. 그리고 이런 과잉반응은 공황장애나 사회불안장애로 나타납니다. 고독으로 인해 극심한 스트레스를 받을 때도 이런 경고음이 과잉반응을 일으켜 우울증의 원인이 되기도 합니다.

인생에서 처음으로 두려움을 느낀 순간은 전 인류에게 공통으로 나타나는, 생각보다 훨씬 중요한 경험이라고 할 수 있습니다.

3 시선의 방향을 바꾸면 자신감이 솟아난다

누구나 잠재적으로 느끼는 불안이 있다

주위 사람들이 자신을 비판적인 시선으로 바라본다고 생각하면 인지왜곡이 발생하기 쉽습니다. 입학, 전학, 입사, 이사, 인사이동 등 누구나 새로운 환경을 마주할 때 비슷한 경험을 합니다. 취미 모임에 가입한 뒤 처음 참석할 때, 이사한 뒤 이웃을 처음 만날 때, 아이를 데리고 처음 공원에 갈 때도 마찬가지입니다. 이때 타인과 친해질 기회를 갖지 못하고 계속 혼자 있다 보면 극심한 고독을 느끼게 됩니다. 물론 친하지 않은 사람이 나를 쳐다보면 누구나 당연히 신경이 쓰이는 법이지만요.

혹시 지금 스트레스를 받고 있나요? '내가 왜곡된 생각을 하고 있어서 그럴지도 몰라'라고 생각하면 마음이 조금 편해질지도 모릅니다. 하지만 이것만으로는 근본적인 해결이 되지 않습니다. 타인의 시선을 두려워하지 않도록 가벼운 연습을 해봅시다.

관찰당하는 쪽이 아니라 관찰하는 쪽이 된다

타인의 시선을 두려워하지 않는 가장 쉬운 방법은 시선의 방향을 바꾸는 것입니다. 타인이 나를 관찰한다고 생각하지 말고 내가 타인을 관찰한다고 생각하는 것이지요. 타인의 시선을 두려워하는 사람은 늘 타인의 시선으로 자신을 바라봅니다. 온 신경이 나에게 집중되어 있어 항상 관찰당하는 입장에 있습니다. 이렇게 되면 실제로 나를 보는 사람이 없어도 누군가가 나를 지켜보는 것처럼 느껴집니다.

이제 타인을 관찰하는 쪽이 됩시다. 관찰당하는 쪽보다 관찰하는 쪽이 우위에 있으니까요. 이를테면 동물원 우리 안에 갇혀 인간의 구경거리가 된 판다가 아니라, 우리 밖에서 판다를 바라보는 인간의 관점으로 바꾸는 것입니다. 타인에게 일방적으로 관찰당하면 민망하고 부끄럽지만 내가 타인을 보는, 즉 관찰하는 쪽이 되면 부끄럽지 않습니다.

나에게 자신감이 없을 때는 타인이 항상 나를 지켜보고 평가한다고 느낍니다. 그러니 우리도 주위 사람들을 관찰하고 냉정하게 평가해보면 어떨까요? 상대방이 우리 안에 갇혀 있다고 생각하면 판다가 아닌 사자라고 해도 무섭지 않을 것입니다. 물론 싸우거나 도망칠 필요도 없겠지요.

주위 사람들의 특징을 말로 표현해본다

누군가를 관찰하기 위해서는 우선 그 사람을 주목해야 합니다. 타인의 시선에 스트레스를 받는 사람은 평소 타인을 빤히 쳐다보지 않는 편이기 때문에 일부러라도 관심을 가질 필요가 있습니다.

우선 상대방을 잘 보고 특징을 찾아봅니다. 어떤 표정을 짓고 있는지, 어떤 물건을 쓰고 있는지, 습관적인 말투나 행동은 없는지 등을 찾아봄으로써 '오른쪽 눈 옆에 점이 있네', '특이한 손목시계를 차고 있어', '생각에 깊이 잠겨 있나 봐' 같은 정보를 입력합니다. 한눈에 파악할 수 있는 부분을 모두 찾았다면 이제 추측을 시작합니다. 성격은 어떨지, 취미는 무엇일지, 어디에 살고 있을지, 어떤 음식을 좋아할지 등의 추측입니다.

길을 가다 마주친 사람을 관찰해도 좋고 평소 나에게 쌀쌀맞던 사람의 특징을 찾아보는 것도 좋은 방법입니다. 상대방이 누구든 구체적으로 주목할 누군가를 정해놓으면 시선이 자연스럽게 바깥으로 향합니다. 그러면 '그 사람은 날 어떻게 생각할까?', '특이한 사람이라고 생각하는 게 틀림없어' 하는 식의 나쁜 상상을 하는 일도 사라지므로 마음이 가벼워집니다. 또 그만큼 더 거침없이 행동할 수 있게 됩니다.

주위 사람들을 관찰해보세요.

- **눈으로 보면 알 수 있는 것**

    옷차림, 소지품, 몸놀림 등

- **추측할 수 있는 것**

    성격, 기분, 사는 곳 등

4 사고방식을 바꾸면
쉽게 말을 걸 수 있다

얼어 죽는 것도 상처 입는 것도 두렵다

인간관계를 어려워하는 사람에게는 고독의 딜레마가 존재합니다. '고
슴도치의 딜레마'라는 우화 – 어느 살이 에일 듯 추운 겨울 아침이었
습니다. 고슴도치 두 마리가 추위를 견디기 위해 온기를 나누고자 덜
덜 떨며 서로에게 다가갑니다. 하지만 날카로운 가시가 서로의 몸을
찌르기 때문에 더 이상 다가갈 수 없었습니다. 두 고슴도치는 그렇게
멀어지지도 가까워지지도 못한 채 점점 얼어 죽어갔습니다. – 로도
잘 알려진 내용이지요. 두 고슴도치가 서로 가까워지고자 했던 것은
생물의 본능이라고 할 수 있습니다. 추위와 불안에서 벗어나기 위해
다른 누군가를 필요로 했던 것이지요.

집을 떠나 자취를 시작한 학생이 느끼는 향수병이 그렇습니다. 누
군가 자신의 불안을 달래줄 사람을 원하게 되지요. 두 고슴도치가 서
로 멀어지려 했던 것은 상처 입지 않기 위한 지혜입니다. 서로 꼭 붙
어 있으면 온기는 나눌 수 있겠지만 동시에 고통을 감수해야 합니다.

큰 결심을 하고 말을 걸었는데 상대방이 차갑게 반응했을 때, 나만 그 자리에서 겉돌고 있다고 느낄 때 우리는 상처를 받습니다. 물론 떨어져 있으면 외롭지만 가까워지려 해도 상처받을 수밖에 없는 모순적인 갈등이지요. 누구나 이런 경험 한 번은 있을 것입니다.

말하지 않는 것은 갓난아이의 특권이다

인간관계는 어느 한쪽이 먼저 행동에 나서지 않으면 시작되지 않습니다. 그런데 거절에 대한 불안이 강한 사람은 자신이 먼저 행동하기를 두려워합니다. 내가 말하지 않아도 타인이 내 속마음을 알아주기 바라지요. 하지만 말하지 않아도 이해받고 싶다는 마음은 그저 어리광에 불과합니다. 주위 사람들이 나에게 호의적으로 대해주길 바라는 '수동적인 타인 의존'인 셈입니다.

이런 사람의 특징은 자신은 아무 말도 하지 않으면서 마치 상대방을 배려하는 척한다는 것입니다. 하지만 사실은 상대방이 알아서 해주기를 요구하고 있지요. 이를테면 컴퓨터를 잘 다루지 못할 때 난처한 티를 내면 누군가가 다가와 "괜찮으시면 가르쳐 드릴까요?" 하고 먼저 말을 걸어주기만 기다리는 사람입니다. 도와 달라는 말을 직접 하지 않고 주위에서 알아서 호의를 베풀도록 유도하는 것입니다. 자신이 먼저 "죄송하지만 이것 좀 가르쳐주실 수 있나요?"라는 말은 하지 않지요.

아무 말을 하지 않아도 이해받을 수 있는 것은 갓난아이의 특권입니다. 말없이 가만히 있는 것은 어디까지나 부모에게 어리광 부리기에 지나지 않습니다.

조금 관찰한 뒤에 말을 건다

인간은 무의식적으로 이런 어리광을 부리고 있습니다. 상대방이 어떤 사람인지 모르거나 내가 말을 걸면 상대방에게 폐가 되지 않을까라고 생각하는 경우에 특히 그렇습니다. 하지만 처음 참석하는 파티에서 누군가가 먼저 말을 걸어주기만 기다리고 있으면, 어지간히 눈길을 끄는 사람이 아니고서야 그저 벽 앞에 가만히 서 있게 될 뿐입니다. 모르는 사람에게 먼저 말을 거는 데는 용기가 필요합니다. '날 싫어하면 어떡하지', '날 상대해주지 않으면 어떡하지' 하는 두려움이 있기 때문이지요.

지금 자신이 있는 곳에 친한 사람이 없다면 주위를 잘 살펴보고 말을 걸기 쉬워 보이는 사람을 찾아봅니다. 이런 사람을 찾았다면 이제 관찰할 차례입니다. 즐거워 보이는지, 불편해 보이는지, 어떤 옷차림을 하고 있는지, 누구와 어떤 대화를 나누고 있는지 살펴봅니다. 나를 주저하게 만드는 사소한 두려움은 쓰레기통에 던져버리고, 조금이라도 나와 비슷한 분위기를 가진 사람이 있다면 안심하고 말을 걸기 쉬울 것입니다.

내가 소심해져 있을 때 먼저 말을 걸어주는 사람이 있다면 무척 고마울 것입니다. 두세 번 이상 만난 뒤 이야기를 나누게 된 사람보다 몇 배나 깊은 또렷한 인상을 남기겠지요. 먼저 말을 거는 것은 그만큼 가치 있는 일입니다. 너무 많이 생각하지 말고 가볍게 말은 건네보세요. 비록 결과가 좋지 않더라도 거절당할까 봐 불안하던 마음은 조금씩 줄어들 테니까요.

의사 표현이 중요한 시대

회전 초밥 가게가 인기 있는 이유가 있다

보통 식당에서는 웬만한 단골이 아니고서야 어떤 재료는 빼 달라는 식의 취향껏 음식을 주문하지 않는 것이 일반적입니다. 이는 스스로 선택하는 것이 싫어서가 아닙니다. 반면, 회전 초밥 가게나 뷔페에서는 취향껏 좋아하는 음식을 자유롭게 먹을 수 있습니다. 특히 회전 초밥은 인건비를 절감하기 위해 개발되었는데, 번거로운 소통에서 벗어나는 데 도움이 됩니다. 그리고 사실은 선택 자체가 힘든 것이 아니라 타인에게 요청하거나, 부탁받거나, 책임지거나, 거절하기가 부담스러운 것입니다.

일본인은 말로 하지 않아도 이해하는 것을 중요시하는 국민성을 가지고 있습니다. 국민 대다수가 같은 언어로 말하고 비슷한 생김새를 가지고 있으며, 균등한 교육을 받고 같은 가치관을 공유한다고 여기는 경향이 있지요. 하지만 현대 사회에서는 날마다 새로운 사고방식, 제도, 가치관이 생겨나고 있습니다. 또 단일 민족 국가에서 점점 다문화 사회로 나아가고 있지요.

앞으로 국제 사회에서는 자신의 생각을 상대방이 이해하기 쉽게 전달하고 합의를 도출해내는 것이 중요해질 것입니다. 자신은 아무 말도 하지 않으면서 알아주기를 바라는 것은 통하지 않습니다. 이 점을 기억하고 거절에 대한 불안을 줄이기 위해 할 수 있는 일을 생각해봅시다.

5 잠재적인 불안을 깨닫는다

일상 속에 스며드는 고독이 있다

타인을 관찰하는 입장이 되려면 날마다 연습을 통해 습관을 들여야 합니다. 처음에는 연습이라 생각하고 꾸준히 관찰합니다. 그리고 타인을 객관적으로 볼 수 있게 되었다면 이제 자신을 알아갈 차례입니다. 타인의 입장이 되어 자신을 바라봅니다. 그러면 자신을 객관적으로 볼 수 있게 됩니다. 자신을 객관적으로 보게 되면 평소 마음에 두지 않았던 잠재적인 불안을 깨닫고 대책을 세울 수 있습니다.

다만 자신을 객관적으로 보기는 무척 어렵고 자기 특유의 관점이 반영되기 쉽습니다. 이럴 때 효과적인 방법이 '내가 나에게 질문하기'입니다. 스스로 질문하고 대답해봅시다. 자신을 대상화하는 것입니다. 단계적으로 질문을 거듭할수록 현실에 가까운 내 모습에 다가서기 쉬워집니다. 다만 우울 정도가 심하면 전문가와 상담하는 편이 좋습니다.

이때 주의할 점은 '왜'라는 말을 사용하지 않는 것입니다. 일이 잘 풀리지 않을 때면 그 일을 몇 번이나 곱씹어보는 사람이 있습니다. '대체 왜 실패한 걸까?' 하고 말이지요. '왜'는 중립적인 말 같아 보이지만 사실 책망하는 말입니다. 이를테면 자녀가 수학 시험에서 30점을 받은 사실을 알고 아버지가 "왜 이런 점수가 나온 거냐?" 하고 묻는 것과 마찬가지입니다. 자녀는 어떤 대답을 하든 "그건 핑계다."라며 꾸지람을 듣지요. '왜'는 질문이 아니라 단순한 질책입니다. 질책의 화살을 자신에게 돌리면 의욕이 사라지므로 주의해야 합니다. 그렇다면 구체적인 예를 들어볼까요?

스스로에게 질문해본다

고독을 느끼는 상황은 사람마다 다릅니다. 항상 친구들에게 둘러싸여 있는 사람, 일이나 공부 때문에 정신없이 바쁜 사람, 지금 당장은 고민거리가 없는 사람이더라도 막연한 불안을 느끼는 일은 흔합니다.

나에게 하는 질문의 예 ①

- **지금 당신의 상태를 설명해주세요.**

  저는 지인이 많습니다. 보통 사람보다 몇 배는 많을 겁니다. 주말에는 대체로 라이브 콘서트에 참여합니다. 고향에서 좀 알려진 밴드에서 보컬을 맡고 있거든요. 물론 먹고살 만한 정도는 아니라서 라이브 하우

스 정리와 파친코 가게 야간 청소 아르바이트를 하며 입에 풀칠만 하면서 살고 있습니다.

- **당신은 그 일을 어떻게 생각하나요?**

언제까지 이렇게 살아갈 수 있을지 불안합니다. 벌써 서른 살이 넘었어요. 이대로는 결혼도 하기 힘들 것 같아요. 요즘 들어 자다가 자꾸 깨곤 합니다. 누군가에게 쫓기는 꿈을 꿔서요. 어제도 땀에 흠뻑 젖어 일어났습니다. 지금 당장은 괜찮습니다. 친구들이 있으니까요. 하지만 나이가 들어 병이라도 걸리면 어떻게 될까요? 진심으로 저를 걱정해 줄 사람은 없습니다. 오히려 저한테 고민을 털어놓는 사람들뿐이지요. 제가 겉으로 태평해 보여서 그런 걸까요?

- **그래서 당신은 어떻게 했나요?**

아무도 진짜 저를 모릅니다. 제가 느끼는 진짜 기분 같은 건 이야기한 적도 없으니까요. 저는 암에 걸려 수술을 하게 되어도 수술 동의서에 서명하고 보호자가 되어줄 사람 하나 없습니다. 그리고 이런 생각을 하면 견딜 수 없이 외로워지고 불현듯 온몸이 떨려요. 제가 저를 꼭 끌어안을 수밖에 없습니다. 정말 누군가가 옆에 있어줬으면 할 때 아무도 없다는 걸 깨달았으니까요.

- **지금 당신의 상태를 설명해주세요.**

  올해 제 딸이 의대에 합격해 집을 떠났어요. 이제까지 항상 둘이 함께 노력해왔죠. 마침내 딸이 대학에 합격했을 때 드디어 해냈다고 생각했습니다. 하지만 대학에 가는 건 딸 혼자뿐이었어요.

- **당신이 처음부터 알고 있던 일 아닌가요?**

  물론 알고 있었지요. 정성을 다해 딸을 뒷바라지했어요. 그러다 언제부턴가 착각에 빠졌었나 봐요. 저도 같이 간다는 기분이 들었던 걸지도 몰라요. 어렸을 때 저도 다른 지역에 있는 대학에 가고 싶어 했거든요. 하지만 집안 사정 때문에 꿈을 이루지 못했어요. 그 기분을 딸에게 의탁하고 있었던 걸지도 모르겠네요.

- **그래서 당신은 어떻게 했나요?**

  가슴에 구멍이 뻥 뚫린 것 같아서 모든 의욕이 사라졌어요. 게다가 저와 딸이 열심히 노력해서 합격했는데, 남편은 거들떠보지도 않았어요. 원래 남편은 일중독이라 저와 딸에게는 전혀 관심이 없었어요. 제가 무슨 일을 해내도 인정해주지 않았지요. 그래서 이렇게 해서라도 돌아봐줬으면 했던 것 같아요.

이제 어떤 식으로 질문하면 되는지 가닥이 잡히나요? 질문 형식을 취하면 평소 느끼던 감정이나 과거에 일어났던 사건이 머릿속에 다시 떠오를 것입니다. 또 자신을 객관적으로 바라볼 수 있기에 내가 무엇을 불안해하고 무엇을 필요로 하는지 파악하기 쉬워집니다. 질문하는 법을 이해했다면 오른쪽의 빈칸에 직접 적어봅시다.

- 지금 당신의 상태를 설명해주세요.

- 당신은 그 일을 어떻게 생각하나요?

- 그래서 당신은 어떻게 했나요?

6 나의 고독 단계는?

불안의 정도가 실생활에 영향을 미친다

앞서 '고슴도치의 딜레마' 우화에서도 소개했듯이 인간은 혼자 있어도 불안을 느끼지만 타인에게 버림받는 것도 불안해합니다. 개인이 불안을 심각하게 받아들이는 경우 실생활에도 영향을 미치게 되지요. 그러니 지금 내가 타인과 어느 정도의 강도로 연결되어 있는지 살펴봅시다. 여기서 말하는 강도는 주위 사람들과 구체적으로 어느 정도의 접점을 가지고 있는가입니다.

0부터 5까지 여섯 단계로 나누어 0~3단계에 속하면 고독 단계가 낮은 사람, 4~5단계에 속하면 고독 단계가 높은 사람입니다. 각 단계에 우열은 없습니다. 0단계에 가까울수록 친밀한 관계의 타인이 있고, 5단계에 가까울수록 관계성이 희박해짐을 의미합니다. 인간관계에서는 관계가 친밀해질수록 부담도 커지므로 사람마다 편하게 느끼는 단계가 다릅니다. 내가 추구하는 관계와 현실에서 나의 위치를 확인하면 이제부터 어떤 관계를 목표로 해야 할지 알 수 있습니다.

0단계 도와주는 사람이 있다

곤란한 상황에 처했을 때 문제를 해결하기 위해 나서거나 돈을 융통해주는 등 적극적으로 도와주는 친구가 있는 사람입니다. 이런 사람은 고독의 정의에는 해당하지 않습니다. 다만 너무 의존하면 상대방이 부담스러울 수 있고 상대방이 나를 의지할 때는 그 기대에 부응해야 합니다.

1단계 이해해주는 사람이 있다

고민이 있을 때 들어주는 친구가 있는 사람입니다. 이런 친구가 있으면 마음이 든든하지요. 얼굴을 마주 보고 그저 들어주기만 해도 대부분의 고민은 가벼워집니다. 이런 친구가 많은 사람은 스트레스에 강한 편입니다.

2단계 친한 사람이 있다

고민거리를 말하지는 못하더라도 가끔 같이 놀러갈 수 있는 친한 친구가 있는 사람입니다. 행복한 사람이라고 할 수 있지요. 아마 상대방도 나에게 심각한 문제를 상담할 일은 없을 테니 서로 마음이 편할 것입니다.

3단계 만나서 대화하는 사람이 있다

따로 약속을 잡아 만날 정도는 아니지만 모임에서 얼굴을 마주치면 이런저런 이야기를 나눌 수 있는 친구가 있는 사람입니다. 모르는 사람만 가득

한 어색한 모임에서 이런 친구가 있으면 고맙지요. 이런 친구가 많은 사람
은 인맥이 넓다고 할 수 있습니다.

4단계 온라인에서는 대화 상대가 있다

현실에서 만나 이야기를 나눌 수 있는 사람은 별로 없지만 온라인상에는
대화 상대가 있는 사람입니다. 이런 친구가 많은 사람은 다방면의 정보를
수집할 수 있습니다. 관계의 깊이에 따라 달라지겠지만 그래도 온라인상
교제뿐 아니라 실제로 만나는 친구가 조금이라도 있는 쪽이 생활에 안정
감을 가져다줍니다.

5단계 가족 외에는 대화 상대가 없다

가족 외에는 이야기를 나눌 수 있는 친구가 없는 사람입니다. 이런 상황
이 오래 지속되어 심료내과를 찾는 분이 있습니다. 은둔형 외톨이도 마찬
가지입니다. 진료받을 때가 유일하게 가족이 아닌 사람과 대화하는 시간
이지요. 이런 분은 절대 초조해하지 말고 언젠가 사회로 돌아갈 날을 위해
작은 목표를 세우고 이루어가기를 추천합니다.

내가 어디쯤 위치하는지 짐작이 가나요? 생활이 편리해지면서 혼
자서도 얼마든지 살아갈 수 있는 세상이 되었지만, 그래도 역시 고

민을 털어놓거나 가벼운 대화를 나눌 수 있는 사람이 있어야 마음이 편합니다.

내가 어느 단계의 관계를 가장 편하게 느끼는지, 이제부터 어떤 인간관계를 만들어가고 싶은지 알아두기를 추천합니다. 4단계나 5단계인 사람은 은둔형 외톨이가 되거나 우울증에 걸리기 쉬우니, 마음의 건강을 위해 사회와 최소한의 접점은 유지하도록 노력합니다.

7 나의 교제 유형을 이해한다

교제를 개선하는 비결이 있다

자신의 고독 단계를 알았다면 다음은 스스로에게 편한 인간관계를 위해 어떻게 해야 할지 생각할 차례입니다. 이때 참고해야 할 것이 바로 고독력(고독을 즐기는 힘, 고독에 대한 내성)과 집단력(집단을 즐기는 힘, 집단에 대한 내성)입니다.

우선 고독력을 살펴봅시다. 당신은 혼자 있을 때 어떤 기분인가요?

고독력 혼자 있을 때 어떻게 느끼나요?

A 혼자 있는 것이 좋다

혼자 있는 것에서 적극적인 의미를 찾는 사람입니다. 외식도 쇼핑도 혼자일 때가 누군가와 함께할 때보다 신경 쓸 필요가 없어 마음이 편합니다.

B 혼자 있으면 타인의 시선이 신경 쓰인다

혼자 있으면 친구가 없는 것처럼 보여서 싫습니다. 주위로부터 부정적인 시선을 느낍니다. 혼자 쇼핑할 때는 점원이 신경 쓰여 차분하게 물건을 고를 수 없어 친구와 함께 쇼핑하는 것이 좋습니다.

C 혼자 있으면 외롭다

혼자 여행하는 것은 외로워서 딱 질색입니다. 불안하고 소심해집니다. 타인의 눈이 신경 쓰여서 그런 것은 아닙니다.

다음으로 집단력을 살펴봅시다. 당신은 여럿이 함께 있을 때 어떤 기분이 드나요?

집단력 여럿이 함께 있을 때 어떻게 느끼나요?

I 여럿이 있는 것이 좋다

사람들과 함께 있을 때 즐겁습니다. 친구를 사귀는 것이 특기지요. 많은 사람과 있어도 거리낌 없이 자신을 드러낼 수 있습니다.

Ⅱ 여럿이 있으면 동조압력이 신경 쓰인다

주위 사람들과 똑같이 생각하고 행동하지 않으면 겉돌게 되는 것 같아 괴롭습니다. 여럿이 함께하는 기쁨보다 혼자일 때 즐기는 자유가 더 좋습니다.

Ⅲ 집단에 어울리지 못한다

사람들과 함께 있고 싶지만 잘 어울리지 못해서 결과적으로 집단 속에 있으면 마음이 불편합니다.

고독력과 집단력 질문에 대한 각각의 대답을 보고 자신에게 가깝다고 생각하는 선택지를 하나씩 고르면 됩니다. 고독력은 A~C 중에서 하나를, 집단력은 I~III 중에서 하나를 선택해 조합합니다. 그리고 다음에 나오는 각 조합에 해당하는 설명을 보고 자신의 교제 유형을 알고 앞으로 인간관계를 맺을 때 참고하면 됩니다. 특히 4, 5의 고독 단계(75~76쪽 참고)에 속하는 사람을 위해 타인과 접점을 만들거나, 마음을 편하게 가질 수 있는 간단한 조언도 실려 있으니 도움이 될 것입니다.

A-I 혼자 있는 것도 여럿이 있는 것도 좋아하는 사람

걱정할 필요 없습니다. 혼자 있어도 여럿이 있어도 자유롭게 살아갈 수 있습니다. 시마 과장(일본 만화 〈시마 과장〉의 주인공으로, 후에 사장 자리까지 오른다. - 옮긴이)이나 기업가 같은 타입입니다.

> **고독 4, 5단계인 사람**
>
> 혼자 있어도 불만은 없겠지만 교우관계가 넓어지면 또 다른 새로운 세계가 펼쳐집니다. 제 전작인 『나는 낯을 가립니다』를 참고해주세요.

 A-II 혼자 있는 것이 좋고 집단에 있으면 동조압력이 신경 쓰이는 사람

동조압력이 강한 집단 안에서 무리하게 버티는 사람이 있습니다. 어쩔 수 없이 버티는 중이라면 차라리 거리를 두는 쪽이 편할지도 모릅니다. 지금 속한 집단과는 별개로 마음이 편한 인간관계를 만들면 숨이 트여 편해질 것입니다.

> **고독 4, 5단계인 사람**
>
> 타인의 의견에 휘둘리지 않는 한 마리의 늑대 같은 타입입니다. 취미 모임 등 사생활을 별로 간섭하지 않는 집단에 들어가면 잘 지낼 수 있습니다.

A-III 혼자 있는 것이 좋고 집단에 어울리기 힘든 사람

무리해서 어울리지 않아도 좋습니다. 집단 안에 편하게 이야기를 나

눌 수 있는 사람이 한 명이라도 있다면, 그 사람과의 접점을 유지하는 데 의미가 있습니다. 자신의 시간을 소중히 여기면서 세상과의 접점을 유지할 수 있도록 합니다.

고독 4, 5단계인 사람

고독한 예술가 타입입니다. 교제에 서툴러도 스스로 충분히 만족할 것입니다. 다만 타인과 전혀 접점이 없으면 정신적으로 위험해질 수 있기 때문에 가끔은 현실에서 타인과 닿을 수 있는 안전지대를 확보해두는 것이 좋습니다. 130쪽을 참고하세요.

B-1 혼자 있으면 타인의 시선이 신경 쓰여 여럿이 있는 것이 좋은 사람

다 같이 시끌벅적 즐겁게 지내는 것이 좋습니다. 여럿이 함께 있을 때는 기운이 넘치지만 혼자가 되는 순간 소심해집니다. 혼자 있으면 친구가 없는 사람으로 보일까 봐 불안해하는 타입입니다. 가끔 집단에서 벗어나 혼자 행동하고 즐길 수 있게 되면 새로운 인생이 펼쳐질 것입니다.

고독 4, 5단계인 사람

친구를 사귀는 것이 특기인 타입입니다. 어쩌다 새로운 환경에 놓이는 바람에 친구가 없을 수는 있지만 고독은 결코 부끄러운 것이 아니며 홀로서기 위한 훈련이기도 합니다. 135쪽을 참고해 혼자만의 시간을 알차게 보내도록 합니다.

B-Ⅱ 혼자 있으면 타인의 시선이 신경 쓰이고 집단에 있으면 동조압력이 고역인 사람

자기주장이 강하고 허세가 심합니다. 자유롭게 행동하고 싶지만 주위 사람들이 어떻게 생각할지 신경 쓰여 위축이 됩니다. 자기 마음대로 안 되면 불평불만을 늘어놓는 타입일지도 모릅니다. 자신이 하고 싶은 대로 하려면 주위 사람들이 동조해주기를 바라지 않아야 합니다. 이렇게 하지 않아도 있을 수 있는 곳이 있다면, 그곳이 바로 내가 있어야 할 집단입니다.

고독 4, 5단계인 사람

온라인상에 친구가 많이 있는 것처럼 행동하고 집단의 동조성에 대해 비판하는 사람도 있습니다. 인생의 승리자가 되고 싶은 패배자일지도 모릅니다. 자신의 불안을 깨닫고 마음의 소리에 따라 행동하도록 합니다. 68쪽을 참고하세요.

B-Ⅲ 혼자 있으면 타인의 시선이 신경 쓰이고 집단에 어울리지 못하는 사람

집단에서 조금 겉도는 편입니다. 자신이 무리하게 집단 안에서 버티고 있는 만큼 혼자 편하게 지내는 사람을 부러워하거나 심술궂게 바라보는 등 마음이 매우 복잡합니다. 기존에 속한 집단 안에서 더 잘하기 위해 애쓰기보다 마음 맞는 사람을 찾아 나서는 편이 좋을지도 모릅니다.

> **고독 4, 5단계인 사람**
>
> 화장실 칸막이 안에서 밥을 먹는 타입일지도 모르겠네요. 혼자 밥을 먹는 사람은 단순히 친구가 없는 것이 아닙니다. 인지왜곡을 치료하면 훨씬 편하게 살아갈 수 있습니다. 170쪽을 참고해 일방적으로 단정 짓는 습관을 줄이도록 합니다.

C-I 혼자 있으면 외로워서 집단에 있는 것이 좋은 사람

여성들로 구성된 모임에서 많이 보이는 타입입니다. 인간관계에 의존적인 경향이 있으며 타인과 관계가 안 좋아지거나 불쾌한 문제가 생기면 힘들어 합니다. 만일의 경우에 대비해 집단에서 빠져나올 수 있도록 홀로 설 준비를 해두면 좋습니다. 외롭다는 이유로 집단에 발목 잡히지 않을 수 있기 때문이지요. 혼자 행동하는 연습을 하도록 합니다.

> **고독 4, 5단계인 사람**
>
> 누군가와 어색한 관계가 되어 어쩔 수 없이 집단에서 이탈한 경우가 있나요? 먼저 안전지대(130쪽 참고)를 확보한 뒤 혼자만의 시간을 즐기는 연습(135쪽 참고)을 합니다. 그러면 호랑이에 날개를 단 격이 되지요. 그런 뒤 다시 집단으로 돌아가면 됩니다.

C-II 혼자 있으면 외롭지만 집단에 있으면 동조압력이 고역인 사람

혼자 있으면 마음이 불안해 괴롭습니다. 집단 안에서 일일이 눈치를

살펴야 하는 거북한 관계도 좋아하지 않지만, 사람들에게 버림받는 것이 두려워 있는 그대로의 자신의 모습을 내보이지 못합니다. 우선 혼자 있을 수 있어야 합니다. 그런 뒤 건전한 자기주장을 할 수 있게 되면 동조압력이 있는 집단 안에 있어도 자신을 잃지 않을 수 있습니다.

고독 4, 5단계인 사람

자신의 본모습을 드러냈다가 버림받는 것이 두려워서 처음부터 사람을 멀리하는 타입입니다. 누군가와 함께 있을 때 솔직하게 자신을 표현하지 못하고 상대방의 호의만 기대하고 있지요. 자기주장하기를 두려워하지 않는 것이 중요합니다. 174쪽에 나오는 동조압력 대하는 방법을 참고해 주세요.

C - III 혼자 있으면 외롭지만 집단에 있어도 어울리지 못하는 사람

이 타입이면서도 현실에서 고독하지 않은 사람은 독특한 매력을 지닌 경우가 많습니다. 사람을 끌어모으는 타입이지만 그 사람들을 휘두르는 경향이 있지요. 경계선성격장애나 유기우울(Abandonment Depression)처럼 경향이 너무 강한 경우 치료가 필요할 수도 있습니다. 자해를 하는 경우에도 반드시 치료가 필요합니다. 힘든데도 불구하고 억지로 집단 안에 있을 필요는 없으므로 혼자 있는 연습을 하도록 합니다.

고독 4, 5단계인 사람

사생활을 마구 침범하지 않고 다정하게 지켜봐주는 사람이 곁에 있으면 좋아집니다. 무슨 일이 생기면 도움이 되어줄 안전지대 같은 사람이지요. 경험이 풍부하고 때로는 나를 따뜻하게 응원해줄 상담자 같은 타입의 사람이 필요합니다.

어떤가요? 사람마다 인간관계를 맺을 때 각자 편한 거리감이 있습니다. 자신의 경향과 약점을 알면 자신에게 잘 맞는 교제 방법을 선택할 수 있습니다.

8 좋을 대로 생각하는 습관을 들인다

너무 겸허한 것도 약점이다

거절에 대한 불안은 타인으로부터 자신의 존재를 거부당하는 두려움으로 직결됩니다. 그래서 극단적인 경우 부정적인 생각이나 왜곡된 인식에 빠져드는 사람이 많습니다. '고독=매력이 없어서 아무도 돌아보지 않는 존재'라는 식이지요. 이는 편향된 사고방식입니다. 여기서 더 나아가면 망상이 됩니다.

세상에는 자기 자신을 긍정적으로 보는 사람과 부정적으로 보는 사람이 있습니다. 걸핏하면 자신을 부정하는 것도 인지왜곡입니다. 이를 바로잡으려면 내 편에 서서 해석하는 것이 중요합니다. 내 편에 서서 해석한다는 것은 '내 마음대로' 생각하는 것입니다. 제멋대로라는 느낌이 들지도 모르지만 언제나 자신보다 타인을 우선시하는, 지나치게 겸허한 사람한테는 이 정도가 딱 적당합니다. 당신은 어느 쪽에 더 가까운가요?

자신을 긍정적으로 보는 사람

자신이 여성이라면 '여성인 쪽이 살아가는 데 이득이다'라고 생각하는 사람입니다. 자기 위주의 사고방식을 가지고 있다고 할 수 있지요. 이런 타입의 사람은 무언가에 실패해도 오히려 그래서 다행이라고 생각하는, 긍정적이거나 정신력이 강한 사람입니다. 스스로에게 자신감이 있으므로 자신을 부정하지 않습니다. 상대방과 다르다고 해서 내가 틀렸다는 의미는 아니니까요. 남은 남, 나는 나입니다.

자신을 부정적으로 보는 사람

남의 떡이 커 보이는 사람입니다. 모처럼 성공해도 이 성공은 그저 우연이고 다음에는 실패할 것이라고 생각합니다. 항상 자신을 낮게 평가하고 있으므로 진심으로 기뻐할 수 없습니다. 스스로에게 자신감이 없으므로 자신을 금세 부정합니다. 혼자 점심을 먹을 때 다른 사람들이 다 같이 어울려 먹는 모습을 보면 혼자인 내가 부끄러워집니다.

생각의 전환이 필요하다

제 클리닉에서는 매사를 부정적으로 생각하는 환자에게 '내 마음대로 생각하는 연습'을 추천합니다. (하도 추천하다 보니 요즘은 부정적인 생각이 들 때면 제 얼굴이 떠오른다고 하네요, 하하)

이어서 나오는 예제를 보고 자신에게 알맞게 고쳐 써보세요. 제멋대로인 억지 논리라도 상관없습니다. 91쪽에 예시 답안이 있지만 사람마다 답은 다를 것입니다.

우선 자신이 부정적으로 생각한다는 사실을 자각하는 것이 중요합니다. 이를 깨달았다면 '또 나쁜 버릇이 나왔다. 정정해야지'라고 자신에게 들려주고 긍정적으로 바꾸는 습관을 들이도록 합니다. 속는 셈 치고 연습해보세요. 매일 계속하다 보면 틀림없이 익숙해질 것입니다.

부정적인 확신을 내 마음대로 바꾸어보세요.

- **예제 1**

  확신 : 친구들이 나를 따돌려서 괴로워.

  전환 :

- **예제 2**

  확신 : 혼자 있는 사람은 친구가 없는 외로운 사람이야.

  전환 :

- **예제 3**

  확신 : 고독한 사람은 분명 재미없는 사람일 거야.

  전환 :

- **예제 4**

  확신 : 나 같은 사람은 아무도 받아들여 주지 않을 거야.

  전환 :

- **예제 5**

  확신 : 나는 틀림없이 앞으로도 계속 실패할 거야.

  전환 :

예시 답안

- **예제 1**

  확신 : 친구들이 나를 따돌려서 괴로워.

  전환 : 단지 나와 마음이 안 맞았을 뿐이야.

- **예제 2**

  확신 : 혼자 있는 사람은 친구가 없는 외로운 사람이야.

  전환 : 무리 짓지 않고 행동할 수 있는 사람은 강한 사람이야.

- **예제 3**

  확신 : 고독한 사람은 분명 재미없는 사람일 거야.

  전환 : 위대한 화가, 음악가, 소설가 중에 고독을 싫어한 사람은 거의 없어. 고독은 상상의 날개를 펼치게 해서 매력적인 사람이 많아.

- **예제 4**

  확신 : 나 같은 사람은 아무도 받아들여 주지 않을 거야.

  전환 : 누구나 어느 정도는 고독한 법이야. 완벽하기를 기대하지 않으면 받아들여 줄 사람이 있을 거야. 사랑하는 사이라도 상대방의 모든 것을 받아들인다고 장담할 수 없어.

- **예제 5**

  확신 : 나는 틀림없이 앞으로도 계속 실패할 거야.

  전환 : 앞으로 어떻게 될지는 아무도 몰라. 지난번에 잘 되지 않았더라도 이번에는 괜찮을 거야. 혹시 잘 안 되더라도 또 다음이 있어.

상대방의 생각을 금세 알아차리는 여성의 직감

상대방의 마음을 추측하는 것도 정도껏 한다

국제 사회에서는 자신의 생각을 상대방이 이해하기 쉽게 전달하는 것이 중요하다는 이야기를 앞에서 했습니다. 그리고 여성 사이의 대화에서는 또 다른 의미로 자신의 생각을 명확하게 전달하는 것이 중요합니다. 서로의 생각을 이해하지 못해서가 아니라, 너무 잘 알아서 앞서 나가는 경우가 있기 때문이지요.

A와 B, 두 여성의 대화를 살펴봅시다. 괄호 안은 마음의 소리입니다.

A는 C를 좋아합니다.

A : C 같은 타입 좀 싫지 않아?

A의 질문에 B는 감이 왔습니다.

B : (아, A는 C를 좋아하는구나)

사실 B도 C를 좋아하지만 이 사실을 A에게 숨기는 편이 좋다고 생각합니다.

B : 글쎄, 그런가? 확실히 좀 심술궂은 면이 있긴 하지.

A : 어떤 면에서?

B : (헉, 난감하네) 누가 그러는데, C가 어떤 사람을 나쁘게 말했다고 하
더라고. (C야, 미안해)

A : (어떤 사람이 누구지? B가 확실히 말하지 않는 걸 보니 설마 나?)

이런 식으로 대화가 점점 꼬여갑니다.

여성은 같은 여성의 생각을 직감적으로 알아차리기 쉬워, 분위기를 살
피다 그만 섣부른 추측을 하거나 상대방의 속마음을 곡해하는 경우가 있
습니다. 그러다 이러지도 저러지도 못 하는 상황에 놓이기도 합니다. 이때
는 조금 더 솔직하게 자신의 마음을 상대방에게 전달해야 좋습니다.

A : 난 C를 좋아해.

B : 나도 C가 좋아.

A : 그렇구나. 그럼 누가 C의 여자 친구가 될지 우리 둘이서 경쟁하자.

B : 응, 그러자.

물론 이런 일은 일어나지 않겠지만요.

제 3 장

독립적인 마음으로
살아간다

자기책임으로 살아가기 위해
필요한 것이 있다

타인에게 인정받는 것이 길잡이가 된다

어른이 되면 인생의 열쇠를 스스로 잡아야 합니다. 내가 나의 선택에
대한 책임을 지며 살아가야 한다는 의미입니다. 나의 선택과 판단이
옳은지는 알 수 없습니다. 누구나 불안할 수밖에 없지요. 이럴 때 마
음의 의지가 되어주는 것이 타인의 평가입니다. 누군가에게 인정을
받으면 자기평가가 높아지고 스스로를 믿을 수 있게 됩니다.

타인에게 인정받고 이해받고 싶은 욕구를 '인정욕구'라고 합니다.
예를 들어 운동회의 달리기 시합에서 1등을 차지해 상을 받았습니
다. 시험에서 좋은 성적을 거두어 부모님께 칭찬을 받았습니다. 당신
이 열심히 한 덕분에 프로젝트가 성공했다며 상사에게 노고를 치하
받았습니다. 또 연인에게 오늘 근사하다는 말을 들어도 기쁘겠지요.
누구나 자신의 가치를 인정받으면 자신감이 생기고 의욕이 솟아납니
다. 이는 인간의 극히 자연스러운 욕구입니다.

반면, 타인에게 인정받지 못하는 것은 무척 괴로운 일입니다. 집에

있을 때, 친구와 있을 때, 회사에 있을 때 역시 누군가가 나에게 관심을 가져주지 않고, 이해해주지 않고, 내 가치를 인정해주지 않으면 고독을 느낍니다. 이를테면 사람들과 함께 있어도 외롭다는 사람이 있습니다. '상대방이 날 받아들이지 못한다', '서로를 이해할 수 없다'라고 느끼기 때문입니다. 또 상처받을까 봐 두려워 상대방에게 다가가지 못하는 사람도 있습니다. 누군가의 애정 어린 태도를 경험한 적이 별로 없는 사람에게 나타나는 경향입니다.

자기책임으로 살아가려면 인정욕구를 채우는 것이 매우 중요합니다. 인정욕구가 적절히 채워지면 병적인 고독에 시달리는 일이 줄어들기 때문입니다.

나를 인정해주는 곳이 내가 있을 곳이다

인정은 하는 쪽과 받는 쪽이 있습니다. 나를 인정해주는 사람은 한편으로 내가 인정하는 사람이기도 합니다. 인정하는 쪽과 인정받는 쪽은 서로를 지지하는 관계입니다. 바꾸어 말하면 인간이 살아가기 위해서는 타인이 필요하다는 의미입니다.

이는 '사람을 죽여서는 안 된다', '자살해서는 안 된다'라는 막연한 주장의 원점입니다. 타인을 죽이는 것은 결국 자신을 죽이는 것이고, 자신을 죽이는 것은 결국 타인을 죽이는 것과 마찬가지이기 때문입니다. 돌고 돌아 결국 자신을 위한 길이 되므로 무의식적으로 상대방을 돕고자 하는 것이지요.

우리는 타인에게 자신의 존재를 인정받으면서 살아가는 의미를 발견합니다. 재고 따질 필요 없이 이렇게 느낄 수 있는 곳이 내가 있을 곳입니다. 집, 학교, 회사, 친구관계 그 어디에서나 말이지요. 있을 곳이 있는 사람은 고독하지 않습니다. 타인에게 기죽지 않고 거침없이 행동할 수 있습니다.

반면, 자신의 존재 가치를 찾아내지 못하는 사람은 있을 곳이 없다고 느낍니다. 이 세상에서 자신이 있을 곳이 없다고 느낀 사람은 '나 같은 사람은 살 자격도 없어', '나 같은 사람은 차라리 죽는 게 모두를 위한 길이야'라고 생각하게 됩니다. 자기평가가 낮아진 나머지 '이 세상에 존재하려면 누군가의 도움이 되어야만 해'라고 믿어 의심치 않는 사람도 있습니다. '지금 나를 살려두는 것은 누군가의 동정에 지나지 않아. 사실 나 같은 사람은 살 가치가 없어'라고 말이지요. 제 클리닉을 찾는 사람 중에는 이렇게 생각하는 분이 많습니다. 이런 생각은 많은 경우 망상까지는 아니더라도 인지왜곡에 근거하고 있습니다.

현실은 가점주의 방식의 사회다

현실 사회는 가점주의다

자기책임을 시련으로 생각하는 사람이 많은 이유가 있습니다. 학창 시절의 평가 방법은 '감점주의'였습니다. 시키는 대로 해야 하고 쓸데 없는 짓을 하지 않아야 좋은 평가를 받았습니다. 하지만 현실 사회 는 '가점주의'입니다. 스스로 생각하고 행동해 가치를 창출하는 사람 이 좋은 평가를 받습니다. 요구되는 능력의 특성과 수준이 전혀 다르 기 때문입니다.

프리랜서인 사람은 0에서 시작하므로 비교적 가점주의에 익숙할 지도 모릅니다. 하지만 기업 같은 기존 조직에서 일하는 사람은 감점 주의가 되기 쉽습니다. 감점주의는 어떤 행동을 해서 점수를 얻기보 다 아무것도 하지 않아 점수를 깎이지 않는 것을 우선시하는 사고방 식입니다. 사회인이 되고 시간이 지나면 알게 되겠지만, 감점주의인 상사는 대부분 눈에 잘 띄지 않는 편입니다.

위험을 피해 다니면 있을 곳이 사라진다

학교에서는 외워야 할 내용이 미리 정해져 있어 그것을 전부 외우면 100점을 받습니다. 또 시험 성적에 따라 1등부터 꼴찌까지 서열이 매겨집니다. 중도 포기를 허락하지 않는 대신 모든 사람에게 있을 곳을 보장해줍니다.

현실 사회에서는 실패가 반드시 위험을 의미하지는 않습니다. 실패는 '이렇게 하면 실패한다'라는 하나의 자료가 됩니다. 노벨상을 받은 위대한 발견의 배경에는 무수히 많은 실패가 있습니다. 중요한 것은 실패의 방법입니다. '위험이란 실패하는 것이 아니라 도전하지 않는 것'이라는 말이 있습니다. 현실 사회에서는 실패를 두려워해 꽁무니를 빼면 점점 퇴보하여 있을 곳이 사라지게 됩니다.

학교와 사회는 평가 방법이 다르다는 점을 명심해야 합니다. '성공한 사람은 특별한 재능이 있어서 가능했던 거야. 나같이 평범한 사람한테는 재능이 없어'라며 도전도 하지 않았던 사람이 뒤늦게 이런 평계를 대는 모습은 그리 좋아 보이지 않습니다.

잘 풀리지 않을 때일수록 긍정적으로 생각한다

인생을 살아가면서 우리는 여러 가지 선택을 하게 됩니다. '나쁘지 않아. 이 정도면 괜찮아'라고 자신이 한 선택에 납득하는 사람과 납득하지 못하는 사람이 있습니다. 이 자체는 어쩔 수 없는 일입니다. 하지만 납득하지 못하는 경우 현실을 긍정적으로 받아들일지 아닐지는 생각하기에 달렸습니다.

　지금의 자신을 받아들일 용기가 없어서 잘하는 사람의 가치를 깎아내리는 사람이 있습니다. '난 돈이 없어서 안 된 거야. 그 사람은 부잣집에서 태어났으니까 성공한 것뿐이고', '그 사람이 잘나가는 이유는 상사에게 아부를 잘해서 그래. 나도 실력은 뒤지지 않는데'라고 말이지요.

　이제까지 기회가 별로 없었거나 도전할 용기가 없었던 사람이 '그건 힘든 길이니까 틀림없이 실패할 거야'라는 식으로 말하며, 이제 막 사회에 진출한 젊은 세대를 불안하게 만들고 일찌감치 성장의 싹을 짓밟아버리는 일도 있습니다.

　긍정적으로 노력하는 사람이 부정적인 감정에 사로잡힐 때 그 바탕에는 병적인 고독이 자리하고 있습니다. 어쩌면 '난 잘못한 게 없는데, 인정받지 못했어'라는 외로움일지도 모릅니다. 그러나 부모님도 선생님도 상사도 내 인생을 대신 책임져주지 않습니다.

　'그때 이렇게 할 걸 그랬어' 하고 후회하더라도 지나간 시간은 돌아오지 않습니다. 남겨진 가능성을 허사로 만들지 않으려면 지금 당장 한 걸음씩 내디뎌야 합니다.

나쁜 연상은 강제 종료한다

그래도 실패하는 것이 두렵다면 생각하는 습관을 바꾸도록 합니다. 쉽게 불안해하는 사람은 위험을 과대평가하는 경향이 있기 때문에 최악의 상황을 생각합니다. 이를테면 '직장 동료에게 고백한다 → 거절을 당한다 → 거절당한 이야기가 회사에 퍼진다 → 사람들이 나를 보며 수근거린다 → 부끄럽고 점점 위축된다 → 사람들이 하나둘씩 나를 떠난다 → 회사에 다닐 수 없게 된다 → 노숙자가 된다' 같은 상황까지 말이지요.

이렇게 계속 나쁜 방향으로 상상이 거듭되면 바로 생각을 멈춥니다. 나쁜 연상 작용은 강제로 멈추지 않으면 끝없이 꼬리에 꼬리를 물고 판단력을 흐리게 합니다. 추상적인 생각도 마찬가지입니다. 비관적인 상황일 때 '앞으로 난 어떻게 되는 걸까' 하고 추상적인 고민을 하면 결론이 나쁜 방향을 향해 극단적으로 치닫게 됩니다. 이럴 때는 눈앞에 있는 구체적인 일에 집중합니다. 일단 뭐든 시작하고 난 다음 전력을 다하면 됩니다.

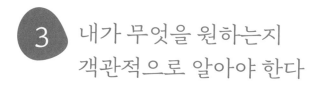

3 내가 무엇을 원하는지 객관적으로 알아야 한다

고독을 깨닫는 것부터 시작한다

자신의 기대와 달리 주위 사람들에게 인정받지 못하거나 가까운 사람과 서로 이해할 수 없다는 사실을 깨달았을 때 우리는 고독을 느낍니다. 이럴 때는 내가 지금 어떤 상태이고 기분은 어떤지 단계적으로 말로 표현하면 어떨까요? 자신을 객관적으로 바라보기 위해 68쪽에서 했던 것과 마찬가지로 나에게 질문해봅시다. 주의할 점은 '왜'라는 말을 하지 않는 것입니다.

특히 공격적인 기분이 들 때는 마음 한구석에 고독이 자리하고 있기 때문일지도 모르니 주의 깊게 끝까지 지켜보기 바랍니다. 고독에서 분노가 솟아나는 경우도 있으니까요. 자신의 기분을 깨닫기만 해도 효과가 있으며 냉정하게 다음 단계로 나아가기 쉬워집니다. 구체적인 예를 들어보겠습니다.

나에게 하는 질문의 예 ①

- **지금 당신의 상태를 설명해주세요.**

  직장에서 해고를 당했습니다. 형식적으로는 자진 퇴사처럼 되어 있지만요. 각기 다른 부서에서 온 다섯 명이 한자리에 모였습니다. 서로 전혀 모르는 40대 후반에서 50대의 직원들이었지요. 우리는 2개월 동안 몇 년도 더 지난 옛날 자료를 정리하면서 아무것도 없는 방에서 대기해야 했습니다.

- **짐작되는 이유가 있나요?**

  저는 확실히 회사에서 좋은 평가를 받을 만한 실적을 내지는 못했습니다. 그래도 설마 이런 꼴을 당하리라고는 상상도 못 했어요. 직접적으로 그만두라는 말은 한마디도 하지 않았지만 이 회사에 남아 있어도 앞으로 내가 실력을 발휘할 수 있는 일을 맡지는 못할 거라는 말을 반복했습니다. 새로운 곳에서 자신의 능력을 시험해보지 않겠느냐고 했을 때 거절했기 때문이지요.

- **그래서 당신은 어떤 기분이 들었나요?**

  이렇게 불합리한 일은 용납할 수 없었습니다. 젊었을 때는 열정 페이로 부려먹고 연봉이 오르니 해고하다니요. 하지만 제가 용납할 수 없어도 이 비참한 현실은 변하지 않았습니다. 회사에 남아 달라는 말을 듣지 못했으니까요. 대체 저는 무엇을 위해 사는 걸까요? '나에게 정말 가치가 있는 걸까'라는 생각이 머리에서 떠나지 않았습니다. 한심했어요.

나에게 하는 질문의 예 ②

- **지금 당신의 상태를 설명해주세요.**

  정신을 차려보면 밤중에 뭔가를 먹고 있었습니다. 냉장고에 있는 것 전부를요.

- **현재 생활에 불만이 있나요?**

  일은 잘되고 있어요. 주위에서 시샘할 정도예요. 전에는 작은 광고 대행사에서 근무했는데, 주위 사람들이 많이 밀어준 덕분에 독립할 수 있었어요. 지금은 프리랜서로 웹디자인 일을 하고 있습니다. 최근에는 큰 계약까지 성사했어요.

- **그 밖에 신경 쓰이는 일이 있나요?**

  늘 누군가에게 쫓기는 기분이 들어요. 혼자서 일을 하면 힘들 때 누군가에게 징징댈 수 없으니까요. 저를 평가할 수 있는 것도 저뿐이에요. 사실 회사에 있을 때처럼 지시받은 일만 제대로 잘하면 칭찬받는 게 저한테 맞을지도 모르겠어요. 그러네요. 역시 누군가에게 칭찬받고 싶어요.

어떤가요? 이런 식으로 내 상태를 단계적으로 살펴보면 내가 무엇에 상처를 받았는지, 무엇을 바라고 있는지 파악하기 쉬워집니다. 인생에서 이해가 되지 않는 부분이 있거나 사는 의미가 없다는 생각이 들 때는 꼭 스스로에게 질문해보았으면 합니다. 다만 우울 정도가 심하면 전문가와 상담하는 편이 좋습니다.

참고로 폭식을 하게 된 두 번째 예는 심한 스트레스를 받던 여성에게 나타난 증상인데, '아기 때처럼 무조건적으로 사랑받고 싶다'라는 소망이 발현된 경우입니다. 이 정도로 심하지는 않아도 스트레스를 받을 때 달콤한 음식을 먹으면 일단 마음이 안정된다는 사람이 많습니다. 아기가 엄마의 젖을 먹는 것과 같은 효과가 있기 때문입니다.

고독의 정체를 알았다면 이제 이 고독을 어떻게 극복해야 하는지 살펴봅시다.

4 나를 기준으로 평가하는 습관을 들인다

오히려 다행이라고 생각하는 연습을 한다

과거에 실패했던 경험이나 사건을 떠올리면 우울해집니다. 나쁜 기억은 다음번에 같은 일을 반복하지 않도록 구체적인 방법을 생각할 때만 의미가 있습니다. 그리고 가장 좋은 것은 나쁜 기억 자체를 잊어버리는 것입니다. 다만 현실적으로 잊어버리기는 쉽지 않지요. 하지만 비법이 있습니다. 나쁜 기억을 좋은 기억으로 바꾸는 방법을 알아두면 안심이 됩니다.

방법은 '(그런 일이 있었지만) 어떤 측면에서는 오히려 다행이야'라고 생각하는 것입니다. '오히려 다행이야'는 과거의 마이너스를 플러스로 바꾸는 마법의 말입니다. 과거란 현재 시점에서 돌이켜보는 하나의 평가에 지나지 않습니다. 전혀 다른 관점으로 바라보는 것도 가능하지요. 사실을 조작하는 것이 아니라 해석하는 법을 바꾸는 것입니다. 나를 기준으로 사물을 평가하도록 합니다.

모든 것은 최선을 다하는 데 의미가 있습니다. '그래도 난 도전했어'라고 생각할 수 있는 사람은 패배를 넘어 다음 단계로 쉽게 나아갈 수 있습니다. 이런 사람은 맺고 끊기가 빠르고 고독에 짓눌리는 일도 없지요. 오른쪽에 있는 예제를 보고 이어질 말을 생각해봅니다. 이 예제는 여러 상황에 응용할 수 있습니다.

실패를 거창하게 생각하는 것은 인지왜곡 때문이다

기타노 다케시 감독의 〈키즈 리턴〉이라는 영화가 있습니다. 주인공인 남자 고등학생 두 명은 각자 복싱 선수와 야쿠자의 길을 걷습니다. 두 사람은 성공의 문턱까지 다가갑니다. 하지만 두 사람의 성공을 시샘한 어른들의 방해를 받아 꿈은 산산조각 나고 둘은 좌절하게 됩니다. 영화의 마지막은 두 사람이 함께 자전거를 타는 장면으로 끝이 납니다. 영화의 맨 처음도 같은 장면으로 시작합니다.

"우리는 이제 끝난 걸까?"
"바보야, 아직 시작도 안 했어."

비록 실패하더라도 다시 일어설 수 있습니다. 한 번의 실패 때문에 인생이 끝났다고 생각하는 것은 인지왜곡입니다. 이 영화는 기타노 다케시 감독이 오토바이 사고를 일으키고 나서 긴 공백 뒤 복귀한 작품입니다. 사고로 인생의 전부를 잃었다고 생각한 경험이 바탕이 되었으리라고 생각합니다.

다음 상황에 이어질 말을 써보세요.

- **예제 1**

  상황 : 회사가 도산했어. 하지만 오히려 다행이야. 왜냐하면······.

  이어질 말 :

- **예제 2**

  상황 : 시험에 떨어졌어. 하지만 오히려 다행이야. 왜냐하면······.

  이어질 말 :

- **예제 3**

  상황 : 취해서 사람들 앞에서 토했어. 하지만 오히려 다행이야. 왜냐하면······.

  이어질 말 :

- **예제 4**

  상황 : 다리가 부러졌어. 하지만 오히려 다행이야. 왜냐하면······.

  이어질 말 :

예시 답안

- ### 예제 1
  상황 : 회사가 도산했어. 하지만 오히려 다행이야. 왜냐하면······.

  이어질 말 : 그 회사에 계속 남아 있었어도 미래가 없었을 테니까. 회사
  의 도산을 다음 단계로 나아갈 좋은 기회로 삼자.

- ### 예제 2
  상황 : 시험에 떨어졌어. 하지만 오히려 다행이야. 왜냐하면······.

  이어질 말 : 그 학교가 진짜 가고 싶었던 곳은 아니었으니까. 역시 정말
  가고 싶은 학교에 가는 편이 좋겠어.

- ### 예제 3
  상황 : 취해서 사람들 앞에서 토했어. 하지만 오히려 다행이야. 왜냐하
  면······.

  이어질 말 : 앞으로 회식 때 나한테 억지로 술을 마시라고 강요하는 일
  은 없을 거야.

- ### 예제 4
  상황 : 다리가 부러졌어. 하지만 오히려 다행이야. 왜냐하면······.

  이어질 말 : 사실 회사 생활에 한계가 왔었거든. 우울증으로 회사를 쉬는
  것보다 이렇게 쉬는 편이 나아.

5 부모나 회사의 말보다 나의 판단을 믿는다

자립을 향한 마음의 준비를 한다

현실 사회에서는 어리광이 허용되지 않습니다. 자신의 의사로 결정한 일은 직접 하는 것이 원칙이지요. 이를 자유라고 느낄지 고통이라고 느낄지는 사람마다 다릅니다.

이제까지 사회나 조직이 나를 지켜주고 있다고 확신하던 사람이 자기책임을 배우려면 어떻게 해야 할까요? 무언가가 나를 보호해주리라 믿고 있으면 자립할 수 없습니다. 그리고 자립할 수 없는 사람은 언젠가 자신이 보호받지 못한다는 사실을 깨닫고 고독을 맛보게 됩니다. 자립하기 위한 구체적인 처방전을 준비해보았습니다.

처방전 1 위화감을 느끼고도 모르는 척하지 않는다

현실 사회에서 단 하나의 정답은 없습니다. 동료도 상사도 사장도 반드시 정답을 알고 있지는 않지요. 하지만 주입식 학교 교육에 물들게 되면 윗사람의 말에 의문을 가지는 사람은 소수가 됩니다. 이런 습관

자체가 없기 때문입니다. 조직에서 누군가가 문제를 알아차리고 이의를 제기하면, 그 책임은 이의를 제기한 사람에게 돌아가는 경우가 있습니다. 그래서 보고도 못 본 척하는 편이 개인에게 이득이라고 생각하는 사람이 많습니다.

타인의 말을 곧이곧대로 받아들이지 않고 스스로 생각하는 습관을 기르는 것이 자립을 향한 첫걸음입니다.

처방전 2 **부모님이나 선생님의 가르침은 일단 괄호 안에 적는다**
부모님이나 선생님에게 "열심히 공부해서 좋은 학교와 좋은 회사에 들어가면 모든 게 다 잘될 거란다."라는 말을 주문처럼 반복해서 들었던 사람이 있을 수 있습니다. 하지만 이 공식은 이미 깨졌습니다. 이제까지 어쩌면 당연하게 여겼던 것들을 하나부터 열까지 의심해볼 필요가 있습니다.

결혼을 예로 들어 부모님이 하라고 해서, 친구들이 다들 한다고 해서, 초조한 마음에 그릇된 판단을 하지 않아야 합니다. (만일 그릇된 판단을 하더라도 그때 일은 그때 가서 해결하면 됩니다) 결혼만 하면 평생 안전이 보장된다는 공식도 벌써 무너졌습니다. 전업주부는 이제 멸종 위기에 놓였으니까요.

중요한 것은 부모님이나 선생님의 가르침을 잊어버리는 것입니다. 이렇게 하면 천벌이 내릴 것 같다고요? 망설여지는 사람은 일단 괄호 안에 적어둡니다. 그리고 모든 것을 처음부터 다시 곰곰이 생각해보도록 합니다.

타인이 나를 어떻게 생각할지 고민해봤자 소용없습니다. 중요한 것은 내가 나를 어떻게 평가하는가입니다. 예를 들어 더 이상 초과 근무를 하지 않기로 결심했다고 합시다. 그 결과 회사에서 나에 대한 평가는 낮아질지 모르지만, 자신의 신념에 근거해 초과 근무를 거부한다면 나 자신에 대한 만족도는 높아집니다.

타인이 나를 평가하는 경우와 내가 나를 평가하는 경우의 평가 기준은 다릅니다. 내가 나를 평가하면 타인에게 부당한 평가를 받더라도 우울하지 않습니다. 평가받는 쪽은 약자이지만 평가하는 쪽은 강자인 법이지요. 평가를 받기만 하던 입장에서 평가를 하는 입장이 되도록 합니다.

과거는 아내가 남편을 전적으로 따르는 것이 올바르게 여겨지던 시대였습니다. 하지만 오늘날에는 부부가 평등해졌습니다. 관점을 바꾸면 평등해질 수 있습니다.

처방전 4 나를 위한 일인지 확인한다

회사와 직원의 이익이 상충할 때가 있습니다. 회사가 직원을 평생 책임져주던 시대에는 최종적으로 수지가 맞았지만, 이제는 언제 회사에서 쫓겨나거나 그만둘지 모릅니다. 회사 자체가 없어지기도 하고요. 그래서 내가 맡은 일이 나의 성장으로 이어지는지 확인하는 것이 무척 중요합니다. 해야 할 일을 하면서 회사에도 이익이 되고 나에게도 도움이 되는 일을 적극적으로 찾아야 합니다. 스스로 문제를 인식하고 일을 찾아서 하다 보면 자연히 실력도 붙습니다.

처방전 5 회사에 운명을 맡기지 않는다

현재 상태를 유지할 때 발생할 위험을 냉정하게 추측해봅니다. 대기업에서 정리 해고를 당해 망연자실한 채 제 클리닉을 찾는 분이 있습니다. 대다수는 아무런 준비가 되어 있지 않지요. 회사 외의 또 다른 세계를 알 기회가 거의 없었기 때문입니다.

이처럼 우리가 알고 있는 세계의 위험성을 낮게 측정하거나, 모르는 세계의 위험성을 과하게 측정하는 것은 '인지편향(Cognitive Bias, 사람이나 상황에 대한 비논리적인 추론에 따라 잘못된 판단을 내리는 패턴이다.-옮긴이)'의 흔한 예입니다.

지금 다니는 회사에 내가 가진 전부를 거는 것은 매우 위험합니다. 회사에 다니는 동안 부업을 시작하거나 다른 사람이 따라 할 수 없는 기술을 익히도록 합니다. 언제든 회사에서 나올 수 있도록 미리 준비해두는 것입니다.

처방전 6 나를 계속해서 갈고닦는다

조직에서는 몇 안 되는 자리를 둘러싸고 경쟁이 벌어집니다. 사회에서 인정받으려면 실력은 물론이고 냉정하게 상황을 판단하는 힘, 다른 사람을 앞지르는 빠른 두뇌 회전, 뛰어난 커뮤니케이션 능력 등이 요구됩니다. 상사의 지시 없이는 움직이지 못하는 사람은 항상 뒤에서 맴돌게 됩니다. 무슨 일이 생기면 가장 먼저 해고의 대상이 될 가능성이 있지요.

물론 조직에 속하면 장점도 있습니다. 함께 노력하는 동료가 있고 조직에 있어서 지원을 받거나 신뢰를 얻을 수 있는 경우도 많지요. 다만 언젠가 그 조직이 없어지거나 조직을 이탈하게 될 수도 있으니 다른 선택지도 염두에 두면 좋겠습니다.

6 살아가기 위해 무언가를 포기해도 괜찮다

의존할수록 자유가 사라진다

자립한다는 것은 고독을 마주하는 것입니다. 가끔은 스스로 고독을 선택할 때도 있겠지요. 강요당한 고독이 아니라 스스로 선택한 고독입니다. 고독을 선택한다는 것은 타인이나 세상에 휘둘리는 삶이 아니라, 자신이 개척하는 삶을 살아간다는 것을 의미합니다. 이때의 고독은 자유의 또 다른 이름이라고 할 수 있습니다.

고독을 경쾌하게 뛰어넘도록 합니다. 그러면 고독은 우리의 친구가 됩니다. 고독하지 않으면 우리는 왜 살아가는지 생각하지 않습니다. '왜 사는 것인가'는 본질적이고 매우 심오한 문제입니다. 어차피 인간은 언젠가는 죽고 살아 있을 때 얻은 것을 저세상으로 가져갈 수 없습니다. 인생에 정해진 의미란 없습니다. 어떻게 살아갈지는 우리 각자가 스스로 정하면 됩니다. 그 사람의 인생은 그 사람만의 것이니까요.

내 인생에 대해 곰곰이 생각해봅니다. 무언가에 사로잡혀 자유를 억압당하고 있지는 않나요? 결과적으로 고독해지더라도 자유롭게 살아가는 쪽을 선택할 수도 있습니다.

이제부터는 더욱 자유롭게 살기 위해 할 수 있는 일을 소개하고자 합니다. 난도는 조금 높은 편이며 ④, ⑤번 방법은 특히 여성에게 추천합니다.

① 눈치 보지 않고 의견 말하기

필요하다고 생각하면 주위 눈치를 보지 말고 자신의 의견을 솔직히 말합니다. 특히 일본에서는 미리 정해진 각본대로 회의가 진행되는 경우가 많습니다. 어떤 회의는 처음부터 끝까지 모든 각본이 짜여 있기도 하지요. 이렇게 해서는 절대 발전하지 못합니다.

주관이 분명한 사람이라는 사실을 주위 사람들이 알게 되면 나를 보는 그들의 시각이 바뀔 것입니다. 이렇게 반복되다 보면 '그 사람은 원래 그래' 하고 생각하기 때문에 오히려 편해집니다.

② 친척 모임 정리하기

혈연이라는 이유만으로 간섭하는 친척이 있습니다. 자세한 사정도 모르면서 부모를 잘 모시라느니 어쩌느니 하는 친척 어른이 꼭 있지요. 하지만 살아가는 데 친척관계가 필요한 경우는 많지 않습니다. 대가족이었던 시절의 흔적일 뿐이지요.

③ 소속된 조직이나 모임에서 나오기

일단 어느 모임에 들어가면 도중에 그만두어서는 안 된다고 생각할 수 있습니다. 무슨 말을 들을지 모르니까요. 하지만 이유가 없어도 그만두고 싶으면 그만두면 됩니다. 잘못된 일은 아니니까요. 그동안 속해 있던 모임에서 벗어나면 새로운 세계가 보일 것입니다.

이제까지 그만둔 사람이 아무도 없는 모임에서 나왔다는 사람이 있습니다. 모임의 누군가가 왜 그만두냐고 묻기는 했지만 실질적인 손해는 전혀 없었다고 합니다. 인기 그룹의 아이돌조차 탈퇴해 자신의 앞날을 모색하는 시대입니다. 우리 같은 일반인 한두 명이 모임에서 나간다고 해도 큰 영향은 없을 것입니다.

④ 친구의 유혹 거절해보기

실천하기는 어렵지만 효과는 매우 뛰어납니다. 오후 3시 무렵 패밀리 레스토랑에 아이 엄마 여럿이 모여 떠들썩하게 이야기를 나누고 있습니다. 다들 생글거리는 얼굴에 무척 사이가 좋아 보이지만 그래도 조금 걱정이 됩니다.

여성은 특히 친구라는 족쇄에서 벗어나기 힘들어 합니다. 억지로라도 대화에 참여하지 않으면 험담을 듣지는 않을까라는 의심을 낳기 때문이지요. 그러나 친구와 항상 함께하는 것도 무척 힘든 일입니다. 필요하지 않을 때는 눈 딱 감고 거절해봅니다. 이유는 필요 없습니다. 한 발자국만 내디디면 다음부터는 편해질 것입니다.

필요할 때 필요한 만큼만 함께할 수 있는 친구이어야 편합니다. 모두가 자유로워지는 길을 위해 먼저 앞장서보세요.

⑤ 신데렐라 콤플렉스 극복하기

여성은 신데렐라 콤플렉스를 주의해야 합니다. 신데렐라 콤플렉스란 백마 탄 왕자님이 찾아오기를 기다리는 심리를 말합니다. 그런데 왕자님이 오기를 기다리고 있으면 자립할 수 없습니다.

능력 있는 여성은 자립을 목표로 하면서 한편으로는 남성의 보호를 받지 못할까 봐 내심 두려워합니다. 여성은 남성에게 의존해야 행복할 수 있다고 배웠으니까요. 스스로 생계를 책임지고 있어도 결혼을 못 하면 불행한 법이라며 세상이 압박을 가하지요. 하지만 이런 가치관은 지금 시대에는 맞지 않습니다. 요즘 세상에 왕자님은 거의 없습니다. 왕자님을 기대한다면 남아나는 남성이 없을 것입니다.

젊었을 때 자유를 누리지 못했던 어머니가 자유롭게 살아가려는 딸을 질투해 독립을 방해하기도 합니다. 하지만 법적으로 만 19세가 되면 성인입니다. 반드시 이때가 아니더라도 성인이 되면 되도록 빨리 독립해 부모에게서 자유로워지도록 합니다. 이는 전혀 나쁜 일이 아닙니다.

고민하는 대신 행동하기

답이 나오는 문제를 설정한다

생각하는 것과 고민하는 것은 다릅니다. "어제 생각 좀 하느라 한숨도 못 잤어요."라고 말하며 제 클리닉에 진료를 받으러 오는 분이 있습니다. 하지만 이야기를 들어보면 '생각'이라고 할 수 없는 경우가 대부분입니다. 이미 끝난 일을 후회하거나 아직 일어나지도 않은 나쁜 일을 상상하며 고민하고 있을 뿐이지요.

예 1

자연재해가 발생할까 봐 걱정하는 것은 생각이 아니라 고민일 뿐이다

지진으로 인해 해일이 발생할 경우라면 걱정을 하기보다 피해를 최소한으로 하기 위해 구체적으로 무엇을 하면 좋을지 생각합니다. 몇 미터의 해일이 예측된다면 어디까지 피난을 갈 수 있을지 생각해보고, 집 안의 가구가 넘어질 것 같으면 못을 박아 움직이지 않도록 벽에 고정합니다. 다만 최악의 상황을 너무 현실적으로 상상하지 않는 편이 좋습니다. 물론 지진이 일어날 확률 자체는 크게 변함이 없겠지만, 지진이나 해일 같은 자연재해가 발생했을 때 생존할 확률은 낙천적인 사람이 그렇지 않은 사람보다 높습니다.

예 2

평생 결혼하지 못할까 봐 걱정하는 것은 생각이 아니라 고민일 뿐이다

결혼하지 못할 경우를 대비해 혼자 살아갈 방법을 생각하는 편이 훨씬 현실적입니다. 새로운 취미를 만들거나 새 친구를 사귀는 등 혼자라서 누릴 수 있는 즐거움을 찾아봅니다. 아니면 결혼을 하기 위해 적극적으로 노력하는 방법도 있습니다. 나쁜 상황을 가정했다면 그렇게 되지 않기 위해 할 수 있는 일을 생각하고 구체적인 대책을 세워 행동하는 것이 중요합니다.

예 3

프레젠테이션에서 실패할까 봐 걱정하는 것은 생각이 아니라 고민일 뿐이다

중요한 것은 프레젠테이션을 성공시키기 위해 무엇을 하면 좋을지 구체적인 방법을 생각하는 것입니다. 효과적으로 내 의견을 제시할 방법을 생각하고 누구나 알아보기 쉬운 자료를 준비합니다. 그리고 예행연습을 반복하면 됩니다. 아무것도 하지 않으면서 고민을 거듭하는 것은 좋은 자세가 아닙니다. 10분 분량의 프레젠테이션이라면 하루에 세 번 연습해도 30분밖에 되지 않습니다. 10일 동안 하면 30번을 연습할 수 있지요. 연습은 거짓말하지 않습니다.

제 4 장

인생의 몫을
늘려간다

1 나답게 살아가기 위해
필요한 것이 있다

타인을 위해 움직인다

고독하다고 느끼는 사람은 애정을 가지고 자신을 대해주는 사람이 없다고 느끼는 사람입니다. '나 같은 사람을 소중히 여겨주는 사람은 없어'라는 기분을 말끔히 씻어내기 위해서는 누군가가 내게 말을 걸어주기 기다리는 것보다 내가 먼저 누군가를 소중히 하는 편이 좋습니다. 비록 진심 어린 애정은 아닐지 몰라도 그래도 괜찮지 않나요?

사랑받지 못하는 자신을 위로하듯이 타인을 대하는 것도 좋은 방법입니다. 도움을 받은 사람은 도움을 준 사람을 고맙게 여깁니다. 타인에게 감사 인사를 들으면 살아 있다는 사실을 실감할 수 있습니다. 혹시 '위선적인 행동이 아닐까?'라는 마음의 소리가 들리나요? 그래도 상관없습니다. 감사하다는 말을 들으면 누구나 기쁜 법입니다. 누군가를 인정해주는 최고의 말이니까요.

어느 나이 많은 남성 자원봉사자가 행방불명이 된 어린아이를 발견했다는 뉴스가 있었습니다. 이 이야기를 듣고 사람은 나이가 들어도 타인에게 도움이 되기를 바란다는 사실을 새삼 깨달았습니다. 세상에 필요한 존재로 인정받고 싶은 법이라는 사실을 말이지요.

자원봉사에 대해서도 다양한 의견이 있습니다. 이면에 자기애가 숨어 있는 것 같아 거부감이 든다는 사람이 있습니다. 또 결국 자신의 이름을 알리고 싶어서 하는 것이라며 자원봉사에 대해 반발심을 갖는 사람도 있고요. 하지만 남을 돕기 위해서는 능력과 체력이 필요하므로 아무나 할 수 있는 일은 아닙니다.

언제나 내 편이 되어준다

타인에게 인정받는 것도 필요하지만 앞으로는 타인의 인정에서 삶의 이유를 찾지 않는 시대가 올 것입니다. 이제부터는 스스로 자신을 평가하는 것이 중요합니다. 바로 '자기인정'입니다. 나만의 기준을 가지고 나를 평가합니다. 고독을 즐긴다는 것은 내가 나를 평가하며 살아감을 의미합니다. 다만 평가 기준을 너무 높게 잡지 않습니다. 60점이면 충분합니다. 타인에게 나쁜 평가를 받아도 우울한데, 자신에게 나쁜 평가를 받으면 훨씬 더 우울하겠지요. 어떤 상황이든 나는 나를 응원해야 합니다. 타인으로부터 어떤 평가를 받을지 모르니까요. 이렇게 하면 훨씬 나답게 살아갈 수 있습니다.

타인의 평가를 너무 신경 쓰지 말고 타인에게 미움받을 것을 지나치게 두려워하지 않도록 합니다. 이렇게 하기 위해서는 고독과 사이 좋게 지낼 수 있는 마음의 여유가 필요합니다.

쓸데없는 짓을 할 여유를 갖는다

인생의 몫은 일정하지 않다

효율적인 삶이란 태어나서 죽을 때까지 사용하는 에너지가 적은 삶일까요? A와 B의 인생을 비교해보겠습니다.

- **A의 인생**

  최소한의 노력으로 유명한 학교를 나와 일류 기업에 취직했고 필요 없는 물건은 일절 사지 않으며, 건강에 나쁜 습관은 전혀 갖고 있지 않고 도움이 되지 않는 인간관계는 전부 거절합니다. 사는 데 꼭 필요한 최소한의 설비만 갖추어진 단순하고 현대적인 공간에 살고 있습니다.

- **B의 인생**

  어렸을 때부터 쓸데없는 일을 하곤 했습니다. 학교에 다닐 때도 얌전히 의자에 앉아 있는 학생은 아니었습니다. 어찌어찌 고등학교를 졸업해 아르바이트하던 곳에 취직까지 했습니다. 그리고 어쩌다 만난 사람에게 영향을 받아 해외로 건너갑니다. 몇 년 뒤 고향으로 돌아와 본가 건물의 일부를 사용해 게스트 하우스를 열었습니다. 해외에 있을 때 친해진 친구들의 입소문을 듣고 간간이 숙박하고자 찾아오는 손님이 생겼습니다. 또 이웃집에서 오래된 주택을 처분한다는 이야기를 듣고 저렴하게 매입해 친구들과 함께 주택 개조를 시작했습니다. 2년 정도면 완성될 것 같습니다. 그곳에는 다양한 시대의 오래된 골동품을 장식해둘 생각입니다.

A처럼 쓸데없는 일을 하지 않는 인생도 나쁘지 않지만 재미는 조금 없어 보입니다. 그리고 B와 같은 인생은 목표한다고 해서 흘러가는 인생은 아닙니다. 하지만 이렇게 각본 없는 인생도 어떻게든 흘러가는 법입니다. 비슷한 경험이 있는 사람은 다들 공감하겠지요. 건강에 좋은 음식을 먹는 것이 이상적이지만 가끔은 정크 푸드 같은 건강에 좋지 않은 음식도 먹고 싶은 법입니다.

'일하면 지는 거다'라고 생각하는 사람이 있습니다. 동료와 같은 금액의 돈을 받으니 일하는 데 들이는 노력을 최소한으로 해야 이득이라고 생각하는 사고방식이지요. 이해가 안 되는 것도 아닙니다. 하지만 인생의 몫은 일정하지 않습니다. 많이 도전한 사람일수록 많은 것을 얻을 수 있습니다. 위험의 크기에 비례해 이익도 커집니다. 여기에서 이익은 돈만을 말하는 것은 아닙니다. 수많은 지인, 폭넓은 정보, 다양한 비결, 역경을 헤쳐나가는 용기도 모두 이익입니다.

도전에는 실패가 따릅니다. 쓸데없는 일과 실패를 많이 경험할수록 인생을 풍부하게 만들어줄 씨앗을 품게 됩니다. '한 번도 실패한 적이 없는 사람은 한 번도 도전한 적이 없는 사람이다'라는 말도 있을 정도니까요.

일부러 같은 분야의 사람을 멀리한다

평소 자신과 접점이 없는 세계에 과감하게 뛰어들어 봅니다. 그곳에 있는 사람은 내가 지금껏 경험한 적 없는 세계를 알고 있는 사람으로, 새로운 세계에 눈뜨게 될 것입니다.

되도록 지인이 없는 곳에 얼굴을 비추는 편이 좋습니다. 친구도 없고, 동종 업계 사람도 없고, 동성도 없는 곳으로요. 상대방의 입장에서 보면 미지의 세계를 알고 있는 사람은 내 쪽입니다. 나의 평범한 일상만 말해도 상대방은 눈을 반짝일 것입니다.

제 클리닉에서 4~5명의 그룹으로 나누어 각자 10분씩 자기 직업의 매력 말하기 시간을 가진 적이 있습니다. 각자 두 번씩 차례가 돌아갔는데, 미지의 분야에 대해 전문가에게 듣는 이야기는 무척 새롭고 신기했습니다. 조경업, 인쇄업, 외식업, 건축업, 종묘업……. 그리고 제 이야기를 시작하자 상상조차 해본 적 없는 질문이 쏟아졌습니다. 정신건강의학과는 보험이 되지 않는다고 생각하거나 낯가림(사회불안장애)이 치료할 수 있는 질환이라는 사실을 몰랐다는 분도 계셨습니다. 이런 경험을 하고 나면 과거에 별 생각 없이 사소하게 여겼던 상황이나 장소도 새롭게 바라보는 시선이 생깁니다.

자신이 몸담고 있는 분야가 아닌 다른 분야의 사람을 만나면 짜릿함을 느낍니다. 동종 업계 사람을 만났을 때보다 마음도 편하고요.

이별을 많이 경험한다

살다 보면 다양한 만남을 경험합니다. 이 말은 이별도 많다는 의미가 되지요. 소수와의 교제를 소중히 여기는 인생도 멋지지만 많은 사람을 만나고 이별하는 인생도 매력적입니다. 후자의 인생을 지지하는 것이 바로 긍정적 고독입니다.

쓸데없는 일을 합니다. 이거다 싶으면 두려워하지 말고 손을 내밀어봅니다. 실패를 포함한 모든 경험은 앞으로의 인생을 다채롭게 만들어줄 것입니다.

유명한 정치학자인 헨리 키신저의 '기회는 저금할 수 없다'라는 명언이 있습니다. 잘 되지 않더라도 다시 하면 됩니다. 인생에는 단 하나의 정답은 없습니다. 동시에 두 가지 인생을 살아볼 수는 없으니 어떤 인생이 더 나은지는 아무도 모릅니다. 자신이 선택한 인생이 정답이라고 생각하면서 살다 보면 인생은 어떻게든 흘러갑니다.

3 나만의 안전지대를 확보한다

아는 얼굴이 있으면 좋다

지금 만나는 사람이 너무 적어서 불안하다면 '만일의 경우 이곳에 가면 편하게 있을 수 있다'라는 자신만의 소중한 장소를 만들어두면 좋습니다. 카페든 식당이든 어디든 좋습니다. 공공장소도 괜찮습니다.

제 클리닉을 찾았던 사람 중 자택에서 양품점을 운영하는 한 70대 여성은 이렇게 말했습니다. "돈벌이가 되는 것은 아니지만 가게를 열어두면 누구라도 찾아오니까 심심풀이로 좋아요."라고요. 이런 가게가 딱입니다. 적극적으로 대화하지 않아도 익숙한 장소나 사람이 있으면 어쩐지 든든합니다. 주위 사람들한테도 당신은 그 가게에서 가끔 눈에 띄는 사람으로 인식되도록 합니다. 가능하다면 길에서 마주쳤을 때 인사를 나눌 수 있는 사람이 몇 명 생기면 더욱 좋습니다.

'그러고 보니 며칠째 누구와도 얘기할 일이 없었어'라는 사람에게는 늘 이런 안전지대가 필요합니다. 유사시를 대비한 부적처럼 이런 장소가 있다는 든든함 자체가 중요합니다.

너무 친해질 필요 없이 느슨한 관계, 얕은 관계, 구속하지 않는 관계, 오는 사람 막지 않고 가는 사람 잡지 않는 관계가 좋습니다. 그만두고 싶으면 스트레스받지 않고 그만둘 수 있는 관계, 이해관계가 얽혀 있지 않은 관계가 이상적입니다.

목적이 있으면 당당하게 행동할 수 있다

안전지대는 명확한 목적이 있으면 좋습니다. '커피를 마신다'라는 목적이 있으면 혼자서도 당당히 카페에서 시간을 보낼 수 있습니다. 신문 기자는 취재라는 명목이 있으면 아무리 가까워지기 힘든 상대방이라도 겁내지 않고 말할 수 있다고 합니다. 이런 식으로 역할극을 한다고 생각하면 행동으로 옮기기 쉬워집니다.

명목은 뭐든지 좋습니다. SNS에 올리기 위한 용도라고 해도 충분합니다. 목적이 있으면 의욕이 생깁니다. 가상의 목적이라도 상관없습니다. 오히려 목적 없이 외출하면 의심을 살 수도 있습니다. 예를 들어 누군가가 목적도 없이 어느 동네의 주택가를 어슬렁거리고 있다면, 그 동네에 사는 사람들은 불안해하지 않을까요? 모르는 사람끼리는 목적이 있어야 경계심이 줄어들고 원활한 대화를 나눌 수 있습니다. 다음의 몇 가지 예를 보고 참고해주세요.

① 매일 아침 같은 편의점에서 신문 구매하기

아는 얼굴이 한 명이라도 있으면 든든합니다. 편의점 직원도 어쩌면 작은 만남을 기다리고 있을지도 모릅니다. '늘 오던 그 손님, 오늘은 안 오네'라며 나를 떠올려준다면 참으로 기쁘겠지요.

② 공공기관에서 주최하는 동호회나 세미나 참석하기

이런 행사는 요금이 적당하므로 허세를 부리는 사람도 적을 것입니다. 주위 사람들과 자신을 비교하며 기분이 상하는 일도 없겠지요. 비슷한 연령대가 많은 곳을 추천합니다. 대화 상대로 부족함이 없을 것입니다. 물론 새로운 지식이나 기술을 익힐 수도 있고요. 만일 나와 안 맞는다 싶으면 그만두면 됩니다. 무리해서 참석할 필요 없이 다른 동호회를 찾아보면 되니까요.

③ 지역 축구팀 응원하기

상당히 괜찮은 방법입니다. 응원을 하러 가면 모두 친구가 되니까요. 혼자라도 큰 소리로 응원을 하다 보면 모두 한마음이 됩니다. 이기면 다 같이 기뻐하고 지면 다 같이 분함을 달래는 것도 좋습니다. 가능하다면 유니폼을 입고 원정 경기에도 참여해 함께 응원해봅니다. 경기장 주위에 있는 술집에서 혼자 맥주잔을 기울이고 있으면 같은 유니폼을 입은 사람이 말을 걸어올 수도 있습니다.

④ 지역 명소를 안내하는 자원봉사 하기

주말에는 지역 명소에서 관광지를 안내하는 자원봉사를 해봅니다.

꾸준히 하면 더욱 좋고요. 먼 타 지역에서 오는 관광객도 많을 테니 지역 주민만 알 수 있는 이야기를 해주면 기뻐할 것입니다.

⑤ 동네에서 오래된 술집 가보기

동네에서 오래된 작은 술집의 경우 온라인에서 검색이 잘 되지 않는 경우가 많습니다. 이런 가게를 찾는 손님의 대다수는 단골이거나 소문을 듣고 찾아오는 손님이지요. 가게에 들어서는 순간 굳이 말하지 않아도 주인은 내가 무엇을 주문할지 알고 있을 가능성이 큽니다. 이렇게 숨을 돌릴 수 있는 장소는 무척 귀중합니다. 오랫동안 술손님의 응석과 넋두리를 상대해온 주인은 먹고살기 힘든 세상을 웃으면서 살아가는 비결과 인생에 대한 조언을 해줄지도 모릅니다.

⑥ 호텔의 고급 바 가보기

특히 여성에게 추천하는 방법입니다. 격식 있는 호텔의 바에는 젠틀한 바텐더가 있습니다. 바텐더는 절묘한 거리감으로 손님에게 다가옵니다. 사생활을 참견하지 않으면서도 무료해 보이면 넌지시 말을 건네오지요. 바텐더는 다양한 분야의 사람을 날마다 마주하기 때문에 화제가 떨어지는 일도 없습니다. 또 바텐더는 기본적으로 입이 무거우니 안심할 수 있습니다. 게다가 다음에 또 방문할지 말지는 내가 결정하는 것이니 너무 많은 이야기를 했다 싶어도 후회할 일은 없습니다. 바의 은은한 간접 조명에 비친 내 얼굴은 평소보다 더욱 근사해 보일 것입니다.

⑦ 심료내과에서 상담받기

심한 고독감에 시달리는 사람에게 추천합니다. 상황에 따라 약을 처방받는 편이 좋을 때도 있지만, 일단은 머릿속에 맴돌던 생각을 입밖으로 꺼내기만 해도 가슴속에 쌓여 있던 무거운 쇳덩어리를 내려놓을 수 있습니다. 사면초가에 놓인 상황도 타인의 시선에서 보면 의외로 해결책이 보이는 법입니다.

4 혼자 있는 시간을 알차게 보내는 비결이 있다

생활에 변화를 준다

좁은 인간관계 속에서 살아가는 인생과 따뜻한 사람들과 함께 보내는 인생 중 하나를 선택해야 한다면 대다수는 후자를 택하겠지요. 고독하지 않은 사람일수록 몸과 마음이 건강하고 수명도 길다는 연구 결과가 많습니다. 하지만 미래 사회에는 고독한 사람이 빠르게 늘어날 것입니다. 자신의 의사와는 상관없이 말이지요.

고독이 싫다고 아무리 부정해도 많은 사람이 고독해질 것입니다. "암에 걸리지 마세요!" 하고 아무리 외쳐봤자 걸릴 사람은 걸리는 것처럼요. 그러니 지금 당장은 고독하지 않더라도 혼자가 되면 어떻게 생활할지 미리 연습해보면 좋습니다. 인간의 수명이 길어지는 만큼 인생을 즐기는 힘을 길러야 합니다.

인생을 즐기는 방법 중 하나로 취미 생활에 푹 빠지는 것도 좋습니다. 원래 '오타쿠'라는 단어는 비하적인 의미였지만 오타쿠에서 변형된 '덕후'는 이제 칭찬하는 단어로 쓰입니다. 덕후란 한 가지 일에

정통해 어마어마한 지식을 가진 사람을 가리킵니다. 존경받아 마땅하지요. 과거에는 같은 취미를 가진 사람 찾기가 힘들었지만 지금은 인터넷이 있어 쉽게 찾을 수 있습니다.

한 가지에 푹 빠지는 타입이 아니라면 평소 생활 속에서 변화 꾀하기를 추천합니다. 혼자 즐길 수 있는 일도 많습니다. 몇 가지 예를 들어보겠습니다.

① 혼자서 고깃집 가보기

보통 여러 사람이 함께 가는 식당에 혼자 들어가기가 처음에는 거부감이 들 수 있습니다. 하지만 이 단계를 극복하면 거의 모든 장소에 혼자 갈 수 있게 됩니다. 혼자 사는 사람이라면 노래방이나 놀이공원에 혼자 가보기를 추천합니다. 다음부터는 활동 반경이 확실히 넓어질 것입니다.

우선 평소 생활권 밖에서 도전해보면 어떨까요? 여행이나 출장 중인 척하면 혼자 있는 이유가 생기므로 마음이 편합니다. 지인과 마주칠 확률도 낮고요. 아무래도 처음 도전하는 사람은 지인을 만날까봐 걱정이 될 수 있으니까요. 그래도 걱정이 된다면 수첩에 메모를 하거나 태블릿 피시를 켜두는 등 일하는 척을 합니다. 거기에 카메라나 커다란 가방을 가지고 있으면 금상첨화고요. 출장이나 여행 온 사람처럼 보일 것입니다.

조금 익숙해지면 평소 생활권 안에 있는 가게에도 도전해봅니다.

가게 주인이나 직원과 안면을 트면 나에게 무슨 일이 생겼을 때 외로움을 달래주는 든든한 아군이 될지도 모릅니다. 혼자 고깃집에 가보는 것도 좋습니다. 커플보다 단체 손님이 많은 가게가 진입 장벽이 낮을 수 있습니다.

② 단순하게 생활하기

더 이상 필요하지 않은 물건은 버리면 어떨까요? 1년 동안 쓰지 않은 물건은 없어도 곤란하지 않은 물건입니다. 묵묵히 집 안을 정리하는 동안 머릿속도 정리가 될 것입니다. 내친김에 거추장스러운 인간관계를 정리해버려도 좋겠네요.

꼭 필요한 옷만 옷장에 채워 넣고 휴대전화만 있으면 충분히 살아갈 수 있습니다. 수많은 물건에 둘러싸여야 안심이 된다는 것은 착각입니다. 단순하게 생활할수록 손이 덜 가고 생활비도 줄어 홀가분하게 살 수 있습니다. 단순한 생활은 1인 가구의 삶에 잘 어울립니다.

③ 살아 있는 생명체 가까이하기

개, 고양이, 거북이, 새, 금붕어 등 살아 있는 생명은 좋습니다. 길을 지나다 바라보기만 해도 저절로 미소가 번지며, 마음이 따뜻해지고 직접 키우면 삶에 대한 의욕도 더 솟아나지요. 기계와 달리 살아 있는 생명은 인간과 직접적인 교류가 가능합니다. 현관문을 열고 들어가면서 "다녀왔습니다."라고 인사할 수 있고 우울할 때는 넋두리를 늘어놓을 수도 있습니다.

　은둔형 외톨이나 등교 거부 학생을 위한 지원 프로그램의 일환으로 '호스 테라피(Horse Therapy)'를 도입한 사람의 이야기를 들은 적이 있습니다. 말과 함께 시간을 보내는 동안 완고했던 마음이 누그러진다고 합니다.

　평소 손가락 하나 까딱하지 않던 자기중심적인 아버지가 이따금 거실에 나와 고양이에게 일부러 먹이를 준다는 이야기를 들은 적이 있습니다. '내가 없으면 안 돼'라고 생각할 수 있는 존재가 있으면 좋지요. 물론 환경 조건이나 수고로움, 금전적 부담, 자신의 나이 등을 고려할 필요는 있습니다. 손이 많이 가지 않고 산책시키지 않아도 되며 시끄럽지 않은 동물이 기르기 쉬울 것입니다. 그리고 반려동물을 키우는 데는 반드시 책임이 따른다는 점을 명심해야 합니다.

④ 평소와 다른 길 걷기

간단하지만 효과적입니다. 두 발로 길을 걷는다는 의미와 비유적인 의미 모두 해당됩니다. 다른 길을 걷는 것은 다른 인생을 사는 것과 같다고 합니다. 어느 한쪽이 옳은 것이 아닌 일종의 평행 세계인 셈이지요.

　"이런 가게가 있었네?"

　"이런 사람도 있구나."

　"이런 식으로 살아갈 수도 있는 거였어."

여기저기서 의외의 발견을 할 수 있습니다. 깊게 생각하지 말고 모르는 길로 불쑥 들어가보면 어떨까요? 운전을 할 수 있다면 1시간 정도 운전해서 처음 가보는 길까지 갑니다. 가볍게 고독을 즐길 수 있습니다. 중고 자전거를 구매해 타고서 거리 구석구석을 달려봅니다. 공중목욕탕이나 미용실에 들러 이야깃거리를 모으다 보면 금세 그 거리의 주인이 될 수 있습니다.

⑤ 먼 동네에서 네일 아트 받기

네일 아트를 받는 동안에는 직원과 대화를 나눌 수 있습니다. 손톱을 다듬으려면 서로 아주 가까운 거리에서 손을 맞잡고 있어야 하니까요.

오래 마주 보기가 부담스럽다면 피부 관리실도 좋습니다. 보통은 가까운 곳에 사는 손님만 올 테니 멀리서 왔다고 하면 관심을 보이지 않을까요? 직원에게 말을 너무 많이 했다 싶어도 다음에 올 때가 되면 다 잊었을 테니 걱정할 필요 없습니다.

⑥ 사는 곳 바꾸기

이사를 생각하고 있다면 단독주택보다는 아파트, 분양보다는 임대를 추천합니다. 상황이 허락한다면 호텔에 머물면 단순한 생활이 가능합니다. 장소에 구애받지 않고 자유를 만끽할 수 있습니다. 한 달의 반 정도를 혼자 보내는 경험이 차곡차곡 쌓이면 만일의 경우가 생겨도 안심할 수 있습니다.

정년퇴직 전 2년 동안 가족을 떠나 지방에서 혼자 근무하기를 자원한 분이 있었습니다. 우울증으로 한동안 휴직한 뒤의 일이었지요. 주말에는 집에서 혼자 있는 시간을 만끽합니다. 무척 의미 있는 시간이었다고 말하더군요. 낮에는 회사에서 타인을 의식하지 않고 열심히 일하고, 저녁에 집에 돌아오면 일에서 완전히 해방될 수 있었다고 합니다.

⑦ 처음 하는 일 해보기

일상에 비일상을 아주 조금 섞어봅니다. 누군가와 함께라면 하지 않았을 만한 일이 좋습니다. 자신만의 경험을 늘리면 이게 바로 개성과 매력이 됩니다. 일단 마음을 먹었으면 곧바로 실행합니다.

예 1 : 수영장에서 묵묵히 헤엄치기

우선 가만히 몸을 물에 띄워봅니다. 우리 몸을 지면으로 끌어당기는 만유인력에서 자유로워질 것입니다. 물속에 머리를 담그면 일상의 잡음이 사라집니다. 헤엄치는 동안 머릿속은 점차 텅 비게 됩니다. 오랫동안 헤엄치다 보면 손발이 점점 무거워지고 이윽고 힘이 빠집니다. 누구에게도 방해받지 않고 자신과 대화할 수 있지요. 물속에서 헤엄치는 거리를 점점 늘려갑니다. 덤으로 수영 실력도 향상될 테고요. 모든 사람에게 추천하는 방법입니다.

예 2 : 미술 작품 감상하기

화랑을 한 바퀴 돌아봅니다. 조용히 그림을 감상하기 좋습니다. 개인전을 열고 있는 작가가 있을 수 있습니다. 그림을 그리는 사람은 대체로 조용하지요. 수다스러운 예술가는 아무래도 조금 못 미더우니까요. 과묵한 작가와 함께 있다 보면 굳이 말하지 않아도 깊이 있고 친밀한 시간을 보낼 수 있습니다. 실제로 대화를 나눠보면 작가의 마음속 가장 큰 비밀을 살짝 엿볼 수 있을지도 모릅니다. 예술가는 우리를 고독으로 이끌어주는 인도자입니다.

화랑의 주인은 대체로 사람들과 대화하기를 좋아하므로, 만일 그림에 대한 감상을 꼭 나누고 싶다면 안심하고 먼저 말을 걸어봅니다. 그림을 구매해도 좋지만 그냥 보러 가기만 해도 충분히 예술을 즐길 수 있습니다.

예 3 : 겨울 바다와 함께하기

고독을 만끽하려면 혼자 산에 오르는 것이 가장 좋습니다. 겨울의 눈 덮인 험준한 산을 오르다 보면 며칠 동안 아무도 마주치지 않을 테니까요. 하지만 이는 상급자용 코스입니다. 발목을 삐끗해도 도와줄 사람이 없습니다. 또 골짜기에서 굴러떨어지기라도 하면 무척 위험하겠지요.

그래서 이런 위험이 없는 겨울 바닷가가 적당합니다. 배낭에 작은 1인용 텐트, 침낭, 난로, 손전등, 물통, 컵을 챙기고 스케치북, 색

연필, 책 등 좋아하는 물건을 자유롭게 가져가면 됩니다. 비상시를 대비해 휴대전화를 가져갔다면 잠시 전원을 꺼둡니다.

　여름에는 활기가 넘치던 바닷가도 겨울에는 사람이 많지 않습니다. 강한 바람이 작은 텐트를 풀무처럼 부풀어 오르게 하고 파도 소리는 내 귀에 들어오는 다른 소리를 막아주겠지요. 밤이 되면 하늘 가득 별이 쏟아집니다. 일상으로부터 벗어나는 것입니다. 과거와 미래를 생각해도 좋고 시간과 공간에 대한 사색을 해도 좋습니다.

예 4 : 기도문 필사하기

기도문을 필사할 때는 아무 생각 없이 옮겨 쓰는 것이 좋다고 합니다. 번뇌에서 벗어나 아무것도 생각하지 않고 가르침을 그저 따라 써봅니다. 인류보다 아득히 크나큰 존재를 앞에 두고 겸허해지는 경험도 좋습니다.

⑧ 여행하기

후텐의 토라 씨(일본 영화 〈남자는 괴로워〉의 주인공이다. - 옮긴이)는 일본에서 많은 사랑을 받았던 영화 속 인물입니다. 토라 씨는 일정한 직업이 없는 떠돌이입니다. 바람이 부는 대로, 마음이 가는 대로 전국을 여행하지요. 관심 있는 여성에게 좋아한다는 말 한마디 못 할 정도로 수줍음도 많이 탑니다. 빈말이라도 성공한 인생이라고는 할 수 없습니다. 하지만 사회의 규칙에 얽매여 옴짝달싹 못 하는 우리는 토라 씨처럼 자유로운 삶을 동경하지요. 토라 씨를 똑같이 따라 하기는 어렵겠지만, 그런 마음가짐으로 가까운 곳으로 훌쩍 여행을 떠나보면 어떨까요?

예 1 : 말이 통하지 않는 나라 가보기

어느 젊은 한 여성 일러스트레이터가 체코로 떠났습니다. 책의 삽화에 쓸 거리 풍경을 스케치하기 위해서였지요. 체코 말은 전혀 모르는 상태였습니다. 동양에서 온 젊은 여성이 길에서 그림을 그리고 있으니 흥미를 가진 사람들이 말을 걸어왔습니다. 체코 말은 할 줄 모르니 손짓 발짓으로 의사소통을 했습니다. 체코의 거리를 한 달 동안 여행하고 돌아오니 낯가림이 심했던 성격이 완전히 나았다고 합니다.

낯선 거리는 자신을 바꾸는 좋은 기회가 됩니다. 나 홀로 떠나는 여행은 자신의 내면을 성장시킵니다.

예 2 : 시를 지으면서 여행하기

자신의 여정을 말이나 글로 표현하면서 여행하면 어떨까요? 어디든 좋으니 되도록 아무도 없는 곳으로 떠납니다.

시를 어렵게 생각할 필요는 없습니다. 형식을 갖추지 않은 자유시도 좋습니다. 중요한 것은 '시를 짓는다'라는 목표를 계속 의식하면서 여행하는 것입니다. 그러면 더욱 의미 있고 풍요로운 여행이 됩니다. 장소에 걸맞은 옷차림까지 갖추면 더욱 기분 전환이 되겠지요.

예 3 : 예전에 살았던 곳 가보기

지금 고향을 떠나 살고 있다면 예전에 살았던 곳을 방문해도 좋습니다. 그동안 잊고 있었던 자신의 모습을 재발견할 수 있습니다. 예전에 가본 적 있는 가게를 방문해 추억을 꽃피우면서요. 용기를 내어 그리웠던 가게의 문을 두드렸는데, 자녀가 가게를 물려받은 상태라면 예전의 부모님 이야기를 하면 분명히 기뻐할 것입니다.

또한 과거에는 떠올리기조차 싫었던 기억도 이제는 시간의 필터가 씌워져 받아들이기 쉬워졌을 것입니다. 젊었을 때 받은 마음의 상처도 치유할 수 있겠지요.

성가신 인간관계로 엮일 염려가 없으니 서로 마음이 편합니다. 이런 동네가 몇 군데 있다면 사람이 그리워졌을 때 가볍게 발걸음을 옮길 수 있습니다. 몇 년에 한 번 정도만 찾아가도 충분합니다.

5　혼자 사는 노후에 대비한다

행복한 노후를 위해서는 준비가 필요하다

일요일 아침, 조금 늦은 시간대에 혼자 패스트푸드 가게에 가면 비슷한 모습을 한 사람들이 눈에 띕니다. 혼자 살면서 느지막이 끼니를 해결하러 온 사람일 수 있습니다. 1인분이라면 직접 장을 봐서 요리하는 것보다 값싸고 편리하니까요. 편한 옷차림을 하고 오는 사람은 아마도 집이 가깝겠지요.

혼자만의 아침 식사도 참 좋습니다. 여행지의 호텔에서 혼자 조식을 먹는 기분이 들 테니까요. 커피 향이 감돌고 잔잔한 음악이 깔린 가게에는 느긋한 시간이 흘러갑니다.

이처럼 아무런 제약 없이 인생의 황혼을 자유롭게 보내는 것은 멋지고 부러운 일입니다. 다만 모두가 이렇게 더할 나위 없이 행복한 고독을 즐길 수는 없습니다. 혼자 살아가기 위해서는 약간의 준비가 필요합니다.

기혼자라면 배우자가 세상을 떠나거나 갑자기 이혼을 요구해도 괜찮을 수 있도록 대책을 세워둡니다. 아니면 마음이 맞지 않는 배우자와 언제라도 헤어질 준비를 합니다. 결혼해서 함께 사는 것 자체가 고통이라는 사람도 많습니다. 결혼하는 연령이 높아질수록 각자 따로 살았던 시간이 긴 만큼 자신만의 생활 방식이 정착되어 서로 맞춰가기가 어렵습니다. 하지만 언제든 이혼할 수 있다고 생각하면 (실제로 이혼하지 않더라도) 오히려 괜찮아지기도 합니다.

고령의 독신자는 앞으로 급격히 늘어날 것입니다. 생애미혼율이 높아지는 것도 문제이지만 젊은 세대의 이혼율 역시 매년 높아지기 때문이지요.

경제력을 포기하지 않는다

나이가 들어도 결혼하지 않은 여성 중에는 경제적으로 자립했을 뿐 아니라 가사 능력도 갖추고 있는 사람이 많습니다. 이들은 혼자 살아가는 것에 대한 경험치가 높고 행복한 고독의 요건인 '자립'을 이룬 사람들입니다. 미혼 남성도 가능하지만 본가에서 부모와 함께 사는 남성은 집안일을 부모에게 맡기기 쉽습니다. 그러므로 일찌감치 본가를 떠나 가사 능력을 키우거나, 평소 생활을 즐기는 방법을 찾거나, 혼자 살아가는 훈련을 하는 편이 좋을 듯합니다. 젊을 때 시작할수록 효과적이니까요.

혼자 살아갈 준비가 꼭 필요한 사람은 결혼한 사람입니다. 이제 결혼은 과거처럼 안정을 보장하지 못합니다. 경제적으로 배우자에게 의

지하는 사람은 조건이 충족되지 않으면 가볍게 이혼할 수 없지요. 경제적인 이유로 이혼을 요구하지 못하는 쪽은 여성이 많습니다.

기혼자라면 어느 날 갑자기 이혼하게 되더라도 생활에 지장이 없도록 결혼한 뒤에도 가능한 한 계속 일을 하는 편이 좋습니다. 이혼을 전제하지 않더라도 육아를 포함한 집안일을 아내 혼자 떠맡는 것이 아니라 부부가 함께 해결해나가야 합니다.

이혼당할 경우를 대비한다

나이가 들어서 혼자 살게 된 사람도 많습니다. 현재 고령인 남성 중에는 아내가 이혼을 요구하면 난감한 사람이 있을 것입니다. 오랫동안 아내에게 집안일을 완전히 맡긴 경우 일상의 자질구레한 일을 처리하는 능력이 거의 없다시피 하니까요.

아내의 죽음이나 이혼 요구는 어느 날 갑자기 찾아옵니다. 대다수의 남성은 아내에게 갑자기 이혼당하는 일은 절대 없을 것이라고 믿겠지만 충분히 가능한 일입니다. 보통 이런 남성은 언젠가 자신이 나이가 들어 요양 시설에 들어가게 될지도 모른다는 상상조차 해본 적이 없을 것입니다. 지금부터 미리 준비하고 대비하지 않으면 나중에 당황하게 됩니다.

이제까지 집안일을 전혀 하지 않았다면 지금 당장 훈련을 시작하도록 합니다. 너무 늦은 때는 없습니다. '허물이 있다면 버리기를 두려워 말라'라는 공자의 명언처럼요. 가사와 육아를 '도와준다'거나

'참여한다'가 아니라, 처음부터 자신의 역할로 인식하는 젊은층 남성이 늘어나고 있는 추세입니다. 부부 각자가 혼자 살아갈 수 있는 힘을 가질 때 비로소 서로가 자유로울 수 있습니다. 물론 남녀가 바뀌어도 마찬가지입니다.

많은 사람이 시간을 어떻게 보낼지 고민한다

앞으로는 1인 가구를 위한 제도가 점차 발전할 것입니다. 그러니 기본적으로 혼자 사는 것도 그리 힘들지는 않겠지요. 무리해서 자신을 바꿀 필요 없이 좋아하는 일을 하는 것이 가장 좋은 방법일지도 모릅니다. 스스로 자신의 삶을 일구어가는 것은 인생의 충실도와 연관이 깊습니다.

연세가 있으신 분도 제 클리닉을 많이 찾아옵니다. 죽음을 두려워하는 사람은 거의 없습니다. 대개는 앞으로의 시간을 어떻게 보내야 할지 몰라서 고민하지요. 혼자 있게 되니 무엇을 해야 할지, 매일 어떻게 해야 즐겁게 살 수 있는지 모르는 것입니다. 끝내야 할 일이 많아 시간이 부족하다고 느끼는 사람은 극히 일부입니다.

연세가 있으신 분과 이야기를 나누다 보면 인생을 포기하는 데 큰 결심은 필요하지 않다는 사실을 깨닫게 됩니다. 포기한다는 것은 명확해짐을 의미합니다. 인생의 황혼기에 접어들면 할 수 없는 일들이 자연히 명확해집니다. 인생은 앞을 보며 살기만 해도 충분하다고 생각합니다. 억지로 젊음을 붙들고 늘어지지 않고요.

고독과 장례식

도시에서는 효율화가 진행되고 있다

가족이나 일가친척이 별로 없는 경우 자신이 죽은 뒤의 일을 생각하며 불안해하는 사람도 있습니다. '내가 죽으면 장례식은 어떻게 하지?', '내 무덤을 찾아와주는 사람은 아무도 없을 거야' 하고 말이지요.

하지만 최근 장례에 대한 생각이 점차 바뀌고 있습니다. 일본 도쿄에서는 가족끼리만 식을 치르는 가족장의 비율이 벌써 60%에 이르렀다고 합니다. 고별식만 하는 1일장이나 밤샘 의식 또는 고별식을 하지 않고 바로 화장하는 경우도 늘어, 가볍게 세상을 떠나고 싶은 사람에게 선택의 폭이 넓어졌다고 할 수 있지요.

한편, 묘에 대한 인식도 변화를 맞이하고 있습니다. 과거에는 선조의 묘를 지키는 것은 중요한 일이었습니다. 남자 후계자가 없는 경우 양자를 들였지요. 하지만 오늘날에는 묘지와 제사를 물려받기보다 교통이 편리하고 접근성이 좋은 납골당이 점차 늘어나고 있습니다.

제 5 장

남녀가 고독을 느끼는 법에는 차이가 있다

1 남녀는 고독을 느끼는 법이 다르다

남성이 혼자에 더 익숙하다

동창회 같은 모임에 참석하는 여성 중에는 "그 사람이 안 가면 나도 안 갈래.", "그 사람이 오면 나는 안 갈거야."라고 말하는 사람이 있습니다. 그리고 남성은 여성에 비해 이런 일이 적은 편입니다. 남성이 참석을 망설이는 이유는 보통 현재 실직한 상태이거나 다른 친구들에 비해 좋은 직장이 아닐 경우가 많습니다.

여성은 누군가와 함께하기를 좋아하고 타인과 금세 친해집니다. 반대로 남성은 고독에는 강하지만 타인과 잘 지내는 데는 여성보다 서툽니다. 왜 고독을 대하는 남녀의 감수성이 다를까요?

남성은 아버지에게 고독을 강요당한다

부모 자식 관계의 의존과 독립을 주제로 하는 이야기는 전 세계에 존재합니다. 그리스 신화 속 오이디푸스왕의 이야기도 그중 하나입니다. 테베의 왕 라이오스는 아들인 오이디푸스를 두려워했습니다. 언젠가 아들에게 살해당한다는 예언을 들었기 때문이지요. 라이오스의 명령으로 산속에 버려진 오이디푸스는 겨우 목숨을 건지고 다른 나라의 왕자로 키워집니다. 어느 날 오이디푸스는 라이오스를 만나게 되고, 그가 자신의 아버지인 줄 모르고 싸우다 죽이고 맙니다. 게다가 자신의 어머니라고는 상상도 못 한 채 왕비였던 이오카스테와 결혼해 테베의 왕이 되지요. 그 뒤 자신이 친아버지를 죽이고 친어머니와 관계를 맺은 것을 알게 된 오이디푸스는 자책감에 사로잡혀 자신의 눈을 찌르고 혼자 방랑의 길을 떠납니다. 프로이트는 이 오이디푸스의 이야기에서 오이디푸스 콤플렉스 이론을 이끌어냈습니다.

오이디푸스 콤플렉스란 아들이 어머니에게 애정을 느끼고 아버지에게 경쟁심을 느끼는 심리를 말합니다. 아들은 어머니한테서 떨어지고 싶지 않지만 어머니와 아들 사이에 강한 아버지가 끼어들어 두 사람을 떼어놓습니다. 아이에게 아버지는 이길 수 없는 무서운 존재이기 때문에 아이는 어머니를 독차지하고 싶은 마음을 포기하고 집을 나와 혼자 고독한 여행을 떠납니다.

보호자의 곁을 떠나 혼자가 되면서 아이는 성장합니다. 고독은 사람을 강해지게 만듭니다. 남성이 언제까지나 무리 지어 몰려다닌다면 어린아이에 머물러 있게 됩니다. 리더가 되려면 혼자 결단을 내릴 수 있는 자질이 필요합니다. 타인의 의견에 좌지우지되는 사람은 리더가 될 수 없습니다.

여성은 어머니에게 연연하기 쉽다

딸은 아들과 상황이 조금 다릅니다. 딸이 어머니와 사이좋게 지내도 아버지는 질투하지 않습니다. 아버지와 딸 사이가 너무 좋으면 어머니는 기분이 조금 상할지도 모르지만요. 어머니와 딸 사이에 아버지가 끼어들지 않으므로 어머니와 딸의 관계는 죽 이어집니다.

모녀관계의 문제는 딸이 어른이 되어도 어머니가 딸을 떼어놓으려 하지 않는 것입니다. 딸에게 독이 되는 어머니지요. 이렇게 되면 딸은 언제까지나 어머니에 대한 미움에서 벗어날 수 없습니다. 이때 딸을 구해내는 것이 남자 친구입니다. 얼마 전까지만 해도 여성은 남성의 구애를 기다렸습니다. 더 과거에는 부모가 배우자를 골라줄 때까지 조신하게 있어야 몸가짐이 바르다는 평가를 받았지요. 오늘날에도 남성에게 먼저 청혼하는 여성은 많지 않습니다.

질투심이 강하거나 남편과 사이가 좋지 않은 어머니의 경우, 딸에게 남자 친구가 생겨도 딸을 자기 손아귀에 두고 싶어서 남자 친구에 대한 트집을 잡거나 독립하지 못하게 방해하곤 합니다. 이런 배경 때문에 여성은 남성보다 혼자 있는 것에 조금 서툰 편입니다. 여성은 친구와 함께 점심을 먹고 쇼핑을 하지요.

남녀의 성장 과정이 달라서 남성은 여성보다 혼자에 익숙하지만 여성보다 타인에게 다가가고 친밀해지는 데는 서툽니다. 반대로 여성은 타인과 금세 친해지지만 자신이 속한 집단에서 벗어나거나 멀어지는 것을 힘들어 합니다.

    과거의 여성은 결혼 뒤 친어머니의 속박에서 벗어나도 남편과 시어머니에게 지배당했습니다. 진정으로 혼자의 삶을 즐길 수 있는 때는 육아가 끝나고 시부모와 남편이 없을 때 가능했지요. 여성이 혼자 외식하는 일은 없었고 홀로 여행을 떠나는 일도 드물었습니다. 젊은 세대가 들으면 놀랄 일이지만요. 지금은 이런 시대가 아닙니다. 여성도 젊었을 때부터 혼자 있는 시간을 즐기도록 합니다. 아무도 뭐라고 하지 않을 테니까요.

우주소년 아톰의 자기희생

조건이 붙은 사랑은 아이가 있을 곳을 빼앗는다

어느 여성에게 들은 이야기입니다. 이 여성을 A라고 하겠습니다. A는 어렸을 때 어머니가 한 말 때문에 마음에 깊은 상처를 간직하고 있었습니다. 열이 나서 자고 있던 어머니를 놔두고 혼자 놀러 나갔다는 이유로 "넌 쌀쌀맞은 애야."라는 말을 들었던 것이지요. 아마도 어머니는 아무 생각 없이 말했을 것입니다. 진심으로 A를 쌀쌀맞다고 생각하지는 않았겠지요.

하지만 A는 그 말을 잊을 수 없었습니다. 아이에게 어머니의 말은 절대적이니까요. 그 뒤로 A는 '난 쌀쌀맞은 사람이야. 쌀쌀맞은 사람은 살 가치가 없어'라고 믿게 되었습니다. '엄마에게 상처를 주고 말았어. 이제 엄마는 날 사랑하지 않을 거야'라고 생각한 A는 강한 고독을 느꼈습니다. 친구들과 있어도, 운동을 잘해도, 시험에서 아무리 좋은 성적을 받아도 고독감은 사라지지 않았습니다.

어느 날 A는 이런 감정을 떨쳐내고 자신이 있을 곳을 찾기 위해 위선이라도 좋으니 남을 돕기로 결심했습니다. 그리고 병에 걸려 고통받는 사람을 구하기 위해 의료 분야에 종사했습니다. A의 어머니가 병으로 죽었을 때 A는 20대였고 의사가 되어 있었습니다. 하지만 어머니의 죽음을 슬퍼할 수 없었습니다. 아직 어머니에 대한 응어리가 여전히 남아 있었기 때문이지요.

그 뒤 20년 가까이 지난 어느 날, A는 불현듯 자신을 덮쳐온 맹렬한 슬픔에 그만 오열하고 말았습니다. 오랜 친구와 옛이야기를 하고 있을 때였습니다. 그때 처음으로 어머니를 잃은 것을 가슴 깊이 슬퍼하게 되었습니다. A는 그제야 겨우 자신이 있을 곳을 찾아냈겠지요. 그래서 어머니와 진정한 의미의 화해가 가능했으리라 생각합니다.

여성에게 특히 어머니의 말은 절대적입니다. 두 사람 사이에 아버지가 끼어들지 못할 만큼 친밀한 모녀관계가 평생 지속되니까요. 생각해보면 A가 초등학교 저학년이었을 때 어머니는 아직 30대였을 것입니다. 30대 여성을 성숙한 어른이라고 말하기는 아직 어렵겠지요. 그러니 A도 어머니의 말을 곧이곧대로 믿지 않았으면 좋았을 테지요.

인간의 마음을 가진 로봇인 우주소년 아톰의 이야기를 해볼까 합니다. 〈우주소년 아톰〉은 1952년 데즈카 오사무가 발표한 작품입니다. 아톰은 텐마 박사가 교통사고로 죽은 자신의 아들인 토비오를 대신해 만든 로봇이었습니다. 텐마 박사가 아톰에게 처음 지어준 이름도 토비오였지요.

텐마 박사도 처음에는 토비오를 귀여워했습니다. 하지만 시간이 지나도 몸이 자라지 않는 토비오를 보며 점점 정이 떨어져 서커스단에 팔아넘깁니다. 너무 가혹한 처사지요. 자기 멋대로 만들어놓고 필요가 없어지니 쉽게 버리다니요. 서커스단 사람들은 토비오에게 아톰이라는 새로운 이름을 지어줍니다. 그 뒤 로봇도 인간과 동등하게 살 수 있는 법이 제정되고 오차노미즈 박사가 아톰을 거두게 됩니다.

아톰은 오차노미즈 박사 덕분에 가족이 생기고 인간이 다니는 초등학교에 가게 됩니다. 자신을 이 세상에 있게 해준 부모에게 버림받고 상처받은 아톰이었지만 오차노미즈 박사 덕분에 다시금 보살핌을 받게 되었지요. 아톰은 성실하고 정의감이 넘치며 희생정신을 가진 아이로 자랍니다. 그리고 인류를 구하기 위해 악과 싸우는 정의의 사도가 됩니다.

아톰의 비극은 어머니의 조건 없는 애정이 아니라 죽은 아이의 역할을 대신한다는 조건 아래 키워졌다는 사실입니다. 그리고 이 역할을 완수할 수 없게 되자 버림받았습니다. 부모로부터 존재 가치를 인정받지 못했기 때문이지요. 이는 아톰에게 큰 트라우마가 되었습니다. 그러나 다행히 오차노미즈 박사가 아톰을 다시 키우게 되면서 상처 입은 마음을 회복할 수 있었습니다. 하지만 완전한 회복은 아니었다고 생각합니다.

아톰이 희생정신을 가진 정의의 사도가 된 이유는 누군가의 도움이 되지 못하면 버림받고 만다는 생각이 마음속 깊숙이 스며들어 있었기 때문일지도 모릅니다. 아톰은 정의의 사도가 되는 것으로 자신이 있을 곳을 찾아내고자 했습니다. 마지막 회에서 아톰은 인류를 구하기 위해 자신을 희생해 태양을 향해 날아갑니다. 인류를 위해 죽는 것이 자신의 사명이라고 여겼기 때문이지요. 생각해보니 가엾네요.

2 부부간의 갈등을 줄이는 방법이 있다

남성을 출세하게 만드는 여성이 있다

일본인 남성은 나이가 들어 어느 정도 지위가 생기면 다시 어린아이로 돌아가 응석받이가 되는 일이 많습니다. 대외적으로 사람들이 두려워하는 무서운 남성일수록 사생활에서 어리광을 부리는 일이 많습니다.

남성은 단순하고 어리광쟁이입니다. 이 점을 이해하고서 남성을 능숙하게 추켜세우며 의욕을 부추겨 열심히 일하게 만드는 여성이 있습니다. 이런 여성은 남성을 출세하게 만듭니다. 남성은 자신의 존재 가치를 높여주는 여성이 있으면 오기로라도 열심히 일하는 법이니까요.

이해력이 부족한 남편에게 악의는 없다

언론에서 발달장애라는 말이 종종 오르내리면서 "우리 남편이 혹시 발달장애인가요?" 또는 "아내가 저더러 발달장애일지도 모른다고 해서 오게 되었습니다."라며 제 클리닉을 찾는 분이 늘었습니다. 실제로 발달장애가 의심되는 경우도 있지만 과잉 진단인 경우도 적지 않습니다. 일반적인 여성의 시선으로 바라보면 일반적인 남성은 '어떻게 이런 것도 모르지?' 싶어 짜증이 날 정도로 이해력이 부족한 존재입니다.

정신과 의사로서 여러분이 알아주셨으면 하는 것은 남성을 상대할 때는 탓하기보다 추켜세우는 편이 몇 배나 효과적이라는 사실입니다. (남성에게 유리한 말을 하는 것 같아 죄송하지만, 이렇게 해야 부부간의 스트레스를 확실히 줄일 수 있습니다) 남성을 탓해봤자 오히려 발끈할 것이 뻔합니다. 남편이 욕실 청소를 할 때면 "역시 당신이 청소하면 달라!", 요리를 할 때면 "이렇게 맛있는 요리를 만들다니, 정말이지 당신은 천재야!" 하는 식으로 뭐든 좋으니 일단 칭찬을 합니다.

남성에게 허용되는 응석은 30%까지다

남성은 자신의 성향에서 어리광을 부리는 아이의 비율을 줄여야 합니다. 이제까지 어른 30%, 아이 70%인 채 살아왔다면 이 비율을 뒤집도록 합니다. 그리고 어른스러워진 40%만큼 여성을 대할 때도 어른스럽게 호위합니다. 무거운 짐을 들어주거나, 앞서 가서 문을 열어주거나, 식탁에 앉기 전 의자를 빼주는 등의 일이지요. 일단 실천하면 그 효과를 몸소 느끼게 될 것입니다.

어리광을 부리는 것도 30%로 낮추도록 합니다. 평소 강한 모습을

보이던 남성이 어리광을 부릴 때 그 격차에 여성은 두근거립니다. (어디까지나 제 생각이지만요)

여성은 남성 뒤에서 세 발자국 떨어져 따라오면 된다는 사고방식은 이제 찾아보기 힘듭니다. 이런 시대착오적인 생각을 하는 남성은 앞으로 여성들이 더더욱 일절 상대해주지 않을 것입니다.

가족을 지키는 남성, 적을 만들지 않는 여성

인간관계를 맺는 방법에도 남녀 차이가 있다

남성과 여성의 사고방식과 행동에서 나타나는 성별의 차이는 옥시토신과 바소프레신이라는 호르몬과도 관련이 있습니다. 두 호르몬이 남녀에게 각기 다른 작용을 하기 때문에 남성과 여성이 인간관계를 맺는 방법에 차이가 나타나게 되지요.

먼저 옥시토신부터 설명하겠습니다. 옥신토신은 사람과 사람을 이어주는 작용을 하기 때문에 '사랑 호르몬', '행복 호르몬'이라고도 합니다. 옥시토신은 여성에게 많이 분비되며 악수나 포옹 등 신체 접촉에 의해 증가합니다. 이를테면 아기가 어머니의 젖을 먹을 때 어머니의 뇌에서 옥시토신이 분비되어 아기를 향한 애정이 늘어납니다. 옥시토신의 기능은 여성의 배란 전에 높아지기 때문에 이 시기의 여성은 남성에 대한 공포심이 줄어들고 평소보다 대담해져 남성의 구애를 받아들이기 쉬워집니다. 또 소량이지만 남성의 뇌에서도 옥시토신이 분비되며 친구를 만들고 서로 돕는 작용을 합니다. 옥시토신은 재난 상황 등 비상시에도 분비됩니다. 재난이 발생했을 때 모르는 사람끼리 서로 돕는 것 역시 호르몬 때문으로, 타인을 돕는 것은 자신을 구하는 일이기도 합니다.

옥시토신의 작용에는 남녀 차이가 있습니다. 옥시토신에 의한 애정을 살펴보면, 남성은 오로지 자신의 아내와 아이에게 향하고 여성은 모든 사람에게 향합니다.

다음으로 바소프레신에 대해 설명하겠습니다. 남성은 아기를 보면 바소프레신이 분비됩니다. 바소프레신은 동반자와 아이를 지키고 적을 쓰러트리기 위해 필요한 호르몬이지요. 주로 아버지의 역할이지요. 즉, 바소프레신에 의해 남성은 아버지가 됩니다. 물론 소량이지만 여성의 뇌에서도 분비됩니다.

바소프레신의 작용에도 약간의 남녀 차이가 있습니다. 모르는 사람을 보았을 때 남성은 상대방을 위협하고 여성은 웃는 얼굴을 보여 공격을 막습니다.

이런 관점에서 보면 옥시토신과 바소프레신은 남녀에게 다르게 작용해 역할을 분담하고 가정과 집단을 지킨다고 할 수 있습니다. 그리고 이런 작용으로 인해 남성은 아기를 보면 부성이 강해지고 모성이 억제됩니다. 처자식을 지키기 위해 적과 맞서 싸우려면 상대방을 배려하는 감정은 방해가 되기 때문입니다. 육식동물을 동정했다가는 싸움에서 지고 말 테니까요.

반면, 여성은 아기를 보면 모성이 강해지고 부성도 약간 강해집니다. 그래서 아이를 가지면 여성은 강해지지요. 남편이 사냥하러 나간 동안 외부의 적으로부터 가정을 지키려면 여성의 힘이 필요하기 때문입니다.

과거 남성과 여성은 육아에 있어 분업을 택했습니다. 옥시토신과 바소프레신의 작용에 근거한 까닭이지요. 인간이 고독을 두려워하는 메커니즘의 열쇠도 옥시토신과 바소프레신이 쥐고 있습니다. 두 호르몬은 어머니와 자식의 연을 강하게 하고 아버지와 어머니가 각자의 역할을 분담해 자녀를 키우는 데 필요했습니다. 이 본능은 고독을 두려워하게 만들어 집단을 형성하고 사냥에 나서게 하는 원동력이 되었습니다. 물론 고독 같은 복잡한 현상을 호르몬의 작용만으로 전부 설명하기는 불가능합니다. 그러니 반은 농담으로 들어도 됩니다.

3 중년 이후에도 친구를 사귀는 방법이 있다

이성 친구를 닮으면 사랑받는다

중년이나 노년이 되어 주위 사람들과 친해지고 싶다면 이성 친구를 닮으면 수월합니다. 남성이라면 여성적인 방향으로 매력을 가꿉니다. 남성은 나이가 들면서 남성 호르몬이 줄고 상대적으로 여성 호르몬이 우위를 차지합니다. 그래서 살결이 고와지고 머릿결이 부드러워지며 탈모가 줄어듭니다. 성격은 온화해지고 멋을 부리기 시작하는 사람도 있습니다. 혼자 살아가기 위해서는 여성적인 사교성이 효과적입니다. 타인을 편하게 대하면 더욱 많은 것을 즐길 수 있습니다. 또 아무런 도움도 안 되는 하찮은 자존심은 버리는 것이 중요합니다.

여성은 남성과는 반대로 나이가 들면서 남성 호르몬 비율이 높아집니다. 자신의 의견을 분명히 말하고 겁을 내지 않으며 전투력이 상승합니다. 복싱 같은 운동도 즐기게 되는데, 스포츠센터를 다니며 강사에게 배우는 것부터 시작합니다. 진지하게 하고 싶으면 체육관에 등록해 본격적으로 샌드백을 치고 과감히 링에 올라가는 것도 좋습니다.

정기적으로 식사 모임을 갖는다

한두 달에 한 번이라도 정기적으로 모여 식사하는 자리를 가집니다. 모임을 가질 때는 여성이나 젊은 사람을 끌어들이는 것이 비결입니다. 참석자 중에는 독신이 많을 수 있는데, 독신 생활의 선구자로부터 다양한 지혜를 얻을 수도 있겠지요. 여성은 소통 능력이 뛰어나 많은 남성 속에서도 잘 지내는 사람이 많습니다.

나이가 들어도 매력적이어야 한다

모임에 참석하는 남성에게 가장 필요한 자질은 귀여움과 매력입니다. 여성은 귀여운 것을 좋아합니다. 전형적인 예로 아기가 있지요. 거만한 태도는 절대 금물입니다. 사람마다 허용 범위는 다르겠지만 그래도 주의해야 합니다. 대신 여성의 이야기를 귀 기울여 들어줍니다. 잘난 척하는 남자는 미움받는다는 것, 여성은 진실된 사람을 좋아한다는 것 등은 소통의 기술입니다.

　여성은 여럿이 함께 있으면 다들 사이가 좋아 보이지만, 그 안에서 다양한 평판이 소용돌이치는 경우가 많습니다. 겉으로는 웃어도 속으로는 싫어하거나 경쟁심을 불태우기도 하지요. 하지만 나이가 들면 일단 젊을 때처럼 남성을 둘러싼 경쟁은 줄어들기 때문에 고령의 여성 집단은 사이가 좋은 경우가 많습니다. 하지만 조금은 이성을 의식하는 것이 아름다움을 유지할 수 있는 비결입니다. 여성만 있는 모임뿐 아니라 남성이 있는 모임에도 나가보기를 추천합니다.

예술은 고독의 열매

마음이 음악으로 승화되다

레오시 야나체크라는 체코의 작곡가가 있습니다. 무라카미 하루키의 소설 『1Q84』의 서두에 <신포니에타>라는 곡이 등장하면서 지명도가 올라가기도 했습니다. 야나체크가 작곡한 <비밀 편지(Listy důvěrné)>라는 현악 4중주곡은 짝사랑의 고독으로 인해 만들어진 명곡입니다.

러시아 혁명이 일어난 1917년, 63세의 야나체크는 카밀라 스토스슬로바를 만나게 됩니다. 당시 25세였던 카밀라 스토스슬로바는 두 아이가 있는 기혼 여성이었습니다. 야나체크는 그녀를 애타게 그리워하며 74세의 나이로 죽을 때까지 계속해서 편지를 보냈습니다. 편지는 무려 700통이 넘는다고 합니다. 야나체크는 이루어질 리 없는 그녀를 향한 마음을 <비밀 편지>에 담아냈습니다. 고독과 질투를 원동력으로 삼은 것이지요.

현악 4중주는 두 대의 바이올린과 각각 한 대의 비올라와 첼로로 구성되어 있습니다. 비올라 파트가 그녀를 표현한다고 합니다. 야나체크가 바이올린이고 첼로는 야나체크의 부인, 또 하나의 바이올린은 카밀라 스토스슬로바의 남편이라는 의미가 되겠지요. 네 남녀가 서로 얽혀 만들어내는 아슬아슬한 선율을 듣다 보면 소름이 오스스 돋을 정도입니다. 예술은 고독의 열매입니다. 그 끝에 있는 것은 영원한 짝사랑이 아닐까요?

부록

고독을 즐기며
살아가기 위한
열 가지 방법

고독을 즐기며 살아가기 위한 열 가지 방법

잘못된 부정적인 확신을 바로잡는다

앞서 고독의 유형과 그 이면에 있는 불안에 대처하는 법, 그리고 고독을 즐길 수 있는 비결을 살펴보았습니다. 마지막으로 많은 사람을 무의식적으로 고독으로 이끄는 사고방식을 바로잡고자 합니다. 바로 '고독을 즐기며 살아가기 위한 열 가지 방법'을 소개하겠습니다. 나에게 해를 끼치는 부정적인 확신에 사로잡히지 않고 현실에 입각해 살아가는 것이 자립을 향한 지름길입니다.

① 이것만 있으면 행복해질 수 있다고 단정하지 않기

'이것만 있으면 행복해질 수 있어'라고 단정하는 것을 '초점착각(Focusing Illusion)'이라고 합니다. '이것'에는 '좋은 학교를 나오면, 돈이 있으면, 결혼을 하면, 아이가 있으면, 친구가 많으면' 등이 해당하지요. 얼핏 보면 타당한 말 같지만 사실 매우 편향된 생각입니다. 학력이나 돈, 그 밖의 다른 여러 조건은 행복으로 직결되지 않을뿐더러 행복해지기 위한 필수 조건도 아니기 때문입니다. 이를테면 '친구가 많으면 행복할 텐데'라는 생각은 '친구가 없는 사람은 불행하다'라는 결론을 낳습니다. 이것이 인지왜곡에 근거한 단정입니다.

친구가 많은 사람이라고 해서 모두 행복하지는 않습니다. 행복한 사람 중에는 친구가 많은 사람도 다수 포함되어 있다고 해야 정확하겠지요. 친구도 없는 불쌍한 사람이라고 여겨질까 봐 혼자 점심을 먹지 못하는 사람이 있는 반면, 마음 내키는 대로 혼자서 불고기를 마구 먹는 사람도 있습니다. 후자는 혼자 있는 것에 특별한 의미가 있다고 생각하지 않는 사람입니다.

고독을 완화하는 방법

세상에 단 하나의 정답 같은 것은 없습니다. 같은 사실을 어떻게 받아들이느냐에 따라 상황은 달라집니다. 쉽게 단정하는 사람은 협소한 세계 속에 살게 되며 더더욱 고독에 시달리게 됩니다. 세상을 바라보는 시각은 조금은 내 멋대로인 편이 좋습니다.

② 스스로 약점을 지우지 않기

자기불구화 현상, 다른 말로 '셀프핸디캐핑(Self-handicapping)'이라는 것은 실패했을 때 실력을 의심받을까 봐 두려워 자신이나 타인에게 변명할 수 있도록 일부러 자신의 약점을 지우는 것입니다. 셀프핸디캐핑을 하는 사람은 '내가 여자 친구가 없는 이유는 우리 집이 부자가 아니고, 입학시험을 칠 때 운이 나쁘게 열이 나서 1지망 학교에서 떨어졌고, 그래서 대기업에 들어가지 못했기 때문이야' 같은 변명을 늘어놓기 쉽습니다. 실패의 원인을 외부로 돌려 자존심을 지키고 성공했을 때는 그럼에도 불구하고 성공했다고 주장하기 위해서입니다. 시험을 보기 전에는 '공부를 하나도 못 했어', 시험이 끝난 뒤에는 '몸이 안 좋았어'라고 말하는 사람이 꼭 있지요.

어떤 목표를 세우고 실행할 때는 입 밖으로 내뱉은 말은 반드시 지킨다는 생각으로 하면 효과적입니다. 배수진을 치고 정정당당히 싸워 이기는 것을 목표로 합니다. 만일 실패하더라도 다음이 있습니다. 그리고 실패는 결코 부끄러운 일이 아닙니다.

고독을 완화하는 방법

일단 부딪쳐보자라는 생각으로 친구 사귀기에 도전합니다. 일단 해보면 의외로 어렵지 않습니다. 실패해도 잃어버릴 것은 아무것도 없습니다. 공짜로 복권을 사는 셈이지요. 타인과 보내는 시간이 늘어나면 고독한 시간을 더 적극적으로 즐길 수 있습니다.

③ 시작도 하기 전에 실패를 예측하지 않기

어떤 일을 시작도 하기 전부터 '틀림없이 난 실패하고 말 거야'라고 생각하면서 진짜 실패했을 때 받을 상처를 줄이려는 사람이 있습니다. 하지만 이 방법은 두 가지 의미에서 좋지 않습니다.

첫 번째는 '나는 실패한다'라고 예측하면 실제로 실패할 확률이 높아지기 때문입니다. 우리가 믿는 대로 결과는 만들어지는 법입니다. 이를테면 "이 약은 별로 효과가 없는데, 일시적으로 위안이 될지도 모르니 일단 드셔보세요."라고 말하는 것보다 "이 약은 정말 효과가 좋으니 꼭 드세요."라고 말하는 편이 확실히 효과적입니다. 이를 '플라세보 효과'라고 합니다. 우울증 약 효험의 반 이상이 플라세보 효과라는 말도 있습니다.

두 번째는 미리부터 '어차피 실패할 거야'라고 예측하더라도 실제로 실패했을 때 마음의 충격은 줄어들지 않기 때문입니다. 이를테면 수술 전에 미리 "아마 효과는 없을 것 같지만 그래도 수술을 받아보시겠습니까?"라는 말을 들었다고 해서 병이 낫지 않았을 때 그만큼 충격이 덜하지는 않습니다.

낙천적으로 생각하는 사람은 이번에 실패해도 다음의 성공을 끌어당깁니다. 성공과 실패 중 어느 한쪽에 걸어야 한다면 성공에 거는 쪽이 당첨될 확률이 높습니다.

고독을 완화하는 방법

파티에 갈 때 '나 같은 사람은 아무도 상대해주지 않을 거야'라고 생각하지 마세요. 정말 실현될지도 모르니까요. '분명히 멋진 사람을 만나게 될 거야'라고 생각하며 들뜬 마음으로 외출합니다. 일단 해보면 대부분 어떻게든 됩니다. 혹시 잘 안 되더라도 다음이 있으니까요. 복권 1,000장을 사면 1장 사는 것에 비해 당첨 확률도 1,000배가 됩니다.

④ 동조압력과 싸우지 않기

'모두와 사이좋게 지내고 싶다면 주위 사람들을 따르라'라는 것이 동조압력입니다. 일본은 동조압력이 무척 강한 나라입니다. 다수와 같은 생각이 아니면 비난당합니다. 특히 현실 사회에서는 입김이 센 사람의 의견에 모두가 찬동해 다수파가 형성되므로, 반대 의견을 말하려면 큰 용기가 필요합니다. 그래서 기업의 비리나 공무원의 부정을 알게 된 사람이 침묵하고 수수방관하는 동안 돌이킬 수 없게 되지요.

주위 사람들과 다른 의견을 말할 수 없는 세상에서는 고독해지고 싶지 않으면 자신의 의견을 숨길 수밖에 없습니다. 하지만 이렇게 해서는 숨통이 트이지 않습니다. 그러니 자신의 생각을 현명하게 전달하는 방법을 배워야 합니다. 이때 중요한 점은 자신의 의견만 고집하는 것이 아니라 상대방의 의견도 존중하는 공정한 자세를 보이는 것입니다. "지당하신 말씀입니다. 하지만 만일의 경우를 생각하면 이러저러한 전제로 진행하는 편이 안전성이 높을 것 같습니다."라고 말이지요. 이렇게 상대방의 의견을 존중하면서 자신의 주장도 분명하게 전하는 것이 건전한 자기주장입니다.

고독을 완화하는 방법

이 이상은 물러설 수 없다고 배수진을 치면 어떨까요? 어느 선까지는 상대방과 타협하더라도 그 선을 넘어서면 결별할 각오를 하는 것이지요. 자신을 죽이며 살아가는 일은 언제든 그만둘 수 있습니다.

⑤ 나를 너무 숨기지 않기

SNS 등에서 익명의 힘을 빌리면 마음껏 의견을 말할 수 있다는 사람이 있습니다. 자신의 정체를 숨길 수 있기에 대담해지는 것입니다. 마찬가지로 마스크를 끼고 얼굴을 감추면 타인의 눈을 신경 쓰지 않고 자유롭게 행동할 수 있다는 사람도 있습니다. 이런 사람은 항상 '누군가가 날 지켜보고 있어'라고 의식하기 때문에 마스크를 끼고 타인의 시선으로부터 자신을 감추는 것이지요. 하지만 많은 경우 나에게 쏟아지는 시선은 다름 아닌 자신이 만들어낸 가공의 시선입니다.

이런 유형의 사람은 상대방이 나를 볼 수 없는 안전한 곳에서 타인의 행동을 일방적으로 관찰하고 싶어 합니다. 상대방은 나를 보지 못하고 나만 상대방을 볼 수 있으면 우위에 설 수 있으니까요. 이를 '시선의 비대칭'이라고 합니다. 하지만 상대방을 관찰하려면 나도 관찰당하지 않으면 안 됩니다. 이럴 용기가 없는 사람은 좋아하는 사람과 서로 마주 보는 것도 불가능할 것입니다.

고독을 완화하는 방법

과감히 마스크를 벗으면 타인의 시선에 강해집니다. 마스크를 끼지 않은 사람도 마음의 갑옷을 벗어봅니다. 마음을 살짝만 열어도 자기주장을 잘할 수 있습니다. 관찰당하는 쪽에서 관찰하는 쪽이 되면 타인의 시선도 두렵지 않습니다.

⑥ 해야만 한다는 강박에서 벗어나기

'반드시 이래야만 해'라고 생각하면 그 외의 모든 선택지가 사라집니다. 어렸을 때 엄한 부모 밑에서 자라며 '해야 할 규칙'에 얽매이게 되는 사람이 많은데, 매우 불행한 일입니다.

예전에 『네, 아직 혼자입니다』라는 사카이 준코의 책이 일본에서 화제가 된 적이 있습니다. '미혼에 자녀가 없고 30대 이상인 여성'을 싸움에서 진 개라고 부르며, 독신 여성은 살기 힘들다는 내용을 담은 책이었지요. 찬반논쟁도 크게 일었습니다.

최근에는 '결혼을 해야만 한다', '아이를 낳아야만 한다'라고 공공연하게 주장하는 일은 대부분 없어졌습니다. 하지만 개개인의 의식은 여전히 그대로인 사람이 있어서 아직도 자녀에게 압박을 가하는 부모가 있습니다.

현실 사회에는 되도록 하지 말아야 할 일(범죄 등)은 분명히 있지만, 강제해야 마땅한 것은 의무 교육과 납세의 의무 정도일 것입니다.

고독을 완화하는 방법

'남성은 이래야만 한다', '여성은 저래야만 한다'는 생각은 쓰레기통에 버립니다. 타인을 구속하려는 사람에게는 "쓸데없는 참견입니다. 당신이 이래라저래라 할 일이 아니에요." 하고 분명히 말해둡니다. 내 인생은 나만의 것입니다. 타인이 간섭하게 두어서는 안 됩니다.

⑦ 일일이 흑백을 따지지 않기

매사를 흑과 백으로 나누는 것은 무리가 있습니다. 과거 인종차별주의자가 백인과 유색인종의 생활권을 분리하려 했던 것이 그렇습니다. 완벽한 하얀색은 없고 하얗지 않다고 전부 검은색은 아닙니다. 이런 것들은 인간이 만들어낸 추상적인 개념입니다.

한 번 실패했다고 해서 두 번 다시 성공하지 못하리라는 법은 없습니다. 실패해도 100% 실패한 것은 아닙니다. 한 번 거부당했다고 해서 영원히 거부당하는 것도, 모든 사람에게 거부당하는 것도 아닙니다. 세상이 내 편이 아니라고 적으로 나뉘는 것도 아닙니다. 여기는 전쟁터가 아니니까요. 세상의 모든 것은 흑백 사이에 존재하는 무수한 회색의 그러데이션으로 채워져 있습니다.

많은 사람이 모이는 파티에 참석해 스트레스를 풀고 나면 한동안은 혼자 있고 싶어질 때도 있습니다. 고독을 추구하며 겨울 산에 오르는 누군가도 산에서 내려오면 사람이 그리워질지도 모릅니다. 누구나 조금은 고독한 법이고 누구도 완전히 고독하지는 않습니다.

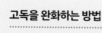

고독을 완화하는 방법

자신이 느끼는 고독이 최대 100% 중 오늘은 몇 % 정도인지 매일 기록해봅니다. 고독 일기를 쓰는 것이지요. 누군가와 온라인으로 소통하거나, 연락을 주고받거나, 동네 가게에서 인사를 나누면 고독 수치가 줄어듭니다. 숫자가 싫으면 스마일의 표정 변화로 기록해도 좋습니다. 그리고 익숙해지면 마음속에 그려도 괜찮습니다.

⑧ 일방적으로 나를 탓하지 않기

일이 잘 풀리지 않으면 자신을 탓하는 사람이 있습니다. 타인에게 책임을 전가하지 않는 태도는 칭찬할 만하지만 실제로는 타인이 원인일 때도 있지요.

미움받을까 봐 두려워 늘 자신의 의견을 억누르다 보면 스트레스가 심해집니다. 나와 타인의 생각이 다른 것은 당연합니다. 어느 쪽에도 책임은 없습니다. 받아들이기 힘든 의견을 억지로 받아들일 필요는 없습니다. 일방적으로 어느 한쪽의 의견만 우선시하는 관계라면 그 집단에서 나오는 편이 훨씬 좋습니다. 고독해지는 것을 두려워하지 말고요.

고독을 완화하는 방법

"난 틀리지 않았어. 그러니까 난 나를 탓하지 않아."라고 매일 반복해서 말합니다. 매일 자신에게 들려주는 것입니다. 타인이 "넌 잘못한 거 하나도 없어."라고 말해주는 것도 효과가 있지만 자신을 향해 직접 말하는 것이 더욱 효과적입니다.

⑨ 나를 정당하게 평가하기

'가면증후군(Impostor Syndrome)'을 아시나요? 여성 중에는 일에서 성공해도 자신의 실력이라고 솔직하게 인정하지 않는 사람이 있습니다. 어쩌다 운이 좋았을 뿐이라든지 주위에서 도와준 덕분이라 믿으며, 좋은 평가를 받으면 자신이 사기꾼처럼 사람들을 속이고 있다고 생각합니다. 진정한 성공이 아니라고 느끼는 것이지요.

사회적으로 성공한 여성이 있으면 질투심 때문에 어떻게든 트집을 잡는 사람들이 있습니다. '그 사람은 일에서는 성공했지만 결혼을 안 했잖아' 하는 식이지요. 이런 공격을 자주 받다 보니 자신의 성공을 낮게 평가하는 것일지도 모릅니다. 성공해서 주위 사람들의 반감을 사고 고립될까 봐 두려운 것입니다.

고독을 완화하는 방법

현실 사회에서 여성을 둘러싼 환경은 남성에 비해 가혹한 편입니다. 그런데도 성과를 냈다는 것은 자랑할 만한 일입니다. 사회적으로 성공해서 남성과 여성 모두의 질투를 받게 되더라도 자신을 폄하하지 말고 당당하게 인정합니다. 질투는 하는 것보다 당하는 편이 훨씬 낫습니다.

⑩ 과거보다 미래 우선하기

'매몰비용편향(Sunk Cost Bias)'이라는 말이 있습니다. 이미 많은 돈이나 시간을 투자했기 때문에 아깝게 이제 와서 그만둘 수는 없다는 믿음이지요. 중요한 것은 현재와 미래입니다. 과거는 상관없습니다. 비싸게 산 주식을 저렴한 가격으로 파는 것이 내키지는 않겠지만 더 이상 올라갈 전망이 없으면 지금 매도하는 편이 이득입니다.

결혼 상대를 찾을 때도 마찬가지입니다. 지금까지 상대의 조건을 두고 타협하지 않았는데, 이제 와서 기준을 낮추기가 아깝다는 생각에 결혼을 하지 않는 사람도 있을 것입니다. 물론 그 기분은 이해합니다. 마라톤에 참가해 40km를 달린 시점에서 남은 2.195km는 달리지 않아도 우승으로 쳐준다고 해도 완주해서 우승하고 싶은 법이니까요.

고독을 완화하는 방법

이목구비가 뚜렷하던 전 남자 친구는 잊고 홑꺼풀의 연하 남자 친구를 사귀어보면 어떨까요? 도저히 이혼은 못 하겠다면 결혼은 유지한 채 따로 사는 길을 찾아보는 것도 좋을 듯합니다. 그러면서 투자를 계속할지 말지 현실에 직면해 냉정한 판단을 합니다.

고독을 즐기며 살아가기 위한 열 가지 방법

① 이것만 있으면 행복해질 수 있다고 단정하지 않기

② 스스로 약점을 지우지 않기

③ 시작도 하기 전에 실패를 예측하지 않기

④ 동조압력과 싸우지 않기

⑤ 나를 너무 숨기지 않기

⑥ 해야만 한다는 강박에서 벗어나기

⑦ 일일이 흑백을 따지지 않기

⑧ 일방적으로 나를 탓하지 않기

⑨ 나를 정당하게 평가하기

⑩ 과거보다 미래 우선하기

나오는 말

인간은 어느 날 갑자기 이 세상에 태어납니다. 그리고 시간의 물방울이 컵에 차오르면 다시 아무것도 없는 세계로 돌아가지요. 혼자 태어나서 혼자 죽어가는 것입니다. 인간이 고독한 것은 필연입니다.

인생에 미리 정해진 목적은 없습니다. 마음이 끌리는 목적을 발견할 수 있었는지, 그 목적을 이룰 수 있었는지를 결정하는 것은 나 자신입니다. '내가 이 세상에 살았다는 흔적을 남기고 싶어. 발자취를 남기고 싶어. 할 수만 있다면 이 세상을 조금이라도 더 아름다운 곳으로 만들고 싶어. 다음 세대, 그다음 세대를 위해 좋은 유산을 남기고 싶어……'

제 개인적으로는 살아 있는 동안 나름대로 인생의 목적을 설정하고 노력해서 이루는 것이 이상적이라고 생각합니다. 하지만 개인의 이상은 누군가와 공유할 수 있는 것이 아닙니다.

인간은 상대방의 모든 것을 온전히 이해하지 못합니다. 같은 방향으로 나아가는 사람들 사이에서도 대개는 그렇지요. 나에게는 나만의 인생이 있습니다. 인간은 고독과 맞바꾸어 자유라는 이름의 더할 나위 없는 행복을 손에 넣었습니다. 중요한 것은 한 사람 한 사람이 자신이 원하는 대로 인생을 살아가는 자유를 잃지 않는 것이라고 생각합니다.

어느 노령의 여성 피아니스트에게 들은 이야기입니다. 그녀는 자녀는 없고 남편을 먼저 떠나보낸 뒤로 유족연금을 받으며 검소하게 살고 있습니다. 그동안 말로 다 할 수 없는 노고도 있었겠지만, '나에게는 음악이 있어'라는 신념을 가지고 열심히 살고 있었습니다. 그런데 어느 날 밤, 천장의 전구를 갈아 끼우기 위해 발판에 올라갔다가 내려오면서 그만 균형을 잃고 이불 위에 엉덩방아를 찧으며 그대로 한 바퀴를 굴렀다고 합니다. 그러자 한밤중에 아무도 없는 방에서 혼자 한 바퀴를 구른 자신을 보며 사무치는 외로움을 느꼈지만, 이 외로움과는 정반대로 깔깔 웃음을 터트렸다고 합니다.

고독에는 사실 아무런 색도 칠해져 있지 않습니다. 투명한 고독 속에서 비로소 인간은 태어납니다. 100년 조금 못 미치게 사는 동안 우리는 각자 자신의 고독에 다양한 의미를 부여하려 하지만, 마지막 순간에는 다시 투명한 고독 속으로 사라지는 것이 아닐까요?

1977년, 아직 본 적 없는 지적 생물을 만나기 위해 우주탐사선 보이저 1호는 우주 끝으로 여행을 떠났습니다. 지금쯤은 태양계와 이별을 고했을지도 모르겠네요. 우리는 고독을 향해 살아가고 있습니다. 투명한 고독을 향해서.